Transduktorschaltungen

Grundlagen und Wirkungsweise

Von

Dr.-Ing. W. Hartel
Hon.-Professor an der Techn. Hochschule München
Abteilungsdirektor der Siemens-Schuckertwerke AG Erlangen

Dr. phil. nat. H. Dietz
Oberbaurat
Dozent am Ohm-Polytechnikum Nürnberg

Mit 144 Abbildungen

Springer-Verlag
Berlin / Heidelberg / New York
1966

ISBN-13: 978-3-540-03528-2 e-ISBN-13: 978-3-642-92911-3
DOI: 10.1007/978-3-642-92911-3

Softcover reprint of the hardcover 1st edition 1966
Library of Congress Catalog Card Number 66 23343

Titelnummer 1334

Vorwort

Bei den meisten Anwendungen wirken die Transduktorschaltungen, wie z. B. in der Steuerungs- und Regelungstechnik, mit anderen Anlageteilen zusammen. Für das Gesamtergebnis kommt es deshalb sehr darauf an, daß die Transduktorschaltungen in ihrem Zusammenwirken mit anderen Anlage- oder Geräteteilen klar durchschaubar sind; andernfalls können unerwartete Nebeneffekte zeitraubende Untersuchungen und kostspielige Änderungen auslösen, die in vielen Fällen die Wirtschaftlichkeit des vorgesehenen Lösungsweges in Frage stellen. Solchen Gesichtspunkten kommt dann besonders Bedeutung zu, wenn sich eine Technik mit einer anderen im Wettbewerb befindet; die gute Durchschaubarkeit der Probleme kann dann ausschlaggebend für den Einsatz sein.

Durch die Entwicklung leistungsfähiger gesteuerter Halbleitergleichrichter (Thyristoren) wurde für weite Anwendungsbereiche der spannungssteuernden Transduktorschaltungen eine solche Wettbewerbssituation geschaffen; bei Anwendungen, die kurze Ansprechzeiten erfordern, wird man meistens die Thyristortechnik den spannungssteuernden Transduktorschaltungen vorziehen. Die stromsteuernden Transduktorschaltungen verhalten sich ganz anders als die Thyristorschaltungen. Deshalb müßten mehr oder weniger aufwendige Maßnahmen getroffen werden, um den Thyristorschaltungen Eigenschaften zu verleihen, die bei den stromsteuernden Transduktorschaltungen bereits von Natur aus vorhanden sind. Die Ablösung der Transduktortechnik durch die Halbleitertechnik ist deshalb in diesem Bereich weniger aktuell.

Für die Thyristortechnik wird häufig die bessere Überschaubarkeit und damit die größere Sicherheit beim Einsatz ins Feld geführt. Diese in vielen Fällen zutreffende Auffassung scheint uns die Berechtigung zu geben, mit einer Arbeit vor die Öffentlichkeit zu treten, die weniger dem Praktiker Ratschläge geben will, sondern vornehmlich darauf abgestellt ist, die zum Teil komplizierten Vorgänge in den Transduktorschaltungen zu durchleuchten und besser zu veranschaulichen. Damit soll ein Beitrag zum besseren Verständnis der Transduktorschaltungen und deren Zusammenwirken mit anderen Anlageteilen geliefert werden.

Bei der Durchführung der Arbeiten hat uns Herr Dipl.-Ing. Ottokar Halla durch ständige Diskussionen, durch den Entwurf von Bildern und durch Korrekturarbeiten sehr geholfen. Herrn Dr.-Ing. Rudolf

Weppler verdanken wir neben ausgedehnten Korrekturarbeiten wertvolle Hinweise und Anregungen, vor allem bei den Problemen der dynamischen Magnetisierung und der Rückwirkungserscheinungen. Herrn Dr.-Ing. Erich Grünwald haben wir für viele Diskussionen und die Durchführung der Rechnungen zu den Steuerkennlinien, Herrn Heinz Gonnermann für die Programmierungsarbeiten zu danken; Herr Dipl.-Ing. Wilhelm Kafka hat uns durch Korrekturlesen sehr geholfen. Dem Verlag danken wir für sein stetes Entgegenkommen und vor allem für die Langmut, mit der er der Vollendung der Arbeit entgegengesehen hat.

Erlangen, Frühjahr 1966

Walter Hartel

Helmut Dietz

Inhaltsverzeichnis

Seite

VI. Die stromsteuernden zweipulsigen Transduktorschaltungen

Formelverzeichnis

A	Arbeits- bzw. Aussteuerungsbereich
A_0	Integrationskonstante
a	bezogener Aussteuerungsbereich
a_0	bezogene Nullgröße (Nullstrom)
$a(t)$	Zeitverlauf einer Ausgangsgröße (allgemein)
B	magnetische Induktion (allgemein)
$\hat{B}$	Scheitelwert der magnetischen Induktion
B_0	Anfangswert der magnetischen Induktion (Integrationskonstante)
B_i	magnetische Polarisation (innere Induktion)
B_m	mittlere Kerninduktion (räumlich)
$\hat{B}_m$	Scheitelwert der mittleren Kerninduktion
B_r	remanente Induktion
B_s	Sättigungsinduktion
b	zeitlicher Verlauf der magnetischen Induktion (allgemein)
C_0	Integrationskonstante
c	Breite eines Kernbleches
c_i	Kernkonstante gemäß (4.11)
d	Blechdicke
E	Eingangsgröße (allgemein)
e	zeitlicher Verlauf der elektrischen Feldstärke
F	Fläche allgemein
F_a	Fensterfläche der Arbeitswicklung
F_D	maximale Spannungszeitfläche an der Arbeitswicklung
F_g	Fensterfläche eines Drosselkernes
F_i	Wicklungsfläche der i-ten Wicklung einer Drosselspule
F_{i1}	Stromzeitfläche während der Ummagnetisierungszeit
F_{i2}	Stromzeitfläche während der Entkopplungszeit
F_M	Spannungszeitfläche zur Ummagnetisierung um $2\Phi_s$
F_s	Fensterfläche der Steuerwicklung
F_u	Spannungszeitfläche an der Arbeitswicklung
F_{uk}	Spannungszeitfläche der Steuerspannung u_k
F_{us}	Spannungszeitfläche an der Steuerwicklung bei Flußsteuerung
G	maximal zulässige Stromdichte
G_D	Gütefaktor einer spannungssteuernden Schaltung mit Durchflutungssteuerung
G_{De}	Gütefaktor einer spannungssteuernden Schaltung mit Durchflutungssteuerung bei Berücksichtigung der Steuerkreisdaten
G_F	Gütefaktor einer spannungssteuernden Schaltung mit Flußsteuerung
G_t	Gütefaktor einer Transduktorschaltung (allgemein)

G_w	Gütefaktor einer stromsteuernden Schaltung
G_w	aktives Gewicht einer Drossel
g	Stromdichte, zeitlich veränderlich
H	magnetische Feldstärke (allgemein)
$\hat{H}$	Scheitelwert der magnetischen Feldstärke bei sinusförmigem Zeitverlauf
H_0	Luftspaltfeld
H_c	statische Koerzitivfeldstärke
H_{cd}	dynamische Koerzitivfeldstärke
H_d	Randfeldstärke
$\hat{H}_d$	Scheitelwert der Randfeldstärke
H_j	Feldstärke im Joch eines Drosselkernes
H_k, H_k'	Knickfeldstärke nach Abb. 3.15
$H_w(x)$	von den Wirbelströmen verursachte Feldstärke
h	zeitlicher Verlauf der magnetischen Feldstärke (allgemein)
h_d	zeitlicher Verlauf der Randfeldstärke
h_w	Wärmeübergangszahl
I	Effektivwert des Laststromes bei kurzgeschlossenen Arbeitswicklungen
I_0	Laststrommittelwert bei Nullaussteuerung
I_a	Effektivwert des Stromes einer Arbeitswicklung
I_L	Laststrom (Mittelwert, bzw. Halbwellenmittelwert)
$I_{L,eff}$	Effektivwert des Laststromes
I_M	Laststrommittelwert bei Vollaussteuerung
I_s, I_s'	Steuergleichstrom
I_{sa}, I_{sb}, I_{sc}, I_{sd}	die zu den Steuerspannungen U_{ea}', U_{eb}', U_{ec}', U_{ed}' gehörenden Steuerströme des Reihentransduktors
I_{se}	Steuerstrom zur Vollaussteuerung des Laststromeffektivwertes
$I_{s,eff}$	Effektivwert des Steuerstromes
I_{sM}	Steuerstrom zur Vollaussteuerung des Laststrommittelwertes
I_{sm}	Effektivwert des Steuerstromes bei Nullaussteuerung (Flußsteuerung)
I_w	Effektivwert des überlagerten Wechselstromes
i	Momentanwert des Stromes (allgemein)
i_0	Momentanwert des Nullventilstromes
i_1 i_2	Momentanwert des Arbeitsstromes der Drossel 1 bzw. 2
i_3 i_4 i_3' i_4'	Momentanwerte des Stromes in den ungesteuerten Ventilen der Brückenschaltungen
i_a	Momentanwert des Stromes einer Arbeitswicklung
i_d, $\hat{I}_d$	zeitlicher Verlauf bzw. Scheitelwert des Magnetisierungsstromes (dynamische Magnetisierung)
i_h, $\hat{I}_h$	zeitlicher Verlauf bzw. Scheitelwert des Magnetisierungsstromes (quasistatische Magnetisierung)
i_L	Momentanwert des Laststromes
i_N	Momentanwert des Netzstromes
i_r	Momentanwert der Wechselkomponente des Steuerstromes
i_s i_{s1} i_{s2}	Momentanwert des Steuerstromes
i_w i_{w1} i_{w2}	Momentanwert der Wirbelströme in der Ersatzschaltung
K	Parameter, definiert durch (2.61)
K_w	Faktor beim Wachstumsgesetz (4.36)
L	Lastinduktivität
L_d	Imaginärteil der Impedanz $\boldsymbol{Z}_d$

L_d Diagonalinduktivität
L_e gesamte Induktivität $L_s + L_v$ des Steuerkreises
L_h Imaginärteil der Impedanz $\mathbf{Z}_h$
L_i Induktivität der i-ten Wicklung einer Drosselspule
L_s Induktivität der Steuerwicklung
L_v Glättungsinduktivität im Steuerkreis
L_w Imaginärteil von $\mathbf{Z}_w$
l_f mittlere Eisenweglänge
l_j Jochlänge
l_k Kernlänge
l_m mittlere Windungslänge

N Windungszahl (allgemein)
N_a Windungszahl der Arbeitswicklung
N_i Windungszahl der i-ten Wicklung einer Drosselspule
N_r Windungszahl der Rückkopplungswicklung
N_s Windungszahl der Steuerwicklung
n Anzahl der Blechlagen eines Schichtkernes

O Oberfläche eines Drosselkernes

P_d Drosseltypenleistung
P_{da} Scheinleistung der Arbeitswicklung
P_{di} Scheinleistung der i-ten Wicklung
P_e Eingangsleistung
P_{eh} Nennleistung der Steuerspannungsquelle
$P'_k\ P_k$ Verlustleistung bei der Abmagnetisierung eines Drosselkernes
P_L Nutzleistung
P_M maximale Nutzleistung
P_s Steuerleistung bei der Flußsteuerung
P_T Transformatortypenleistung
P_v höchstzulässige Verlustleistung eines Drosselkernes
P_{vi} höchstzulässige Verlustleistung der i-ten Wicklung
$P'_{vs}\ P_{vs}$ maximale Wirkverluste in der Steuerwicklung
p Abkürzung für das Widerstandsverhältnis $R_0/(R + R_0)$

Q Wicklungsquerschnitt (Abb. 3.5)
Q' Querschnitt des Streuraumes zwischen Kern und Spule (Abb. 3.5)
q Eisenquerschnitt

R Lastwiderstand
R' Widerstand definiert durch (25.28)
R_0 Ersatzwiderstand für den Wicklungswiderstand R_a der Arbeitswicklung und den Durchlaßwiderstand R_b des Sättigungsventiles
R_a Widerstand der Arbeitswicklung
R_a Außendurchmesser
R_b Durchlaßwiderstand eines Sättigungsventiles
R_d Realteil der Impedanz $\mathbf{Z}_d$
R_e Gesamtwiderstand des Steuerkreises
R'_e auf die Arbeitswicklung reduzierter Steuerkreiswiderstand
R_h Realteil der Impedanz $\mathbf{Z}_h$
R_i Innendurchmesser, bzw. ohmscher Widerstand der i-ten Wicklung
R_s Widerstand der Steuerwicklung
R'_s auf die Arbeitswicklung reduzierter Widerstand der Steuerwicklung

R_v	Vorwiderstand im Steuerkreis
R_w	Realteil der Impedanz $\mathbf{Z}_w$ (Ersatzwiderstand)
S	Steuersignal (allgemein)
s_a	Kupferquerschnitt der Arbeitswicklung
s_s	Kupferquerschnitt der Steuerwicklung
T	Schwingungsdauer
T_{63} T_{95}	Ansprechzeit eines Sprungüberganges bis 63% bzw. 95% des Endzustandes erreicht sind
T_e	Ummagnetisierungszeit einer Transduktordrossel
$T_{e,63}$	Ansprechzeit des Steuerkreises
$T_{s,63}$	Ansprechzeit einer Steuerwicklung
T_t	Totzeit eines Sprungüberganges
$T_ü$	Übertemperatur eines Drosselkernes
T_v	Verzugszeit
T_α	Ansprechzeit eines Sprungüberganges (allgemein)
t	Zeit
t_0	Anfangszeit
$\hat{U}$	Scheitelwert der Sinusspannung
U_0	Lastspannungsmittelwert bei Nullaussteuerung
U_a	Effektivwert der Spannung an der Arbeitswicklung
U_e	Steuergleichspannung
U_e'	auf die Arbeitswicklung reduzierte Steuerspannung
U_e^*	Ersatz-Steuerspannung bei der Flußsteuerung (8.46)
U_{ea}' U_{eb}' U_{ec}' U_{ed}'	Grenzen der Teil-Steuerintervalle beim Reihen-Transduktor
U_{eM} U_{ee}	zum Steuerstrom I_{sM} bzw. I_{se} gehörende Steuerspannung
U_h	Effektivwert der Hilfsspannung (Flußsteuerung)
U_L	Lastspannung (Mittelwert bzw. Halbwellenmittelwert)
U_M	Lastspannungsmittelwert bei Vollaussteuerung
U_R	Mittelwert des Spannungsabfalles
U_s	Steuergleichspannung beim Vorwiderstand $R_v = 0$ des Steuerkreises
$\sqrt{2}\,U_s'$	Scheitelwert der sinusförmigen Steuerspannung bei Vollaussteuerung (Flußsteuerung)
u	zeitlicher Spannungsverlauf (allgemein)
u_1 u_2	Phasenspannungen bei den Zweispulsschaltungen
u_d	Momentanwert der Spannung an der Arbeitswicklung einer Transduktordrossel
u_{d1} u_{d2}	Momentanwert der Spannung an der Transduktordrossel 1 bzw. 2
u_h	zeitlicher Verlauf der Hilfsspannung (Flußsteuerung)
u_{k1} u_{k2} u_k	zeitlicher Verlauf der Ausgangsspannung des Steuergerätes bei der Flußsteuerung
u_L	Momentanwert der Lastspannung
u_r	Im Steuerkreis wirkende Rückwirkungsspannung (Momentanwert)
u_{r1} u_{r2} u_{r3}	zeitlicher Verlauf der Rückwirkungsspannung u_r in verschiedenen Abschnitten der Halbperiode
u_s u_{s1} u_{s2}	zeitlicher Verlauf der Steuerspannung bei der Flußsteuerung
u_v	zeitlicher Verlauf der Ventilspannung
u_{v1} u_{v2}	zeitlicher Verlauf der Spannung am Ventil 1 bzw. 2
u_{w1} u_{w2} u_w	zeitlicher Verlauf der Spannung an der Reihenschaltung einer Transduktordrossel mit einem Ventil

V	Leistungsverstärkung (allgemein)
V_0	größtmögliche Leistungsverstärkung
V_{0r}	Leistungsverstärkung im Falle der Rückkopplung
V_{0w}	maximale Leistungsverstärkung bei der stromsteuernden Schaltung
V_{cu}	Kupfervolumen eines Drosselkernes
V_e	Leistungsverstärkung der Steuereinrichtung bei der Flußsteuerung
V_g	gesamte Leistungsverstärkung bei der Flußsteuerung
X_d	Durchlaßintervall
X_s X_{sc}	Sperrintervalle
X_σ $X_{\sigma d}$	gemeinsames Sättigungsintervall beider Drosseln
x	Wegkoordinate
$x = \omega t$	relative Zeit
x_d	Stromführungsdauer der gesteuerten Ventile oder Sättigungsdauer der Transduktordrosseln
x_i	$i = 1, 2, 3\ldots$ Bezeichnung für Intervallanfang bzw. -ende
x_α	Zündwinkel oder Sättigungswinkel
Y_0 Y_M	Ersatzgröße nach (5.13)
y	Wegkoordinate
$y = \omega t$	relative Zeit
y_1	$i = 1, 2, 3\ldots$ Bezeichnung für Intervallanfang bzw. -ende
$\mathbf{Z}$	Lastimpedanz
$\mathbf{Z}_d$	komplexer Ersatzwiderstand für eine dynamisch magnetisierte Drosselspule
$\mathbf{Z}_h$	komplexer Ersatzwiderstand für eine quasistatisch magnetisierte Drosselspule
$\mathbf{Z}_w$	komplexe Ersatzimpedanz zur Beschreibung des Wirbelstromeinflusses
z	Wegkoordinate

Griechische Buchstaben

Δ	Spulendicke
ΔB	Induktionshub
ΔH	Feldstärkehub
ΔH_d	Verbreiterung der Hystereseschleife bei dynamischer Magnetisierung
ΔP_L	Nutzleistungsdifferenz zwischen Null- und Vollaussteuerung
ΔP_s	Steuerleistungsdifferenz bei der Flußsteuerung
ΔP_e	Steuerleistungsdifferenz zwischen Null- und Vollaussteuerung
Δl	Wegelement
$\Delta\Theta$	Durchflutungshub zur Vollaussteuerung der Kernkennlinie (Abb. 3.14)
$\Delta\Theta_d$	Verbreiterung der Kernkennlinie bei dynamischer Magnetisierung
$\Delta\Phi$	Flußhub
$\Delta\Phi_1, \Delta\Phi_2$, $\Delta\Phi_r, \Delta\Phi_t$, $\Delta\Phi_w$	Teile des ummagnetisierenden Flußhubes $\Delta\Phi$ eines Magnetisierungszyklus
Θ	Durchflutung allgemein bzw. Gesamtdurchflutung eines Drosselkernes
Θ_1, Θ_2	Gesamtdurchflutung der Transduktordrosseln 1 bzw. 2 bei den Zweipulsschaltungen
Θ_{aM}	Maximale Durchflutung der Arbeitswicklung
$\Theta_{a,\max}$	Maximalwert der Gesamtdurchflutung einer Drossel

Θ_c	Koerzitivdurchflutung
Θ_{cd}	dynamische Koerzitivdurchflutung
Θ_d	Durchflutung bei der dynamischen Kernkennlinie
Θ_{d1}, Θ_{d2}	Durchflutungen des Transduktordrosseln 1 bzw. 2 bei dynamischer Magnetisierung
Θ_{de}	Durchflutung bei der dynamischen Magnetisierungsellipse
Θ_g	Höchstzulässige Gesamtdurchflutung eines Drosselkernes
Θ_h	Durchflutung bei der statischen Kernkennlinie
$\Theta_{h1,\ h2}$	Durchflutungen der Transduktordrosseln 1 bzw. 2 bei den statischen Kernkennlinien
Θ_{he}	Durchflutung bei der statischen Magnetisierungsellipse
Θ_i	Durchflutung der i-ten Wicklung einer Drosselspule
Θ_k, Θ_k'	Knickdurchflutungen (Abb. 3.14)
Θ_m	Durchflutungsmaximum
Θ_s	Steuerdurchflutung (Gleichstromkomponente)
Θ_{se}	Steuerdurchflutung des Steuerstromes I_{se}, erforderlich zur Vollaussteuerung des Effektivwertes der Lastspannung
Θ_{sM}	Steuerdurchflutung des Steuerstromes I_{sM}, erforderlich zur Vollaussteuerung des Mittelwertes der Lastspannung
Θ_{sM}^*	Ersatzdurchflutung bei der Flußsteuerung nach (8.47)
Θ_{sm}	Steuerdurchflutung des Steuerstromes I_{sm}
Θ_{st}	Gleichstromdurchflutung bei Rückkopplung
Λ	magnetische Leitfähigkeit auf der steilen Flanke der Kernkennlinie
Λ_d	magnetische Diogonalleifähigkeit des Drosselkernes
Λ_s	magnetischer Streuleitwert einer Wicklung
Φ	magnetischer Fluß, allgemein
Φ_0	Anfangswert des Flusses (Integrationskonstante)
Φ_1, Φ_2	Fluß in den Transduktordrosseln 1 bzw. 2
Φ_K	Integrationskonstante, definiert durch 24.11
Φ_s	Sättigungsfluß eines Kernes
α_d	Neigungswinkel der dynamischen Hystereseschleife im Koerzitivpunkt
α_h	Neigungswinkel der statischen Hystereseschleife im Koerzitivpunkt
δ	Luftspalt
$\varepsilon, \varepsilon_s$	Parameter, definiert nach (9.11), (9.12)
ζ	Kupferfüllfaktor eines Drosselkernes
λ	Proportionalitätsfaktor bei Vergrößerung aller Linearabmessungen eines Drosselkernes
μ	Permeabilität der Kommutierungskurve
μ_0	Induktionskonstante (Permeabilität im Vakuum)
$\boldsymbol{\mu}_d$	komplexe Permeabilität der dynamischen Hystereseschleife
$\boldsymbol{\mu}_h$	komplexe Permeabilität der statischen Hystereseschleife
$\hat{\mu}_h$	Betrag von $\boldsymbol{\mu}_h$
μ_w	wirksame Permeabilität bei Scherung
$1/\mu_{Ld}$	Realteil von $1/\boldsymbol{\mu}_d$
$1/\mu_{Lh}$	Realteil von $1/\boldsymbol{\mu}_h$
$1/\mu_{Rd}$	Imaginärteil von $1/\boldsymbol{\mu}_d$
$1/\mu_{Rd}$	Imaginärteil von $1/\boldsymbol{\mu}_h$

ξ	Parameter, definiert nach (2.70)
ϱ	spezifischer Widerstand von Kupfer
ϱ	Kotangens des Phasenwinkels φ
ϱ_w	Dämpfungsfaktor gemäß (21.30)
σ	spezifische elektrische Leitfähigkeit des ferromagnetischen Kernwerkstoffes
τ	Zeitkonstante allgemein
τ_0	Summe der Zeitkonstanten aller Wicklungen einer Drosselspule
τ_a	Zeitkonstante der Arbeitswicklung einer Transduktordrossel
τ_e	Zeitkonstante des Steuerkreises
τ_i	Zeitkonstante der i-ten Wicklung einer Drosselspule
τ_L	Zeitkonstante der Last
τ_s	Zeitkonstante der Steuerwicklung einer Transduktordrossel
τ_v	Zeitkonstante des Ventilkreises
τ_w	Zeitkonstante der Wirbelströme
φ	Phasenverschiebung zwischen Strom und Spannung
φ_d	Phasenwinkel zwischen sinusförmiger Magnetisierungsspannung und sinusförmigem Magnetisierungsstrom bei dynamischer Magnetisierung
φ_e	Phasenwinkel, definiert durch (18.27)
φ_h	Phasenwinkel zwischen sinusförmiger Magnetisierungsspannung und sinusförmigem Magnetisierungsstrom bei quasistatischer Magnetisierung
Ψ	gesamte Flußverkettung mit den Windungen eines Drosselkernes
Ψ_0	Anfangswert der Flußverkettung (Integrationskonstante)
Ψ_k	Kernstreuung
Ψ_n	Nutzflußverkettung
Ψ_s	Wicklungsstreuung
ω	Kreisfrequenz

Einleitung

Die Entwicklung von ferromagnetisch weichen Stoffen mit ausgeprägter Sättigung, wie z. B. bei den kaltgewalzten kornorientierten Blechen, und die Entwicklung von Halbleitergleichrichtern hoher Sperrspannung mit ausgezeichnetem Sperrvermögen und Durchlaßverhalten, wie z. B. bei den Siliziumgleichrichtern, führte in der Transduktortechnik zu einer beträchtlichen Verkleinerung des Bauvolumens und des Leistungsgewichtes bei gleichzeitiger Steigerung der Leistungsverstärkung. Diese entscheidenden Fortschritte haben unzweifelhaft erst die Voraussetzungen für den breiten Einsatz der Transduktortechnik bei den verschiedensten Anwendungen, insbesondere in der Steuerungs- und Regelungstechnik geschaffen. Man darf dabei aber nicht übersehen, daß auch ein weiterer Umstand, der sich nicht in einer Verbesserung technischer Daten ausdrücken läßt, wesentlich dazu beigetragen hat; gemeint sind die Fortschritte in der quantitativen und qualitativen Erkenntnis der Vorgänge.

Die vorliegende Arbeit soll einen Beitrag zur weiteren Vertiefung der Erkenntnisse liefern; sie soll Gemeinsamkeiten der verschiedenen Schaltungen aufzeigen und nach übergeordneten Gesichtspunkten erläutern, sowie auf schwierige Teilprobleme, wie Rückwirkungserscheinungen und Auswirkungen der dynamischen Magnetisierung eingehen.

Die Auswahl des Stoffes und die Art der Behandlung der Probleme wurde dem Ziel der Arbeit angepaßt. Da eine gleichmäßig ausführliche Behandlung der Vielzahl von Transduktorschaltungen zu umfangreich wird, wurden als Beispiele die wichtigsten einpulsigen und zweipulsigen Schaltungen — die ersten vornehmlich aus didaktischen Gründen — ausgewählt; die dabei angewendeten Methoden und Verfahren können sinngemäß auf die nichtbehandelten Schaltungen übertragen werden. Da die Thyristorschaltungen dort, wo es auf kleine Ansprechzeiten ankommt, den spannungssteuernden Transduktorschaltungen ohnedies überlegen sind, werden die Ausführungen über das dynamische Verhalten der Transduktorschaltungen auf die Erörterung der Ansprechzeit des Steuerkreises beschränkt. Aus ähnlichen Gründen wurden die Probleme der Rückkopplung nur kurz angedeutet.

Bei der Behandlung des Stoffes wurde davon ausgegangen, daß ferromagnetische Werkstoffe mit ausgeprägter Sättigung zur Verfügung stehen, so daß die Hysteresisschleife in guter Annäherung an die Wirklichkeit durch gerade Linienstücke ersetzt werden kann; ebenso wurde angenommen, daß die Gleichrichter weitgehend ideales Verhalten zeigen, also während der Sperrung durch einen geöffneten und während der Stromführung durch einen geschlossenen Kontakt ersetzt werden können. Diese Näherungen eröffnen den Weg zu einer einfachen Beschreibung der Vorgänge, die für alle Schaltungen und Betriebsarten konsequent beibehalten wird. Die begrifflichen Schwierigkeiten des Verfahrens liegen, wie bei den Gleichrichterschaltungen, darin, daß während einer Periodenlänge verschiedene Linearitätsintervalle, in denen die Koeffizienten der Schaltung verschiedene Werte annehmen, zeitlich aufeinanderfolgen.

Durch zusätzliche Idealisierungen gelangt man zu einer vereinfachten Darstellung der Vorgänge in den Transduktorschaltungen. Solche Idealisierungen sind z. B. die Vernachlässigung der Widerstände und Streureaktanzen der Wicklungen, die Annahme, daß der Magnetisierungszustand allein durch die statische Kennlinie bestimmt ist und die Vereinfachung, daß der Steuerstrom zeitlich konstant bleibt, also keine Rückwirkungen zwischen Steuerkreis und Arbeitskreis entstehen. In den Teilen II und III werden die einpulsigen und zweipulsigen Schaltungen unter diesen vereinfachten Bedingungen beschrieben und die Ergebnisse werden zu einer einheitlichen Theorie der Leistungsverstärkung, der Zeitkonstanten und des Gütefaktors zusammengefaßt.

Die bei der Anwendung am häufigsten auftretenden Abweichungen von den eben geschilderten idealisierenden Annahmen sind mangelnde Glättung des Steuerkreises und der Einfluß der dynamischen Magnetisierung; die Erfahrung zeigt, daß dann die Abweichungen von den unter idealisierten Bedingungen ermittelten Ergebnissen sehr groß werden können. In den Teilen IV und V wird deshalb der Einfluß mangelnder Glättung auf das Verhalten der Schaltungen, insbesondere auf die Steuerkennlinie, untersucht. Die Bedeutung der dynamischen Magnetisierung für das Verhalten der Transduktorschaltungen wird im Teil V erörtert; dabei stellt sich heraus, daß die dynamische Magnetisierung Erscheinungen zur Folge hat, die unter den idealisierenden Bedingungen grundsätzlich nicht auftreten können.

Im Teil I werden einige, für alle Schaltungen wichtige Grundlagen zusammengestellt; insbesondere werden die Vorgänge der dynamischen Hysteresisschleife, die Kernbauformen, die Kernkonstanten und die Analogien zu den Gleichrichterschaltungen behandelt.

Die Numerierung der Abbildungen und Gleichungen beginnt in jedem der 26 Abschnitte von neuem mit der Zahl 1. Zur eindeutigen Kennzeichnung wird jedoch die dazugehörige Abschnittsnummer vorangesetzt. So wird z. B. die dritte Abbildung des Abschn. 10 mit Abb. 10.3 bezeichnet und für die sechste Formel des Abschn. 8 wird (8.6) geschrieben. Innerhalb desselben Abschnittes wird bei den dazugehörenden Formeln die Abschnittangabe der Kürze wegen weggelassen; so wird z. B. im Text des Abschn. 8 für die sechste Formel nur (6) geschrieben.

I. Eigenschaften und Wirkungsweise der Transduktordrosseln

Unter einem Transduktor wird eine Anordnung, bestehend aus Drosselspulen mit ferromagnetischen Kernen und gegebenenfalls auch Gleichrichtern verstanden, in der die nichtlinearen magnetischen Eigenschaften der Drosselkerne zur Steuerung der Ströme und Spannungen in einem Wechselstromkreis ausgenützt werden.

Schaltungen mit Transduktoren werden als Transduktorschaltungen bezeichnet. Gegenstand der Untersuchungen sollen solche Transduktorschaltungen sein, die der Verstärkung einer elektrischen Größe, z. B. einer Spannung, eines Stromes oder einer Leistung dienen, oder bei angenähert unveränderlichem Übersetzungsverhältnis Gleichströme oder Gleichspannungen in Wechsel- oder Gleichströme, bzw. in Wechsel- oder Gleichspannungen umsetzen.

Die Methoden und Verfahren, die bei der Beschreibung dieser Schaltungen angewendet werden, können auch auf andere Transduktorschaltungen, wie z. B. Transduktor-Schalter, Transduktor-Strombegrenzer usw. sinngemäß angewendet werden.

Das wichtigste Bauelement der Transduktorschaltungen ist die Transduktordrossel. Im einfachsten Fall wird darunter ein Eisenkern mit mindestens einer Arbeitswicklung und einer Steuerwicklung verstanden, bei dem die Sättigungseigenschaft des Eisens betriebsmäßig ausgenützt wird. Durch den Begriff Transduktordrossel wird also nicht etwa eine besondere Bauform, sondern ein bestimmtes Betriebsverhalten der Drosselspule gekennzeichnet.

Die Transduktordrossel ist der eigentliche Träger der Steuerwirkung und bestimmt deshalb die Wirkungsweise der Transduktorschaltungen. Die magnetischen Eigenschaften und das elektrische Verhalten der Transduktordrossel sollen deshalb, bevor in den Teilen II usw. auf spezielle Schaltungen übergegangen wird, beschrieben werden.

1. Statische Magnetisierungsprozesse

Unter einem Magnetisierungsprozeß versteht man ganz allgemein einen Vorgang, bei dem sich die magnetische Feldstärke — und damit die zugeordnete magnetische Induktion — in einem Körper nach irgendeinem Zeitgesetz ändert. Bei hinreichend langsamer (theoretisch unendlich langsamer) zeitlicher Änderung spricht man von statischen Magnetisierungsprozessen.

Der Zusammenhang zwischen magnetischer Feldstärke H und magnetischer Induktion B bei einem statischen Magnetisierungsprozeß ist allein durch die Materialeigenschaft bestimmt. Zur Messung dieser Materialeigenschaft betrachtet man einen Probekörper mit einheitlichen Magnetisierungsverhältnissen im gesamten Volumen, also einen „homogen" magnetisierten Körper. Diese Voraussetzung erfüllt bei ferromagnetisch weichen Werkstoffen — und solche kommen im folgenden nur in Frage — am einfachsten ein ringförmiger Probekörper, bei dem das Verhältnis Innendurchmesser zu Außendurchmesser möglichst nahe an 1 liegt.

Die Überlegungen in Abschn. 2 werden zeigen, daß bei nicht statischen, also relativ rasch ablaufenden Magnetisierungsvorgängen wegen der Wirbelströme grundsätzlich keine homogene Flußverteilung zustande kommen kann, daß also die reinen Materialeigenschaften nur unter statischen Bedingungen ermittelt werden können.

1.1 Sättigung. Jeder ferromagnetische Körper besteht aus vielen kleinen magnetisierten Bereichen (Weiß'sche Bezirke). Bei einem äußeren Felde $H = 0$ sind die Magnetisierungsrichtungen der Weiß'schen Bezirke statistisch verteilt, so daß die resultierende Wirkung des Gesamtkörpers nach außen hin gleich Null ist. Unter der Einwirkung eines äußeren magnetischen Feldes H erfolgt eine zunehmende Ausrichtung der Elementarbereiche in die Richtung des aufgeprägten Feldes, so daß zu dem äußeren Feld H eine zusätzliche Feldstärke I hinzutritt, und schließlich im ferromagnetischen Werkstoff das resultierende Magnetfeld $H + I$ vorliegt. Damit folgt für die magnetische Induktion B:

$$B = \mu_0(I + H) = B_i(H) + \mu_0 H; \quad B_i = \mu_0 I \tag{1}$$

μ_0 ist die Induktionskonstante. $\mu_0 I = B_i$ wird magnetische Polarisation oder innere Induktion genannt. Die Beziehung (1) ist in Abb. 1.1 dargestellt.

Bei sehr hohen Werten des äußeren Feldes ($H \to \infty$) sind schließlich alle Bezirke parallel gerichtet, so daß die zusätzliche Feldstärke $I(H)$ dem Grenzwert $I_\infty = I(\infty)$ zustrebt. Damit ergibt sich für die innere

Induktion B_i der Grenzwert $B_s = \mu_0 I_\infty$. Bei hinreichend großen Feldern gilt somit nach Abb. 1.1:

$$B \approx B_s + \mu_0 H \tag{2}$$

Daraus geht hervor, daß die Induktion B wegen des Anteiles $\mu_0 H$ keiner Sättigung zustrebt, daß es also grundsätzlich keine „Sättigungsinduktion“ gibt. Bei den meisten Anwendungen in der Elektrotechnik sind die auftretenden größten Werte der Feldstärke H immerhin noch so klein, daß der Summand $\mu_0 H$ in (1) praktisch gegenüber B_i vernachlässigt werden kann. Unter dieser Voraussetzung gilt in guter Näherung $B \approx B_s$, sobald die Knickfeldstärke H_k überschritten ist. Aus dieser angenäherten numerischen Gleichheit zwischen der Induktion B und dem Sättigungswert B_s der inneren Induktion ist im Sprachgebrauch die unexakte Bezeichnung Sättigungsinduktion für B_s entstanden. Diese Bezeichnung hat sich weitgehend eingebürgert und wird deshalb trotz ihrer Unexaktheit übernommen.

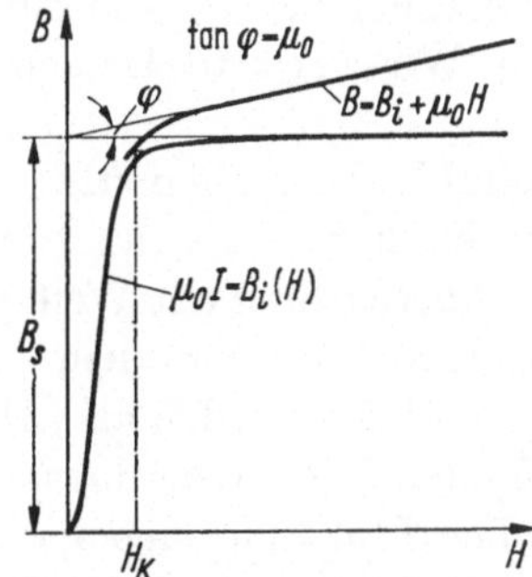

Abb. 1.1. Zusammenhang zwischen Feldstärke H, Induktion B und magnetischer Polarisation B_i

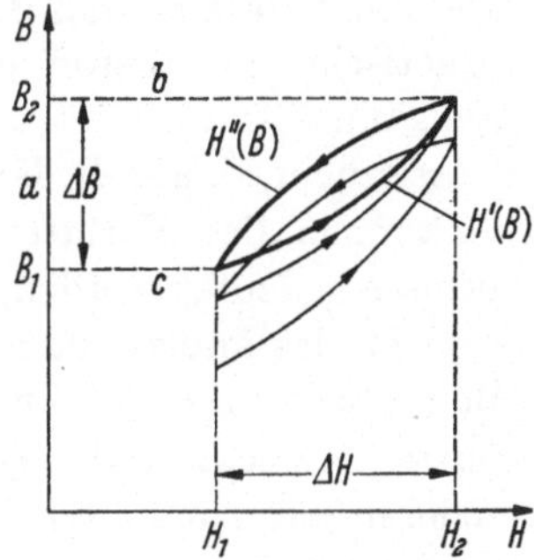

Abb. 1.2. Zur Erklärung der Hysterese

1.2 Hysterese. Wenn man den Zusammenhang zwischen B und H in einem ferromagnetischen Stoff verfolgt, stellt man fest, daß bei der Aufmagnetisierung um ΔH in Abb. 1.2 ein anderer Ast als bei der Abmagnetisierung durchlaufen wird; diese Erscheinung wird „Hysterese“ genannt.

Eine periodische Feldstärkeschwankung um ΔH führt nach Ablauf einiger Perioden zum stationären Endzustand, der durch einen geschlossenen Umlauf, bestehend aus den Kennlinienstücken $H'(B)$ und $H''(B)$ gekennzeichnet ist. Die Ursache der Hysterese läßt sich an diesem geschlossenen Umlauf besonders einfach erklären.

Bei einer Induktionsänderung dB wird der Volumeneinheit eines ferromagnetischen Stoffes die Energie

$$dA = H(B)\, dB \tag{3}$$

je nach dem Vorzeichen von dA zugeführt oder entzogen; bei der Aufmagnetisierung entlang des Kennlinienastes $H'(B)$ wird dem Eisenkern von einer Energiequelle die Arbeit A_1 zugeführt, bei der Abmagnetisierung entlang des Astes $H''(B)$ wird an die Energiequelle die Arbeit A_2 zurückgeliefert. Man erhält mit (3):

$$A_1 = \int_{B_1}^{B_2} H'(B)\,dB; \quad A_2 = \int_{B_2}^{B_1} H''(B)\,dB = -\int_{B_1}^{B_2} H''(B)\,dB. \tag{4}$$

Durch A_1 bzw. A_2 werden in Abb. 1.2 die beiden Flächen mit den Berandungen $acH'b$ bzw. $acH''b$ beschrieben. Während eines Magnetisierungszyklus sind also pro Volumeneinheit die Verluste

$$V = A_1 + A_2 = \int_{B_1}^{B_2} H'(B)\,dB - \int_{B_1}^{B_2} H''(B)\,dB \tag{5}$$

von der Energiequelle zu decken. Bei einer Zuordnung der positiven Werte von H und B zu den Koordinatenrichtungen gemäß Abb. 1.2 wird der Magnetisierungszyklus stets gegen den Uhrzeigersinn durchlaufen.

Man erkennt daraus, daß die bei einer Magnetisierungsänderung im ferromagnetischen Werkstoff entstehenden Wirkverluste Ursache der Hysterese sind.

Bei statischem, d. h. sehr langsamen Zeitablauf des Magnetisierungsprozesses können diese Verluste — grob anschaulich — als eine Art Reibungsverluste gedeutet werden, die bei der Ausrichtung der Weiß'schen Bezirke durch das äußere Magnetfeld entstehen. Diese von dem eigentlichen Magnetisierungsprozeß herrührenden Verluste werden als „Hysteresisverluste" bezeichnet. Bei schnell ablaufenden Magnetisierungsprozessen induzieren die damit verbundenen raschen Flußänderungen Wirbelströme in den ferromagnetischen Stoffen und führen zu den „Wirbelstromverlusten"; der Einfluß schneller Magnetisierungsvorgänge, insbesondere der Wirbelstromverluste auf die Magnetisierungseigenschaften ferromagnetischer Körper wird im Abschn. 2 besprochen.

1.3 Eisenkennlinien ferromagnetischer Stoffe; Hysteresisschleife. Der Zusammenhang zwischen magnetischer Induktion B und magnetischer Feldstärke H eines ferromagnetischen Stoffes wird „Eisenkennlinie" genannt. Wegen der Sättigungserscheinungen sind die Eisenkennlinien nicht linear und wegen der Hysterese hängt ihre Gestalt von der magnetischen Vorgeschichte, also von der Gesetzmäßigkeit, nach der die Feldstärke oder die Induktion verändert wird, ab.

Eine mathematische Beziehung zwischen zwei Eisenkennlinien desselben Stoffes, bei denen jedoch die Feldstärke bzw. die Induktion nach verschiedenen Gesetzen verändert werden, kann in allgemein gültiger Form nicht hergestellt werden; der Zusammenhang muß stets aufs neue experimentell bestimmt werden. Deshalb ist eine erschöpfende Beschreibung der magnetischen Eigenschaften eines ferromagnetischen Stoffes durch „eine“ Eisenkennlinie nicht möglich.

Man unterscheidet je nach dem Änderungsgesetz der Feldstärke bzw. der Induktion zwischen periodischen oder zyklischen und nichtperiodischen oder nichtzyklischen Eisenkennlinien. Eine nichtzyklische Kennlinie wird z. B. bei einem Einschaltvorgang durchlaufen. Eine zyklische Kennlinie liegt z. B. bei stationären Wechselstromprozessen vor. Die zyklischen Eisenkennlinien werden häufig auch als „Hysteresisschleifen“ bezeichnet.

Unter dem Feldhub ΔH bzw. unter dem Induktionshub ΔB einer Hysteresisschleife wird die Differenz zwischen den entsprechenden Extremwerten (Abb. 1.3) verstanden. In Abb. 1.3a bzw. 1.3b sind zwei spezielle Arten von Hysteresisschleifen dargestellt; die erstere wird als vollständige, die letztere als unvollständige Hysteresisschleife bezeichnet. Die Bezeichnung unvollständig soll darauf hinweisen, daß die Sättigungsinduktion B_s nur in einer Magnetisierungsrichtung erreicht wird.

Eine vollständige statische Hysteresisschleife heißt vollausgesteuert (Abb. 1.3c), wenn der Induktionshub gleich der doppelten Sättigungsinduktion wird ($\Delta B = 2B_s$). Alle übrigen denkbaren statischen Hysteresisschleifen desselben magnetischen Werkstoffes verlaufen innerhalb der voll ausgesteuerten Schleife. Aus diesem Grunde benutzt man die vollausgesteuerte statische Hysteresisschleife zum Vergleich der Eigenschaften verschiedener ferromagnetischer Werkstoffe.

Häufig — insbesondere zu Vergleichszwecken — ist jedoch eine Kurzfassung der in der voll ausgesteuerten Hysteresisschleife enthaltenen Aussagen erwünscht. Man gelangt zu einer knappen und relativ umfassenden Aussage über die magnetischen Eigenschaften, wenn an Stelle des graphischen Verlaufes nur die vier Zahlenwerte, nämlich Sättigungsinduktion B_s, remanente Induktion B_r, Koerzitivfeldstärke H_c und Schleifenfläche F bzw. Hysteresisverluste pro Gewichtseinheit angegeben werden (Abb. 1.3c). Die Koerzitivfeldstärke H_c liefert eine Vorstellung über die Schleifenbreite und das Verhältnis B_r/B_s beinhaltet eine Aussage über die Schärfe des Sättigungsknickes, denn eine Hysteresisschleife nimmt erfahrungsgemäß um so mehr Rechteckcharakter an, je näher das Verhältnis B_r/B_s an 1 liegt.

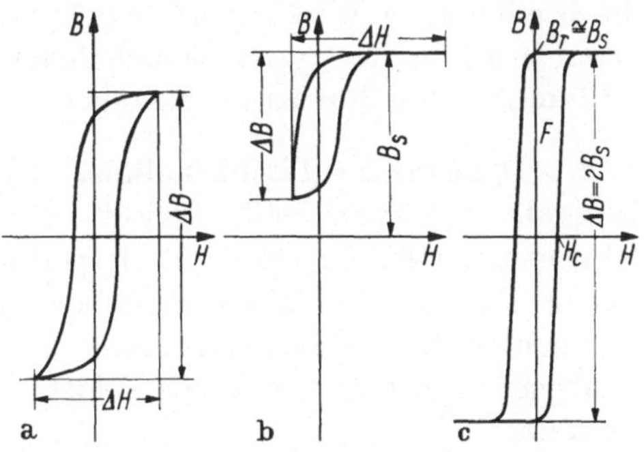

Abb. 1.3a–c. Hysteresisschleifen: a vollständige, b unvollständige Hysteresisschleife, c voll ausgesteuerte Hysteresisschleife

2. Dynamische Magnetisierung

Die Erfahrung lehrt, daß die Form der Eisenkennlinie von der Geschwindigkeit abhängt, mit der aufeinanderfolgende Magnetisierungszustände durchlaufen werden. Bei sinusförmiger Induktion bzw. Feldstärke verändert z. B. die zugehörige Hysteresisschleife ihre Form mit der Frequenz des Magnetisierungsprozesses.

Die statische Eisenkennlinie resultiert demnach aus den dynamischen Prozessen als der Grenzfall, der sich bei einer gegen Null konvergierenden Änderungsgeschwindigkeit des Magnetisierungsprozesses (z. B. bei Frequenz $f \to 0$) einstellt; anders ausgedrückt, bei statischer Magnetisierung erfolgt der Übergang von einem Magnetisierungszustand zum unmittelbar benachbarten während eines unendlich langen Zeitintervalles. Man spricht von quasistatischen Magnetisierungsprozessen, wenn die Änderungsgeschwindigkeit des Magnetisierungsprozesses hinreichend klein bleibt, so daß die Form der Eisenkennlinie noch keine wesentliche Veränderung gegenüber dem statischen Verlauf erfährt.

Bei den Kernwerkstoffen und Blechdicken, die im allgemeinen bei den Transduktordrosseln verwendet werden, kann die Hysteresisschleife bereits beim Betrieb mit der üblichen Netzfrequenz $f = 50$ Hz beträchtlich vom statischen Verlauf abweichen. Eingangs wurde erwähnt, daß die Wirkungsweise der Transduktorschaltungen auf den Sättigungseigenschaften des Eisens beruht, und daher weitgehend durch die Form der Hysteresisschleife beeinflußt wird. Bei einer genaueren Beschreibung der Wirkungsweise müssen deshalb auch die dynamischen Veränderungen der Hysteresisschleife mit berücksichtigt werden; darauf wird im Abschn. 2 näher eingegangen.

2.1 Dynamische Eisenkennlinie. Bei der Messung der Eisenkennlinie geht man zweckmäßig von einem ringförmigen, einlagig und möglichst gleichmäßig bewickelten luftspaltlosen Probekörper nach Abb. 2.1 aus, bei dem das Verhältnis R_a/R_i nahe bei Eins liegt. Unter statischen oder quasistatischen Magnetisierungsbedingungen ist dieser Probekörper homogen magnetisiert, d. h. die Feldstärke ist auch in radialer Richtung konstant.

Die zeitlich veränderliche Magnetisierungsspannung $u(t)$ an der Magnetisierungswicklung des Probekernes in Abb. 2.1 erzeugt einen Wicklungsstrom $i(t)$; beide Größen sind der Messung unmittelbar zugänglich. Die Magnetisierungsspannung $u(t)$ erzeugt im Drosselkern einen zeitlich veränderlichen Fluß. Man spricht von dynamischen Magnetisierungsbedingungen, wenn die zeitliche Flußänderung so rasch vonstatten geht, daß in den Kernblechen des Probekörpers dadurch ein merkliches Stromdichtefeld g (Wirbelstromfeld) erzeugt wird; die Durchflutung dieses Stromdichtefeldes wirkt der Wicklungsdurchflutung iN entgegen.

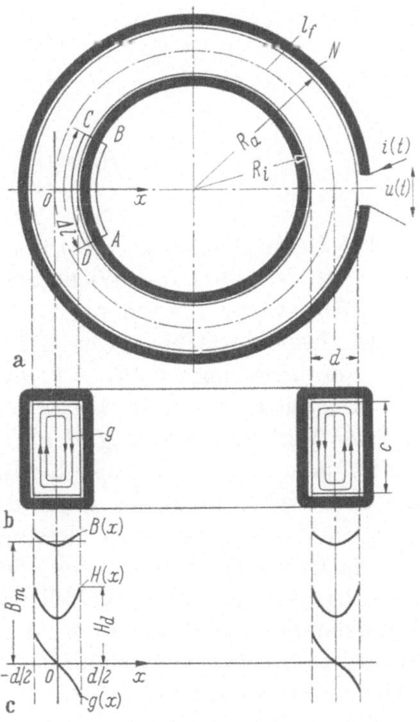

Abb. 2.1a–c. Verteilung der Wirbelstromdichte g, der Feldstärke H und der Induktion B in einem bewickelten Eisenring

In Abb. 2.2 sind diese Verhältnisse noch einmal schematisch für eine einzelne Induktionslinie und für eine Stromdichtelinie des Wirbelstromfeldes veranschaulicht. Die geschlossenen Wirbelstrombahnen verlaufen in Ebenen, die senkrecht zur erzeugenden Feldstärke bzw. zum erzeugenden Fluß liegen; in der Schnittzeichnung Abb. 2.1b des Probekörpers sind diese Wirbelstrombahnen schematisch eingezeichnet.

Zur Deutung des Einflusses der Wirbelströme auf den dynamischen Magnetisierungsprozeß wird angenommen, daß die Dicke d des Eisenringes in Abb. 2.1 sehr klein gegenüber der Höhe c ist. Das Polygon $ABCD$ in Abb. 2.1a umschließt die Wicklungsdurchflutung $iN\Delta l/l_f$ und die Gesamtheit der von $ABCD$ umfaßten, senkrecht in die Zeichenebene eintretenden Wirbelstromlinien.

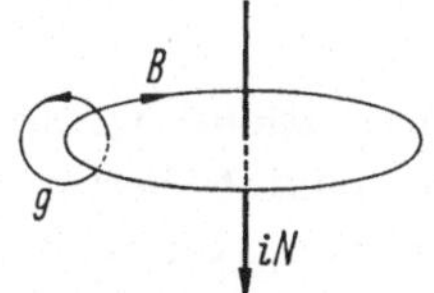

Abb. 2.2. Zur Erläuterung der Wirbelströme

Bei einem Probekern der eingangs beschriebenen Art kann die Wicklung praktisch als streuungslos angesehen werden, so daß für das magnetische Feld im Außenraum $H = 0$ gilt. Der Durchflutungssatz liefert deshalb für das Polygon $ABCD$:

$$\Delta l H(x) = iN\frac{\Delta l}{l_f} - \int_x^{\frac{d}{2}} g(x)\,\Delta l\,dx, \tag{1}$$

Zur Abkürzung schreibt man dafür:

$$H(x) = H_d - H_w(x), \tag{2}$$

$$H_d = \frac{iN}{l_f}, \tag{3}$$

$$H_w(x) = \int_x^{\frac{d}{2}} g(x)\,dx. \tag{4}$$

Die Gesamtfeldstärke $H(x)$ besteht nach (2) aus zwei Summanden: der erste ist durch die Wicklungsdurchflutung iN, der zweite durch die Wirbelströme g bestimmt.

Die beiden ortsabhängigen Größen $H(x)$ und $H_w(x)$ verlaufen unter der Voraussetzung $R_a/R_i \approx 1$ aus Symmetriegründen symmetrisch zur Ringmitte $x = 0$ in Abb. 2.1. Am Ringrand $x = d/2$ verschwindet der Wirbelstrombeitrag, denn nach (4) gilt $H_w(d/2) = 0$. Aus (2) erhält man damit für die Randfeldstärke $H(d/2) = H_d = Ni(t)/l_f$; die Randfeldstärke H_d ist somit durch den Wicklungsstrom $i(t)$ festgelegt und deshalb eine der Messung unmittelbar zugängliche Größe.

Die durch (2) beschriebene räumliche Feldverteilung $H(x)$ ist in Abb. 2.1c schematisch dargestellt. Wegen des Sättigungscharakters der Eisenkennlinie ist die relative Abnahme vom Rand des Probekörpers zur Mitte hin bei der Induktion B geringer als bei der Feldstärke H (Abb. 2.1c). Zwischen der Magnetisierungsspannung $u(t)$ und dem Fluß Φ im Probering gilt nach dem Induktionsgesetz:

$$u = N\frac{d\Phi}{dt}, \tag{5}$$

$$\Phi = \frac{1}{N}\int_{t_1}^{t} u(t)\,dt + \Phi_0. \tag{6}$$

Die Integrationskonstante $\Phi_0 = \Phi(t_1)$ ist durch den Wert des Flusses Φ im Zeitpunkt t_1 bestimmt. Führt man eine mittlere Induktion B_m (Abb. 2.1c) ein, dann folgt:

$$\Phi = c\,d\,B_m, \tag{7}$$

$$B_m = \frac{1}{d}\int_{-\frac{d}{2}}^{+\frac{d}{2}} B(x)\,dx. \tag{8}$$

Damit erhält man aus (6):

$$B_m = \frac{1}{Ncd}\int\limits_{t_1}^{t} u(t)\, dt + \frac{\Phi_0}{cd}. \tag{9}$$

Damit ist — wenn von der Integrationskonstanten abgesehen wird — die mittlere Induktion B_m ebenfalls auf eine der Messung unmittelbar zugängliche Größe, nämlich auf das Spannungsintegral $\int u\,dt$ zurückgeführt.

Die eben durchgeführten Überlegungen zeigen, daß aus den Meßergebnissen des zeitlichen Verlaufes des Wicklungsstromes $i(t)$ und des zeitlichen Verlaufes des Spannungsintegrales $\int u\,dt$ mit Hilfe der Beziehungen

$$H_d = \frac{N\, i(t)}{l_f}, \tag{10}$$

$$B_m = \frac{1}{Ncd}\int\limits_{t_1}^{t} u(t)\, dt + B_0 \tag{11}$$

der zeitliche Verlauf der Randfeldstärke H_d und der mittleren Induktion B_m berechnet werden kann; man schreibt für diese aus den Meßergebnissen errechneten Werte formal:

$$H_d = H_d(t), \tag{12}$$

$$B_m = B_m(t). \tag{13}$$

Daraus kann die Zeit eliminiert werden, so daß man B_m als Funktion von H_d oder umgekehrt erhält; man schreibt dafür formal:

$$B_m = B(H_d), \tag{14}$$

$$H_d = H(B_m). \tag{15}$$

Die durch (14) bzw. (15) ausgedrückte Beziehung zwischen mittlerer Induktion B_m und Randfeldstärke H_d wird als „dynamische Eisenkennlinie" bezeichnet.

Unter statischen oder quasistatischen Bedingungen ist der Wirbelstromeinfluß zu vernachlässigen, so daß sich im Probekörper eine homogene Feld- und Induktionsverteilung einstellt; die Beziehungen (14), (15) gehen dann in die statische Hysteresisschleife über. Wegen der homogenen Feldstärke und Induktionsverteilung beschreibt die statische Eisenkennlinie die wahren Materialeigenschaften des ferromagnetischen Stoffes.

Die dynamische Eisenkennlinie beschreibt im Gegensatz dazu den Zusammenhang zwischen einer lokalen Feldstärke, nämlich der Randfeldstärke H_d und dem Induktionsmittelwert B_m. Im folgenden Abschnitt wird gezeigt, daß dieser Zusammenhang außer von den Eigenschaften des ferromagnetischen Werkstoffes noch vom Zeitgesetz des Magnetisierungsablaufes, von den geometrischen Abmessungen des Probekörpers und von der elektrischen Leitfähigkeit des Werkstoffes abhängt. Die dynamischen Kennlinien beschreiben deshalb keine reinen Werkstoffeigenschaften.

Die Wirbelstromintensität nimmt — wie in den folgenden Abschnitten gezeigt wird — mit der Blechdicke d ab. Man baut deshalb die Eisenkerne der Drosselspulen und Transformatoren aus einzelnen, elektrisch voreinander isolierten Blechlagen auf. Ein solcher Kern entsteht z. B., wenn ein Blechband von der Breite c und der Dicke d mit n Lagen über einen Dorn vom Durchmesser R_i aufgewickelt wird; man spricht dann von einem Bandringkern (Abb. 2.3).

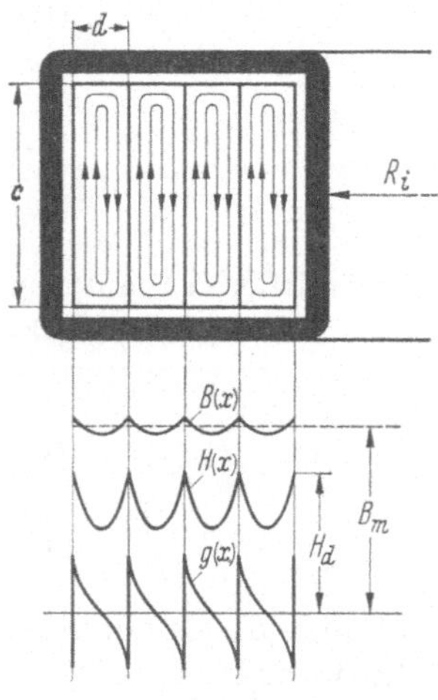

Abb. 2.3. Örtlicher Verlauf der Wirbelstromdichte g, der Feldstärke H und der Induktion B in einem mehrlagigen Ringkern

Der von der Wicklung erzeugte Fluß Φ teilt sich wegen der Voraussetzung $R_a/R_i \approx 1$ gleichmäßig auf alle n Blechlagen auf, so daß jede den gleichen Fluß Φ/n führt. Wegen der elektrischen Isolation zwischen den einzelnen Blechlagen verhält sich jedes Einzelblech wie der in Abb. 2.1 dargestellte Einzelring, so daß die in Abb. 2.1c dargestellte Feldstärke und Induktionsverteilung unmittelbar auf die Einzelbleche in Abb. 2.3 übertragen werden kann. Daraus folgt, daß auch bei einem mehrlagigen Kern die Randfeldstärke H_d durch die Wicklungsdurchflutung $i \cdot N$ und die über den Kernquerschnitt gemittelte Induktion B_m durch das Spannungsintegral $\int u\,dt$ festgelegt ist; es bestehen deshalb dieselben Verhältnisse wie beim Einzelring in Abb. 2.1.

Die dynamischen Hysteresisschleifen sind breiter und deshalb auch der Fläche nach größer als die zugehörige statische Hysteresisschleife, sofern derselbe Werkstoff und derselbe Induktionsscheitelwert vorausgesetzt wird. Da die Schleifenfläche den Magnetisierungsverlusten pro Zyklus proportional ist folgt, daß bei der dynamischen Magnetisierung zusätzlich zu den Hysteresisverlusten noch weitere Verluste auftreten; zu diesen Verlusten gehören die durch die klassische Elektrodynamik erklärbaren Wirbelstromverluste. Darüber hinaus treten jedoch noch weitere Verluste auf, die in der physikalischen Natur des Ferromagnetismus, insbesondere in seiner Bezirksstruktur und in energetischen Wechselwirkungen im atomaren Bereich begründet sind.

In den folgenden zwei Abschnitten wird der Einfluß der nach der klassischen Elektrodynamik berechenbaren Wirbelströme auf die dynamische Hysteresisschleife untersucht. Die Ergebnisse können jedoch nur bei Werkstoffen, bei denen die dynamischen Zusatzverluste überwiegend von den Wirbelströmen herrühren, einigermaßen quantitativ gedeutet werden. Bei den in den Transduktorschaltungen vorzugsweise verwendeten Werkstoffen mit ausgeprägtem Sättigungsknick liefern jedoch die in der Bezirksstruktur des Ferromagnetismus und den atomaren Wechselwirkungen begründeten Verluste einen wesentlichen Anteil der dynamischen Zusatzverluste, so daß die aus der klassischen Wirbelstromtheorie errechneten Vorgänge höchstens eine qualitative Übereinstimmung mit den tatsächlichen Vorgängen zeigen.

2.2 Ersatz der statischen Hysteresisschleife durch eine Ellipse. Die Drossel in Abb. 2.4a sei durch eine sinusförmige Spannung mit dem Scheitelwert $\hat{U}$ quasistatisch magnetisiert, d. h. die Kreisfrequenz ω der ummagnetisierenden Wechselspannung soll so klein sein, daß die Wirbelströme noch keine Rolle spielen; dann wird während eines Magnetisierungszyklus die statische Hysteresisschleife Abb. 2.4b durchlaufen. Die sinusförmige Magnetisierungsspannung u erzeugt im Drosselkern einen cosinusförmigen Verlauf der Induktion b, dem wegen der Nichtlinearität der Hysteresisschleife ein verzerrter Verlauf der Feldstärke h und damit des Wicklungsstromes i_h in Abb. 2.4a entspricht. Die Beschreibung der Nichtlinearitäten ist sehr schwierig, so daß man den verzerrten Feldverlauf bzw. den verzerrten Strom i_h in geeigneter Weise durch eine entsprechend phasenverschobene Sinuswelle mit dem Scheitelwert $\hat{H}$ bzw. $\hat{I}_h$ ersetzt. Nach dieser Linearisierung der Problemstellung kann die Magnetisierungsspannung u und der Wicklungsstrom i_h in komplexer Schreibweise dargestellt werden:

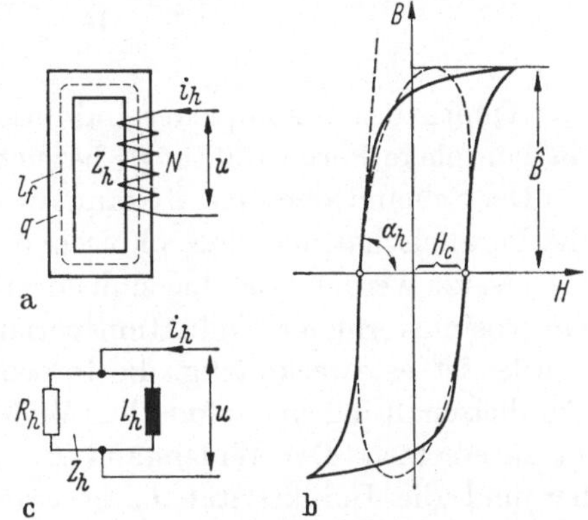

Abb. 2.4a–c. Ersatzschema für die statische Hysteresisschleife: a Ersatzkern, b statische Hysteresisschleife (voll ausgezogen) und statische Ersatzellipse (gestrichelt), c Ersatzschaltung

$$\boldsymbol{U} = \hat{U} e^{j\omega t}, \tag{16}$$

$$\boldsymbol{I}_h = \hat{I}_h e^{j(\omega t - \varphi_h)}. \tag{17}$$

Daraus erhält man für die Induktion und für die Feldstärke:

$$\boldsymbol{B} = -j\hat{B}\,e^{j\omega t}, \tag{18}$$

$$\boldsymbol{H} = \hat{H}\,e^{j(\omega t - \varphi_h)}, \tag{19}$$

$$\hat{B} = \frac{\hat{U}}{\omega N q}, \tag{20}$$

$$\hat{H} = \frac{\hat{I}_h N}{l_f}. \tag{21}$$

Durch den Quotienten $\boldsymbol{U}/\boldsymbol{I}_h$ ist der komplexe Scheinwiderstand $\boldsymbol{Z}_h$ der Wicklung definiert. Dafür kann man mit (16) bis (21) schreiben:

$$\boldsymbol{Z}_h = \frac{\boldsymbol{U}}{\boldsymbol{I}_h} = j\,\omega\,N^2\,\frac{q\,\mu_h}{l_f}, \tag{22}$$

$$\mu_h = \frac{\boldsymbol{B}}{\boldsymbol{H}} = -j\,\frac{\hat{B}}{\hat{H}}\,e^{j\varphi_h}. \tag{23}$$

Der Quotient aus komplexer Induktion und komplexer Feldstärke wird als komplexe Permeabilität μ_h bezeichnet.

Der Scheinwiderstand $\boldsymbol{Z}_h$ kann durch die Reihenschaltung oder durch die Parallelschaltung eines ohmschen Widerstandes mit einer Induktivität ersetzt werden. Da eine sinusförmige Magnetisierungsspannung, also ein cosinusförmiger Induktionsverlauf im Drosselkern vorausgesetzt wurde, ist es zweckmäßig, die Impedanz $\boldsymbol{Z}_h$ nach Abb. 2.4c durch die Parallelschaltung eines ohmschen Widerstandes R_h und einer Induktivität L_h zu ersetzen. Der Widerstand R_h rührt von den Hysteresisverlusten her und die Induktivität L_h beschreibt die magnetische Energie der Drossel.

Aus der Ersatzschaltung Abb. 2.4c und mit (22) folgt für den Scheinwiderstand $\boldsymbol{Z}_h$:

$$\frac{1}{\boldsymbol{Z}_h} = \frac{l_f}{j\omega N^2 q}\cdot\frac{1}{\mu_h} = \frac{1}{R_h} + \frac{1}{j\omega L_h}. \tag{24}$$

In Anlehnung an diese Schreibweise kann die Aufspaltung der komplexen Größe $1/\mu_h$ in Real- und Imaginärteil auf folgende Weise vorgenommen werden:

$$\frac{1}{\mu_h} = \frac{1}{\mu_{Lh}} - \frac{1}{j\mu_{Rh}}. \tag{25}$$

Daraus erhält man mit (24) für R_h und L_h die zwei Beziehungen:

$$R_h = \omega N^2 \frac{q \mu_{Rh}}{l_f}, \tag{26}$$

$$L_h = N^2 \frac{q \mu_{Lh}}{l_f}. \tag{27}$$

Die Indizes L bzw. R in (25) sollen darauf hinweisen, daß durch den Realteil der komplexen Permeabilität die induktive Komponente und durch den Imaginärteil die ohmsche Komponente der Impedanz $\mathbf{Z}_h$ beschrieben wird.

Der in (17) auftretende Phasenwinkel φ_h zwischen Spannung und Strom ist wegen der Eisenverluste kleiner als 90°; er ist durch R_h und L_h bzw. durch μ_{Rh}, μ_{Lh} festgelegt. Insbesondere gelten die folgenden Beziehungen:

$$\sin \varphi_h = \frac{\hat{\mu}_h}{\mu_{Lh}}, \tag{28}$$

$$\cos \varphi_h = \frac{\hat{\mu}_h}{\mu_{Rh}}, \tag{29}$$

$$\hat{\mu}_h = \frac{\hat{B}}{\hat{H}}. \tag{30}$$

$\hat{\mu}_h$ bedeutet nach (23) den Betrag der komplexen Permeabilität $\boldsymbol{\mu}_h$.

Die Darstellung der statischen magnetischen Eigenschaften des Drosselkernes in Abb. 2.4a durch eine komplexe Permeabilität $\boldsymbol{\mu}_h$ mit konstantem, d. h. stromunabhängigem Real- und Imaginärteil, hat zur Voraussetzung, daß der verzerrte Verlauf der Feldstärke bzw. des Wicklungsstromes durch eine entsprechend phasenverschobene Sinuslinie in geeigneter Weise ersetzt wird. Es kommt also offensichtlich in erster Linie darauf an, den Real- und Imaginärteil der komplexen Permeabilität $\boldsymbol{\mu}_h$ so festzulegen, daß der dadurch beschriebene Magnetisierungsstrom i_h möglichst gut der Wirklichkeit entspricht.

Man geht dabei zweckmäßig so vor, daß zunächst die Hysteresisschleife, die sich aus den obengenannten Näherungen ergibt, berechnet wird und die freien Parameter anschließend so gewählt werden, daß die Näherungskurve die Eigenschaften der wirklichen statischen Hysteresisschleife möglichst gut wiedergibt.

Zur Berechnung der Näherungskennlinie geht man vom zeitlichen Verlauf der Induktion b und der Feldstärke h unter den eben erwähnten vereinfachten Bedingungen aus. Dieser Zeitverlauf ist in reeller Schreibweise durch den Imaginärteil von (18) bzw. (19) festgelegt:

$$b = -\hat{B} \cos \omega t, \tag{31}$$

$$h = \hat{H} \sin (\omega t - \varphi_h). \tag{32}$$

Daraus kann die Zeit t eliminiert werden, so daß eine Beziehung zwischen der Induktion b und der Feldstärke h, also die gesuchte Ersatzkennlinie für die statische Hysteresisschleife entsteht. Man erhält nach einiger Zwischenrechnung mit Benützung der Beziehungen (28) bis (30):

$$h^2 \hat{\mu}_h^2 + b^2 - 2bh \frac{\hat{\mu}_h^2}{\mu_{Lh}} = \hat{B}^2 \left(\frac{\hat{\mu}_h}{\mu_{Rh}}\right)^2. \tag{33}$$

(33) ist die Gleichung einer Ellipse. Die eingangs getroffene Annäherung des Feldstärkeverlaufes bzw. des Stromverlaufes durch eine Sinusform ist also gleichbedeutend mit dem Ersatz der tatsächlichen statischen Hysteresisschleife durch eine Ellipse.

Es kommt nun darauf an, die tatsächliche statische Hysteresisschleife in Abb. 2.4b möglichst gut durch eine Ellipse anzunähern. Dazu werden drei Forderungen aufgestellt: Die Originalkurve und Ersatzellipse sollen denselben Induktionsscheitelwert $\hat{B}$ aufweisen, sie sollen denselben Schnittpunkt mit der Abszisse, gekennzeichnet durch $h = H_c$, $b = 0$, besitzen und dort die gleiche Neigung $\tan \alpha_h$ haben. Die diesen Forderungen entsprechende Näherungsellipse ist in Abb. 2.4b dargestellt.

Aus der Ellipsengleichung (33) folgt mit $b = 0$ die Koerzitivfeldstärke H_c; die Neigung $\tan \alpha_h$ erhält man aus dem Differentialquotienten db/dh für $b = 0$. Daraus folgt:

$$\mu_{Rh} = \frac{\hat{B}}{H_c}, \tag{34}$$

$$\mu_{Lh} = \tan \alpha_h. \tag{35}$$

Die beiden Beziehungen sagen folgendes aus: Wenn die wirkliche statische Hysteresisschleife durch eine Ellipse angenähert werden soll, die den obengenannten drei Bedingungen genügt, müssen den Real- und Imaginärteilen der komplexen Permeabilität μ_h die durch (34), (35) festgelegten Werte erteilt werden; sie sind durch die drei reellen Größen H_c, $\hat{B}$ und $\tan \alpha_h$ festgelegt, die aus der vorgegebenen, anzunähernden Originalkennlinie entnommen werden können.

Die durch Abb. 2.4b beschriebene Annäherung der statischen Hysteresisschleife durch eine Ellipse liegt somit dann vor, wenn die komplexe Permeabilität μ_h folgendermaßen festgelegt wird:

$$\frac{1}{\mu_h} = \frac{1}{\tan\alpha_h} + j\,\frac{H_c}{\hat{B}}. \tag{36}$$

Damit ist nach (22) auch die Ersatzimpedanz $\boldsymbol{Z}_h$ des Drosselkernes bestimmt. Insbesondere erhält man nach (26), (27) für R_h und L_h:

$$R_h = \omega N^2 \frac{q}{l_f} \frac{\hat{B}}{H_c}, \tag{37}$$

$$L_h = N^2 \frac{q}{l_f} \tan\alpha_h. \tag{38}$$

Die an dem speziellen Beispiel der statischen Hysteresisschleife gewonnenen Aussagen über die Ersatzellipse können in folgender Form verallgemeinert werden: Die Annahme einer komplexen Permeabilität

$$\frac{1}{\mu} = \frac{1}{\mu_L} - \frac{1}{j\mu_R} \tag{39}$$

bedeutet stets, daß der Zusammenhang zwischen Induktion b und Feldstärke h durch eine Ellipse beschrieben wird; dabei sind die Koerzitivfeldstärke H_0 und die Ellipsenneigung $\tan\alpha_0$ im Schnittpunkt mit der Abszisse durch

$$H_0 = \frac{\hat{B}}{\mu_R}, \tag{40}$$

$$\tan\alpha_h = \mu_L \tag{41}$$

festgelegt, also durch die beiden Komponenten μ_L und μ_R der komplexen Permeabilität μ bestimmt.

2.3 Ersatz der dynamischen Hysteresisschleife durch eine Ellipse. Bei der dynamischen Magnetisierung des Drosselkernes in Abb. 2.5a durch eine sinusförmige Spannung vom Scheitelwert $\hat{U}$ kann man dieselben Überlegungen wie bei der statischen Hysteresisschleife anstellen. Der von der Nichtlinearität der dynamischen Hysteresisschleife herrührende verzerrte Verlauf der Feldstärke bzw. des Wicklungsstromes i_d kann durch eine entsprechend phasenverschobene Sinuswelle ersetzt werden; dann kann die komplexe Schreibweise angewendet werden und es gilt für die Wicklungsspannung $\boldsymbol{U}$ und den Wicklungsstrom $\boldsymbol{I}_d$:

$$\boldsymbol{U} = \hat{U}\, e^{j\omega t}, \tag{42}$$

$$\boldsymbol{I}_d = \hat{I}_d\, e^{j(\omega t - \varphi_d)}. \tag{43}$$

Bei dynamischen Magnetisierungsprozessen liegt, gemäß Abb. 2.3, keine homogene Verteilung der Induktion und der Feldstärke über den Blechquerschnitt vor. In Abschn. 2.1 wurde gezeigt, daß unter diesen Verhältnissen die Wicklungsspannung u mit der mittleren Kerninduktion b_m und der Wicklungsstrom i_d mit der Randfeldstärke h_d verknüpft ist. Für die mittlere Kerninduktion und für die Randfeldstärke folgt in komplexer Schreibweise:

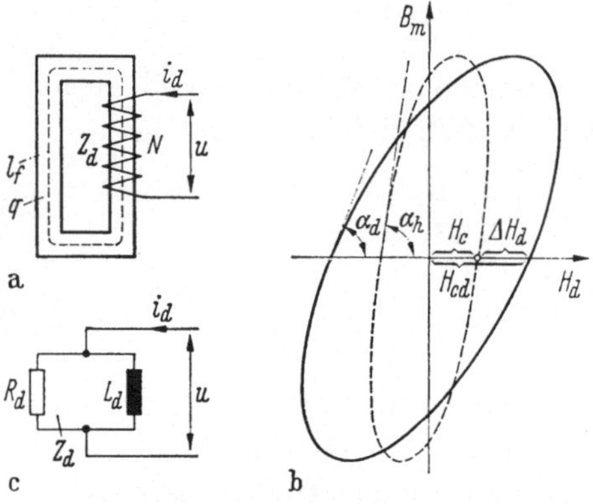

Abb. 2.5a–c. Näherungsweise Beschreibung des dynamischen Magnetisierungsvorganges: a Ersatzkern, b statische Hystereseellipse (gestrichelt), dynamische Hystereseellipse (voll ausgezogen), c Ersatzschaltung des dynamisch magnetisierten Kernes

$$\boldsymbol{B}_m = -j\hat{B}_m e^{j\omega t}, \tag{44}$$

$$\boldsymbol{H}_d = \hat{H}_d e^{j(\omega t - \varphi_d)}, \tag{45}$$

$$\hat{B}_m = \frac{\hat{U}}{\omega N q}, \tag{46}$$

$$\hat{H}_d = \frac{\hat{I}_d N}{l_f}. \tag{47}$$

Die Eigenschaften der dynamisch magnetisierten Spule sind somit durch einen komplexen Scheinwiderstand $\boldsymbol{Z}_d$ festgelegt, der wie im Falle der statischen Hysteresisschleife durch die Parallelschaltung eines ohmschen Widerstandes R_d mit einer Induktivität L_d beschrieben werden kann (Abb. 2.5c). Dann gilt mit (42) bis (47):

$$\frac{1}{\boldsymbol{Z}_d} = \frac{\boldsymbol{I}_d}{\boldsymbol{U}} = \frac{l_f}{j\omega N^2 q} \cdot \frac{1}{\mu_d} = \frac{1}{R_d} + \frac{1}{j\omega L_d}, \tag{48}$$

$$\mu_d = \frac{\boldsymbol{B}_m}{\boldsymbol{H}_d} = -j\,\frac{\hat{B}_m}{\hat{H}_d}\,e^{j\varphi_d}. \tag{49}$$

Entsprechend der statischen komplexen Permeabilität schreibt man:

$$\frac{1}{\mu_d} = \frac{1}{\mu_{Ld}} - \frac{1}{j\mu_{Rd}}. \tag{50}$$

Daraus folgt mit (48):

$$R_d = \omega N^2 \frac{q\mu_{Rd}}{l_f}, \tag{51}$$

$$L_d = N^2 \frac{q\mu_{Ld}}{l_f}. \tag{52}$$

Die Eigenschaften des dynamisch magnetisierten Drosselkernes in Abb. 2.5a sind somit bekannt, sobald μ_{Rd} und μ_{Ld} festgelegt sind. Die Aufgabe läuft also auf die Bestimmung der komplexen Permeabilität μ_d hinaus; dazu werden die folgenden Überlegungen angestellt:

Die geometrischen Daten des Kernes, die Windungszahl der Magnetisierungswicklung, die Kreisfrequenz ω, die komplexe Permeabilität μ_h der statischen Hysteresisschleife entsprechend (36), sowie die elektrische Leitfähigkeit σ des Kernbleches werden als vorgegebene Größen betrachtet. Zur Bestimmung der dynamischen Permeabilität μ_d muß nach (49) aus den vorgenannten Angaben die mittlere Kerninduktion und die Randfeldstärke bei dynamischer Magnetisierung berechnet werden. Aus Abb. 2.3 erkennt man, daß es genügt, die mittlere Induktion und die Randfeldstärke in einem Einzelblech unter den vorgegebenen Magnetisierungsbedingungen, also für cosinusförmigen Flußverlauf zu berechnen.

Bei der üblichen Kernbauweise ist die Blechdicke d vernachlässigbar klein gegenüber den anderen Abmessungen der Kernbleche, so daß das Einzelblech in guter Näherung durch eine in der yz-Ebene unendlich ausgedehnte Blechtafel ersetzt werden kann (Abb. 2.6). Die von der Wicklung erzeugte magnetische Feldstärke soll mit der z-Richtung in Abb. 2.6 zusammenfallen; die x- und y-Komponente des magnetischen Feldes ist deshalb Null. Wegen der unendlichen Ausdehnung des Bleches in der x- und y-Richtung ist die magnetische Feldstärke von x und y unabhängig; daraus folgt, daß die Feldstärke h und die als cosinusförmig angenommene Induktion b nur von der x-Richtung abhängen.

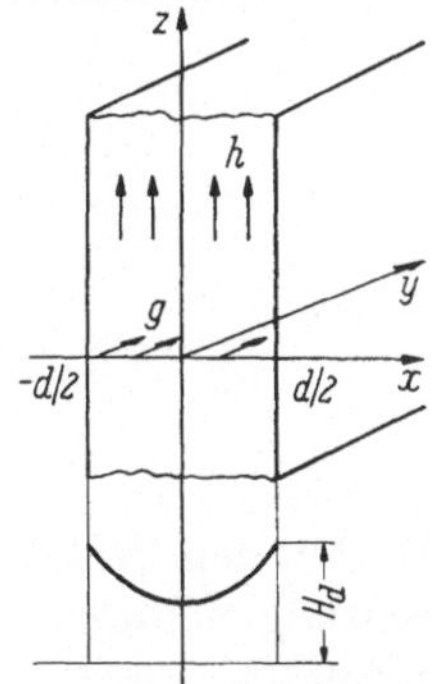

Abb. 2.6. Zur Berechnung der Randfeldstärke H_d in einem dynamisch magnetisierten Blech

Die von der Induktionsänderung herrührenden Wirbelströme verlaufen in Ebenen senkrecht zur Induktion, also in der xy-Ebene; sie besitzen deshalb keine z-Komponente. Wegen der unendlichen Ausdehnung des Bleches ist die Wirbelstromdichte g von y und z unabhängig; die Wirbelstromdichte g und damit die elektrische Feldstärke e hängen also nur von der x-Richtung ab.

Wendet man die beiden Maxwellschen Gleichungen auf die Anordnung in Abb. 2.6 an, dann erhält man die Differentialgleichungen:

$$-\frac{\partial h(x,t)}{\partial x} = g(x,t), \tag{53}$$

$$\frac{\partial e(x,t)}{\partial x} = -\frac{db(x,t)}{dt}. \tag{54}$$

Die beiden Gleichungen liefern eine vom Ort und von der Zeit abhängige Lösung für die räumliche Induktions- und Feldverteilung.

Die exakte Lösung bereitet wegen des nichtlinearen Zusammenhanges zwischen Induktion und Feldstärke große Schwierigkeiten. Man erhält jedoch eine mathematisch einfach zu handhabende Näherungslösung, wenn die statische Hysteresisschleife durch eine Ellipse ersetzt, also durch die komplexe Permeabilität

$$\frac{1}{\mu_h} = \frac{1}{\mu_{Lh}} - \frac{1}{j\mu_{Rh}} \tag{55}$$

beschrieben wird. Darin sind Real- und Imaginärteil durch (34), (35) festgelegt.

Zwischen der Stromdichte und der elektrischen Feldstärke besteht durch das ohmsche Gesetz ein linearer Zusammenhang. Durch die Einführung der komplexen Permeabilität μ_h wird zwischen Feldstärke und Induktion ebenfalls eine lineare Beziehung hergestellt. Da außerdem nur die stationären Lösungen der Differentialgleichungen interessieren, kann zur komplexen Schreibweise übergegangen werden:

$$\boldsymbol{h}(x, t) = \boldsymbol{H}(x)\, e^{j\omega t}, \tag{56}$$

$$\boldsymbol{b}(x, t) = \mu_h \boldsymbol{h}(x, t), \tag{57}$$

$$\boldsymbol{g}(x, t) = \boldsymbol{G}(x) e^{j\omega t}, \tag{58}$$

$$\boldsymbol{g}(x, t) = \sigma \boldsymbol{e}(x, t). \tag{59}$$

Mit den Beziehungen (56) bis (59) folgt aus den beiden partiellen Differentialgleichungen (53), (54) eine gewöhnliche Differentialgleichung für $\boldsymbol{H}(x)$:

$$\frac{d^2\boldsymbol{H}(x)}{dx^2} = \boldsymbol{K}^2\boldsymbol{H}(x), \tag{60}$$

$$\boldsymbol{K}^2 = j\omega\sigma\mu_h. \tag{61}$$

Die allgemeine Lösung der Differentialgleichung (60) lautet:

$$\boldsymbol{H}(x) = \boldsymbol{A}_0 \cosh \boldsymbol{K}x + \boldsymbol{C}_0 \sinh \boldsymbol{K}x. \tag{62}$$

Die beiden Integrationskonstanten $\boldsymbol{A}_0$ und $\boldsymbol{C}_0$ müssen aus den Randbedingungen des Problemes bestimmt werden.

Die mittlere Kerninduktion $\boldsymbol{B}_m$ wird dem Probekern durch die sinusförmige Wicklungsspannung aufgezwungen. $\boldsymbol{B}_m$ ist also als vorgegebene

Größe aufzufassen. Außerdem muß die Feldverteilung über die Blechdicke zur Feldmitte symmetrisch verlaufen. Daraus folgen die beiden Randbedingungen:

$$\boldsymbol{B}_m = -j\hat{B}_m e^{j\omega t} = \frac{1}{d}\int_{-\frac{d}{2}}^{\frac{d}{2}} \mu_h \boldsymbol{H}(x)\,dx, \tag{63}$$

$$\boldsymbol{H}(x) = \boldsymbol{H}(-x). \tag{64}$$

Aus (64) folgt unmittelbar $\boldsymbol{C}_0 = 0$ und mit der Randbedingung (63) erhält man aus (62):

$$\boldsymbol{A}_0 = \frac{\boldsymbol{B}_m}{\mu_h}\frac{\boldsymbol{K}d}{2}\frac{1}{\sinh\frac{\boldsymbol{K}d}{2}}. \tag{65}$$

Die Lösung für die räumliche Feldverteilung lautet also:

$$\boldsymbol{H}(x) = \frac{\boldsymbol{B}_m}{\mu_h}\frac{\boldsymbol{K}d}{2}\frac{\cosh\boldsymbol{K}x}{\sinh\frac{\boldsymbol{K}d}{2}}. \tag{66}$$

Daraus erhält man mit $x = d/2$ die komplexe Randfeldstärke $\boldsymbol{H}_d = \boldsymbol{H}(d/2)$:

$$\boldsymbol{H}_d = \frac{\boldsymbol{B}_m}{\mu_h}\frac{\boldsymbol{K}d}{2}\coth\frac{\boldsymbol{K}d}{2}. \tag{67}$$

Für die gesuchte komplexe Permeabilität μ_d folgt nach (49):

$$\frac{1}{\mu_d} = \frac{1}{\mu_h}\frac{\boldsymbol{K}d}{2}\coth\frac{\boldsymbol{K}d}{2}. \tag{68}$$

Die Reihenentwicklung ergibt:

$$\frac{1}{\mu_d} = \frac{1}{\mu_h}\left[1 + \frac{1}{3}\left(\frac{\boldsymbol{K}d}{2}\right)^2 - \frac{1}{45}\left(\frac{\boldsymbol{K}d}{2}\right)^4 + \ldots\right]. \tag{69}$$

Für einen Kern aus dem Werkstoff Permenorm 5000 Z, der aus Blechen von der Dicke 10^{-2} cm aufgebaut ist, gelten bei Magnetisierung mit der Sättigungsinduktion B_s und der Kreisfrequenz ω folgende Daten:

$B_s = 15000\ G$; $\mu_{Lh} \approx 10^6\ G/A$ cm; $\mu_{LR} \approx 10^5\ G/A$ cm

$H_c \approx 0{,}15\ A/\text{cm}$ $\sigma = 2{,}2 \cdot 10^4\ (\Omega\ \text{cm})^{-1}$

$d = 10^{-2}$ cm $\omega = 314\ \text{sek}^{-1}$.

Mit diesen Angaben erhält man für den dritten Summanden in der Klammer von (69) etwa den Zahlenwert 0,02; für diesen und ähnliche Kerne gilt deshalb:

$$\xi = \frac{1}{45}\left[|\boldsymbol{K}|\,\frac{d}{2}\right]^4 \ll 1. \tag{70}$$

Man braucht also in (69) nur das quadratische Glied zu berücksichtigen. Daraus folgt für die komplexe dynamische Permeabilität:

$$\frac{1}{\mu_d} \approx \frac{1}{\mu_{Lh}} + j\left[\frac{1}{\mu_{Rh}} + \frac{1}{3}\,\omega\sigma\left(\frac{d}{2}\right)^2\right]. \tag{71}$$

Insbesondere ergibt sich für die beiden Komponenten der dynamischen komplexen Permeabilität:

$$\frac{1}{\mu_{Rd}} \approx \frac{1}{\mu_{Rh}} + \frac{1}{3}\,\omega\sigma\left(\frac{d}{2}\right)^2, \tag{72}$$

$$\frac{1}{\mu_{Ld}} \approx \frac{1}{\mu_{Lh}}. \tag{73}$$

Bei besonderen Werkstoffen und hohen Frequenzen kann die Berücksichtigung des Gliedes vierter Ordnung in (69) notwendig werden. Dann erhält man für die Komponenten der komplexen Permeabilität in besserer Näherung:

$$\frac{1}{\mu_{Rd}} = \frac{1}{\mu_{Rh}}(1-\xi) + \frac{1}{3}\,\omega\sigma\left(\frac{d}{2}\right)^2, \tag{74}$$

$$\frac{1}{\mu_{Ld}} = \frac{1}{\mu_{Lh}}(1+\xi), \tag{75}$$

$$\xi = \frac{1}{45}\,\omega^2\sigma^2\hat{\mu}_h^2\left(\frac{d}{2}\right)^4 = \frac{1}{45}\,|\boldsymbol{K}|^2\left(\frac{d}{2}\right)^4. \tag{76}$$

Mit Hilfe der Beziehungen (72) bis (76) können die Komponenten der dynamischen Permeabilität μ_d in erster oder zweiter Näherung aus den Daten μ_{Rh}, μ_{Lh} der statischen Hysteresisschleife, aus der Blechdicke d, der elektrischen Leitfähigkeit σ des Kernwerkstoffes und der Kreisfrequenz ω der Magnetisierungsspannung berechnet werden.

Mit der komplexen dynamischen Permeabilität μ_d ist auch die dynamische Ersatzellipse in Abb. 2.5b festgelegt; zum Vergleich ist darin die statische Ersatzellipse mit dargestellt. Mit der Bezeichnung H_{cd} bzw. H_c für die dynamische bzw. statische Koerzitivfeldstärke und mit der Bezeichnung $\tan\alpha_d$ bzw. $\tan\alpha_h$ für die Neigung der dynamischen bzw. statischen Ellipse im Schnittpunkt mit der Abszisse folgt in Analogie zu (34) und (35):

$$\mu_{Rd} = \frac{\hat{B}}{H_{cd}}; \qquad \mu_{Ld} = \tan\alpha_d.$$

Mit der Näherung (72), (73) folgt daraus:

$$\Delta H_d = H_{cd} - H_c \approx \frac{1}{3} \hat{B} \omega \sigma \left(\frac{d}{2}\right)^2, \tag{77}$$

$$\tan \alpha_d \approx \tan \alpha_h \tag{78}$$

ΔH_d beschreibt die Verbreitung der Näherungsellipse durch die dynamische Magnetisierung (Abb. 2.5b).

Aus der zweiten Näherung (74), (75) folgt für die Schleifenverbreiterung ΔH_d und für die Ellipsenneigung $\tan \alpha_h$:

$$\Delta H_d = H_{cd} - H_c \approx \frac{1}{3} \hat{B} \omega \sigma \left(\frac{d}{2}\right)^2 - \frac{\hat{B}}{\mu_{Rh}} \xi, \tag{79}$$

$$\tan \alpha_d \approx \frac{\tan \alpha_h}{1 + \xi}. \tag{80}$$

Aus (77), (78) erkennt man, daß unter der Voraussetzung (70), also z. B. bei relativ kleinen Magnetisierungsfrequenzen die dynamische Magnetisierung nur eine Verbreiterung der Ersatzellipse bei gleichbleibender Neigung bewirkt. Erst wenn das Glied vierter Ordnung in (69) zur Geltung kommt, tritt neben der Schleifenverbreiterung nach (79) eine Schrägstellung der dynamischen Magnetisierungsellipse ein, die sich nach (80) in einer Verkleinerung der Neigung gegenüber der statischen Ellipse auswirkt; dieser Fall wurde in Abb. 2.5b dargestellt.

Mit Hilfe der Beziehungen (72) bis (76) können die Komponenten R_d, L_d des komplexen Scheinwiderstandes $\boldsymbol{Z}_d$ nach (51), (52) berechnet werden.

2.4 Beschreibung der dynamischen Magnetisierung durch eine Ersatzschaltung. In Abb. 2.3 sind die in den Blechen eines ringförmigen Eisenkernes verlaufenden Wirbelstrombahnen schematisch dargestellt. Die im Kerninneren verlaufenden Teile der Wirbelstrombahnen heben sich in ihrer magnetischen Wirkung nach außen hin weg, so daß Abb. 2.3 durch Abb. 2.7a ersetzt werden kann. Man erkennt daraus, daß die Wirbelströme wie eine Oberflächenströmung wirken, die bis zur Tiefe $d/2$ in den Eisenkern eindringt. Der dynamisch magnetisierte Eisenkern verhält sich also wie ein Transformator (Abb. 2.7b), dessen Primärwicklung aus der Magnetisierungswicklung (Windungszahl N) und dessen Sekundärwicklung aus einem Kurzschlußring, also aus einer einzelnen Windung besteht.

Die Ersatzschaltung Abb. 2.7b verhält sich wie der dynamisch magnetisierte Originalkern und kann deshalb durch die Ersatzimpedanz $\boldsymbol{Z}_d$ des Originalkernes beschrieben werden.

Die Wirbelströme verursachen im Eisen Wirkverluste; außerdem wird zum Aufbau des von den Wirbelströmen hervorgerufenen Zusatzfeldes eine gewisse magnetische Energie benötigt. Der Kurschlußwindung des Ersatztransformators in Abb. 2.7b ist deshalb ein ohmscher Widerstand und eine Induktivität, also ein Scheinwiderstand $\boldsymbol{Z}_w$ zuzuordnen; $\boldsymbol{Z}_w$ beschreibt den Wirbelstromeinfluß.

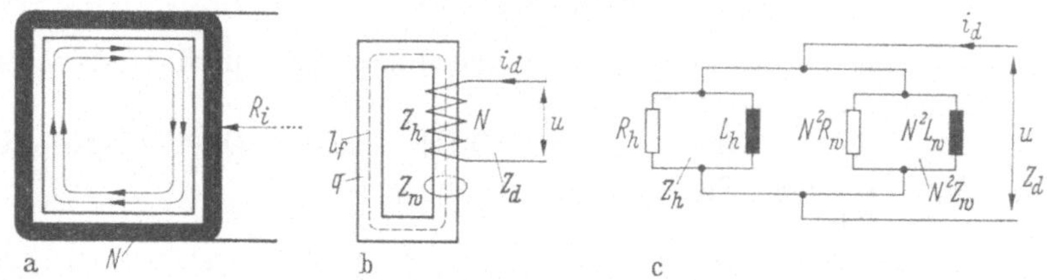

Abb. 2.7a–c.
Ersatzschema für den Wirbelstromeinfluß bei einem mehrlagigen Ringkern: a Ersatz durch einen einlagigen Kern, b Ersatz durch einen Kern mit Kurzschlußwindung, c Ersatzschaltbild zu b

Der Betrag von $\boldsymbol{Z}_w$ nähert sich beim Übergang zu quasistatischen Magnetisierungsbedingungen dem Wert unendlich. Die Kurzschlußwindung kann in diesem Grenzfall fortgelassen werden, so daß die quasistatische Magnetisierung des Kernes durch die Primärwicklung N allein erfolgt. Der Primärwicklung ist deshalb nach Abschn. 2.2 die Impedanz $\boldsymbol{Z}_h$ zuzuordnen.

Die Ersatzschaltung Abb. 2.7b beinhaltet somit folgende Aussage: Dem Drosselkern ist die zum Induktionsscheitelwert $\hat{B}$ gehörende statische Eisenkennlinie des Kernwerkstoffes zuzuordnen; $\hat{B}$ ist jener Induktionsscheitelwert, der durch die sinusförmige Magnetisierungsspannung u im Drosselkern erzeugt wird. Wenn außerdem eine Kurzschlußwindung mit der Impedanz $\boldsymbol{Z}_w$ hinzugefügt wird, nimmt der Ersatzkern Abb. 2.7b dieselben Eigenschaften wie der dynamisch magnetisierte Drosselkern 2.5a an, d. h. in beiden Fällen stellt sich zur sinusförmigen Magnetisierungsspannung u derselbe zeitliche Verlauf des Drosselstromes i_d ein.

Die Impedanzen $\boldsymbol{Z}_h$ und $\boldsymbol{Z}_d$ wurden nach Abschn. 2.2 und 2.3 jeweils durch die Parallelschaltung eines ohmschen Widerstandes und einer Induktivität beschrieben:

$$\frac{1}{\boldsymbol{Z}_h} = \frac{1}{R_h} + \frac{1}{j\omega L_h}, \tag{81}$$

$$\frac{1}{\boldsymbol{Z}_d} = \frac{1}{R_d} + \frac{1}{j\omega L_d}. \tag{82}$$

Deshalb ist es zweckmäßig, auch die zunächst noch unbekannte Impedanz $\boldsymbol{Z}_w$ durch die Parallelschaltung eines Widerstandes R_w und einer Induktivität L_w zu kennzeichnen:

$$\frac{1}{\boldsymbol{Z}_w} = \frac{1}{R_w} + \frac{1}{j\omega L_w}. \tag{83}$$

Aus Abb. 2.7b entsteht durch Reduktion der Impedanz $\boldsymbol{Z}_w$ auf die Primärwicklung N die Ersatzschaltung Abb. 2.7c. Daraus ergibt sich folgende Verknüpfung zwischen den drei Impedanzen:

$$\frac{1}{R_d} = \frac{1}{R_h} + \frac{1}{N^2 R_w}, \tag{84}$$

$$\frac{1}{L_d} = \frac{1}{L_h} + \frac{1}{N^2 L_w}. \tag{85}$$

In den zwei vorangehenden Abschnitten wurden die komplexen Permeabilitäten μ_h und μ_d berechnet, so daß dadurch die Impedanzen $\boldsymbol{Z}_h$ und $\boldsymbol{Z}_d$ bestimmt sind. Die Beziehungen (84), (85) können deshalb zur Berechnung der noch unbekannten Komponenten R_w und L_w der Wirbelstromimpedanz $\boldsymbol{Z}_w$ verwendet werden. Man erhält aus (72), (73):

$$R_w = 3n \frac{4c}{l_f d\sigma}, \tag{86}$$

$$L_w \approx 0, \tag{87}$$

n ist die Anzahl, d die Dicke und c die Breite der Kernbleche. Der Faktor neben $3n$ in (86) stellt den Wirbelstromwiderstand eines einzelnen Kernbleches dar, wenn eine homogene Verteilung der Wirbelstromdichte über den Blechquerschnitt angenommen wird; die Länge der Wirbelstrombahnen beträgt nämlich $2c$ und der Querschnitt der von den Wirbelströmen durchflossen wird, ist durch $l_f\, d/2$ gegeben. Die induktive Komponente L_w der Wirbelstromimpedanz ist nach (87) praktisch Null, so daß $\boldsymbol{Z}_w$ rein ohmschen Charakter aufweist. (Wenn z. B. wie bei höheren Magnetisierungsfrequenzen die exaktere Näherung (76) verwendet werden muß, nimmt L_w einen von Null verschiedenen Wert an).

Für die Komponenten der Impedanz $\boldsymbol{Z}_h$ gilt nach (37) und (38):

$$R_h = \omega N^2 \frac{q}{l_f} \frac{\hat{B}}{H_c}, \tag{88}$$

$$L_h = N^2 \frac{q}{l_f} \mu_{Lh}. \tag{89}$$

Aus (84) bis (89) erhält man die Komponenten R_d und L_d der Impedanz $\boldsymbol{Z}_d$. Damit sind alle Angaben zur Beschreibung der Ersatzschaltung Abb. 2.7b bekannt.

3. Kernbauformen

Die Wirkungsweise der Transduktorschaltungen beruht auf der plötzlichen Sättigung der Transduktordrosseln bei periodischer Magnetisierung. Deshalb eignen sich ferromagnetische Werkstoffe mit rechteckförmiger Hysteresisschleife besonders gut für Transduktorgeräte.

Bei ungünstigem Aufbau der Transduktorkerne kann jedoch der Vorteil der guten Rechteckform der Hysteresisschleife weitgehend verloren gehen. Deshalb sollen jene Eigenschaften der Eisenkerne, die eine Verschleifung des Sättigungscharakters ferromagnetischer Werkstoffe herbeiführen, untersucht werden.

3.1 Magnetische Werkstoffe. Bei den ferromagnetisch weichen Stoffen unterscheidet man zwei große Gruppen, die isotropen und die anisotropen Werkstoffe; bei den ersteren ist die Magnetisierbarkeit in jeder Richtung des Bleches dieselbe, bei den letzteren gibt es Vorzugsrichtungen besonders leichter Magnetisierbarkeit.

Für Transduktordrosseln sind solche Werkstoffe besonders geeignet, die neben einem ausgeprägten Sättigungsknick noch eine möglichst hohe Sättigungsinduktion B_s, eine möglichst kleine Knickfeldstärke H_k (Abb. 1.1) und eine kleine Koerzitivfeldstärke H_c, also eine schmale Hysteresisschleife aufweisen. Diese Eigenschaften werden besonders gut von den kornorientierten anisotropen magnetischen Werkstoffen erfüllt. Deshalb soll kurz auf die Eigenschaft dieser Werkstoffe eingegangen werden.

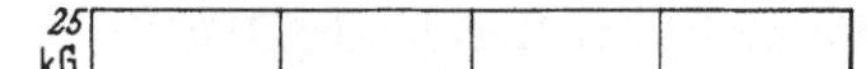

Die Hauptbestandteile der ferromagnetischen Legierungen, Eisen und Nickel, kristallisieren in einem kubischen Raumgitter (Abb. 3.1). Unter besonderen Bedingungen können größere Stücke mit einheitlichem Raumgitter, sog. Einkristalle hergestellt werden. Im allgemeinen bestehen die ferromagnetischen Werkstoffe jedoch aus einer Vielzahl von Körnern (Kristalliten) mit weitgehend regulärer Kristallstruktur; an den Korngrenzen sind die Kristallite fest miteinander verwachsen.

Abb. 3.1 a u. b. Magnetisierungskennlinie eines Eiseneinkristalles: a die drei Hauptrichtungen der Magnetisierung, b die zu den Hauptrichtungen gehörenden Magnetisierungskennlinien

Bei einem Nickel- oder Eiseneinkristall hängt der Zusammenhang zwischen Induktion und Feldstärke, also die Eisenkennlinie von der Richtung des magnetisierenden Feldes ab (magnetische Anisotropie).

In Abb. 3.1 sind als Beispiel die Kennlinien eines Eiseneinkristalles für drei Magnetisierungsrichtungen dargestellt. Die Magnetisierungsrichtung in der Würfelkante wird als magnetische Vorzugsrichtung bezeichnet, weil die Sättigung mit der geringsten Feldstärke erreicht wird; in Richtung der Flächendiagonalen bzw. Raumdiagonalen müssen beträchtlich höhere Feldstärken zur Sättigung aufgewendet werden; die Eisenkennlinien weichen dann beträchtlich von der Rechteckform ab.

Die einzelnen Kristallite eines ferromagnetischen Werkstoffes verhalten sich weitgehend wie kleine Einkristalle, so daß die Eisenkennlinie des gesamten Körpers als „Summe" der Eisenkennlinien der einzelnen Kristallite aufgefaßt werden kann. Durch besondere Herstellungsverfahren, z. B. durch eine geeignete Folge von Kaltwalzprozessen und Wärmebehandlungen kann erreicht werden, daß die Vorzugsrichtungen der Kristallite weitgehend gleich orientiert werden, oder zumindest von einer einheitlichen Richtung nicht wesentlich abweichen. Solche ferromagnetische Werkstoffe verhalten sich je nach der Orientierung der einzelnen Kristallite mehr oder weniger wie ein großer Einkristall und besitzen deshalb in der Vorzugsrichtung eine nahezu rechteckförmige Eisenkennlinie. Für die technische Anwendung sind zwei Fälle, die als Würfel-Textur und als Goß-Textur bezeichnet werden, besonders wichtig. In beiden Fällen wird durch den Herstellungsprozeß eine Würfelkante in Walzrichtung orientiert (Abb. 3.2).

Bei der Würfel-Textur liegt eine Würfelkante in der Walzrichtung und eine Flächendiagonale in der Walzebene (Abb. 3.2a), so daß in der Walzrichtung und senkrecht zur Walzrichtung je eine Vorzugsrichtung entsteht; die Richtung schlechtester Magnetisierbarkeit liegt in der Richtung der um 45° gegenüber der Walzrichtung geneigten Flächendiagonale. Bei kalt gewalzten Legierungen, die zu 50% aus Nickel und zu 50% aus Eisen bestehen, erhält man eine besonders ausgeprägte Würfel-Textur. Diese Werkstoffe werden unter verschiedenen Handelsnamen (Permenorm 5000 Z, Hyperm 50 T, Deltamax, Ortonol usw.) angeboten. Abb. 3.3 zeigt die durch einen ausgeprägten Sättigungsknick gekennzeichnete statische Hysteresisschleife des Werkstoffes Permenorm 5000 Z.

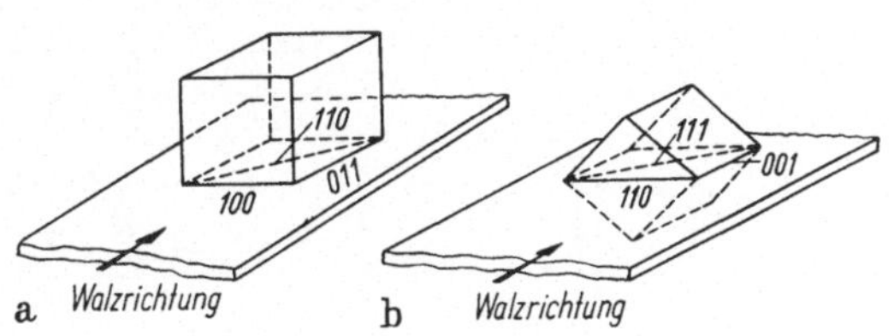

Abb. 3.2a u. b.
Prinzipdarstellung der Texturbleche: a Würfeltextur, b Goßtextur

Bei der Goß-Textur liegt nach Abb. 3.2b eine Würfelkante in der Walzrichtung und eine Raumdiagonale in der Blechebene; die Vorzugsrichtung fällt deshalb mit der Walzrichtung zusammen und die Richtung senkrecht dazu ist durch die Flächendiagonale, also durch schlechtere Magnetisierbarkeit gekennzeichnet; die ungünstigsten Verhältnisse liegen in der um 55° zur Walzrichtung geneigten Raumdiagonalen des Würfels vor. Bei kaltgewalztem Siliziumeisen mit ca. 97% Eisen und ca. 3% Silizium erhält man eine ausgeprägte Goß-Textur. Dieser Werkstoff befindet sich unter verschiedenen Bezeichnungen (Trafoperm, Hyperm 5 T bis 7 T, Armco Oriented M 5 bis M 7 usw.) im Handel. Abb. 3.3 zeigt die statische Hysteresisschleife eines solchen Kernwerkstoffes.

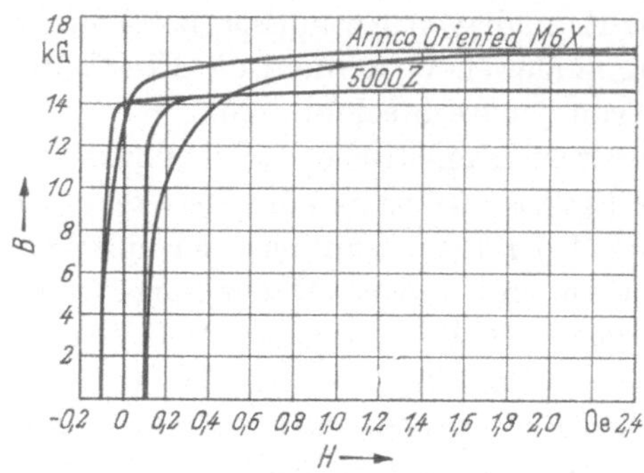

Abb. 3.3. Statische Hysteresisschleifen für Goßtextur (Armco Oriented M 6 X) und für Würfeltextur (5000 Z)

Unter den üblichen Herstellungsbedingungen, wie z. B. bei den Elektroblechen des Elektromaschinenbaues, sind die magnetischen Vorzugsrichtungen der einzelnen Kristallite statistisch über alle Richtungen verteilt, so daß man zu jeder beliebigen Richtung des äußeren magnetischen Feldes

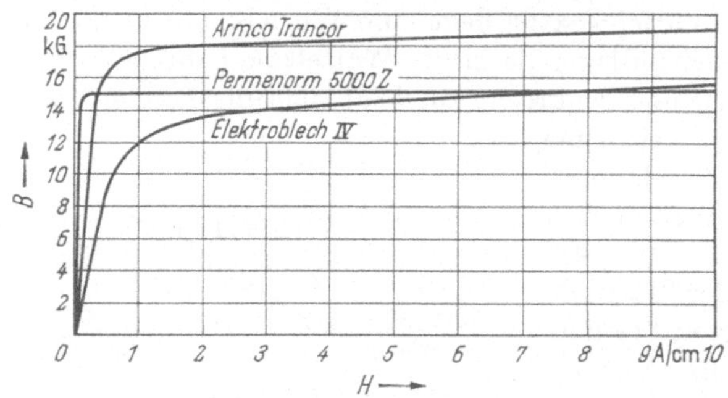

Abb. 3.4. Kommutierungskurven

dieselbe Eisenkennlinie erhält (magnetisch isotrope Werkstoffe). Die Eisenkennlinie entsteht durch Mittelung über alle kristallographischen Richtungen und weist deshalb keinen ausgesprochenen Sättigungsknick auf.

In Abb. 3.4 sind die Kommutierungskurven eines isotropen Werkstoffes (Elektroblech IV), eines Werkstoffes mit Würfel-Textur (Permenorm 5000 Z) und eines Werkstoffes mit Goß-Textur (Armco Trancor) zum Vergleich gegenübergestellt.

3.2 Reale und ideale Drosselspulen. Eine ideale Drosselspule soll folgende Bedingungen erfüllen: Die Wicklung ist streuungslos, d. h. alle Windungen werden vom selben Fluß durchsetzt, es sind keine Luftspalte vorhanden, unter statischen Magnetisierungsbedingungen ist der Fluß überall homogen über den gesamten Kernquerschnitt verteilt, es treten keine Feldlinien aus dem Eisenkern in den Außenraum aus. Diese Bedingungen sind bei einem einlagig gleichmäßig bewickelten Bandringkern mit einem nahe an 1 liegenden Verhältnis R_a/R_i weitgehend erfüllt.

Weniger gut sind diese Bedingungen bei anderen Kernbauformen, so z. B. bei den aus einzelnen Blechlagen gestapelten Schichtkernen erfüllt; man spricht dann von einer realen Drosselspule. Schichtkerne enthalten einen oder mehrere relativ kleine Luftspalte. In Abb. 3.5a sind die mit den Wicklungen verketteten Flußlinien eines Schichtkernes schematisch dargestellt. Man unterscheidet Flußlinien, die — abgesehen von einem kurzen Luftspaltweg — vollkommen innerhalb des Eisenkernes verlaufen, ihre Gesamtheit liefert die Nutzverkettung Ψ_n. Daneben treten Flußlinien auf, die vollkommen in der Luft verlaufen, sie beschreiben die Spulenstreuung Ψ_s. Schließlich gibt es Flußlinien, die teils innerhalb, teils außerhalb des Kernes verlaufen, sie beschreiben die Kernstreuung Ψ_k. Jede Flußlinie ist mit mindestens einer Windung der Wicklung verkettet. Die „Zahl" der Flußlinien durch die Fläche einer Windung, der Windungsfluß, ist von Windung zu Windung verschieden. Die Summe der Windungsflüsse über alle Windungen der Spule ergibt die Flußverkettung Ψ der Wicklung. Es gilt also:

$$\Psi = \Psi_n + \Psi_k + \Psi_s. \tag{1}$$

Bei einer idealen Drosselspule gilt $\Psi_s = 0$ und $\Psi_k = 0$.

Die Flußverkettung Ψ einer realen Drosselspule ist durch das Induktionsgesetz mit der Wicklungsspannung u verknüpft:

$$u = \frac{d\Psi}{dt}, \tag{2}$$

$$\Psi = \int_0^t u(t)\,dt + \Psi_0. \tag{3}$$

Ψ kann also nach (3), wenn von der Integrationskonstanten Ψ_0 abgesehen wird, auf eine Spannungsmessung zurückgeführt werden.

Wendet man den Durchflutungssatz auf einen geschlossenen Umlauf C an, der im Drosselkern unmittelbar entlang des Wicklungsfensters verläuft, also keine Wirbelstrombahnen, sondern nur die Durchflutung iN der Wicklungen umschließt (Abb. 3.5a), dann erhält man eine Verknüpfung zwischen der Wicklungsdurchflutung iN und der Feldstärke:

$$\Theta = iN = \oint_C H\,dl = \int_{l_f} H_d\,dl + \int_\delta H_0\,dl. \tag{4}$$

Die Randfeldstärke H_d ändert sich bei einer realen Drosselspule — wie aus dem schematischen Feldverlauf Abb. 3.5a folgt — entlang des Integrationsweges C; sie ist nur bei einer idealen Drosselspule konstant. H_0 bedeutet die Feldstärke im Luftspalt; l_f ist der auf das Eisen, δ der auf den Luftspalt entfallende Anteil des Integrationsweges C.

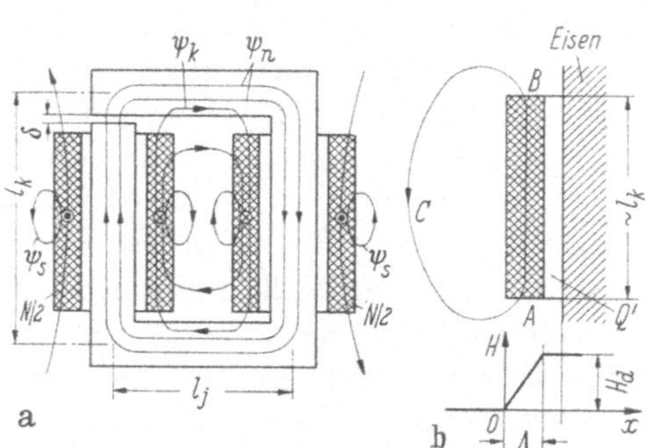

Abb. 3.5a u. b. Schematische Darstellung der Flußverteilung in einem bewickelten Eisenkern: Nutzverkettung ψ_n, Spulenstreuung ψ_s und Kernstreuung ψ_k

Aus der Wicklungsspannung u und dem zugehörigen Wicklungsstrom i einer realen Drosselspule kann man somit nach (3), (4) die zueinandergehörenden Werte der Flußverkettung Ψ und der Wicklungsdurchflutung Θ ermitteln. Für den Zusammenhang dieser beiden Größen kann man formal schreiben:

$$\Psi = F(\Theta), \tag{5}$$

$$\Theta = G(\Psi). \tag{6}$$

Weitere Aussagen über die magnetischen Eigenschaften einer realen Drosselspule können durch eine Spannungsmessung und Strommessung nicht erschlossen werden. Man bezeichnet die Beziehung (5) bzw. (6) zwischen Flußverkettung und Wicklungsdurchflutung als „Drosselkennlinie der realen Drosselspule“.

Im Sonderfall einer realen Drosselspule mit $\Psi_s = 0$ ist jede Windung mit demselben Windungsfluß Φ verknüpft, so daß $\Psi = N\Phi$ gilt.
In (5), (6) kann dann Ψ durch $N\Phi$ ersetzt werden, so daß eine Beziehung zwischen Windungsfluß Φ und Durchflutung Θ entsteht:

$$\Phi = \frac{1}{N} F(\Theta) = \Phi(\Theta), \tag{7}$$

$$\Theta = G(N\Phi) = \Theta(\Phi) \tag{8}$$

(7) bzw. (8) ist die Drosselkennlinie einer Drosselspule ohne Wicklungsstreuung. Sie beschreibt also ausschließlich den Einfluß der Kernbau-

weise auf die magnetischen Eigenschaften des Kernes und wird deshalb „Kern-Kennlinie“ genannt.

Bei der idealen Drosselspule werden alle Windungen vom selben Fluß Φ durchsetzt, so daß $\Psi = N\Phi$ gilt. Mit Hilfe des Eisenquerschnittes q kann die über den Kernquerschnitt gemittelte Induktion $B_m = \Psi/Nq$ bestimmt werden. Außerdem ist bei der idealen Drosselspule die Randfeldstärke H_d längs des Integrationsweges C konstant, so daß wegen des fehlenden Luftspaltes nach (4) $iN = H_d l_f$ gilt. Es bestehen also folgende Beziehungen:

$$\Psi = Nq\,B_m, \tag{9}$$

$$\Theta = iN = H_d l_f. \tag{10}$$

Natürlich kann auch für eine ideale Drosselspule durch eine Strom- und Spannungsmessung die „Drosselkennlinie der idealen Drosselspule“ ermittelt werden. In Analogie zu (5), (6) schreiben wir dafür formal:

$$\Psi = Nq\,B_m = f(\Theta), \tag{11}$$

$$\Theta = H_d l_f = g(\Psi). \tag{12}$$

Ersetzt man in diesen beiden Beziehungen Ψ und Θ mit Hilfe von (9), (10) durch B_m und H_d, dann liefert diese Umrechnung eine Beziehung zwischen mittlerer Kerninduktion B_m und Randfeldstärke H_a:

$$B_m = B(H_d), \tag{13}$$

$$H_d = H(B_m), \tag{14}$$

die in Abschn. 2.2 als „dynamische Eisenkennlinie“ bezeichnet wurde.

Die Kennlinie der idealen Drosselspule (11) bzw. (12) und die dynamische Eisenkennlinie (13) bzw. (14) gehen somit durch eine von (9), (10) beschriebene Maßstabänderung der Ordinate und Abszisse ineinander über.

3.3 Kernstreuung, Spulenstreuung und Scherung. Angenommen seien eine reale und eine ideale Drosselspule, die beide die gleichen Daten N, l_f, q und dasselbe Kernmaterial aufweisen; die Drosselkennlinie der ersteren sei durch (5) bzw. (6), die der letzteren durch (11) bzw. (12) gegeben. Mit zunehmender Spulen- und Kernstreuung und mit wachsendem Luftspalt weicht die Kennlinie der realen Drosselspule immer stärker von der idealen Kennlinie ab. Diese Abweichungen sind nur schwer zu erfassen, wenn Kernstreuung, Spulenstreuung und Scherung gleichzeitig auftreten.

Bei den folgenden Überlegungen wird angenommen, daß jeweils nur eine der drei Größen einen merklichen Einfluß auf die Kennlinie der realen Drosselspule ausübt, die beiden anderen dagegen vernachlässigt werden können.

A. Spulenstreuung. Bei der Berechnung der Streuverkettung Ψ_s zweier in Reihe geschalteter Spulen nach Abb. 3.5a wird ein langgestreckter, luftspaltloser Kern ($\delta = 0$) vorausgesetzt, so daß die Jochlänge l_j und die Abmessungen des Spulenquerschnittes klein gegenüber der Schenkellänge l_k sind; dann gilt in guter Näherung $l_f \approx 2l_k$. Die Feldlinien des Streuflusses Ψ_s und des Nutzflusses Ψ_n verlaufen dann parallel zur Spulenachse, so daß entlang der Schenkellänge l_k keine Feldlinien aus dem Eisenkern austreten. Wegen der vernachlässigbaren Jochlänge ist $\Psi_k = 0$. Die Beziehungen (1) und (4) vereinfachen sich also zu:

$$\Psi = \Psi_n + \Psi_s, \tag{15}$$

$$iN = H_d l_f. \tag{16}$$

Bei der Berechnung der Spulenstreuung Ψ_s wird der Durchflutungssatz auf den Linienzug $A\ B\ C$ in Abb. 3.5b angewendet; dabei kann das magnetische Feld im Außenraum gegenüber dem Feld H in der Wicklung vernachlässigt werden. Man erhält für die Feldverteilung in der Wicklung:

$$\int H(x)\,dl = l_k H(x) = \frac{x}{\Delta}\frac{\Theta}{2} \qquad 0 \leqq x \leqq \Delta. \tag{17}$$

Die Feldstärke $H(x)$ wächst zwischen Außen- und Innenrand der Spule linear an (Abb. 3.5b), wobei der Wert am Innenrand wegen des stetigen Überganges der Tangentialfeldstärke von Luft in Eisen durch die Randfeldstärke H_d im Eisen gegeben ist.

Mit der Spulenlänge $\sim l_k$ erhält man für die Streuverkettung Ψ_s der beiden Spulen durch eine Integration über den Wicklungsquerschnitt $Q = l_m \Delta$ und über den Querschnitt Q' zwischen Spule und Eisenkörper:

$$\Psi_s = \mu_0 N \left[\int_0^{\Delta} H(x)\, l_m\, dx + Q'\,\frac{\Theta}{2l_k}\right] = \frac{N\mu_0}{2l_k}\left[\frac{Q}{2} + Q'\right]\Theta. \tag{18}$$

Der Faktor neben der Wicklungsdurchflutung Θ kann als ein magnetischer Streuleitwert Λ_s aufgefaßt werden, der durch Parallelschaltung der beiden Streuleitwerte mit den Flächen Q bzw. Q' entsteht:

$$\Psi_s = \Lambda_s \Theta, \tag{19}$$

$$\Lambda_s = \frac{N\mu_0 Q}{4l_k} + \frac{N\mu_0 Q'}{2l_k}. \tag{20}$$

Mit (19) wird die Spulenstreuung Ψ_s durch die Kerndurchflutung Θ ausgedrückt; der Proportionalitätsfaktor Λ_s ist durch die Wicklungs- und Kerndaten festgelegt.

Aus der eingangs getroffenen Voraussetzung eines sehr langgestreckten, luftspaltlosen Drosselkernes folgt, daß sich die Nutzverkettung Ψ_n des betrachteten Eisenkernes genauso wie die Flußverkettung einer idealen Drosselspule verhält und daher der Zusammenhang zwischen Ψ_n und Θ durch die Funktion (11) beschrieben wird, also

$$\Psi_n = f(\Theta) \tag{21}$$

gilt. Unter den gegebenen Voraussetzungen gelten nämlich für die Durchflutung Θ und für den Nutzfluß Ψ_n die Beziehungen (9), (10), mit deren Hilfe aus der Eisenkennlinie (14) die eben angeschriebene Beziehung (21) folgt.

Für die gesamte Flußverkettung Ψ der Drosselspule erhält man also mit (19), (21):

$$\Psi = F(\Theta) = f(\Theta) + \Lambda_s \Theta. \tag{22}$$

Die Beziehung (22) zwischen Flußverkettung und Durchflutung ist somit die gesuchte Drosselkennlinie der realen Drosselspule.

Der erste Summand in (22) ist die Kennlinie einer idealen Drosselspule (*a* in Abb. 3.6a); sie ist bis auf Maßstabfaktoren mit der Eisenkennlinie des Kernwerkstoffes identisch. Durch die Streuung wird ein mit der Durchflutung linear anwachsendes Glied überlagert (*b* in Abb. 3.6a), so daß für die Drosselkennlinie einer mit Spulenstreuung behafteten realen Drosselspule der Kennlinienverlauf *c* in Abb. 3.6a entsteht. Die Spulenstreuung verschleift somit durch das linear anwachsende Glied den Rechteckcharakter der Eisenkennlinie.

B. Scherung. Damit der Luftspalteinfluß auf die Kennlinie der realen Drosselspule deutlich hervortritt, wird von der Spulenstreuung und Kernstreuung abgesehen, also $\Psi_s = 0$, $\Psi_k = 0$ gesetzt. Außerdem sollen die Abmessungen des Eisenquerschnittes q und vor allem der Luftspalt δ klein gegenüber der Eisenweglänge l_f sein, so daß praktisch über die gesamte Eisenweglänge ein paralleler Feldlinienverlauf vorausgesetzt werden kann.

Damit vereinfachen sich die Beziehungen (1) und (4) zu:

$$\Psi = \Psi_n, \tag{23}$$

$$\Theta = l_f H_d + H_0 \delta. \tag{24}$$

Im Luftspalt herrscht wegen des stetigen Überganges der Normalkomponente der Induktion von Eisen in Luft dieselbe Induktion $B_m = \mu_0 H_0$ wie im Eisen vor.

Ersetzt man in (24) den ersten Summanden durch (12) und führt man an Stelle von B_m die Flußverkettung $\Psi = N q\, B_m$ ein, dann folgt:

$$\Theta = G(\Psi) = g(\Psi) + \frac{\delta}{\mu_0 q N}\,\Psi. \tag{25}$$

Der durch (25) dargestellte Zusammenhang zwischen Flußverkettung Ψ und Durchflutung Θ ist die gesuchte Drosselkennlinie der realen luftspaltbehafteten Drossel bei vernachlässigter Spulen- und Kernstreuung.

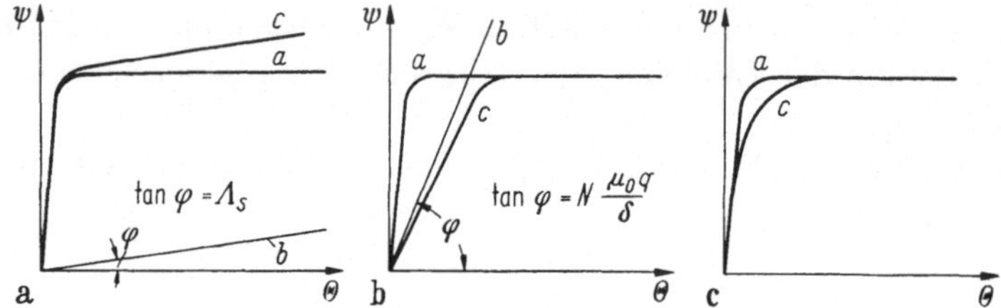

Abb. 3.6a–c. Einfluß der Streuung und der Scherung auf die Kernkennlinie: a Spulenstreuung, b Scherung, c Kernstreuung

Der erste Summand ist mit der Kennlinie der idealen Drosselspule identisch (*a* in Abb. 3.6b). Der zweite Summand wird durch eine Gerade *b* (Scherungsgerade) dargestellt, deren Neigung vom Luftspalt abhängt. Die Summe der beiden Kurven *a* und *b* liefert die gesuchte Kennlinie *c* der luftspaltbehafteten Drosselspule. Der Luftspalt wirkt sich somit in einer Schrägstellung (Scherung) des steilen Kennlinienastes aus und verschleift den Rechteckcharakter des Kernwerkstoffes.

Der Luftspalteinfluß wird besonders deutlich, wenn anstelle der Hysteresischleife eine eindeutige Eisenkennlinie z. B. die Kommutierungskennlinie verwendet wird, so daß eine eindeutige Permeabilität $\mu = B/H$ eingeführt werden kann. Faßt man dann die Drosselspule als eine Induktivität $L = N\Psi/\Theta$ auf, dann erhält man aus (25):

$$L = \frac{N^2 q}{l_f}\,\mu_w, \tag{26}$$

$$\mu_w = \frac{\mu}{1 + \frac{\delta}{l_f}\,\frac{\mu}{\mu_0}}, \tag{27}$$

μ_w wird wirksame Permeabilität genannt.

Der Einfluß des Luftspaltes geht aus (27) deutlich hervor. Für $\delta\mu/l_f\mu_0 = 1$ sinkt z. B. die wirksame Permeabilität μ_w bereits auf die Hälfte gegenüber der Permeabilität μ des luftspaltlosen Kernes ab; der magnetische Widerstand des gesamten aus Eisen und Luftspalt bestehenden magnetischen Kreises ist dann doppelt so groß, so daß der

Fluß bei gleicher Durchflutung auf die Hälfte des Wertes einer luftspaltlosen Drosselspule absinkt; die Kennliniensteilheit wird also halbiert. Bei einer relativen Permeabilität $\mu/\mu_0 = 1000$ nimmt die wirksame Permeabilität μ_w bereits auf die Hälfte ab, wenn der Luftspalt 0,1% des Eisenweges beträgt. Der Luftspalt beeinflußt also den magnetischen Kreis insbesondere bei den hochpermeablen Werkstoffen mit ausgeprägtem Rechteckcharakter der Hysteresisschleife außerordentlich stark, so daß beim Aufbau der Kerne aus hochpermeablen Kernbaustoffen alle Luftspalte sorgfältig vermieden werden müssen.

C. Kernstreuung. Den Einfluß der Kernstreuung auf die Drosselkennlinie der realen Drosselspule überblickt man am einfachsten an der luftspaltlosen Drosselspule, deren Spulen keine Wicklungsstreuungen aufweisen. Außerdem sollen die Abmessungen des Spulenquerschnittes klein gegenüber der Schenkellänge l_k sein, so daß im Schenkel zur Spulenachse parallel verlaufende Feldlinien angenommen werden können.

Unter diesen Voraussetzungen können nur aus den Jochen Streulinien austreten, so daß eine merkliche Kernstreuung nur dann auftritt, wenn die Jochlänge l_j gegenüber der Schenkellänge l_k nicht mehr vernachlässigt werden kann. Aus den Beziehungen (1) und (4) erhält man unter diesen Voraussetzungen:

$$\Psi = \Psi_n, \tag{28}$$

$$\Theta = i N = 2 l_k H_d + 2 \int_{lj} H_j \, dl. \tag{29}$$

Die Integration im zweiten Summanden von (29) erfolgt über die Jochlänge; dabei ändert sich die Feldstärke H_j wegen der austretenden Streulinien entlang des Joches.

In (29) kann H_d mit Hilfe von (12) ersetzt werden, man erhält:

$$\Theta = G(\Psi) = \frac{2 l_k}{l_f} g(\Psi) + 2 \int_{lj} H_j \, dl. \tag{30}$$

(30) ist die Drosselkennlinie einer realen Drosselspule mit Kernstreuung, bei der jedoch die Spulenstreuung und der Luftspalt gleich Null sind. Der erste Summand in (30) ist die mit dem Faktor $2 l_k/l_f$ multiplizierte Kennlinie der idealen Drosselspule (Kurve *a* in Abb. 3.6c). Zur Berechnung des zweiten Summanden müßte erst die räumliche Feldverteilung im Joch bestimmt werden. Man erkennt bereits ohne Rechnung, daß das Integral im zweiten Summanden einen Feldstärkemittelwert über die Jochlänge darstellt und daß daher dieser zweite Summand vor allem den Sättigungsknick der Eisenkennlinie abrundet (Kurve *c* in Abb. 3.6c).

3.4 Aufbau der Transduktorkerne. Die Ausführungen des vorausgehenden Abschnittes haben gezeigt, daß alle Abweichungen von den

Eigenschaften einer idealen Drosselspule eine Verschlechterung des Rechteckcharakters der Drosselkennlinie zur Folge haben, also schlechteres Eisen vortäuschen.

Bandringkerne, die so gewickelt sind, daß bei Textur-Werkstoffen die Vorzugsrichtung mit der Längsrichtung des aufgewickelten Bandes zusammenfällt, kommen den Eigenschaften idealer Drosselspulen am nächsten. Es muß jedoch beachtet werden, daß das Verhältnis R_a/R_i insbesondere bei Werkstoffen mit rechteckförmiger Hysteresisschleife möglichst kleiner als 1,25 bis 1,4 bleibt; andernfalls treten wegen der verschiedenen Feldlinienlängen am Innen- und Außenrand Feldunterschiede auf, die zu einer Verschleifung des Sättigungsknickes führen

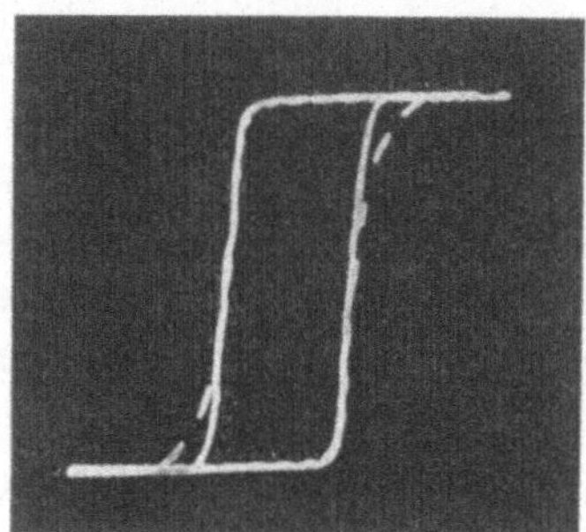

Abb. 3.7. Beeinflussung der statischen Hysteresisschleife durch inhomogene Feldverteilung im Probekern

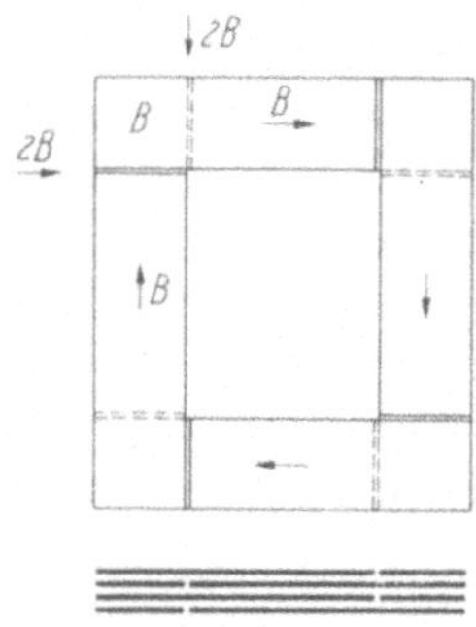

Abb. 3.8. Prinzipaufbau eines Schichtkernes mit Stoßfugen

(Abb. 3.7). Bei Empfindlichkeit gegenüber mechanischer Beanspruchung, z. B. bei Werkstoffen mit Würfel-Textur, sind Schutzmaßnahmen, etwa Einbettung in Schutztröge oder Verfestigung der Bandlagen durch Kunststoffe, beim Bewickeln der Kerne erforderlich.

Durch Kunststoffe verfestigte, ringförmige, ovale oder rechteckförmige Bandkerne können durch einen Trennschnitt in zwei Teile zerlegt werden; durch Feinbearbeitung der Schnittflächen wird dafür gesorgt, daß nach dem Zusammenfügen beider Teile ein möglichst kleiner Luftspalt verbleibt (Schnittbandkerne). Solche Kerne lassen die Verwendung fertig gewickelter Spulen zu. Im vorangehenden Abschnitt wurde gezeigt, daß die Schrägstellung der Hysteresischleife mit δ/l_f anwächst. Da δ praktisch eine Bearbeitungskonstante ist, wird der Einfluß des Restluftspaltes bei hinreichend großen Schnittbandkernen vernachlässigbar klein; bei kleinen Kernen kann dagegen trotz sorgfältiger Bearbeitung eine merkliche Verschlechterung der magnetischen Eigenschaften eintreten.

Schichtkerne sind aus einzelnen Blechlagen aufgebaut. Eine Blechlage kann aus einem einzigen Stück (Komplettschnitt) oder aus mehreren

Stanzteilen, z. B. nach der Art von Abb. 3.8 aufgebaut sein. Bei der Verwendung von Werkstoffen mit Vorzugsrichtung ist dabei zu beachten, daß in den einzelnen Stanzteilen die Vorzugsrichtung mit der Flußrichtung zusammenfällt.

An den Stoßstellen entstehen Luftspalte, die bei versetzter Lagenanordnung jeweils von Blechteilen benachbarter Lagen überbrückt sind (Abb. 3.8), so daß der Eisenquerschnitt an den Stoßfugen auf die Hälfte verkleinert wird. Die Flußzusammendrängung auf den halben Eisenquerschnitt in den Stoßfugen hat zur Folge, daß bei einer Kerninduktion $B_s/2$ in den Stoßfugen des Drosselkernes bereits die Sättigungsinduktion B_s erreicht wird. Bei einer weiteren Steigerung der Kerninduktion wirken

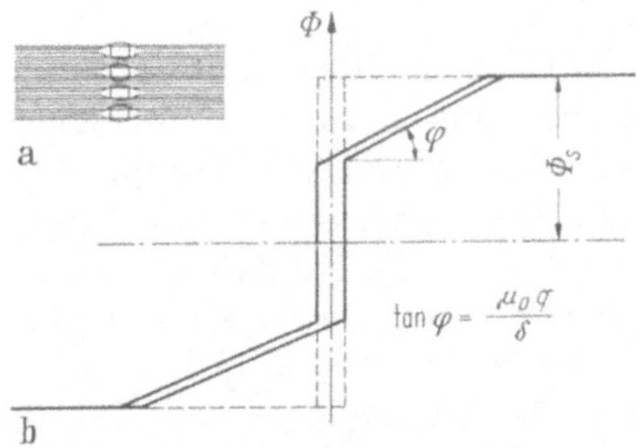

Abb. 3.9a u. b. Schematische Darstellung des Stoßfugeneffektes: a Flußkonzentration an den Stoßfugen, b Einfluß der Flußkonzentration auf die Kennlinie

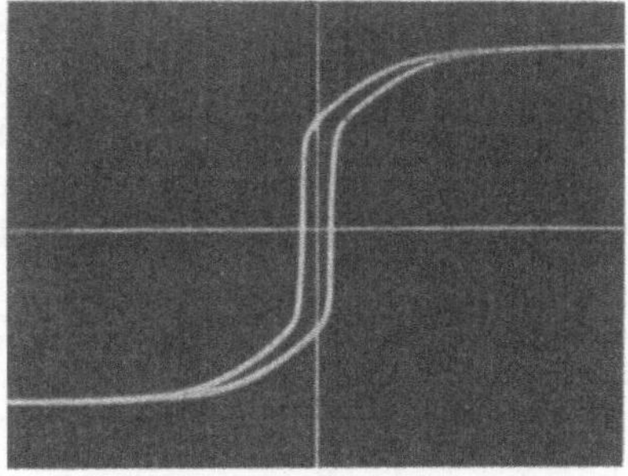

Abb. 3.10. Experimenteller Nachweis des Stoßfugeneffektes nach Abb. 3.9

die Stoßfugen wie Luftspalte; die Kernlinie erfährt also oberhalb der Kerninduktion $B_s/2$ eine Scherung. In Abb. 3.9a ist die Flußzusammendrängung in den Stoßfugen, in Abb. 3.9b der Stoßfugeneinfluß auf die Kennlinie im Vergleich zur gestrichelten idealen Kennlinie dargestellt; Abb. 3.10 zeigt die experimentelle Bestätigung von Abb. 3.9b.

Kernbauformen dieser Art bewirken eine beträchtliche Verschleifung des Sättigungsknickes und sind daher für Kernwerkstoffe mit rechteckförmiger Hysteresisschleife ungeeignet. Bei Werkstoffen mit weniger ausgeprägter Rechteckform, wie z. B. bei den warmgewalzten Transformatorblechen ist der Stoßfugeneinfluß wesentlich geringer.

In den Umlenkzonen an den Kernecken fällt bei Texturblechen die Feldrichtung nicht mehr mit der Vorzugsrichtung zusammen. Die Kernstreuung führt nach Abschn. 3.3 zu einer Änderung der Induktion entlang der Joche. Beide Effekte führen über die Bildung eines Feldmittelwertes ebenfalls zu einem Verschleifen des Sättigungsknickes.

Beim Aufbau von Schichtkernen aus Werkstoffen mit magnetischer Vorzugsrichtung müssen deshalb Maßnahmen getroffen werden, um den Stoßfugeneffekt, den Einfluß der Umlenkung an den Ecken und den

Einfluß der Kernstreuung möglichst klein zu halten. Die erforderlichen Maßnahmen sind verschieden, je nach dem ob es sich um einen Werkstoff mit zwei aufeinander senkrecht stehenden Vorzugsrichtungen (Würfel-Textur) oder mit nur einer Vorzugsrichtung (Goß-Textur) handelt.

Bei den Kernwerkstoffen mit Würfel-Textur braucht man im allgemeinen nur auf die Beseitigung des Stoßfugeneffektes zu achten. Dabei wird aber vorausgesetzt, daß die Kernschenkel entsprechend länger als die Joche sind und beide Schenkel gleichmäßig bewickelte Spulen besitzen; durch die Anordnung von zwei Spulen wird die Kernstreuung klein gehalten und relativ lange Schenkel vermindern den Einfluß der Umlenkzonen an den Ecken.

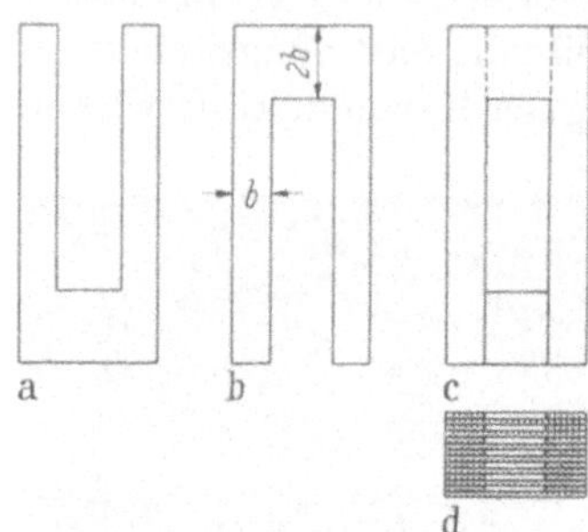

Abb. 3.11a–d. Schichtkern aus U-Blechen für Werkstoffe mit Würfeltextur

Abb. 3.11 zeigt den Aufbau eines Schichtkernes aus U-Blechen mit einer gegenüber dem Schenkel verdoppelten Jochbreite. Die wechselweise Schichtung der Bleche hat zur Folge, daß die Jochhöhe zwar nur zu 50% von Eisen gefüllt ist, daß aber wegen der doppelten Jochbreite derselbe Eisenquerschnitt wie in den Kernschenkeln vorliegt. An den Übergangsstellen zwischen Schenkeln und Joch ist der Eisenquerschnitt sogar noch größer, so daß längs des gesamten Kraftlinienweges keine übersättigten

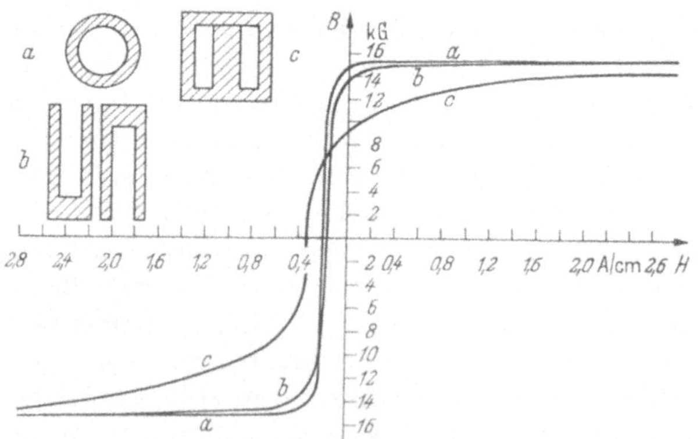

Abb. 3.12. Kernkennlinien von Kernen aus Permenorm 5000 Z: *a* Bandringkern, *b* U-Kern mit doppelter Jochbreite, *c* Mantelschnitt mit einer Stoßfuge

Stellen auftreten und der Stoßfugeneffekt daher weitgehend vermieden wird. Die Gegenüberstellung in Abb. 3.12 zeigt jeweils den linken Ast einer Hysteresisschleife für einen Bandkern (*a*), für einen verbreiterten U-Kern (*b*) und für einen Mantelschnitt (*c*). Der Stoßfugeneffekt beim Mantelkern ist deutlich zu erkennen; der U-Kern mit verbreitertem Joch ist dagegen dem Ringkern nahezu gleichwertig. Auch hier wird der noch verbleibende Unterschied zwischen Bandringkern und U-Kern mit wachsender Typengröße kleiner, weil damit auch die relative Länge der ungestörten Zonen in den Schenkeln anwächst.

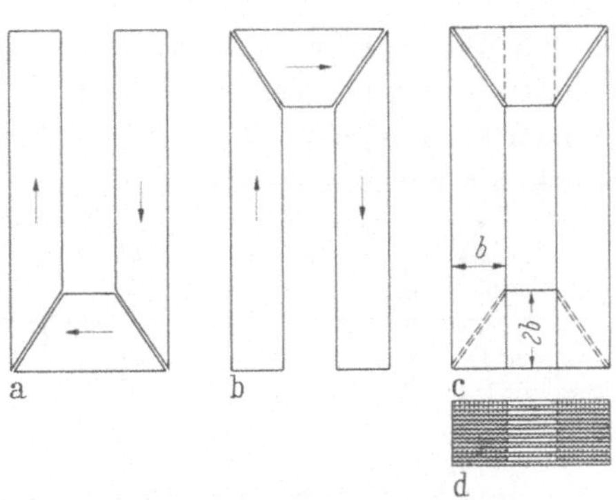

Abb. 3.13a–d. Diagonalschichtkern mit doppelter Jochbreite für Werkstoffe mit Goßtextur

Bei Schichtkernen aus Blechen mit Goß-Textur verwendet man im allgemeinen für Schenkel und Joche getrennte Stanzteile, um Übereinstimmung zwischen Vorzugsrichtung und Flußrichtung sowohl in den Jochen wie in den Schenkeln zu erreichen. Bei gleichmäßiger Bewicklung der Schenkel ist die Kernstreuung und bei hinreichend langen Schenkeln ist der Einfluß des Umlenkeffektes klein.

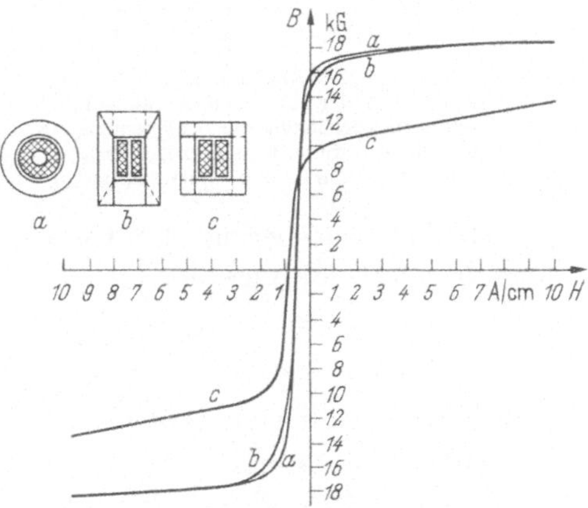

Abb. 3.14. Kernkennlinien von Kernen aus Armco Oriented M6X: *a* Bandringkern, *b* Diagonalschichtkern, *c* Schichtkern mit acht Stoßfugen

Zur Reduzierung des Stoßfugeneffektes sind verschiedene Wege denkbar. Abb. 3.13 zeigt einen dreiteiligen *U*-Kern, dessen Einzelteile so gestanzt sind, daß die Vorzugsrichtung in der Pfeilrichtung liegt. Diese *U*-Teile können nach Abb. 3.13 zu einem Kern mit gleichem Joch- und Kernquerschnitt geschichtet werden. Dabei entsteht in der Diagonalrichtung eine Stoßfuge von der $\sqrt{5}$-fachen Länge der Schenkelbreite. Zum Eisenquerschnitt in der Stoßfugen ebene trägt nur jedes zweite Blech bei; er ist also $\sqrt{5}/2 = 1{,}11$ mal so groß wie der Schenkelquerschnitt, so daß eine Übersättigung an den Stoßfugen vermieden wird. Abb. 3.14 zeigt als Vergleich den linken Ast der Hysteresisschleife des kaltgewalzten 3,5%igen Siliziumeisens für einen Bandringkern (*a*), für einen Diagonalschichtkern(*b*) nach Abb. 3.13 und für einen Schichtkern (*c*) nach der Bauart von Abb. 3.8. Vorausgesetzt ist, daß im letzteren

Falle alle Blechstreifen in der Walzrichtung gestanzt sind. Der starke Stoßfugeneffekt bei der Kennlinie (c) ist deutlich zu erkennen. Die Unterschiede zwischen dem Diagonalschichtkern (b) und dem Bandringkern (a) sind dagegen nur gering und werden mit wachsender Baugröße kleiner.

3.5 Idealisierung der Kernkennlinie. In den vorangehenden Abschnitten wurde gezeigt, daß die Kernkennlinie einer Transduktordrossel bei geeigneter Bemessung einen fast ebenso starken Sättigungsknick wie die Eisenkennlinie aufweist. Dieser Knick ist häufig so stark ausgeprägt, daß die im Abb. 3.15a dargestellte Idealisierung nahegelegt wird.

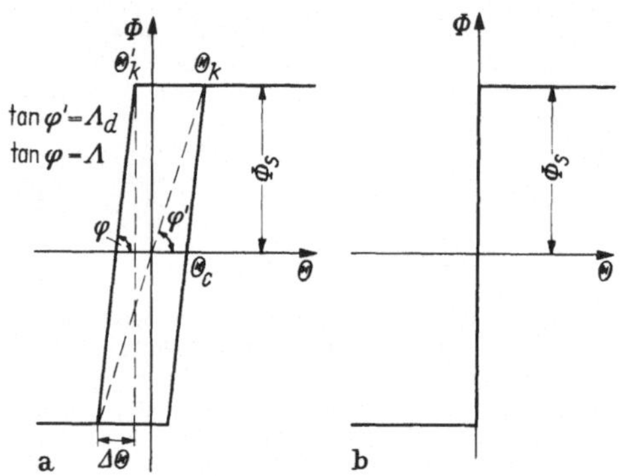

Abb. 3.15a u. b.
Idealisierung der statischen Kernkennlinie: a bei Berücksichtigung der Schleifenneigung und Schleifenbreite, b bei Vernachlässigung der Schleifenbreite und Schleifenneigung

Diese idealisierte Kernkennlinie ist durch den Sättigungsfluß $\Phi_s = q B_s$, die Knickdurchflutung $\Theta_k = l_f H_k$ und durch die Koerzitivdurchflutung $\Theta_c = l_f H_c$ eindeutig bestimmt. Daneben verwendet man zur einfacheren Schreibweise noch einige weitere Größen, die aus den drei eben ge nannten abgeleitet werden können.

Zur Vollaussteuerung des Kernes, also für die Flußänderung $2\Phi_s$ muß der Durchflutungshub

$$\Delta\Theta = l_f \Delta H = 2(\Theta_k - \Theta_c) \tag{31}$$

aufgebracht werden. Außerdem verwendet man gelegentlich die zweite Knickdurchflutung Θ_k':

$$\Theta_k' = l_f H_k' = \Theta_k - \Delta\Theta = 2\Theta_c - \Theta_k, \tag{32}$$

$$\Delta\Theta = \Theta_k - \Theta_k'. \tag{33}$$

Durch die Neigung der Kernkennlinie

$$\frac{d\Phi}{d\Theta} = \frac{q}{l_f}\frac{dB}{dH} = \frac{q}{l_f}\mu_{Lh} = \Lambda \tag{34}$$

ist die differentielle Leitfähigkeit Λ des Kernes bestimmt; μ_{Lw} ist die entsprechende differentielle Permeabilität.

Auf den Sättigungsästen gilt $\Lambda = 0$, auf den steilen Kennlinienteilen nach Abb. 3.15a:

$$\Lambda = \frac{\Phi_s}{\Theta_k - \Theta_c} = \frac{2\Phi_s}{\Delta\Theta}. \tag{35}$$

Gelegentlich wird eine Größe verwendet, die durch die Neigung der Hauptdiagonalen des Parallelogrammes in Abb. 3.15a definiert ist:

$$\Lambda_d = \frac{\Phi_s}{\Theta_k}. \tag{36}$$

Λ_d wird Diagonalleitfähigkeit des Kernes genannt.

Bei der Beschreibung der Wirkungsweise gewisser Transduktorschaltungen stellt sich heraus, daß Durchflutungsbeiträge, die in der Größe der Knickfeldstärke Θ_k liegen im Vergleich zu den maßgeblichen elektrischen Vorgängen verschwindend klein sind und daher vernachlässigt werden können. In solchen Fällen ist sogar die Idealisierung der Kernkennlinie durch eine Sprungkennlinie nach Abb. 3.15b gestattet.

4. Die wichtigsten Kenngrößen eines Drosselkernes

Beim Entwurf von Transduktordrosseln liegt fast stets eine Typenreihe von Drosselkernen vor, aus denen die geeignete Baugröße auszuwählen ist. Bei den folgenden Überlegungen wird vorausgesetzt, daß es sich um Einphasenkerne mit jeweils zwei Wicklungen handelt.

Sobald die Entscheidung für eine bestimmte Kerngröße gefallen ist, liegen folgende geometrische Kerndaten fest:

effektiver Eisenquerschnitt q
mittlerer Eisenweg l_f
Blechdicke d derKernbleche
Fläche des Wicklungsfensters F_g
mittlere Windungslänge l_m
die Oberfläche O des vollbewickelten Kernes.

Durch die Wahl der Kernwerkstoffe, des Materials für die Wicklungen und für die Isolation sind die folgenden Materialkonstanten bestimmt:

spezifischer Widerstand ϱ des Leitungskupfers
Sättigungsinduktion B_s des Eisens
die durch die Temperaturfestigkeit des Isolationsmaterials bestimmte höchstzulässige Übertemperatur $T_{ü}$ des Kernes.

Durch die Betriebsbedingungen liegen folgende zwei Größen fest:

die Betriebsfrequenz f
die Wärmeübergangszahl h_w zwischen Drosselspule und Umgebung.

Durch die Auswahl einer bestimmten Kerntype und durch die Festlegung der Betriebsart sind somit alle vorstehend zusammengestellten Größen festgelegt und als bekannt vorauszusetzen.

4.1 Zulässige Beanspruchung eines Eisenkernes. Die Windungszahlen und die reinen Kupferquerschnitte der Wicklungsdrähte der beiden Drosselwicklungen werden mit N_a, N_s bzw. mit s_a, s_s bezeichnet. Von der gesamten Fensterfläche F_g ist somit nur die Fläche $N_a s_a + N_s s_s$ mit Kupfer erfüllt. Man bezeichnet das Verhältnis

$$\zeta = \frac{N_a s_a + N_s s_s}{F_g}, \tag{1}$$

als Kupferfüllfaktor. Unter ähnlichen Isolationsverhältnissen, bei nicht zu viel Anzapfungen und nicht zu unterschiedlichen Drahtquerschnitten kann der Kupferfüllfaktor in erster Näherung als eine von Windungszahl und Drahtquerschnitt unabhängige Konstante betrachtet werden.

Die von den Verlusten in der Drossel herrührende Verlustwärme muß durch die Oberfläche O nach außen abgeführt werden. Die Übertemperatur zwischen Drossel und Umgebung steigt so lange an, bis die in der Zeiteinheit durch die Oberfläche austretende Wärmemenge gleich der in der Zeiteinheit in der Drosselspule erzeugten Verlustwärme ist. Die höchstzulässigen Verluste P_v sind somit durch die höchstzulässige Übertemperatur $T_{ü}$ begrenzt und es gilt:

$$P_v = h_w O T_{ü}. \tag{2}$$

Die Wärmeübergangszahl h_w ist demnach die pro Oberflächeneinheit und pro °C an die Umgebung abgeführte Wärmeleistung.

Die Kernbauwerkstoffe der Transduktoren besitzen im allgemeinen geringe Eisenverluste, so daß die Gesamtverluste P_v eines Kernes in erster Näherung den Kupferverlusten gleichgesetzt werden können. Es gilt mit V_{cu} als „effektivem Kupfervolumen“:

$$V_{cu} = l_m (N_a s_a + N_s s_s) = l_m \zeta F_g, \tag{3}$$

$$P_v = \varrho V_{cu} G^2 = \varrho l_m \zeta F_g G^2. \tag{4}$$

Für die höchstzulässige Stromdichte G im Wicklungskupfer erhält man aus (2), (3):

$$G^2 = \frac{P_v}{\varrho V_{cu}} = \frac{h_w T_{ü} O}{\varrho l_m \zeta F_g}. \tag{5}$$

Auf der rechten Seite von (5) treten jeweils nur Größen auf, die bereits durch die Auswahl des Kernes und der Betriebsart festgelegt sind; die höchstzulässige Stromdichte G ist also eine Kernkonstante der vorgegebenen Kerntype. Wenn dieser Höchstwert überschritten wird, findet eine unzulässige Erwärmung der Drosselspule statt.

Die Summe der effektiven Durchflutungen der beiden Wicklungen bei höchstzulässiger Stromdichte wird als Gesamtdurchflutung Θ_g des Kernes bezeichnet:

$$\Theta_g = I_a N_a + I_s N_s = G(N_a s_a + N_s s_s) = G F_g \zeta. \tag{6}$$

Die höchstzulässige Gesamtdurchflutung ist also ebenfalls eine Kernkonstante. Aus (4) wird dann:

$$P_v = \varrho l_m G \Theta_g. \tag{7}$$

4.2 Typenleistung. Angenommen sei eine Drosselspule im Wechselstrombetrieb, die mit der höchstzulässigen Stromdichte G und der Sättigungsinduktion B_s betrieben wird. Für die Effektivwerte U_a, U_s der Wicklungsspannungen und für die Effektivwerte I_a, I_s der Wicklungsströme gilt:

$$U_a = \frac{\omega}{\sqrt{2}} N_a q B_s, \qquad U_s = \frac{\omega}{\sqrt{2}} N_s q B_s, \tag{8}$$

$$I_a = G s_a \qquad I_s = G s_s. \tag{9}$$

Die höchstzulässigen Gesamtverluste P_v kann man durch U_a, U_s und I_a, I_s ausdrücken. Man erweitert in (4) mit dem Sättigungsfluß $\Phi_s = q B_s$ und erhält schließlich mit (3), (8) und (9):

$$P_v = \varrho \frac{G l_m}{B_s q} (G s_a N_a q B_s + G s_s N_s q B_s) = c_i P_d, \tag{10}$$

$$c_i = \frac{P_v}{P_d} = \frac{\sqrt{2}}{\omega} \frac{\varrho l_m G}{q B_s}, \tag{11}$$

$$P_d = U_a I_a + U_s I_s. \tag{12}$$

Die Summe der höchstzulässigen Scheinleistungen $U_a I_a$ und $U_s I_s$ der beiden Wicklungen wird als Drosseltypenleistung P_d des Kernes bezeichnet; c_i ist eine Kernkonstante.

Man erhält aus (10) mit (6):

$$P_d = \frac{P_v}{c_i} = \frac{\omega}{\sqrt{2}} \zeta F_g q G B_s = \frac{\omega}{\sqrt{2}} \Theta_g \Phi_s. \tag{13}$$

Die Drosseltypenleistung P_d ist ebenfalls eine Kernkonstante.

Wir nehmen an, daß die betrachtete Drossel als Transformator betrieben wird. Dann gilt bei Vernachlässigung des Magnetisierungsstromes nach dem Durchflutungsgesetz:

$$I_a N_a = I_s N_s. \tag{14}$$

Multipliziert man beide Seiten mit dem Faktor $qB\omega/\sqrt{2}$, dann folgt:

$$I_a U_a = I_s U_s = P_T. \tag{15}$$

Das heißt, beide Wicklungen besitzen dieselbe Scheinleistung P_T.

Bei Betrieb mit sinusförmigem Strom und sinusförmiger Spannung und bei einer rein ohmschen sekundären Belastung ist P_T die größtmögliche Wirkleistung, die bei der gewählten Kerntype von der Primär- auf die Sekundärseite übertragen werden kann; P_T wird deshalb als „Trafotypenleistung" bezeichnet. Nach (13) folgt für P_T:

$$P_T = \frac{1}{2}(U_a I_a + U_s I_s) = \frac{1}{2} P_d. \tag{16}$$

Die Trafotypenleistung P_T ist somit gleich der halben Drosseltypenleistung und deshalb ebenfalls eine Kernkonstante.

Der Begriff der Drosseltypenleistung ermöglicht eine schnelle Entscheidung, ob eine Drosselspule überbeansprucht wird, also der Gefahr der thermischen Zerstörung ausgesetzt ist, oder ob sich die Beanspruchung in zulässigen Grenzen hält. Man braucht dazu nach (13) nur die Summe der Scheinleistungen beider Wicklungen zu ermitteln und festzustellen, ob dieser Wert die vorgegebene Typenleistung P_d des verwendeten Kernes übersteigt oder darunter bleibt; im ersteren Fall muß mit thermischen Schäden gerechnet werden.

Bei den Transduktordrosseln führt eine Wicklung meistens einen Wechselstrom, z. B. I_a, der an den beiden Wicklungen die Wechselspannungen U_a und U_s erzeugt; der zweite Wicklungsstrom I_s ist dagegen häufig ein Gleichstrom. Die Scheinleistung der Wechselstromwicklung ist $U_a I_a$; für die mit dem Gleichstrom I_s betriebene Wicklung kann dagegen zunächst keine Scheinleistung angegeben werden. Es erhebt sich deshalb die Frage, wie unter solchen Betriebsbedingungen eine etwaige Überbeanspruchung der Drosselspule festgestellt werden kann.

An den Verlusten, also an der thermischen Beanspruchung der Drosselspule ändert sich offenbar nichts, wenn der Gleichstrom I_s durch einen Wechselstrom gleichen Effektivwertes ersetzt wird; zu diesem Ersatzwechselstrom gehört dann die Scheinleistung $U_s I_s$. Wenn die

Summe der beiden auf diese Art definierten Wicklungsscheinleistungen unter der Drosseltypenleistung P_d bleibt, dann werden nach (10) auch die höchstzulässigen Verluste des Kernes nicht überschritten, so daß eine thermische Gefährdung der Drosselspule ausgeschlossen ist.

Wenn also eine der beiden Wicklungen einen Gleichstrom, die andere einen Wechselstrom führt, kann zur Feststellung der Beanspruchung genauso vorgegangen werden, als wäre der Gleichstrom ein Wechselstrom gleichen Effektivwertes.

Bei Kernen mit mehreren Wicklungen gilt:

$$F_g = \sum_i F_i, \tag{17}$$

$$\Theta_g = \sum_i \Theta_i. \tag{18}$$

F_i ist die von der i-ten Wicklung eingenommene Fensterfläche, Θ_i ist die Durchflutung der i-ten Wicklung. Wir setzen in allen Wicklungen die höchstzulässige Stromdichte G voraus; dann gilt:

$$\frac{F_i}{F_g} = \frac{\Theta_i}{\Theta_g}. \tag{19}$$

Für die Scheinleistung P_{di} und für die Verlustleistung P_{vi} der i-ten Wicklung gilt dann mit (10), (7) und (13):

$$P_{vi} = \frac{\Theta_i}{\Theta_g} P_v = \frac{\Theta_i}{\Theta_g} c_i P_d = \varrho l_m G \Theta_i, \tag{20}$$

$$P_{di} = \frac{\Theta_i}{\Theta_g} P_d = \frac{\Theta_i}{\Theta_g} \frac{1}{c_i} P_v = \frac{\omega}{\sqrt{2}} \Theta_i \Phi_s. \tag{21}$$

Die Verluste und Scheinleistungen der einzelnen Wicklungen können mit (20), (21) unmittelbar aus der gesamten Verlustleistung P_v bzw. aus der Drosseltypenleistung P_d abgeleitet werden, sofern das Verhältnis der Wicklungsflächen oder der Durchflutungen bekannt ist.

Von Wichtigkeit für die Transduktorschaltungen (siehe Abschn. II) ist das Verhältnis:

$$\frac{\Theta_g}{\Delta\Theta} = \frac{F_g G \zeta}{l_f \Delta H}. \tag{22}$$

Bei der Beschreibung der nichtstationären Vorgänge in den Transduktorschaltungen verwendet man den Begriff der Zeitkonstante einer Wicklung:

$$\tau_i = \frac{L_i}{R_i}, \tag{23}$$

$$L_i = N_i^2 \Lambda. \tag{24}$$

L_i ist die Induktion der i-ten Wicklung, die man messen würde, wenn alle übrigen Wicklungen stromlos sind. Für den zugehörigen Wicklungswiderstand gilt $R_i = l_m N_i \varrho / s_i$.

Für die Summe τ_0 der Zeitkonstanten aller Wicklungen folgt nach (23) mit (1) und (6):

$$\tau_0 = \sum_i \tau_i = \frac{\Lambda}{l_m \varrho} \sum_i N_i s_i = \frac{\Lambda}{l_m \varrho} F_g \zeta = \frac{\Theta_g}{\Delta\Theta} \cdot \frac{2\Phi_s}{\varrho l_m G}. \tag{25}$$

Mit der Bezeichnung F_i für den Fensteranteil der i-ten Wicklung und unter der Voraussetzung gleicher Stromdichte in allen Wicklungen folgt für die Zeitkonstanten der einzelnen Wicklungen:

$$\tau_i = \frac{\Lambda}{l_m \varrho} N_i s_i = \tau_0 \frac{F_i}{F_g} = \tau_0 \frac{\Theta_i}{\Theta_g} = \frac{\Theta_i}{\Delta\Theta} \cdot \frac{2\Phi_s}{\varrho l_m G}. \tag{26}$$

Die Summe τ_0 der Zeitkonstanten aller Wicklungen ist also nach (25) eine Kernkonstante, die Zeitkonstanten der einzelnen Wicklungen sind nach (26) proportional dem Anteil der Wicklungsfläche am Gesamtfenster.

4.3 Wachstumsgesetz. Vorgegeben sei eine bestimmte Kerntype. Es wurde gezeigt, daß die folgenden Größen Kernkonstante der vorgegebenen Drosseltype sind: höchstzulässige Verlustleistung P_v (4), Kupfervolumen V_{cu} (3), höchstzulässige Stromdichte G (5), höchstzulässige Gesamtdurchflutung Θ_g (6), Drosseltypenleistung P_d (13) bzw. Transformatortypenleistung P_T, magnetische Leitfähigkeit Λ und Summe der Zeitkonstanten τ_0 der Wicklungen (25).

Von einem vorgegebenen Drosselkern soll zu einem anderen geometrisch ähnlichen Drosselkern übergegangen werden, der aus dem ersteren durch Multiplikation der Linearabmessungen mit dem Faktor λ entsteht. Der neue Kern besitzt also λ^2mal so große Kupfer- und Eisenquerschnitte, λ^3mal so großes Volumen, usw. Damit ändern sich auch die Kernkonstanten. Wenn man für die Kernkonstanten der ursprünglichen Drossel P_v, V_{cu}, usw. und für die entsprechenden Konstanten der geometrisch ähnlichen, durch den Linearfaktor λ veränderten Drossel P'_v, V'_{cu} usw. schreibt, erhält man unmittelbar die folgenden Beziehungen:

$$P'_v = \lambda^2 P_v, \tag{27}$$

$$V'_{cu} = \lambda^3 V_{cu}, \tag{28}$$

$$G' = \frac{1}{\sqrt{\lambda}} G, \tag{29}$$

$$\Theta'_g = \lambda^{3/2} \Theta_g, \tag{30}$$

$$P'_d = \lambda^{7/2} P_d, \tag{31}$$

$$\Lambda' = \lambda \Lambda, \tag{32}$$

$$\tau_0' = \lambda^2 \tau_0. \tag{33}$$

Beachtet man, daß das Gesamtgewicht G_w des ursprünglichen Kernes wie das Volumen anwächst, also

$$G_w' = \lambda^3 G_w \tag{34}$$

gilt, dann erhält man, wenn aus (31), (34) der Faktor λ eliminiert wird:

$$G_w' = K_w P_d'^{6/7}, \tag{35}$$

$$K_w = \frac{G_w}{P_d^{6/7}}. \tag{36}$$

(35) wird als Wachstumsgesetz der Baugröße bezeichnet. Entsprechend erhält man nach (27) und (31):

$$c_i' = c_i \cdot \lambda^{-3/2}, \tag{37}$$

für die Kernkonstante c_i.

5. Allgemeine Eigenschaften der Transduktordrosseln und Transduktorschaltungen

In Abb. 5.1a und b sind die zwei einfachsten Transduktorschaltungen der Gleichrichterschaltung Abb. 5.1c gegenübergestellt. Das Steuergitter G in Abb. 5.1c entspricht den Steuerwicklungen N_s in Abb. 5.1a und b; die Ventilstrecke AB in Abb. 5.1c entspricht der Arbeitswicklung N_a in Abb. 5.1a bzw. der Reihenschaltung der Arbeitswicklung N_a mit dem ungesteuerten Ventil V in Abb. 5.1b.

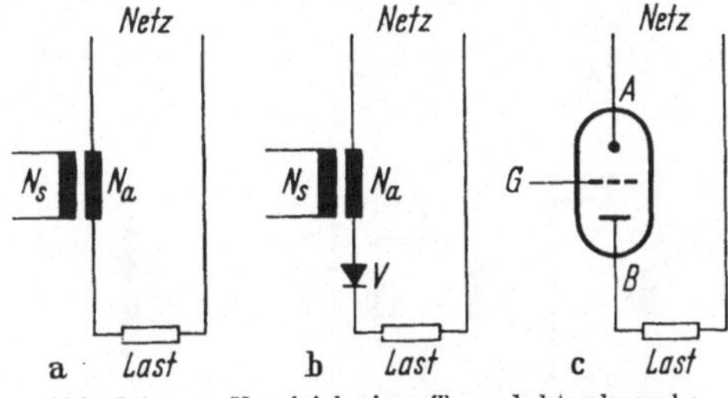

Abb. 5.1a--c. Vergleich einer Transduktordrossel a und der Reihenschaltung einer Transduktordrossel mit einem ungesteuerten Ventil b mit den Eigenschaften eines gesteuerten Ventiles c

Abb. 5.2 zeigt eine Zusammenstellung der Transduktorschaltungen, die in den Teilen II bis IV beschrieben werden; zur besseren Übersicht sind nur die Arbeitswicklungen eingezeichnet, die Steuerwicklungen wurden fortgelassen. In den Abschn. 5.1 bis 5.4 soll gezeigt werden, daß die Schaltungen in Abb. 5.2 eine Reihe gemeinsamer Eigenschaften besitzen. Außerdem werden die Analogien zwischen gesteuertem Ventil und Transduktordrossel bzw. zwischen den Gleichrichterschaltungen mit gesteuerten Ventilen und den entsprechenden Transduktorschaltungen erörtert.

5.1 Voraussetzungen. Bei der Beschreibung der Schaltungen in Abb. 5.2 werden durchwegs die anschließend zusammengestellten Vereinfachungen vorausgesetzt.

Die Netzspannung u ist sinusförmig. Es werden ideale Transduktordrosseln vorausgesetzt d. h. die Wicklungen sind streuungslos und widerstandslos, und die Kernkennlinie wird durch Geradenstücke angenähert (Abb. 3.15). Die Ventile sind ideal, d. h. der Durchlaßwiderstand ist Null, der Sperrwiderstand unendlich. Die Last besteht aus der Reihenschaltung eines linearen ohmschen Widerstandes und einer linearen Induktivität. Mit diesen Vereinfachungen kann die grundsätzliche Wirkungsweise der Transduktorschaltungen einfach und übersichtlich beschrieben werden; die Ergebnisse weichen jedoch von den tatsächlichen Verhältnissen in gewissem Umfang ab.

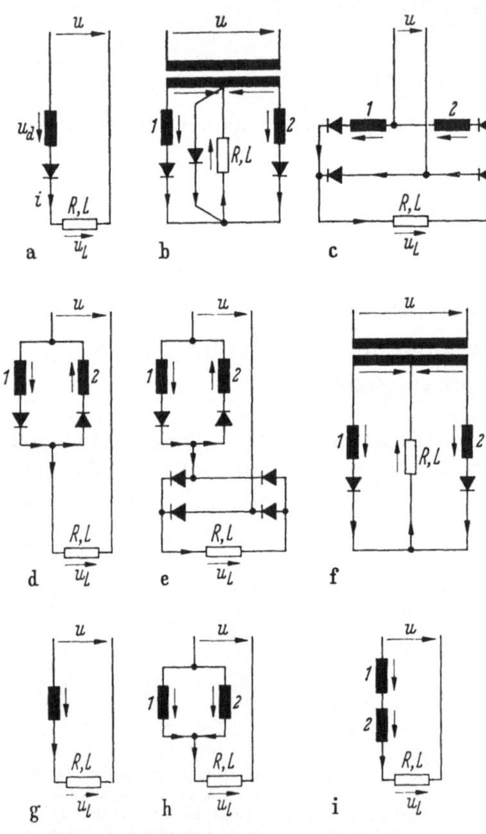

Abb. 5.2a – j. Die wichtigsten ein- und zweipulsigen Transduktorschaltungen: a bis f spannungssteuernde Schaltungen, g bis j stromsteuernde Schaltungen.

In allen Schaltungen von Abb. 5.2 ist zwischen der Netzspannung u und der Last Z ein Steuerelement angeordnet, das entweder aus einer Transduktordrossel, oder der Reihenschaltung einer Transduktordrossel und eines Ventiles besteht.

Die Spannung U_L und der Strom I_L an der Last werden bei den Schaltungen mit Gleichstromausgang als arithmetischer Mittelwert über die volle Periode und bei den Schaltungen mit Wechselstromausgang als arithmetischer Mittelwert über die positive Halbperiode (Halbwellenmittelwert) angegeben.

Die Transduktordrosseln liegen in einem Wechselspannungskreis, erfahren also eine zyklische Magnetisierung. Wie diese Magnetisierungszyklen zustande kommen, soll an dieser Stelle nicht erörtert werden; es sei jedoch vorweggenommen, daß es sich um einen unvollständigen Magnetisierungszyklus nach Abb. 5.3b handelt, und daß durch Einwirkung auf die Steuerwicklungen der Flußhub $\Delta\Phi$ des Magnetisierungszyklus beeinflußt und damit die Lastspannung U_L bzw. der Laststrom I_L kontinuierlich verändert werden kann.

5.2 Wirkungsweise der Transduktordrosseln. In Abb. 5.3a ist eine einzelne Transduktordrossel herausgezeichnet, die Bestandteil irgendeiner der Schaltungen in Abb. 5.2 sein möge; Abb. 5.3b zeigt den zugehörigen unvollständigen Magnetisierungszyklus.

Der Magnetisierungszyklus in Abb. 5.3b ist eindeutig durch das Durchflutungsmaximum Θ_m und durch den Flußhub $\Delta\Phi$ festgelegt.

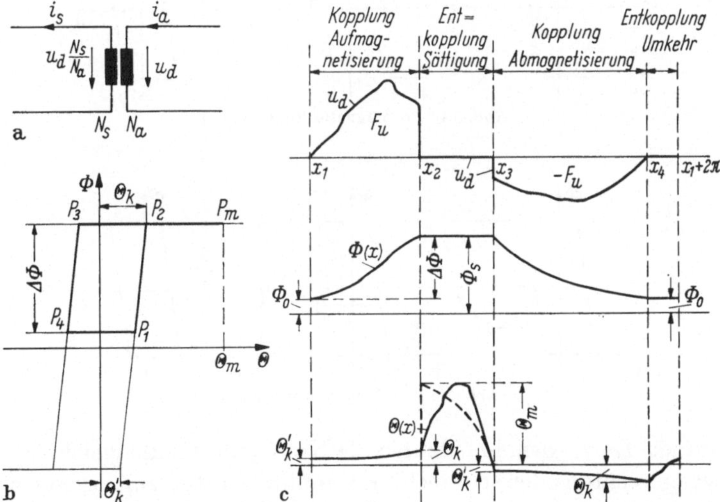

Abb. 5.3a—c. Die grundsätzlichen Vorgänge bei der unvollständigen Magnetisierung einer Transduktordrossel: a Transduktordrossel, b unvollständiger Magnetisierungszyklus, c zeitlicher Verlauf der Spannung u_d, des Flusses Φ und der Durchflutung Θ bei einem unvollständigen Magnetisierungszyklus nach b

Während einer Periodenlänge werden abwechselnd horizontale und steile Kennlinienäste durchlaufen, so daß die magnetische Leitfähigkeit Λ des Kernes zwischen $\Lambda = 0$ auf den horizontalen Kennlinienästen und $\Lambda \neq 0$ auf den steilen Kennlinienstücken wechselt.

Im Zustand $\Lambda \neq 0$ wird die Transduktordrossel als ungesättigt oder entsättigt bezeichnet (Kennlinienpunkte auf den steilen Kennlinienästen). Die beiden Wicklungen sind in diesem Betriebszustand miteinander gekoppelt, d. h. eine Änderung der elektrischen Vorgänge in dem mit der Steuerwicklung verbundenen Netzwerkteil hat eine entsprechende Änderung in dem an der Arbeitswicklung angeschlossenen Netzwerkteil zur Folge und umgekehrt; die Transduktordrossel wirkt wie ein Transformator. Im Zustand $\Lambda = 0$ wird die Transduktordrossel als gesättigt bezeichnet (horizontale Kennlinienäste); die beiden Wicklungen sind entkoppelt, d. h. die mit den beiden Wicklungen verbundenen Netzwerkteile üben über die Transduktordrossel keinen Einfluß aufeinander aus.

Kopplung oder Entkopplung ist also identisch mit einer Entscheidung $\Lambda \neq 0$ oder $\Lambda = 0$. Dadurch wird jedem Kennlinienpunkt eines unvollständigen Magnetisierungszyklus einer dieser beiden Zustände

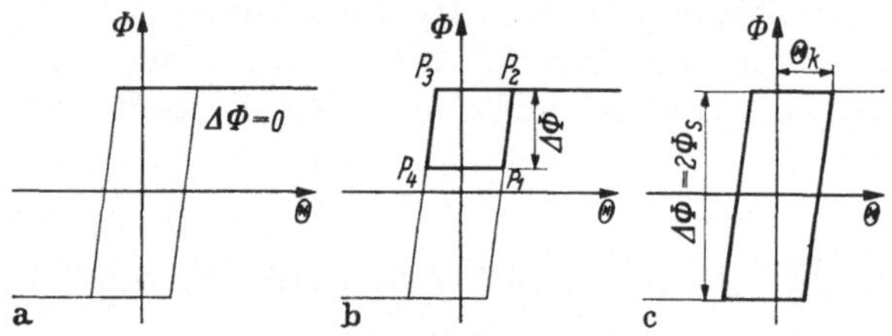

Abb. 5.4a—c. Magnetisierungszyklen

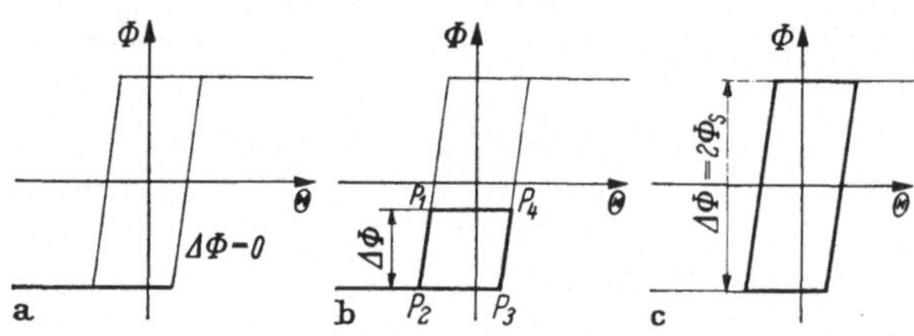

Abb. 5.5a—c. Magnetisierungszyklen

zugeordnet. Eine Ausnahme bilden die Knickpunkte, die gleichberechtigt dem waagerechten oder senkrechten Kennlinienanteil zugeordnet werden hönnen, so daß dafür die Entscheidung ob Kopplung oder Entkopplung vorliegt zunächst unbestimmt bleibt. Um die Definition eines dritten Zustandes neben Kopplung und Entkopplung zu vermeiden, wird vereinbart, daß die Knickpunkte grundsätzlich als Teile des vertikalen Kennlinienbereiches aufzufassen sind, also den Kopplungszustand beschreiben. Daß diese zunächst willkürlich erscheinende Vereinbarung sinnvoll ist, zeigen spätere Überlegungen über die Wirkungsweise bei den stromsteuernden Transduktoren im Teil VI.

Im allgemeinen versteht man unter dem Begriff Aufmagnetisierung eine Flußzunahme bei positiver Drosselspannung und unter Abmagnetisierung eine Flußabnahme bei negativer Drosselspannung. Bei der Beschreibung der unvollständigen Magnetisierungszyklen in den Transduktordrosseln hat sich jedoch eine andere Bedeutung der Begriffe Aufmagnetisierung und Abmagnetisierung eingebürgert. Man bezeichnet vielmehr jeden Prozeß — unabhängig ob es sich um Flußzunahme oder Flußabnahme handelt — als Aufmagnetisierung, wenn der magnetische Zustand des Kernes der Sättigung zustrebt, als Abmagnetisierung dagegen, wenn sich der Magnetisierungszustand der Drossel von der Sättigung entfernt; der Übergang von P_1 nach P_2 wird deshalb sowohl in Abb. 5.4b als auch in Abb. 5.5b als Aufmagnetisierung, der Übergang von P_3 nach P_4 in beiden Abbildungen als Abmagnetisierung bezeichnet. Die physikalisch wenig sinnvolle Folgerung aus dieser Definition, daß nämlich dem Begriff Aufmagnetisierung in Abb. 5.4b eine positive, in Abb. 5.5b dagegen eine negative Drosselspannung zugeordnet wird, kann in Kauf genommen werden, weil die Verwendung der Begriffe Aufmagnetisierung und Abmagnetisierung in dem eben erklärten Sinne besondere Vorteile bei der Beschreibung der Transduktorschaltungen mit sich bringt.

Bei der Darstellung periodischer Zeitvorgänge ist es zweckmäßig, die Zeit t durch die relative Zeit x

$$x = \omega t, \tag{1}$$

$$\omega = \frac{2\pi}{T} = 2\pi f \tag{2}$$

zu ersetzen; dadurch wird die Schwingungsdauer T unabhängig von der Frequenz f auf die Periode 2π reduziert. Im Sprachgebrauch wird x wahlweise als Winkel oder als Zeit bezeichnet.

Der zeitliche Verlauf der Drosselspannung u_d in Abb. 5.3a hängt von der Art der Transduktorschaltung ab. Man kann also über den zeitlichen Verlauf von u_d nur eine einzige für alle Schaltungen in Abb. 5.2 geltende Aussage treffen, nämlich daß u_d einen periodischen Zeitverlauf ohne Gleichkomponente besitzt. Daraus folgt, daß die Fläche der positiven Halbwelle der Spannung u_d dem Betrag nach gleich der Fläche der negativen Halbwelle ist; der Betrag dieser Fläche wird mit F_u bezeichnet.

Aus dem Induktionsgesetz folgt für die Drossel in Abb. 5.3a:

$$u_d = \omega N_a \frac{d\Phi}{dx}. \tag{3}$$

Für die Gesamtdurchflutung Θ erhält man:

$$\Theta(x) = i_s N_a - i_a N_s \tag{4}$$

Damit kann das Induktionsgestz (3) in folgender Form angeschrieben werden:

$$u_d = \omega N_a \frac{d\Phi}{d\Theta}\frac{d\Theta}{dx} = \omega N_a^2 \Lambda \frac{di_a}{dx} - \omega N_a N_s \Lambda \frac{di_s}{dx}; \quad \Lambda = \frac{d\Phi}{d\Theta}; \tag{5}$$

die Spannung u_d wird damit durch die Ströme i_s, i_a ausgedrückt.

In einer Periodenlänge wird der unvollständige Magnetisierungszyklus in Abb. 5.3b einmal durchlaufen. Die Zeitpunkte, in denen im Punkt P_1 die Aufmagnetisierung beginnt, bzw. im Punkt P_2 beendet ist, werden mit x_1 bzw. x_2 bezeichnet; entsprechend werden den Kennlinienpunkten P_3 bzw. P_4 in denen die Abmagnetisierung gerade beginnt, bzw. eben beendet ist, die Zeitpunkte x_3 bis x_4 zugeordnet. In Abb. 5.3c sind die Zeitpunkte x_1 bis x_3 auf der Zeitachse eingezeichnet. Über die relative Lage dieser Zeitpunkte zueinander kann nichts näheres ausgesagt werden; dazu müßte der zeitliche Ablauf des unvollständigen Magnetisierungszyklus in Abb. 5.3b bekannt sein. Dieser Zeitverlauf hängt jedoch von der Art der Schaltung ab, in der die betrachtete Transduktordrossel wirkt; deshalb wurde in Abb. 5.3c der allgemeine Fall, in dem die vier Zeitpunkte voneinander verschieden sind, dargestellt.

Den zeitlichen Flußverlauf $\Phi(x)$ erhält man aus dem Induktionsgesetz (3) durch Integration:

$$\Phi(x) = \Phi_0 + \frac{1}{\omega N_a}\int_{x_1}^{x_2} u_d(x)\,dx; \qquad F(x) = \int_{x_1}^{x} u_d(x)\,dx, \tag{6}$$

$\Phi_0 = \Phi(x_1)$ ist das Flußminimum im Zeitpunkt $x = x_1$. Der Flußzuwachs zwischen x_1 und x ist durch den zweiten Summanden, also durch die Spannungszeitfläche $F(x)$ gegeben. Diese Aussage ist in Abb. 5.3c veranschaulicht. Da — wie oben erwähnt — keine Aussage über den zeitlichen Verlauf von u_d getroffen werden kann, wurde in Abb. 5.3c ein willkürlicher Verlauf eingezeichnet. Trotz dieser geringen Kenntnis über u_d kann aus (6) eine wichtige Aussage über den unvollständigen Magnetisierungszyklus abgeleitet werden.

Man erhält mit $x = x_2$ den Flußzuwachs $\Delta\Phi$ während der Aufmagnetisierung von P_1 nach P_2:

$$\Delta\Phi = \Phi_s - \Phi_0 = \frac{1}{\omega N_a}\int_{x_1}^{x_2} u_d\,dx = \frac{F_u}{\omega N_a}; \quad F_u = \int_{x_1}^{x_2} u_d\,dx. \tag{7}$$

F_u ist die Spannungszeitfläche der gesamten positiven Halbwelle von u_d. Für die Abmagnetisierung zwischen P_3 und P_4 folgt eine entsprechende Beziehung für die negative Halbwelle von u_d:

$$-\Delta\Phi = \Phi_0 - \Phi_s = \frac{1}{\omega N_a}\int_{x_3}^{x_4} u_d(x)\,dx = \frac{-F_u}{\omega N_a}; \quad -F_u = \int_{x_3}^{x_4} u_d\,dx. \tag{8}$$

Aus der Schreibweise (7), (8) geht hervor, daß unter $\Delta\Phi$ und F_u jeweils der Betrag des Flußhubes bzw. der Halbwellenfläche von u_d verstanden wird.

Aus (7), (8) folgt die wichtige Aussage: Der Flußhub $\Delta\Phi$ eines unvollständigen Magnetisierungszyklus ist der Halbwellenfläche F_u der ummagnetisierenden Wechselspannung proportional, m. a. W. man erhält für jeden beliebigen zeitlichen Spannungsverlauf stets denselben Flußhub $\Delta\Phi$, sofern die Halbwellenfläche der ummagnetisierenden Spannung dieselbe bleibt.

Hinsichtlich der Zeitpunkte x_1 bis x_4 gilt die Feststellung, daß x_1 durch den Zeitpunkt, in dem u_d positiv wird, festgelegt ist und x_2 durch den Zeitpunkt bestimmt ist, in dem u_d aus dem Positiven kommend, soeben den Wert Null erreicht; entsprechende Aussagen gelten für x_3 und x_4 in bezug auf die negative Halbwelle von u_d.

Die Beziehung (6) für den zeitlichen Flußverlauf gilt nur im Aufmagnetisierungsintervall zwischen x_1 und x_2 und im Abmagnetisierungsintervall zwischen x_3 und x_4. In den dazwischen liegenden Intervallen bewegt sich der Magnetisierungszustand gemäß Abb. 5.3b von P_4 nach P_1 bzw. von P_2 über P_m nach P_3; es werden also horizontale Kennlinienstücke durchlaufen, so daß

$$\Phi = \Phi_0 = \text{konst, bzw. } \Phi = \Phi_s = \text{konst} \tag{9}$$

wird, also in beiden Fällen $u_d = 0$ gilt (Abb. 5.3b).

Während der Ummagnetisierungsintervalle x_1 bis x_2 und x_3 bis x_4 kann der zeitliche Verlauf der Gesamtdurchflutung $\Theta(x)$ aus dem zeitlichen Flußverlauf $\Phi(x)$ mit Hilfe der steilen Kennlinienäste in Abb. 5.3b bestimmt werden. Die beiden Wicklungsströme i_s und i_a sind in diesen Intervallen nicht unabhängig voneinander, sondern müssen sich so einstellen, daß der vorgeschriebene Verlauf der Gesamtdurchflutung $\Theta(x)$ erfüllt wird. Während der Entkopplung beider Wicklungen, also beim Durchlaufen horizontaler Kennlinienstücke, sind die Ströme i_a und i_s vollkommen unabhängig voneinander; sie werden von den jeweils angeschlossenen Netzwerkteilen bestimmt. In Abb. 5.3c wurde deshalb für diese Intervalle ein beliebiger Zeitverlauf der Gesamtdurchflutung $\Theta(x)$ eingezeichnet.

Die Zuordnung zwischen den Zeitpunkten x_i in Abb. 5.3c und den zugehörigen Kennlinienpunkten P_i in Abb. 5.3b wird durch die Verwendung desselben Index herbeigeführt. Bei der Beschreibung der einzelnen Schaltungen wird sich zeigen, daß die Gesamtdurchflutung $\Theta(x)$ unter gewissen Bedingungen springen kann; in Abb. 5.3c ist ein solcher Fall gestrichelt dargestellt. Dann gehören zum gleichen Zeitpunkt x_i zwei verschiedene Werte der Gesamtdurchflutung, also zwei verschiedene Kennlinienpunkte. In solchen Fällen wird für beide Kennlinienpunkte derselbe Index $_i$ verwendet, die beiden Kennlinienpunkte werden jedoch durch die Schreibweise P_i und (P_i) voneinander unterschieden. Im Beispiel Abb. 5.3b wäre also im Falle des gestrichelten

Durchflutungsverlaufes der Kennlinienpunkt P_m durch die Bezeichnung (P_2) zu ersetzen.

Bei manchen Untersuchungen kann die Breite und Neigung der Kernkennlinie vernachlässigt, also eine Sprungkennlinie nach Abb. 3.15b zugrundegelegt werden; dann gilt $\Theta = 0$ in den Intervallen x_1 bis x_2 und x_3 bis x_4 in Abb. 5.3c.

5.3 Spannungssteuernde und stromsteuernde Transduktorschaltungen. Das von dem horizontalen Kennlinienstück P_4 bis P_1 herrührende Entkopplungsintervall x_4 bis $x_1 + 2\pi$ in Abb. 5.3c kann — wie später gezeigt wird — in erster Näherung gegenüber den anderen Intervallen vernachlässigt werden; dann besteht die gesamte Periodenlänge aus einem Entkopplungsintervall und einem Ummagnetisierungsintervall; letzteres setzt sich aus der Aufmagnetisierungszeit und der Abmagnetisierungszeit zusammen. In Analogie dazu ist die Periodenlänge bei den gesteuerten Ventilen in ein Durchlaßintervall und in ein Sperrintervall unterteilt.

Im Durchlaßintervall bzw. im Entkopplungsintervall verhalten sich das gesteuerte Ventil und die Transduktordrossel vollkommen gleichartig. In beiden Fällen besitzt die Spannung an der Ventilstrecke bzw. an der Arbeitswicklung den Wert Null; die Ventilstrecke bzw. die Arbeitswicklung wirkt also wie ein geschlossener Kontakt.

Während der Sperrzeit liegt am Ventil eine von Null verschiedene Sperrspannung und an der Transduktordrossel entsteht während der Ummagnetisierungszeit eine von Null verschiedene Ummagnetisierungsspannung; es entsteht also an der Ventilstrecke bzw. an der Arbeitswicklung ein Spannungsabfall.

Durch Einwirkung auf das Steuergitter des gesteuerten Ventiles kann die Aufteilung der Periodenlänge in Sperr- und Durchlaßintervall verändert werden. In entsprechender Weise kann — wie in den Teilen II bis VI gezeigt wird — der Flußhub $\Delta\Phi$ und damit die Spannungszeitfläche F_u kontinuierlich verstellt und dadurch die Aufteilung der Periodenlänge in Entkopplungs- und Ummagnetisierungsintervall verändert werden.

Durch die beschriebene kontinuierlich verstellbare Aufteilung der Periodenlänge kann in Abb. 5.1 der Spannungsabfall am Ventil bzw. an der Transduktordrossel gesteuert und damit die Lastspannung verändert werden.

Nach der Gegenüberstellung dieser gleichwertigen Vorgänge beim gesteuerten Ventil und bei der Transduktordrossel muß auf die Unterschiede eingegangen werden.

Im Durchlaß- bzw. Entkopplungsintervall verhalten sich Ventilstrecke und Arbeitswicklung vollkommen gleichartig, nämlich wie ein geschlossener Kontakt. Eine gegenseitige Beeinflussung des Arbeits- und Steuerkreises ist also in diesem Intervall bei beiden Prinzipien ausgeschlossen. Das auf den Steuerkreis einwirkende Eingangssignal bestimmt in beiden Fällen nur den Beginn des Durchlaß- bzw. Entkopplungsintervalles; der Stromverlauf in der Ventilstrecke bzw. in der Arbeitswicklung wird in diesem Intervall jedoch ausschließlich vom Arbeitskreis bestimmt, da eine Einflußnahme des Steuerkreises auf den Arbeitskreis durch die Entkopplung ausgeschlossen ist.

Im Sperr- bzw. Kopplungsintervall unterscheidet sich das gesteuerte Ventil von der Transduktordrossel. Die Ventilstrecke verhält sich während der Sperrzeit wie ein offener Schalter, sie ist also stromlos; Steuer- und Arbeitskreis sind dadurch vollkommen entkoppelt. Daraus folgt, daß der Ventilstrom und der Laststrom in den Gleichrichterschaltungen ausschließlich durch den Stromverlauf in den Ventilen während des Durchlaßintervalles bestimmt ist; eine Stromänderung kann also nur durch eine Verlagerung des Anfangszeitpunktes des Durchlaßintervalles (Zündzeitpunkt) bewirkt werden. Die Transduktordrosseln verhalten sich dagegen im Kopplungsintervall wie Transformatoren, so daß eine Wechselwirkung zwischen Steuer- und Arbeitskreis grundsätzlich möglich ist. Der Strom in den Arbeitswicklungen der Ventildrossel und damit der Laststrom in den Transduktorschaltungen ist also — im Gegensatz zu den Schaltungen gesteuerter Ventile — nicht ausschließlich durch den Stromverlauf in den Arbeitswicklungen während des Entkopplungsintervalles bestimmt, weil während der Kopplungszeit durch die transformatorische Kopplung zwischen Arbeits- und Steuerkreis ebenfalls Ströme in der Arbeitswicklung fließen und einen Beitrag zum Gesamtstrom durch diese Wicklungen bzw. zum Laststrom leisten können.

In Abb. 5.6 ist das unterschiedliche Verhalten des gesteuerten Ventiles und der Transduktordrosseln anhand des Stromes i_a durch die Ventilstrecke (Abb. 5.1c) und für den Strom durch die Arbeitswicklung der Transduktordrossel (Abb. 5.1b) schematisch dargestellt. Der Beitrag, der zum Gesamtstrom während der Entkopplungszeit anfällt, wird durch die Fläche F_{i1}, der Anteil während der Kopplungszeit durch die Fläche F_{i2} beschrieben. Beim gesteuerten Ventil (Abb. 5.6a) gilt grundsätzlich $F_{i2} = 0$ und bei der Transduktordrossel (Abb. 5.6b) gilt im allgemeinen Fall $F_{i2} \neq 0$.

Bei der Beschreibung der Transduktorschaltungen in den Teilen II bis VI wird sich herausstellen, daß man zwischen zwei großen Gruppen unterscheiden kann, nämlich zwischen den „spannungssteuernden Transduktorschaltungen“ zu denen die Schaltungen Abb. 5.2a bis 5.2f gehören und den „stromsteuernden Transduktorschaltungen“ zu denen die Schaltungen Abb. 5.2g bis 5.2j zählen.

Die spannungssteuernden Schaltungen sind dadurch gekennzeichnet, daß während der Ummagnetisierungszeit praktisch kein Beitrag zum Strom i_a durch die Arbeitswicklungen geleistet wird, also F_{i2} gegen F_{i1} vernachlässigt werden kann ($F_{i2}/F_{i1} \approx 0$). Damit geht Abb. 5.6b in Abb. 5.6a über, d. h. die Transduktordrosseln verhalten sich in den spannungssteuernden Schaltungen wie ungesteuerte Ventile. Die Eigenschaften der gesteuerten Gleichrichterschaltungen können deshalb fast lückenlos auf die entsprechenden Transduktorschaltungen übertragen werden.

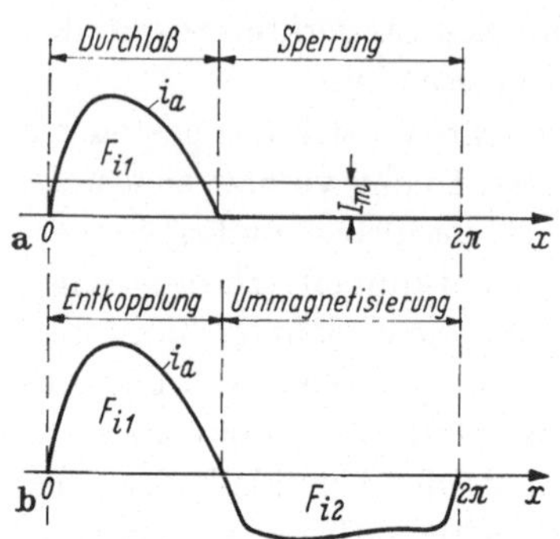

Abb. 5.6 a u. b. Die Analogien zwischen Durchlaßintervall und Sperrintervall eines gesteuerten Ventiles a und dem Entkopplungs- bzw. Ummagnetisierungsintervall einer Transduktordrossel b

Die Bezeichnung „spannungssteuernde" Schaltungen ist einleuchtend, weil wegen $F_{i2}/F_{i1} \approx 0$ die Arbeitswicklung der Transduktordrossel während der Ummagnetisierung praktisch stromlos ist, also wie ein geöffneter Kontakt wirkt. Die Wirkungsweise der Transduktordrossel kann also genauso wie die des gesteuerten Ventiles durch eine Aufeinanderfolge der Betriebszustände „Kontakt geöffnet" und „Kontakt geschlossen" beschrieben werden; dadurch wird die Spannung an der Last vorgegeben.

Die stromsteuernden Schaltungen sind dadurch gekennzeichnet, daß der wesentliche Beitrag zum Strom i_a während der Ummagnetisierungszeit geleistet wird. Der während der Ummagnetisierung anfallende Beitrag F_{i2} wird also bestimmend für den Strom in der Arbeitswicklung ($F_{i2}/F_{i1} \geqq 1$).

Während der Ummagnetisierung wirkt die Transduktordrossel wie ein Transformator, es gilt also $i_a N_a = \Theta + i_s N_s \approx i_s N_s$. Der Strom in der Arbeitswicklung ist bei großen Strömen also in guter Näherung dem Steuerstrom proportional; dadurch wird an der Last der Strom vorgegeben.

5.4 Aussteuerung der Transduktorschaltungen. Die beiden Grenzfälle, in denen die Lastspannung U_L bzw. der Laststrom I_L einer Transduktorschaltung in Abb. 5.2 den kleinstmöglichen bzw. den größtmöglichen Wert annimmt, werden als „Nullaussteuerung" bzw. als „Vollaussteuerung" bezeichnet.

Wenn die Arbeitswicklungen in Abb. 5.2 durch einen Kurzschlußbügel ersetzt werden, entstehen aus den spannungssteuernden Transduktorschaltungen einfache Gleichrichterschaltungen mit ungesteuerten Ventilen und aus den stromsteuernden Transduktorschaltungen erhält man einfache Wechselstromkreise. In diesem Betriebszustand fließt durch die Arbeitswicklungen der Transduktordrosseln und damit auch durch die Last der größtmögliche Laststrom $I_L = I_M$ und an der Last entsteht die höchstmögliche Lastspannung $U_L = U_M$. Dieser Zustand beschreibt die Vollaussteuerung der Transduktorschaltungen. Nach Abb. 5.2 gilt mit Ausnahme der Schaltungen Abb. 5.2a und 5.2g:

$$U_M = \frac{2\sqrt{2}\,U}{\pi}, \qquad I_M = \frac{U_M}{R}, \tag{10}$$

$$U_M = \frac{2\sqrt{2}\,U}{\pi}, \qquad I_M = \frac{U_M}{\sqrt{R^2 + \omega^2 L^2}} = \frac{U_M}{|\boldsymbol{Z}|}. \tag{11}$$

(10) gilt für Schaltungen mit Gleichstromausgang, (11) für Schaltungen mit Wechselstromausgang. Bei den Schaltungen Abb. 5.2a und 5.2g sind die rechten Seiten von (10) bzw. (11) mit 1/2 zu multiplizieren.

Durch Einwirkung auf die Steuerwicklung kann der Flußhub $\Delta\Phi$ in Abb. 5.4b verändert werden. Im Grenzfalle $\Delta\Phi = 0$ (Abb. 5.4a) erstreckt sich das Zeitintervall, in dem die Spannung an der Arbeitswicklung der Sättigungsdrossel Null ist, über die gesamte Periodenlänge, d. h. die Arbeitswicklung kann durch einen Kurzschlußbügel ersetzt werden. Daraus folgt, daß dem Zustand der Vollaussteuerung der Flußhub $\Delta\Phi = 0$ zuzuordnen ist.

Wenn in den stromsteuernden Schaltungen von Abb. 5.2 die Arbeitswicklungen der Transduktordrosseln und in den spannungssteuernden Schaltungen die Reihenschaltung aus Arbeitswicklung und Ventil jeweils durch einen geöffneten Kontakt ersetzt werden, dann entsteht zwischen diesen Kontakten eine Wechselspannung, die mit der Netzspannung — in Abb. 5.2j mit der halben Netzspannung — identisch ist. Die höchstmögliche Spannung an der Arbeitswicklung der Sättigungsdrosseln ist somit durch die Netzspannung bzw. durch die halbe Netzspannung festgelegt. Die Last ist in diesem Betriebszustand strom- und spannungslos, es gilt somit für alle Schaltungen:

$$U_L = 0 \qquad I_L = 0. \tag{12}$$

Der betrachtete Betriebszustand ist durch die kleinstmögliche Lastspannung und den kleinstmöglichen Laststrom gekennzeichnet und wird deshalb als „Nullaussteuerung" bezeichnet.

In den Transduktorschaltungen wird der Idealfall, daß sich die Arbeitswicklungen bei Nullaussteuerung wie ein geöffneter Kontakt verhalten, nicht erreicht. Der induktive Widerstand der Arbeitswicklungen ist zwar der Kernkennliniensteilheit entsprechend groß, bleibt aber immerhin endlich, so daß während der Nullaussteuerung ein kleiner

Strom durch die Arbeitswicklung fließt. Die Lastspannung $U_L = U_0$ und der Laststrom $I_L = I_0$ bei Nullaussteuerung ist deshalb in Wirklichkeit von Null verschieden, allerdings bei richtiger Dimensionierung sehr klein gegenüber den Werten bei Vollast.

Zur Beschreibung dieser Verhältnisse verwendet man die drei Größen:

$$A = Y_M - Y_0, \tag{13}$$

$$a = \frac{A}{Y_M}, \tag{14}$$

$$a_0 = \frac{Y_0}{Y_M}. \tag{15}$$

Darin ist Y durch U bzw. durch I zu ersetzen, je nachdem ob die Lastspannung oder der Laststrom als Ausgangsgröße betrachtet wird. A wird Aussteuerungsbereich, a bezogener Aussteuerungsbereich der Transduktorschaltung genannt; a_0 heißt bezogene Nullgröße. Bei richtiger Auslegung der Transduktorschaltungen liegt die bezogene Nullgröße möglichst nahe an Null, also der bezogene Aussteuerbereich nahe an Eins.

Aus dem Induktionsgesetz (6) bzw. (7) folgt, daß die Ummagnetisierung der Transduktordrossel um den Flußhub $\Delta\Phi = 2\Phi_s$ eine Spannungszeitfläche

$$F_M = \omega N_a 2\Phi_s \tag{16}$$

erfordert. Für eine vorgegebene Transduktordrossel ist deshalb F_M eine Konstante.

Andererseits wurde in den vorangehenden Überlegungen festgestellt, daß die größtmögliche Spannungszeitfläche F_D, die an der Arbeitswicklung der Transduktordrossel entstehen kann, durch die Halbwellenfläche $2\sqrt{2}\,U$, bzw. in Abb. 5.2j durch die Hälfte davon, nämlich durch $\sqrt{2}\,U$ gegeben ist:

$$F_D = 2\sqrt{2}\,U, \tag{17}$$

$$F_D = \sqrt{2}\,U. \tag{18}$$

(18) gilt für die Schaltung Abb. 5.2j, (17) gilt für alle übrigen Schaltungen.

Bei einer vorgegebenen Transduktordrossel und einer vorgegebenen Netzspannung können deshalb folgende drei Fälle eintreten:

$$F_D \gtreqless F_M = \omega N_a 2\Phi_s. \tag{19}$$

Durch geeignete Dimensionierung der Transduktordrosseln oder durch geeignete Wahl der Netzspannung U kann erreicht werden:

$$F_D = \omega N_a 2\Phi_s. \tag{20}$$

In diesem Falle läuft bei der Ummagnetisierung um $2\Phi_s$ gerade die volle Netzspannungshalbwelle ab. Das Ummagnetisierungsintervall erstreckt sich dann über die gesamte Periodenlänge, so daß aus Abb. 5.4b der Magnetisierungszyklus nach Abb. 5.4c entsteht. Der Nullaussteuerung ist also der Flußhub $\Delta\Phi = 2\Phi_s$ zugeordnet.

Wenn die Transduktorschaltung so bemessen ist, daß $F_D < \omega N_a 2\Phi_s$ gilt, dann reicht die von der Netzspannung zur Verfügung gestellte Halbwellenfläche F_D nicht zur Ummagnetisierung um den Flußhub $2\Phi_s$ aus. Man erreicht also höchstens den in Abb. 5.7a dargestellten Magnetisierungszyklus. Eine solche Dimensionierung der Schaltung ist ungünstig, weil der maximal mögliche Flußhub $2\Phi_s$ nicht ausgenützt wird.

Wenn dagegen $F_D > \omega N_a 2\Phi_s$ gilt, wird die Ummagnetisierung um den Flußhub $2\Phi_s$ bereits erreicht, bevor die von der Netzspannung maximal zur Verfügung gestellte Spannungszeitfläche F_D abgelaufen ist. Die Transduktordrossel geht also noch vor Ablauf der Halbperiode in Sättigung, so daß während des restlichen Teiles der Halbperiode entsprechend hohe, nur durch die Last begrenzte Ströme fließen (Abb. 5.7b). Eine solche Dimensionierung der Transduktorschaltung ist ungünstig, weil dann bei Nullaussteuerung noch relativ hohe Lastströme fließen.

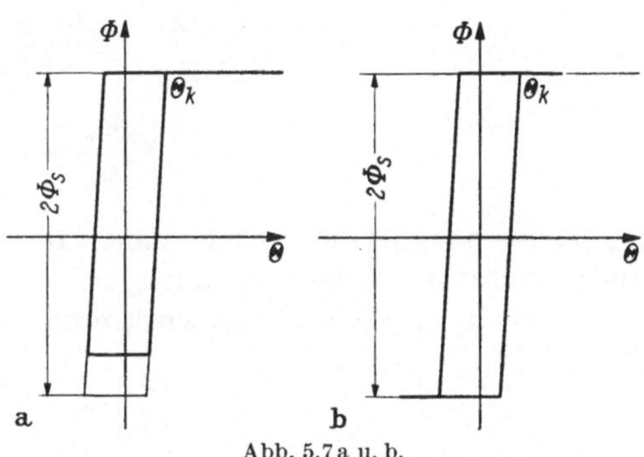

Abb. 5.7a u. b.
Zur Dimensionierung von Transduktordrosseln

Die Dimensionierung nach (20) ist also am besten geeignet, denn der Laststrom nimmt bei Nullaussteuerung den kleinstmöglichen Wert an und die Transduktordrosseln werden voll ausgenützt. Von einer Transduktorschaltung muß also gefordert werden, daß die Dimensionierungsvorschrift (20) erfüllt ist.

Eine zweite Dimensionierungsvorschrift erhält man durch eine Abschätzung des relativen Nullstromes $a_0 = I_0/I_M$. Bei Nullaussteuerung läuft ein Magnetisierungszyklus nach Abb. 5.4c ab; die Gesamtdurchflutung der Transduktordrossel erreicht deshalb höchstens den Wert Θ_k

und der Strom in der Arbeitswicklung nimmt höchstens den Wert Θ_k/N_a an. Da der Laststrom maximal den doppelten Wert des Stromes in der Arbeitswicklung betragen kann, folgt für den relativen Nullstrom

$$a_0 = \frac{I_0}{I_M} < \frac{2\Theta_k}{I_M N_a}. \tag{21}$$

In keiner der Schaltungen von Abb. 5.2 liegt die Lastspannung U_M bei Vollaussteuerung unter dem Wert $\sqrt{2}\,U/\pi$, deshalb gilt für I_M:

$$I_M \geqq \frac{\sqrt{2}\,U}{\pi|\boldsymbol{Z}|}. \tag{22}$$

Bei Schaltungen mit Gleichstromausgang ist $|\boldsymbol{Z}|$ durch die ohmsche Komponente R der Last zu ersetzen. Das Gleichheitszeichen in (22) gilt für die Schaltungen Abb. 5.2a und 5.2g. Wenn die Dimensionsvorschrift (20) erfüllt ist, gilt für alle Schaltungen in Abb. 5.2:

$$2\sqrt{2}\,U \geqq \omega N_a 2\Phi_s. \tag{23}$$

Das Gleichheitszeichen gilt für alle Schaltungen mit Ausnahme von Abb. 5.2j. Mit den Bezeichnungen (22), (23) folgt aus (21)

$$a_0 < \frac{2\Theta_k \pi|\boldsymbol{Z}|}{\sqrt{2}\,U N_a} < \frac{2\Theta_k \pi|\boldsymbol{Z}|}{\omega N_a^2 \Phi_s} = 2\pi\frac{|\boldsymbol{Z}|}{\omega L_d}, \tag{24}$$

$$L_d = N_a^2 \frac{\Phi_s}{\Theta_k} = N_a^2 \Lambda_d. \tag{25}$$

Λ_d ist die magnetische Diagonalleitfähigkeit (3.36), L_d die zugehörige Induktivität der Arbeitswicklung.

Damit a_0 möglichst klein wird, muß die Relation

$$\frac{|\boldsymbol{Z}|}{\omega L_d} \ll 1 \tag{26}$$

möglichst gut erfüllt sein. Die Transduktordrosseln müssen also so dimensioniert werden, daß die Bedingung (20) erfüllt ist und darüber hinaus die Diagonalinduktivität L_d der Arbeitswicklung um sehr vieles größer als der vorgegebene Lastwiderstand bzw. die Lastimpedanz ist.

Wenn die Bedingung (26) erfüllt ist, folgt umgekehrt aus (21), daß Θ_k verschwindend klein gegenüber der Durchflutung $N_a I_M$ der Arbeitswicklung bei Vollaussteuerung ist.

Bei der Beschreibung der Transduktorschaltungen in den Teilen II bis V wird stets vorausgesetzt, daß die beiden Dimensionierungsvorschriften (20) und (26) erfüllt sind. Daraus können einige allgemeine Eigenschaften der Magnetisierungszyklen abgeleitet werden.

Magnetisierungszyklen bei denen ein Übergang von Kennlinienpunkten des negativen Sättigungsastes zu Punkten des positiven Astes und umgekehrt stattfindet (z. B. Abb. 5.7b) sind in den Transduktorschaltungen nicht möglich, denn die Voraussetzung (20) beinhaltet, daß bereits für die Ummagnetisierung um $2\Phi_s$ jeweils die volle Halbwelle der Periodenlänge verbraucht wird; es kann also höchstens ein Magnetisierungszyklus nach Abb. 5.4c auftreten.

Weiterhin folgt aus der Voraussetzung (20), daß bei einem Flußhub $\Delta\Phi < 2\Phi_s$ nur ein Teil der gesamten Periodenlänge von der Ummagnetisierungszeit in Anspruch genommen wird; der Rest entfällt auf die Entkopplungszeit.

Die Voraussetzung (26) stellt sicher, daß für die Gesamtdurchflutung im Entkopplungsintervall stets $\Theta \gg \Theta_k$ gilt. Daraus folgt, daß der zeitliche Verlauf der Durchflutung Θ bei einem unvollständigen Magnetisierungszyklus stets eine Gleichkomponente aufweist.

II. Einpulsige Transduktorschaltungen; Erläuterung der Grundbegriffe

Unter der Pulszahl einer Gleichrichterschaltung versteht man die Anzahl der Spannungskuppen, die in der Gleichspannung während einer Periodenlänge auftreten. Pulszahl und Phasenzahl des speisenden Systems können voneinander verschieden sein. Die Schaltungen Abb. 7.1 und Abb. 12.1 besitzen z. B. beide eine einphasige Einspeisung, die Pulszahl der ersteren ist jedoch eins, da die Gleichspannung nur aus einer Halbwelle besteht, die Pulszahl der letzteren ist dagegen zwei, da die Gleichspannung aus zwei Halbwellen zusammengesetzt ist.

In den Abb. 6.1, 7.1 und 8.1 sind die drei wichtigsten einpulsigen Transduktorschaltungen dargestellt; sie weisen bereits alle charakteristischen Grundmerkmale auf, die auch den zwei- und mehrpulsigen Schaltungen zukommen. Diese Merkmale und Eigenschaften können bei den einpulsigen Schaltungen besonders übersichtlich und anschaulich erläutert werden, so daß der Beschreibung der einpulsigen Schaltungen mehr Raum eingeräumt wird, als ihnen nach ihrer praktischen Bedeutung zukommt.

Während der Kopplungszeit der beiden Wicklungen werden vom Arbeitskreis Spannungen in den Steuerkreis induziert, die dort entsprechende Rückwirkungsströme zufolge haben können; zur Vereinfachung wird angenommen, daß die Entstehung dieser Rückwirkungsströme im Steuerkreis durch hinreichende Glättung unterbunden ist. Der Widerstand R_s der Steuerwicklung wird mit dem Vorwiderstand R_v zum Steuerkreiswiderstand $R_e = R_v + R_s$ zusammengezogen; nur bei den Betrachtungen über die Leistungsverstärkung wird der Wicklungswiderstand R_s für sich allein betrachtet. Darüber hinaus sollen die zu Beginn des Abschn. 5.1 zusammengestellen Voraussetzungen gelten.

6. Die stromsteuernde einpulsige Transduktorschaltung

Abb. 6.1 zeigt die stromsteuernde einpulsige Transduktorschaltung; sie wird gelegentlich auch kürzer als ,,Einweg-Wandlerschaltung" bezeichnet. Damit die Ergebnisse übersichtlicher werden, wird von einer rein ohmschen Last ausgegangen; außerdem wird zur Vereinfachung eine senkrechte Kernkennlinie, also $\Delta\Theta = 0$ in Abb. 3.15a angenommen. Die Rückwirkung der Arbeitswicklung auf den Steuerkreis wird durch eine hinreichend große Glättungsinduktivität L_v in Abb. 6.1 unterbunden.

6.1 Wirkungsweise der stromsteuernden Einpuls-Schaltung. Man erkennt unmittelbar aus Abb. 6.1, daß die Lastspannung u_L im stationären Betrieb eine reine Wechselspannung ist, denn die Spannung u_d an der Arbeitswicklung der Transduktordrossel kann keine Gleichkomponente besitzen; dasselbe gilt nach Voraussetzung für die Netzspannung u, so daß nach dem Kirchhof'schen Gesetz auch die Lastspannung u_L eine reine Wechselspannung ist.

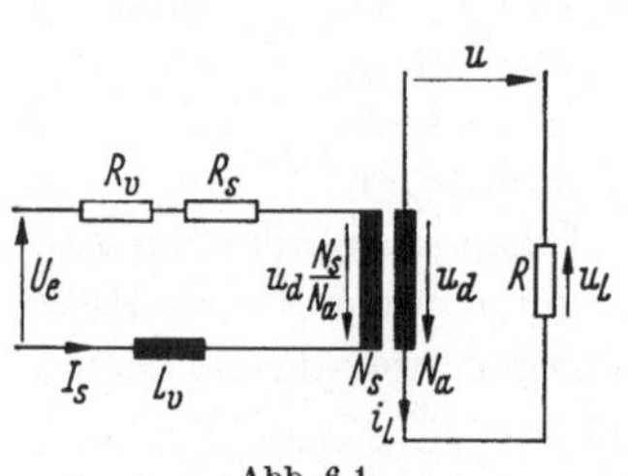

Abb. 6.1. Einpulsige stromsteuernde Transduktorschaltuog

Am Ende von Abschn. 5.4 wurde gezeigt, daß der zeitliche Verlauf der Gesamtdurchflutung des Kernes bei einem unvollständigen Magnetisierungszyklus stets eine Gleichkomponente aufweisen muß. Da — wie oben gezeigt — die Arbeitswicklung der Transduktordrossel in Abb. 6.1 keine Gleichkomponente zur Gesamtdurchflutung beitragen kann, ist es naheliegend, den erforderlichen einseitigen Magnetisierungszyklus durch eine Gleichstromkomponente I_s im Steuerkreis zu erzwingen; der Steuergleichstrom I_s bzw. die Steuerdurchflutung $\Theta_s = N_s I_s$ wird von der Spannungsquelle U_e in Abb. 6.1 erzeugt und beträgt:

$$I_s = \frac{U_e}{R_e}, \qquad \Theta_s = I_s N_s. \tag{1}$$

Wegen der unendlich großen Glättungsinduktivität L_v im Steuerkreis besitzt der Steuerstrom keine Wechselkomponente.

Zunächst wird angenommen, daß die Wechselspannung u in Abb. 6.1 noch nicht eingeschaltet ist. Dagegen soll der Steuerstrom I_s bereits seinen stationären Endwert nach (1) erreicht haben. Die Polung der Steuerspannungsquelle U_e sei so gewählt, daß I_s in der Steuerwicklung eine negative Durchflutung vom Betrag $\Theta_s = I_s N_s$ hervorruft; der Drosselkern befindet sich also im magnetischen Zustand P_a (Abb. 6.2a).Die Speisespannung

$$u = \sqrt{2}\, U \sin x \tag{2}$$

soll daraufhin im Zeitpunkt $x = 0$, also zu Beginn der positiven Halbwelle (Abb. 6.2b) eingeschaltet werden.

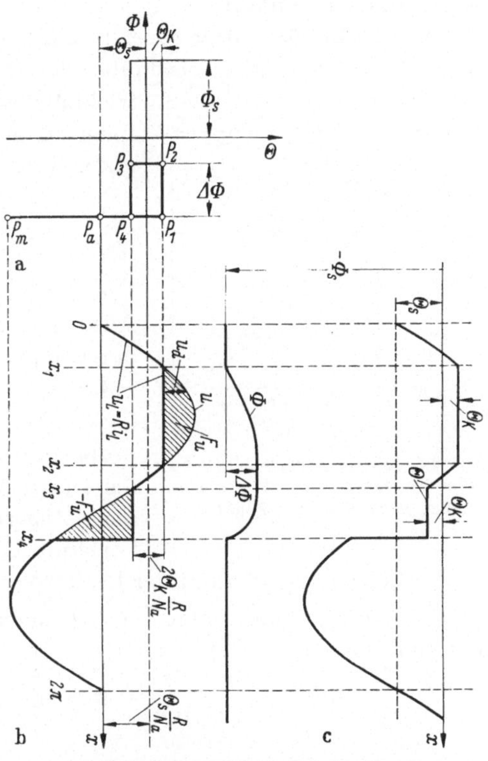

Abb. 6.2a–c. Zeitlicher Verlauf der Vorgänge in der einpulsigen stromsteuernden Transduktorschaltung: a Magnetisierungszyklus, b Lastspannung u_L und Drosselspannung u_d; c Durchflutung Θ und Fluß Φ

Im Zustand P_a ist der Drosselkern gesättigt, beide Wicklungen sind entkoppelt, so daß für die Lastspannung $u_L = u = Ri_L$ gilt. Der Betrag der Gesamtdurchflutung $\Theta = i_L N_a - I_s N_s$ nimmt also ab, so daß die magnetischen Zustände von P_a über P_4 bis P_1 in Abb. 6.2a durchlaufen werden; im Zeitpunkt x_1 wird schließlich der Kennlinienpunkt P_1 erreicht. Laststrom i_L und Lastspannung u_L verlaufen deshalb im Intervall $x = 0$ bis $x = x_1$ sinusförmig (Abb. 6.2b), der Fluß behält den zeitlich konstanten Wert $-\Phi_s$ bei, und die Gesamtdurchflutung Θ verläuft nach einer um Θ_s gegen die Nullinie versetzten Sinusfunktion (Abb. 6.2c).

Im Zeitpunkt x_1 beginnt die Abmagnetisierung von P_1 entlang des steilen Kennlinienastes und erreicht im Zeitpunkt x_2 den Kennlinienpunkt P_2. Die Wicklungen sind in diesem Zeitabschnitt gekoppelt, so daß die Durchflutung während der Abmagnetisierung zwischen x_1 und x_2 den konstanten Wert Θ_k beibehält (Abb. 6.2a). Die beiden Wicklungen sind also durch die Beziehungen

$$\Theta_k = i_L N_a - I_s N_s, \tag{3}$$

$$i_L = I_s \frac{N_s}{N_a} + \frac{\Theta_k}{N_a} \tag{4}$$

miteinander verknüpft.

Im Abschn. 5.4 wurde gezeigt, daß bei allen Transduktorschaltungen Θ_k verschwindend klein gegenüber der Durchflutung $I_M N_a$ der Arbeitswicklung bei Vollaussteuerung ist. Bei hinreichend großen Lastströmen gilt also in guter Näherung:

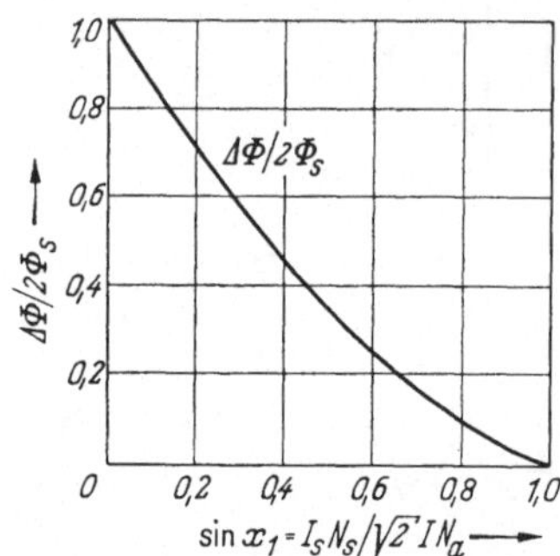

Abb. 6.3. Relativer Flußhub $\varDelta\Phi/2\Phi_s$ in Abhängigkeit von der relativen Steuerdurchflutung $I_s N_s/\sqrt{2} I N_a$

$$i_L \approx I_s \frac{N_s}{N_a}. \tag{5}$$

Die Beziehungen (4), (5) bringen zum Ansdruck, daß der Laststrom i_L während der Kopplungszeit durch den Steuerstrom I_s fest vorgegeben ist und bei hinreichend großen Werten nach (5) dem Steuerstrom proportional ist; der Laststrom i_L und die Durchflutung Θ verlaufen also im Abmagnetisierungsintervall x_1 bis x_2 zeitlich konstant (Abb. 6.2b und c).

Im Zeitpunkt x_1 besitzt der Laststrom den Momentanwert $R i_L(x_1) = \sqrt{2}\, U \sin x_1$; damit folgt aus (3) eine Bestimmungsgleichung für den Zeitpunkt x_1:

$$\sin x_1 = \frac{\Theta_k + I_s N_s}{\sqrt{2}\, U N_a} R \approx \frac{I_s N_s}{\sqrt{2}\, I N_a}; \qquad I = \frac{U}{R}. \tag{6}$$

Darin bedeutet $I = U/R$ den Effektivwert des Laststromes bei Vollaussteuerung. Der Zeitpunkt x_1 wird also durch den Steuerstrom I_s festgelegt.

Die Abmagnetisierung erfolgt durch die von der Spannung $u_d = u - u_L$ erzeugte Spannungszeitfläche F_u (schraffiert in Abb. 6.2b). Man erhält nach Abschn. 5.2 für den Flußhub $\varDelta\Phi$, der bei der Abmagnetisierung von P_1 nach P_2 durchlaufen wird, die Beziehung:

$$\varDelta\Phi = \frac{F_u}{\omega N_a} = \frac{1}{\omega N_a}\int_{x_1}^{x_2} (u - u_L)\, dx = 2\Phi_s \int_{x_1}^{x_2} \frac{1}{2} (\sin x - \sin x_1)\, dx. \tag{7}$$

Bei der Umformung wurde (5.20), (6) und $x_2 = \pi - x_1$ benützt. Aus (7) kann x_1 mit Hilfe von (6) auf graphischem oder numerischem Wege eliminiert werden, so daß eine Beziehung zwischen $\Delta\Phi$ und I_s entsteht, für die formal

$$\frac{\Delta\Phi}{2\Phi_s} = h\left(\frac{I_s N_s}{I N_a}\right) \tag{8}$$

geschrieben werden kann. In Abb. 6.3 ist (8) mit der Vereinfachung $\Theta_k = 0$ dargestellt.

An das Abmagnetisierungsintervall $x_1 = x_2$ schließt sich ein Entkopplungsintervall von x_2 bis x_3 an, in dessen Verlauf das waagerechte Kennlinienstück von P_2 nach P_3 durchlaufen wird. Für die Lastspannung gilt $u_L = u = R i_L$ und der Fluß verharrt auf dem konstanten Wert $-\Phi_s + \Delta\Phi$ (Abb. 6.2b und c).

Im Zeitpunkt x_3 beginnt die Aufmagnetisierung von P_3 bis P_4. Die Durchflutung besitzt den konstanten Wert $-\Theta_k$; also gilt zwischen x_3 und x_4:

$$-\Theta_k = i_L N_a - I_s N_s, \tag{9}$$

$$i_L = I_s \frac{N_s}{N_a} - \frac{\Theta_k}{N_a}. \tag{10}$$

Für große Lastströme gilt wiederum die Näherung (5). Der Laststrom i_L ist wie bei der Abmagnetisierung durch den Steuerstrom I_s vorgegeben und ebenso wie die Durchflutung Θ zeitlich konstant (Abb. 6.2b und c).

Die Aufmagnetisierung erfolgt durch die Spannung $u_d = u - u_L$; sie endet, sobald der Betrag F_u der aufmagnetisierenden Spannungszeitfläche im Zeitpunkt $x = x_4$ dem Betrag der abmagnetisierenden Fläche gleich geworden ist.

Wie die Zeitpunkte x_3 und x_4 zu bestimmen sind, soll nur angedeutet werden. Im Zeitpunkt x_3 besitzt der Laststrom den Momentanwert $R i_L = \sqrt{2}\, U \sin x_3$ und die Durchflutung erreicht den Wert $-\Theta_k$; daraus folgt eine Bestimmungsgleichung für x_3:

$$\sin x_3 = \frac{I_s N_s - \Theta_k}{\sqrt{2}\, U N_a} \approx \frac{I_s N_s}{\sqrt{2}\, U N_a}. \tag{11}$$

Die aufmagnetisierende und die abmagnetisierende Spannungszeitfläche müssen denselben Betrag aufweisen; daraus folgt eine Bestimmungsgleichung für x_4:

$$\int_{x_1}^{x_2} (u - u_L)\, dx + \int_{x_3}^{x_4} (u - u_L)\, dx = 0. \tag{12}$$

In (12) sind u, u_L und x_1, x_2, x_3 bekannt, so daß x_4 daraus errechnet werden kann.

Vom Zeitpunkt x_4 an, wird der untere Sättigungsast von P_4 in Richtung nach P_m und zurück nach P_a durchlaufen; damit ist der Zyklus geschlossen. Die beiden Wicklungen sind im Zeitintervall x_4 bis 2π entkoppelt, es gilt also wieder $u_L = u = R i_L$ (Abb. 6.2).

Zusammenfassend erkennt man folgende Eigenschaften der Schaltung: Neben dem Aufmagnetisierungs- und Abmagnetisierungsintervall sind zwei Entkopplungsintervalle vorhanden. Die Länge des Entkopplungsintervalles x_2 bis x_3 ist durch $2\Theta_k$ gegeben und im allgemeinen gegenüber den anderen Intervallen vernachlässigbar klein. Man kann also sagen, daß die ganze Periodenlänge aus einem Entkopplungsintervall und einem Ummagnetisierungsintervall besteht; im letzteren wird die Drossel aufmagnetisiert und wieder abmagnetisiert.

Während der Ummagnetisierungszeit wird, bedingt durch die Beziehung (5) ein merklicher Beitrag zum Gesamtstrom in der Arbeitswicklung geleistet; es handelt sich also um eine stromsteuernde Schaltung. Allerdings kommen in dieser einfachsten Schaltung die Eigenschaften der stromsteuernden Transduktorschaltungen nur unvollkommen zum Ausdruck.

6.2 Steuerkennlinie. Bei der Ableitung der Eigenschaften der Steuerkennlinien wird die Schleifenbreite zur besseren Übersicht ver-

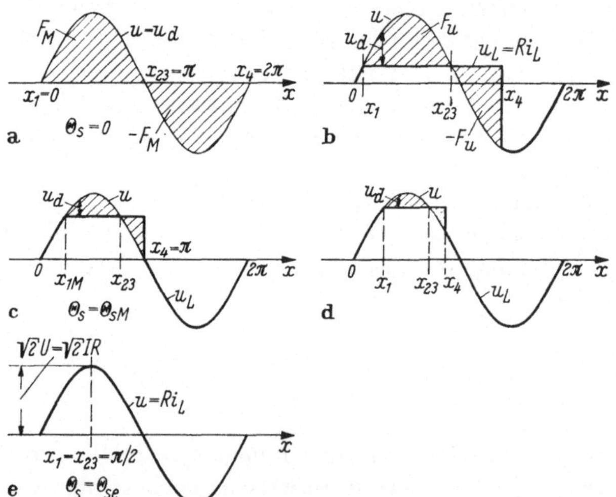

Abb. 6.4 a – e. Zeitlicher Verlauf der Lastspannung u_L und der Drosselspannung u_d bei verschiedenen Aussteuerungszuständen zwischen Nullaussteuerung und Vollaussteuerung des Effektivwertes

nachlässigt, also $\Theta_k = 0$ gesetzt. Dann fallen die Zeitpunkte x_2 und x_3 in Abb. 6.2b auf denselben Zeitpunkt zusammen, der mit x_{23} bezeichnet werden soll; der Laststrom i_L verläuft dann zwischen x_1 und x_4 zeitlich konstant.

In Abb. 6.4 ist der zeitliche Verlauf der Lastspannung $u_L = R i_L$ für verschiedene Werte des Steuerstromes I_s dargestellt. Abb. 6.4 folgt mit der Vernachlässigung $\Theta_k = 0$ unmittelbar aus den Überlegungen des vorangehenden Abschnittes, insbesondere aus Abb. 6.2b. Man erkennt aus (6) und Abb. 6.4, daß der Zeitpunkt x_1, ausgehend vom Wert $x_1 = 0$ beim Steuerstrom $I_s = 0$ (Abb. 6.4a) mit dem Steuerstrom I_s anwächst und schließlich bei einem Steuerstrom I_{se} den Wert $x_1 = \pi/2$ (Abb. 6.4e) erreicht. Gleichzeitig bewegt sich spiegelbildlich dazu der Zeitpunkt x_{23} von $x_{23} = \pi$ (Abb. 6.4a) nach $x_{23} = \pi/2$ (Abb. 6.4e). Den Steuerstrom I_{se} erhält man mit $x_1 = \pi/2$ aus (6):

$$I_{se} = \sqrt{2}\, I \frac{N_a}{N_s}, \qquad \Theta_{se} = I_{se} N_s. \tag{13}$$

Bei $I_s = 0$ ist die Drossel während der gesamten Periodenlänge stromlos, es liegt also der Fall der Nullaussteuerung vor. Beim Steuerstrom $I_s = I_{se}$ ist die Drossel während der gesamten Periodenlänge gesättigt, so daß in der Last ein sinusförmiger Strom vom Effektivwert $I = U/R$ fließt.

Mit zunehmendem Steuerstrom I_s wächst x_1, bis schließlich bei einem gewissen Steuerstrom $I_s = I_{sM}$ der Grenzfall Abb. 6.4c eintritt. Bei einer weiteren Vergrößerung des Steuerstromes ändert sich die negative Stromhalbwelle nicht mehr (Abb. 6.4c bis e); der Halbwellenmittelwert des Laststromes bleibt also von da an konstant. Die positive Halbwelle ändert dagegen weiterhin ihre Form bis bei I_{se} (Abb. 6.4e) auch die positive Halbwelle sinusförmig verläuft. Der Effektivwert $I_{L\mathrm{eff}}$, ändert sich also — wenn auch nur geringfügig — zwischen den Steuerströmen I_{sM} und I_{se}.

Bei der Berechnung des Steuerstromes I_{sM} beachtet man, daß die Spannungszeitfläche der Drosselspannung zwischen den Zeitpunkten x_{1M} und $x_4 = \pi$ in Abb. 6.4c den Wert Null ergeben muß:

$$0 = \int_{x_{1M}}^{\pi} u_d \, dx = \int_{x_{1M}}^{\pi} \left(u - R I_s \frac{N_s}{N_a}\right) dx. \tag{14}$$

Die Integration liefert:

$$\cos x_{1M} + 1 = (\pi - x_{1M}) \sin x_{1M}. \tag{15}$$

Daraus erhält man als Lösung:

$$\sin x_{1M} = 0{,}74 \approx \frac{1}{\sqrt{2}}. \tag{16}$$

Aus der Gl. (6) folgt dann der gesuchte Steuerstrom I_{sM}:

$$I_{sM} = I\frac{N_a}{N_s}, \qquad \Theta_{sM} = I_{sM} N_s. \tag{17}$$

Das Steuerstromintervall, das zwischen Nullaussteuerung und Vollaussteuerung durchlaufen werden muß, wird als „Steuerstrombereich" bezeichnet. Wenn unter der Ausgangsgröße der Effektivwert des Laststromes oder der Effektivwert der Lastspannung verstanden wird, dann ist der Steuerbereich durch

$$0 \leqq I_s \leqq I_{se} = \sqrt{2}\, I\frac{N_a}{N_s} \tag{18}$$

gegeben. Betrachtet man dagegen als Ausgangsgröße den Halbmittelwert des Laststromes bzw. der Lastspannung, dann gilt als Steuerstrombereich:

$$0 \leqq I_s \leqq I_{sM} = I\frac{N_a}{N_s}. \tag{19}$$

Zur Vollaussteuerung des Laststromeffektivwertes braucht man also einen $\sqrt{2}$-mal so großen Steuerstrom wie zur Vollaussteuerung des Halbwellenmittelwertes.

Es kommt nun darauf an, den Verlauf der Steuerkennlinie zwischen Nullaussteuerung und Vollaussteuerung zu bestimmen; die Überlegungen sollen sich jedoch auf die Steuerkennlinie für den Halbwellenmittelwert beschränken.

Für einen beliebigen zwischen $I_s = 0$ und I_{sM} liegenden Betriebszustand (Abb. 6.4b) folgt für den Lastspannungsmittelwert U_L:

$$U_L = \frac{1}{\pi}\int_0^{x_1} u\,dx + \frac{1}{\pi}\int_{x_1}^{x_4} R I_s \frac{N_s}{N_a}\,dx. \tag{20}$$

Die Integration ergibt:

$$\frac{U_L}{U_M} = \frac{1}{2}[1 + (x_4 - x_1)\sin x_1 - \cos x_1]. \tag{21}$$

$$U_M = \frac{2\sqrt{2}\,U}{\pi}. \tag{22}$$

Dazu tritt die Beziehung (6) für den Zeitpunkt x_1; wegen der Vernachlässigung der Schleifenbreite, d. h. $x_2 = x_3$, folgt aus (12):

$$\cos x_1 - \cos x_4 = (x_4 - x_1)\sin x_1. \tag{23}$$

Aus den Gln. (21), (23) und (6) können x_1 und x_4 auf graphischem oder numerischem Wege eliminiert werden, so daß eine Beziehung zwischen Steuerstrom und Lastspannungsmittelwert entsteht. Das Ergebnis ist in Abb. 6.5 eingezeichnet. Bei Steuerströmen oberhalb I_{sM} knickt die Kennlinie horizontal ab.

Entsprechende Überlegungen können für den Effektivwert durchgeführt werden.

Wenn das Vorzeichen des Steuerstromes umgekehrt wird, ändern sich die Vorgänge nach Abb. 6.1 nur dahingehend, daß die positive Netzspannungshalbwelle die Funktion der negativen und umgekehrt

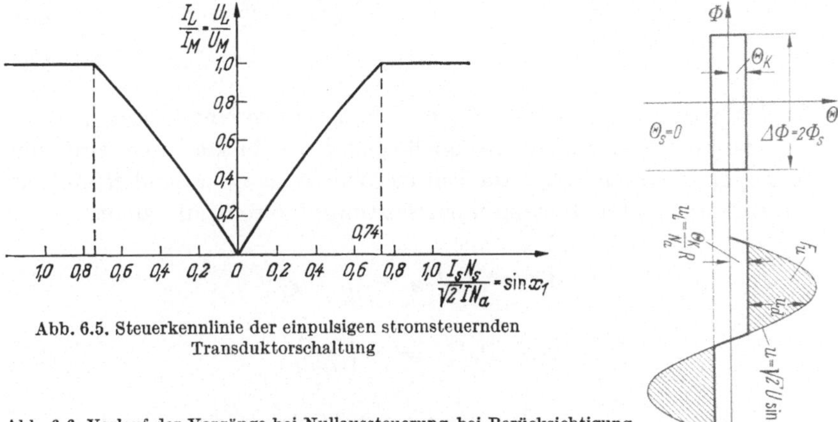

Abb. 6.5. Steuerkennlinie der einpulsigen stromsteuernden Transduktorschaltung

Abb. 6.6. Verlauf der Vorgänge bei Nullaussteuerung bei Berücksichtigung der Schleifenbreite Θ_k

übernimmt. Die Zuordnung zwischen Steuerdurchflutung und Laststrommittelwert bzw. Effektivwert erfährt dadurch keine Änderung, so daß bei einer Vorzeichenumkehr der Steuerdurchflutung der zur Ordinate in Abb. 6.5 spiegelbildliche Kennlinienverlauf entsteht.

Berücksichtigt man die Schleifenbreite Θ_k, dann verbleibt bei Nullaussteuerung $\Theta_s = 0$ ein Reststrom I_0, dessen Zeitverlauf in Abb. 6.6 dargestellt ist. In der Nähe der Nullaussteuerung darf — wie bereits aus den Beziehungen (6), (11) hervorgeht — die Schleifenbreite $2\Theta_k$, also der Reststrom I_0 nicht mehr vernachlässigt werden, so daß bei $I_s = 0$ der Reststrom $I_0 = \Theta_k/N_a$ bestehen bleibt.

6.3 Leistungsverstärkung. Als Steuerleistung P_e wird die im Steuerkreis verbrauchte Wirkleistung, als Nutzleistung P_L die auf den Lastwiderstand übertragene Wirkleistung bezeichnet. Zu jedem Punkt der Steuerkennlinie kann die Eingangsleistung und die Ausgangsleistung angegeben werden. Die Steuerleistung und die Nutzleistung ändern sich bei allen Transduktorschaltungen monoton, d. h. ständig anwachsend oder ständig abfallend zwischen den Endpunkten des Arbeitsbereiches; demnach treten die Kleinstwerte und die Höchstwerte der Steuerleistung bzw. der Nutzleistung an den Grenzpunkten des Arbeitsbereiches auf. Mit ΔP_e bzw. ΔP_L wird die Steuerleistungsdifferenz bzw. die Nutzleistungsdifferenz zwischen den Grenzpunkten des Arbeitsbereiches bezeichnet. Der Quotient

$$V = \frac{\Delta P_L}{\Delta P_e} \tag{24}$$

heißt mittlere Leistungsverstärkung oder kurz Leistungsverstärkung.

Für die Nutzleistungsdifferenz ΔP_L erhält man:

$$\Delta P_L = R(I^2 - I_0^2) = P_M(1 - a_0^2), \tag{25}$$

$$P_M = U I, \tag{26}$$

a_0 ist der bezogene Nullstrom, P_M ist die maximale Nutzleistung.

Die von der Steuerspannungsquelle gelieferte Wirkleistung wird zum Teil im Vorwiderstand R_v, zum Teil im Wicklungswiderstand R_s in Verlustwärme umgesetzt. Für die Steuerleistungsdifferenz gilt somit:

$$\Delta P_e = R_e I_{sM}^2 = \frac{R_e}{R_s} P_{vs}, \tag{27}$$

$$P_{vs} = R_s I_{sM}^2 = R_s \left(\frac{\Theta_{sM}}{N_s}\right)^2. \tag{28}$$

P_{vs} sind die in der Steuerwicklung bei Vollaussteuerung $\Theta_s = \Theta_{sM} = I_{sM} N_s$ auftretenden Wicklungsverluste.

Aus (24) bis (28) folgt für die Leistungsverstärkung:

$$V = \frac{\Delta P_L}{\Delta P_e} = V_0 \frac{R_s}{R_e}(1 - a_0^2), \tag{29}$$

$$V_0 = \frac{P_M}{P_{vs}}. \tag{30}$$

Der Klammerausdruck in (30) erreicht seinen größten Wert, wenn die Schleifenbreite der Kernkennlinie vernachlässigt, also $I_0 = 0$, d. h. $a_0 = 0$ gesetzt werden kann. $R_s/R_e = R_s/(R_v + R_s)$ erreicht für $R_v = 0$ seinen höchsten Wert 1. V_0 ist also der Höchstwert, den die Leistungsverstärkung der untersuchten Schaltung überhaupt annehmen kann.

Es soll gezeigt werden, daß V_0 durch die Wahl der Kerntype der Transduktordrossel festgelegt, also eine Kernkonstante ist. (30) zeigt dann unmittelbar, in welchem Maße der Vorwiderstand im Steuerkreis bzw. die Schleifenbreite der Kernkennlinie verkleinernd auf die Leistungsverstärkung einwirken.

Bei Nullaussteuerung liegt an der Arbeitswicklung die volle Netzspannung u, bei Vollaussteuerung fließt durch die Wicklung der größte Laststrom I; demnach gilt für die höchstzulässige Scheinleistung P_{da} und für die maximale Durchflutung Θ_{aM} der Arbeitswicklung:

$$P_{da} = UI = P_M, \tag{31}$$

$$\Theta_{aM} = IN_a. \tag{32}$$

Wenn beide Wicklungen mit der höchstzulässigen Stromdichte G betrieben werden, also voll ausgenutzt sind, gelten für P_{da} und P_{vs} die Beziehungen (4.20), (4.21) und man erhält für die maximale Leistungsverstärkung aus (30) mit (28), (31):

$$V_0 = \frac{P_{da}}{P_{vs}} = \frac{\Theta_{aM}}{\Theta_{sM}}\frac{P_d}{P_v} = \frac{\Theta_g}{\Theta_{sM}}\left(1 - \frac{\Theta_{sM}}{\Theta_g}\right)\frac{P_d}{P_v}. \tag{33}$$

Für die Gesamtdurchflutung Θ_g des Kernes gilt $\Theta_g = \Theta_{aM} + \Theta_{sM}$; für das Verhältnis der effektiven Durchflutung der Arbeitswicklung zur effektiven Durchflutung der Steuerwicklung gilt nach (17) und (32) $\Theta_{aM}/\Theta_{sM} = 1$. Daraus folgt mit (4.11) für V_0:

$$V_0 = \frac{1}{c_i} = \frac{\omega}{\sqrt{2}}\frac{qB_s}{\varrho G l_m}. \tag{34}$$

V_0 ist abgesehen von der Frequenz ω eine Kernkonstante. (34) zeigt, in welcher Art V_0 von den einzelnen Kerndaten abhängt.

Als Beispiel wird ein kleiner Kern mit einer Drosseltypenleistung von etwa $P_d = 80$ VA mit folgenden Daten gewählt:

$G = 4\ \mathrm{A/mm^2}$	$l_m = 5$ cm	$\omega = 314\ \mathrm{sec^{-1}}$
$q = 1\ \mathrm{cm^2}$	$B_s = 15000$ G	$\varrho = 1{,}7 \cdot 10^{-6}\ \frac{\mathrm{V\,cm}}{\mathrm{A}}$
$F_g = 12\ \mathrm{cm^2}$	$\zeta = 0{,}5$	
$l_f = 20$ cm	$H_k = 0{,}5$ A/cm	$\Delta H = 0{,}25$ A/cm.

Mit diesen Daten findet man nach (34) $V_0 \approx 10$ bzw. $c_i \approx 0{,}1$. Die Leistungsverstärkung der Einweg-Wandlerschaltung ist also relativ gering.

Die Abhängigkeit der Leistungsverstärkung von der Typengröße findet man auf Grund der Ähnlichkeitsbetrachtungen in Abschn. 4.3. Dort wurde gezeigt, daß bei einer Vergrößerung der Linearabmessungen um den Faktor λ die Verstärkung V_0 wegen (4.37) und (34) nach dem Gesetz

$$V_0' = \lambda^{3/2} V_0 \tag{35}$$

anwächst. Eine Vergrößerung der Linearabmessungen in unserem obigen Beispiel um den Faktor 2 führt also bereits zu einer Vergrößerung der Leistungsverstärkung von $V_0 \approx 10$ auf. $V_0' \approx 2\sqrt{2} \cdot 10 \approx 28$.

Beachtet man, daß $I_0 = \Theta_k/N_a$ gilt und aus (17), (32) $N_a I = \Theta_g/2$ folgt, dann erhält man mit $\Theta_k = l_f H_k$

$$a_0 = \frac{I_0}{I} = \frac{\Theta_k}{\Theta_{aM}} = \frac{2\Theta_k}{\Theta_g} = \frac{2 H_k l_f}{F G \zeta}. \qquad (36)$$

Die numerische Auswertung mit den oben genannten Daten liefert $a_0 \approx 0{,}8 \cdot 10^{-2}$. Nach Abschn. 4.3 wird a_0 bei einer Veränderung der Linearabmessungen des Kernes um den Faktor λ nach dem folgenden Gesetz kleiner:

$$a_0' = \lambda^{-1/2} \cdot a_0. \qquad (37)$$

Um vergleichbare Zahlen zu erhalten, wird bei der Beschreibung der Transduktorschaltungen in den Teilen II bis V — sofern es sich um numerische Beispiele handelt — stets auf die Daten des eben festgelegten „Normkernes“ zurückgegriffen.

6.4 Überleitung zur einpulsigen spannungssteuernden Transduktorschaltung. Es soll untersucht werden, welchen Umständen die relativ kleine Leistungsverstärkung der Einpuls-Wandlerschaltung zuzuschreiben ist.

Bei gleicher Stromdichte in beiden Wicklungen der Transduktordrossel in Abb. 6.1 verhalten sich die effektiven Wicklungsdurchflutungen wie die zugehörigen Fensterflächen. Man erhält deshalb aus (33):

$$V_0 = \frac{\Theta_{aM}}{\Theta_{sM}} \frac{P_d}{P_v} = \frac{F_a}{F_s} \frac{P_d}{P_v}. \qquad (38)$$

F_a bzw. F_s ist die von der Arbeitswicklung bzw. von der Steuerwicklung eingenommene Teilfläche des gesamten Wicklungsfenster $F_g = F_a + F_s$. Für die einpulsige stromsteuernde Schaltung gilt nach (17) und (32) $\Theta_{aM}/\Theta_{sM} = 1$ und daher $F_a = F_s$.

Es sei unterstellt, daß es eine Schaltung gäbe, die in analoger Weise wie die einpulsige stromsteuernde Schaltung wirkt, bei der jedoch die zur vollen Durchsteuerung erforderliche Steuerdurchflutung Θ_{sM} beträchtlich kleiner als die Durchflutung der Arbeitswicklung Θ_{aM} bei vollem Laststrom ist, für die also $\Theta_{aM}/\Theta_{sM} \gg 1$ gilt. Man erkennt unmittelbar aus (38), daß eine solche Schaltung eine beträchtlich größere Leistungsverstärkung als die bisher untersuchte Schaltung besitzen müßte.

Daraus kann geschlossen werden, daß eine Vergrößerung der Leistungsverstärkung nur bei solchen Schaltungen zu erwarten ist, bei denen die zur Vollaussteuerung erforderliche Steuerdurchflutung relativ klein gegenüber der maximalen Durchflutung der Arbeitswicklung bleibt.

Bei der Suche nach Prinzipien mit deren Hilfe diese Forderung verwirklicht werden kann, geht man am besten zunächst von der Fragestellung aus, warum bei der einpulsigen stromsteuernden Schaltung das für die Leistungsverstärkung ungünstige Verhältnis $\Theta_{aM}/\Theta_{sM} = 1$ vorliegt.

Am Schluß des Abschn. 5.4 wurde festgestellt, daß der unvollständige Magnetisierungszyklus stets eine Gleichkomponente in der Durchflutung zur Voraussetzung hat. In der stromsteuernden Schaltung wird diese Durchflutung in voller Höhe von der Steuerwicklung aufgebracht, da die Arbeitswicklung nach Abschn. 6.1 keine Gleichkomponente führen kann; daraus folgt unmittelbar, daß die beiden Durchflutungen im Kopplungsintervall einander gleich sein müssen und daher für die Steuerwicklung dieselbe Durchflutung wie für die Arbeitswicklung aufgebracht werden muß.

Es ist deshalb naheliegend, einen möglichst großen Anteil der erforderlichen Gleichstromdurchflutung durch den Arbeitsstrom, etwa durch ein mit der Arbeitswicklung nach Abb. 7.1 in Reihe geschaltetes,

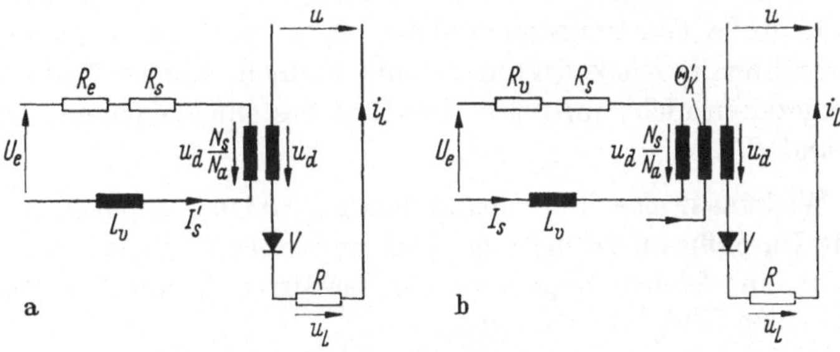

Abb. 7.1 a u. b. Die einpulsige spannungssteuernde Transduktorschaltung mit Durchflutungssteuerung: a ohne und b mit zeitlich konstanter Vormagnetisierung

ungesteuertes Ventil zu erzeugen, so daß auf die Steuerwicklung nur noch ein relativ kleiner Restbetrag entfällt. Die von der Steuerwicklung aufzubringende Steuerdurchflutung bleibt dann relativ klein gegenüber der maximalen Durchflutung der Arbeitswicklung, so daß von diesem Prinzip eine Vergrößerung der Leistungsverstärkung erwartet werden darf.

Das in Abb. 7.1 dargestellte Prinzip zur Erzeugung einer Durchflutungsgleichkomponente durch den Laststrom wird als Selbstsättigung bezeichnet; die Anordnung, bestehend aus einer Transduktordrossel und einem mit der Arbeitswicklung in Reihe liegendem ungesteuerten Ventil, wird „Ventildrossel" genannt.

7. Die spannungssteuernde einpulsige Transduktorschaltung mit Durchflutungssteuerung

Aus der stromsteuernden Einpuls-Schaltung nach Abb. 6.1 entsteht die spannungssteuernde Einpuls-Schaltung, wenn nach Abb. 7.1a mit der Arbeitswicklung ein ungesteuertes Ventil V in Reihe geschaltet wird; V wird Sättigungsventil genannt. Die Kernkennlinie der Transduktordrossel sei durch Abb. 7.2a gegeben.

Man erhält übersichtlichere Beziehungen, wenn anstelle der Schaltung Abb. 7.1a die Schaltung Abb. 7.1b beschrieben wird. Darin ist eine dritte Wicklung mit einer negativen, zeitlich konstanten Durchflutung vom Betrag Θ_k' angeordnet. Anstelle der Steuerdurchflutung $I_s' N_s$ in Abb. 7.1a, muß die Steuerwicklung in Abb. 7.1b nur noch die Differenz

$$I_s N_s = I_s' N_s - \Theta_k' \tag{1}$$

aufbringen. Mit Hilfe der Beziehung (1) kann jederzeit vom Steuerstrom I_s (mit Vormagnetisierung) auf den Steuerstrom I_s' (ohne Vormagnetisierung) zurückgerechnet werden.

Zur Vereinfachung wird angenommen, daß im Steuerkreis eine unendlich große Glättungsinduktivität L_v angeordnet ist; vom Lastkreis herrührende Rückwirkungsströme können deshalb während der Kopplungszeiten nicht auftreten. Die Last besteht aus einem ohmschen Widerstand R.

7.1 Wirkungsweise der spannungssteuernden einpulsigen Schaltung mit Durchflutungssteuerung. Das ungesteuerte Ventil in Abb. 7.1 verursacht eine Gleichkomponente im Laststrom i_L; die Schaltung besitzt also einen Gleichstromausgang.

Damit eine Steuerwirkung der Transduktordrossel, also ein unvollständiger Magnetisierungszyklus zustande kommt, muß die Gesamtdurchflutung entlang des Kennlinienstückes P_1P_2 negative Werte annehmen. Die Arbeitswicklung kann aber wegen der Ventilwirkung nur positive Durchflutungen liefern, so daß die negativen Beiträge von der Steuerwicklung und der Vormagnetisierungswicklung aufgebracht werden müssen. Zu diesem Zweck wird im Steuerkreis eine Gleichspannungsquelle angordnet (Abb. 7.1), die in der Steuerwicklung eine negative Steuerdurchflutung vom Betrag

$$\Theta_s = I_s N_s = \frac{U_e}{R_e} N_s \tag{2}$$

erzwingt; man bezeichnet dieses Verfahren deshalb als „Durchflutungssteuerung“.

Bei den weiteren Überlegungen wird vorausgesetzt, daß der Betrag der negativen Steuerdurchflutung den Wert $\Delta\Theta$ nicht überschreitet, also

$$0 \leqq I_s N_s \leqq \Delta\Theta = \Theta_{sM} \tag{3}$$

gilt. In Verbindung mit der Voraussetzung (5.20) folgt daraus, daß der unvollständige Magnetisierungszyklus in der Transduktordrossel nur die Gestalt von Abb. 7.2a aufweisen kann.

Das Teilintervall des Magnetisierungszyklus Abb. 7.2a, in dem die Punktfolge $P_a P_m P_1$ durchlaufen wird, liegt im Bereich der positiven Netzspannungshalbwelle; es gilt nämlich $u_d = 0$, so daß das Sättigungsventil V den positiven, sinusförmigen Laststrom $i_L = u/R$ führt. Der zunächst noch unbekannte Zeitpunkt, in dem der Kennlinienpunkt P_1 erreicht wird, sei mit x_1 bezeichnet. Die Gesamtdurchflutung des Kernes ist gegeben durch:

$$\Theta = i_L N_a - I_s N_s - \Theta_k'. \tag{4}$$

Im Zeitpunkt x_1 gilt nach Abb. 7.2a für den Momentanwert der Durchflutung:

$$\Theta(x_1) = -\Theta_k = \\ = i_L(x_1) N_a - I_s N_s - \Theta_k'. \tag{5}$$

Daraus erhält man eine Bestimmungsgleichung für x_1:

$$\sin x_1 = \frac{I_s N_s}{\sqrt{2} I N_a},$$

$$I = \frac{U}{R}. \tag{6}$$

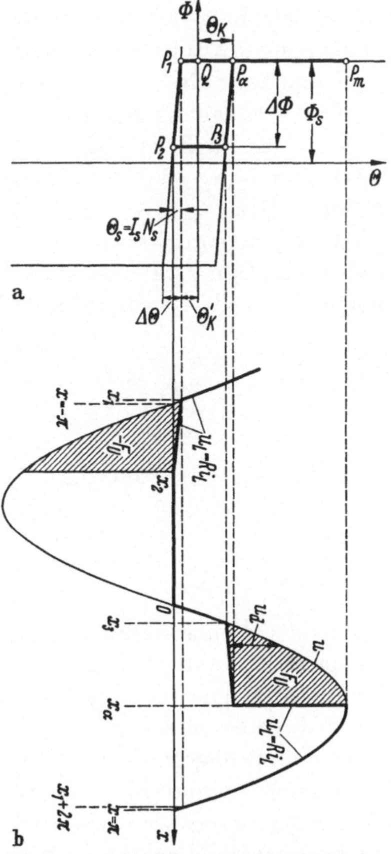

Abb. 7.2a u. b. Zeitlicher Verlauf der elektrischen Größen bei der einpulsigen spannungssteuernden Transduktorschaltung mit Durchflutungssteuerung: a Magnetisierungszyklus, b Lastspannung u_L und Drosselspannung u_d

Darin bedeutet I den Effektivwert des Wechselstromes, der bei kurzgeschlossener Arbeitswicklung und kurzgeschlossenem Ventil im Lastwiderstand R auftreten würde.

Die Voraussetzung (5.26) hat zur Folge, daß die Durchflutung $2\Theta_k$ sehr klein gegenüber der Durchflutung $\sqrt{2} I N_a$ ist. Der Zähler in (6) ist deshalb wegen (3) sehr viel kleiner als der Nenner, so daß der Zeitpunkt x_1 praktisch am Ende der positiven Netzspannungshalbwelle, also knapp vor $x = -\pi$ in Abb. 7.2b liegt.

Im Zeitpunkt x_1 beginnt die Abmagnetisierung durch die Spannung

$$u_d = u - R i_L = \sqrt{2}\, U \left(\sin x - \frac{i_L}{\sqrt{2} I} \right) \approx u . \tag{7}$$

Während der Abmagnetisierung kann die Durchflutung $i_L N_a$ in der Arbeitswicklung den Betrag $2\Theta_k$ keinesfalls erreichen. Wegen der Voraussetzung (5.26) ist deshalb der zweite Summand in (7) sehr viel kleiner als 1 und kann deshalb vernachlässigt werden.

Die Abmagnetisierung durch die Spannung u_d wird so lange fortgeführt, bis im Zeitpunkt x_2 die Sperrung des Sättigungsventiles einsetzt, also $i_L(x_2) = 0$ wird; dann gilt für den Momentanwert der Durchflutung $\Theta(x_2) = I_s N_s$, d. h. daß dem Zeitpunkt x_2 der Kennlinienpunkt P_2 zugeordnet ist. Somit gilt für den abmagnetisierenden Flußhub nach Abb. 7.2a $\Delta\Phi/2\Phi_s = I_s N_s/\Delta\Theta$. Da andererseits $\Delta\Phi$ der abmagnetisierenden Spannungszeitfläche proportional ist, folgt:

$$-\Delta\Phi = -2\Phi_s \frac{I_s N_s}{\Delta\Theta} = \frac{1}{\omega N_a} \int_{x_1}^{x_2} u_d\, dx \approx -2\Phi_s \frac{1}{2} (1 + \cos x_2) . \tag{8}$$

Darin wurde die Näherung (7) und $x_1 = -\pi$ verwendet. Es folgt also:

$$\frac{\Delta\Phi}{2\Phi_s} = \frac{I_s N_s}{\Delta\Theta} = \frac{1}{2} (1 + \cos x_2) . \tag{9}$$

Durch die Steuerdurchflutung $I_s N_s$ ist somit der Flußhub $\Delta\Phi$ und der Zeitpunkt x_2 in dem die Abmagnetisierung beendet ist, festgelegt.

Im Abmagnetisierungsintervall zwischen x_1 und x_2 ändern sich i_L, u_L und Θ entsprechend der Kennliniensteilheit nur geringfügig, der Fluß nimmt dagegen von Φ_s auf $\Phi_s - \Delta\Phi$ ab (Abb. 7.2b).

Vom Zeitpunkt x_2 an liegt die negative Netzspannung am Ventil; der Sperrzustand wird also bis zum Zeitpunkt $x = 0$ aufrecht erhalten. Im Sperrintervall x_2 bis $x = 0$ gilt deshalb $i_L \equiv 0$, $u_L \equiv 0$ (Abb. 7.2b).

Im Zeitpunkt $x = 0$ wird die Ventilspannung positiv, so daß die Stromführung wieder beginnt. Der Laststrom i_L wird positiv, der Betrag der Gesamtdurchflutung Θ nimmt ab, so daß das horizontale Kennlinienstück von P_2 nach P_3 durchlaufen wird; im Zeitpunkt x_3 wird der Kennlinienpunkt P_3 erreicht, und die Durchflutung der Arbeitswicklung nimmt dabei den Momentanwert $i_L(x_3)N_a = 2\Theta_c$ an. Im Intervall x_2 bis x_3 gilt $u_d \equiv 0$ und damit $i_L = u/R$; daraus folgt eine Bestimmungsgleichung für x_3:

$$\sin x_3 = \frac{2\Theta_c}{\sqrt{2} I N_a}. \tag{10}$$

Aus den gleichen Überlegungen wie für den Zeitpunkt x_1 folgt die Näherung $x_3 \approx 0$.

An den Zeitpunkt x_3 schließt die Aufmagnetisierung durch die Spannung $u_d = u - R i_L$ an; sie ist beendet sobald im Zeitpunkt x_a der Kennlinienpunkt P_a erreicht wird. Der aufmagnetisierende Flußhub von P_3 bis P_a ist gleich dem durch den Steuerstrom I_s festgelegten abmagnetisierenden Flußhub (8) zwischen P_1 und P_2, so daß daraus eine Bestimmungsgleichung für x_a folgt:

$$\Delta\Phi = 2\Phi_s \frac{I_s N_s}{\Delta\Theta} = \frac{1}{\omega N_a} \int_{x_3}^{x_a} u_d \, dx \approx 2\Phi_s \frac{1}{2} (1 - \cos x_a). \tag{11}$$

Der Zeitpunkt x_a ist damit durch den Steuerstrom I_s festgelegt. Aus (11) und (8) folgt übrigens $x_a = x_2 + \pi$ (Abb. 7.2b).

Die Lastspannung u_L, der Laststrom i_L und die Durchflutung Θ ändern sich im Aufmagnetisierungsintervall x_3 bis x_a entsprechend der Kennliniensteilheit nur geringfügig (Abb. 7.2b).

Zwischen dem Zeitpunkt x_a und $x_1 + 2\pi$ erstreckt sich das Entkopplungsintervall; es gilt $u_d \equiv 0$ und daher $u_L = R i_L$. Die Lastspannung u_L und der Laststrom i_L verlaufen sinusförmig (Abb. 7.2b).

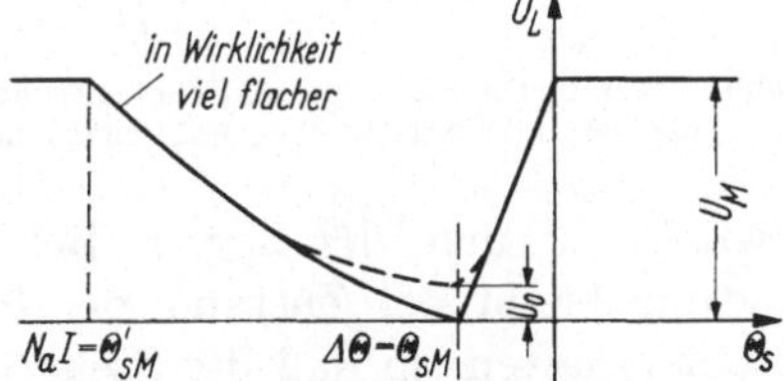

Abb. 7.3. Die Steuerkennlinie der einpulsigen spannungssteuernden Transduktorschaltung mit Durchflutungssteuerung (schematisch)

Damit ist die Beschreibung eines vollen Magnetisierungszyklus abgeschlossen. Schließlich muß noch darauf hingewiesen werden, daß — um das wesentliche deutlich zu machen — der Laststrom in Abb. 7.2 während der Ummagnetisierungszeit unverhältnismäßig groß gegenüber dem Laststrom während der Entkopplungszeit dargestellt wurde.

Aus den vorangehenden Überlegungen folgt, daß der während der Ummagnetisierungszeit x_1 bis x_2 und x_3 bis x_a gelieferte Beitrag zum Laststrom praktisch vernachlässigt werden kann; es liegt also nach der Definition in Abschn. 5.3 eine spannungssteuernde Transduktorschaltung vor.

7.2 Steuerkennlinie. Als Steuerkennlinie wird der Zusammenhang zwischen Steuerdurchflutung $I_s N_s$ und Lastspannungsmittelwert U_L bezeichnet. Bei der Berechnung der Steuerkennlinie wird der Beitrag des Laststromes während der Ummagnetisierungszeit x_1 bis x_2 und x_3 bis x_a vernachlässigt, also angenähert $x_1 = -\pi$ und $x_3 = 0$ gesetzt. Man erhält nach Abb. 7.2b für den Lastspannungsmittelwert:

$$U_L = \frac{1}{\pi} \int_{x_a}^{\pi} u \, dx = U_M \frac{1}{2} (1 + \cos x_a), \qquad U_M = \frac{\sqrt{2}\, U}{\pi}. \tag{12}$$

U_M ist der Höchstwert der Lastspannung bei Vollaussteuerung $x_a = 0$. Nach (9) gilt zwischen Steuerdurchflutung $I_s N_s$, dem Flußhub $\Delta \Phi$ und dem Zeitpunkt x_a die Beziehung:

$$\frac{\Delta \Phi}{2 \Phi_s} = \frac{I_s N_s}{\Delta \Theta} = \frac{1}{2} (1 - \cos x_a). \tag{13}$$

Aus (12) und (13) folgt die gesuchte Steuerkennlinie:

$$\frac{U_L}{U_M} = \left(1 - \frac{\Theta_s}{\Theta_{sM}}\right);$$

$$I_{sM} N_s = \Theta_{sM} = \Delta \Theta. \tag{14}$$

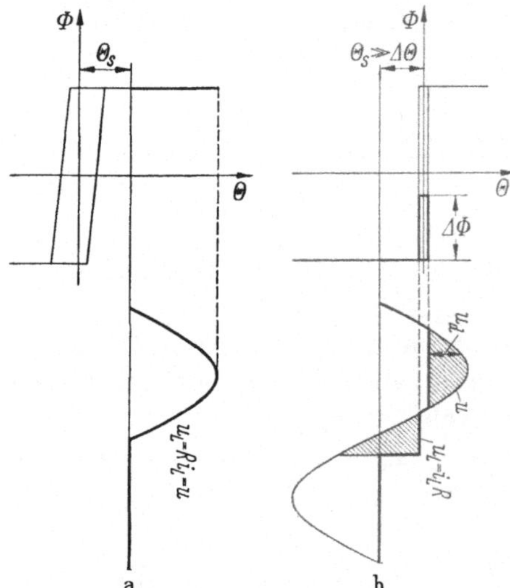

Abb. 7.4a u. b. Die Vorgänge bei Übersteuerung, a bei positiver, b bei negativer Steuerdurchflutung

Zur Nullaussteuerung ist der Steuerstrom I_{sM} bzw. die Steuerdurchflutung $\Theta_{sM} = \Delta \Theta$ erforderlich.

Die Beziehung (14) ist in Abb. 7.3 dargestellt; sie gilt nur für Steuerdurchflutungen, die zwischen 0 und $\Delta \Theta$ liegen. Bei Vorzeichenumkehr der Steuerdurchflutung bleibt der Zustand der Vollaussteuerung nach Abb. 7.4a aufrecht erhalten, so daß die Steuerkennlinie in Abb. 7.3 horizontal nach rechts abknickt.

Der Fall der Übersteuerung durch sehr hohe negative Steuerdurchflutungen ($I_s N_s / \Delta \Theta \gg 1$) erfordert eine gesonderte Betrachtung. Es wird angenommen, daß der Betrag $I_s N_s$ so groß ist, daß demgegenüber $\Delta \Theta$ und $2 \Theta_c$ vernachlässigt werden können, also die Kennlinie in Abb. 7.2a durch eine Knickkennlinie nach Abb. 7.4b ersetzt werden kann. Bei positiver Richtung des Laststromes i_L verhält sich das Sättigungsventil wie ein geschlossener Schalter, so daß dieselben Verhältnisse wie bei der stromsteuernden Einpuls-Schaltung nach Abb. 6.1a vorliegen. Da das

Ventil eine Stromumkehr nicht gestattet, wird die negative Stromhalbwelle in Abb. 6.2c unterdrückt, so daß der Laststrom bei der spannungssteuernden Einpuls-Schaltung bei sehr großen negativen Steuerdurchflutungen den Verlauf nach Abb. 7.4b annimmt. Im Kopplungsintervall ist dann der Laststrom wiederum durch das Wandlergesetz $i_L = I_s N_s/N_a$ bestimmt. Bei gleichen Steuerdurchflutungen ist der Laststrommittelwert in der spannungssteuernden Einpuls-Schaltung deshalb nur halb so groß, wie der gleichgerichtete Mittelwert des Lastwechselstromes bei der stromsteuernden Einpuls-Schaltung.

Die Steuerkennlinie der spannungssteuernden Einpuls-Schaltung verläuft also bei großen negativen Steuerdurchflutungen genauso wie die Steuerkennlinie der stromsteuernden Einpuls-Schaltung, d. h. der Lastspannungsmittelwert wächst mit der Steuerdurchflutung an; er erreicht bei einer negativen Steuerdurchflutung $\Theta'_{sM} = N_a I$ den Höchstwert U_M (Abb. 7.3). Die Steuerkennlinie der spannungssteuernden EinpulsSchaltung mit Durchflutungssteuerung ist also unsymmetrisch; sie besteht aus einem steilen Ast mit der Steuerdurchflutungsdifferenz $\Theta_{sM} = \Delta\Theta$ und einem flach geneigten Kennlinienast mit der Durchflutungsdifferenz $\Theta'_{sM} = I N_a$. Vergleicht man die beiden Durchflutungsdifferenzen und berücksichtigt, daß bei den üblichen Kernwerkstoffen $\Delta\Theta/\Theta_k$ meistens kleiner als 1 ist, dann erhält man mit (5.16), (5.25) und (5.26):

$$\frac{\Theta_{sM}}{\Theta'_{sM}} = \frac{\Delta\Theta}{\Theta_k}\,\frac{\Theta_k}{N_a I} = \sqrt{2}\,\frac{\Delta\Theta}{\Theta_k}\,\frac{R}{\omega L_d} \ll 1. \qquad (15)$$

Der rechte Kennlinienast in Abb. 7.3 ist also um sehr viel steiler als der linke Ast.

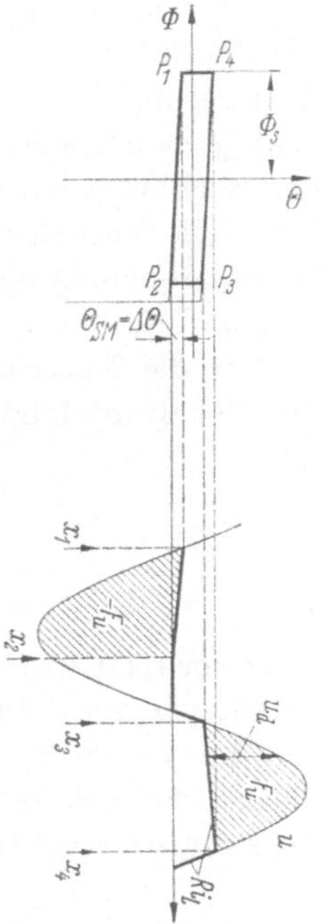

Abb. 7.5. Die Vorgänge bei Nullaussteuerung

In der Nähe der Nullaussteuerung umfaßt die Ummagnetisierungszeit den überwiegenden Teil der Periodenlänge. Der Beitrag zum Lastspannungsmittelwert U_L, der während der Ummagnetisierungszeit geleistet wird, darf dann nicht mehr vernachlässigt werden. Im Grenzfall der Nullaussteuerung wird der Lastspannungsmittelwert $U_0 = R I_0$ nach Abb. 7.5 nahezu ausschließlich durch den Mittelwert I_0 des Stromes während der Ummagnetisierungszeit bestimmt. Abb. 7.5 zeigt, daß I_0 sicher $2\Theta_k/N_a$ nicht übersteigt. Bei Berücksichtigung des Laststromes während der Ummagnetisierung stellt sich somit etwa der in Abb. 7.3 gestrichelt eingezeichnete Verlauf der Steuerkennlinie ein.

7.3 Leistungsverstärkung. Bei einem Verstärker mit Gleichstromausgang, also z. B. bei der spannungssteuernden Einpuls-Schaltung ist die auf die Last übertragene Wirkleistung durch

$$R I_{L,\mathrm{eff}}^2 = P_L + R I_w^2, \tag{16}$$

$$P_L = R I_L^2 = U_L I_L \tag{17}$$

gegeben. $I_{L,\mathrm{eff}}$ ist der Effektivwert, I_L der Mittelwert des Laststromes i_L und I_w ist der Effektivwert der überlagerten Wechselkomponente. P_L ist die von der Gleichkomponente I_L des Stromes und der Gleichkomponente U_L der Spannung auf die Last übertragene Leistung.

Wenn ein Verstärker mit Gleichstromausgang z. B. auf die Erregerwicklung einer elektrischen Maschine einwirkt, interessiert hauptsächlich die Gleichkomponente I_L des Laststromes, denn sie allein bestimmt die Maschinenspannung; die Erregerleistung der Maschine ist also durch die Leistung P_L der Gleichkomponenten gegeben. Die effektive Leistung $R I_{L,\mathrm{eff}}^2$ ist dagegen nur dann von Bedeutung, wenn es sich um Fragen der Wicklungserwärmung handelt. Bei der Mehrzahl der Anwendungen liegen die Verhältnisse ähnlich, so daß man bei einem Verstärker mit Gleichstromausgang zweckmäßig die von den Gleichkomponenten übertragene Leistung P_L als Nutzleistung bezeichnet wird.

Für die Nutzleistungsdifferenz ΔP_L der spannungssteuernden Einpuls-Schaltung folgt mit diesen Festlegungen:

$$\Delta P_L = R(I_M^2 - I_0^2) = P_M(1 - a_0^2), \tag{18}$$

$$P_M = U_M I_M, \tag{19}$$

a_0 ist der relative Nullstrom, P_M ist die maximale Nutzleistung.

Die von der Steuerspannungsquelle gelieferte Wirkleistung wird zum Teil im Vorwiderstand R_v, zum Teil im Wicklungswiderstand R_s in Verlustwärme umgesetzt. Für die Steuerleistungsdifferenz gilt wie bei der stromsteuernden Einpuls-Schaltung:

$$\Delta P_e = R_e I_{sM}^2 = \frac{R_e}{R_s} P_{vs}, \tag{20}$$

$$P_{vs} = R_s I_{sM}^2 = R_s \left(\frac{\Theta_{sM}}{N_s}\right)^2. \tag{21}$$

P_{vs} sind die in der Steuerwicklung bei Nullaussteuerung $\Theta_{sM} = \Delta\Theta = = N_s I_{sM}$ auftretenden Wicklungsverluste, I_{sM} ist der zur Erzeugung der Steuerdurchflutung Θ_{sM} erforderliche Steuergleichstrom.

Aus (18) bis (21) folgt für die Leistungsverstärkung:

$$V = \frac{\Delta P_L}{\Delta P_e} = V_0 \frac{R_s}{R_e} (1 - a_0^2), \tag{22}$$

$$V_0 = \frac{P_M}{P_{vs}}. \tag{23}$$

Die Leistungsverstärkung V erreicht nach (22) für $I_0 = 0$, d. h. $a_0 = 0$ und für $R_v = 0$, d. h. $R_s/R_e = 1$ den größtmöglichen Wert V_0.

Man kann zeigen, daß V_0 durch die Wahl der Kerntype der Transduktordrossel festgelegt, also eine Kernkonstante ist. (22) zeigt dann unmittelbar den Einfluß des Vorwiderstandes im Steuerkreis bzw. der Kennlinienform auf die Leistungsverstärkung.

Bei Nullaussteuerung liegt an der Arbeitswicklung die volle Netzspannung u, bei Vollaussteuerung stellt sich ein Halbwellenstrom mit dem Scheitelwert $\sqrt{2}\, I$, und dem Effektivwert $I/\sqrt{2}$ ein. Für die Scheinleistung der Arbeitswicklung gilt demnach:

$$P_{da} = \frac{UI}{\sqrt{2}} = \frac{\pi^2}{2\sqrt{2}} U_M I_M = \frac{\pi^2}{2\sqrt{2}} P_M. \tag{24}$$

Bei der Umrechnung in (24) wurden U und I durch die Mittelwerte U_M, I_M ausgedrückt.

Beim Betrieb beider Wicklungen mit der höchstzulässigen Stromdichte G ist der Kern voll ausgenützt; dann gelten für P_{da} und P_{vs} die Beziehungen (4.20), (4.21) und für die maximale Leistungsverstärkung folgt aus (23) mit (24):

$$V_0 = \frac{2\sqrt{2}}{\pi^2} \frac{\Theta_{aM}}{\Theta_{sM}} \frac{P_d}{P_v} = \frac{2\sqrt{2}}{\pi^2} \frac{\Theta_g}{\Theta_{sM}} \left(1 - \frac{\Theta_{sM}}{\Theta_g} - \frac{\Theta_k'}{\Theta_g}\right) \frac{P_d}{P_v}. \tag{25}$$

Für die maximale Gesamtdurchflutung Θ_g des Kernes gilt $\Theta_g = \Theta_{aM} + \Theta_{sM} + \Theta_k'$; dabei bedeuten Θ_{aM}, Θ_{sM} bzw. Θ_k' die effektiven Durchflutungen der Arbeits-, Steuer- bzw. Vormagnetisierungswicklung.

Der Vergleich von (25) mit dem entsprechenden Ausdruck (6.33) für die stromsteuernde Einspuls-Schaltung zeigt einen vollkommen analogen Aufbau, bis auf den letzten Summanden in der Klammer von (25), der von der Vormagnetisierungswicklung bei der spannungssteuernden Einpulsschaltung herrührt und einen Zahlenfaktor. Beide Schaltungen unterscheiden sich wie bereits im Abschn. 6.4 angedeutet wurde dadurch, daß das Verhältnis Θ_{aM}/Θ_{sM} verschieden ist.

Aus (25) folgt mit (4.11) und mit $\Theta_{sM} = \Delta\Theta$ für V_0:

$$V_0 = \frac{2\sqrt{2}}{\pi^2} \frac{1}{c_i} \frac{\Theta_g}{\Delta\Theta} \left(1 - \frac{\Theta_k}{\Theta_g}\right) \approx \frac{2\sqrt{2}}{\pi^2} \frac{1}{c_i} \frac{\Theta_g}{\Delta\Theta}. \tag{26}$$

Zunächst wird gezeigt, daß die Näherung in (26) praktisch immer erlaubt ist. Für den Normkern aus Abschn. 6.3 erhält man $\Theta_k/\Theta_g \cong 4 \cdot 10^{-3}$, also einen vernachlässigbar kleinen Wert. Aus (4.30) entnimmt man, daß bei einer Vergrößerung der Linearabmessungen des Kernes um den Faktor λ dieser Ausdruck nach dem Gesetz

$$\left(\frac{\Theta_k}{\Theta_g}\right)' = \lambda^{-1/2} \left(\frac{\Theta_k}{\Theta_g}\right) \tag{27}$$

noch weiter abnimmt, also die Näherung (26) mit wachsender Baugröße des Kernes immer besser gilt.

Bezeichnet man mit V_{0w} nach (6.34) bzw. mit V_0 nach (6.26) die Leistungsverstärkung der stromsteuernden bzw. spannungssteuernden Einpuls-Schaltung, dann folgt für das Verhältnis der beiden Verstärkungsziffern:

$$\frac{V_0}{V_{0w}} \approx \frac{2\sqrt{2}}{\pi^2} \frac{\Theta_g}{\Delta\Theta}. \tag{28}$$

Θ_g und c_i können mit (4.6) und (4.11) durch die Kerndaten ausgedrückt werden. Man erhält mit $\Delta\Theta = l_f \Delta H$ für (26), (28):

$$V_0 = \frac{\omega}{\pi^2} \frac{\zeta F_g q}{l_m l_f \varrho} \frac{2 B_s}{\Delta H} \tag{29}$$

$$\frac{V_0}{V_{0w}} = \frac{2\sqrt{2}}{\pi^2} \frac{G F_g \zeta}{l_f \Delta H}. \tag{30}$$

Die beiden Beziehungen lassen erkennen, in welcher Art die Verstärkung V_0 und das Verhältnis V_0/V_{0w} von den geometrischen Kerndaten und von den magnetischen Eigenschaften ΔH und B_s des Kernwerkstoffes abhängen.

Für den Normkern aus Abschn. 6.3 wurde $V_{0w} \approx 10$ errechnet. Aus (28) erhält man $V_0/V_{0w} \approx 137$, also $V_0 \approx 1370$. Die Leistungsverstärkung der spannungssteuernden Einpuls-Schaltung ist also beträchtlich größer als die Leistungsverstärkung der stromsteuernden Einpuls-Schaltung.

Bei einer Vergrößerung der Linearabmessungen des Kernes um den Faktor λ folgt aus (29), (30):

$$V_0' = \lambda^2 V_0, \tag{31}$$

$$\left(\frac{V_0}{V_{0w}}\right)' = \lambda^{3/2} \frac{V_0}{V_{0w}}. \tag{32}$$

Die Leistungsverstärkung der spannungssteuernden Einpuls-Schaltung wächst also schneller mit der Baugröße als die Leistungsverstärkung der stromsteuernden Einpuls-Schaltung.

Wenn die Vergrößerung der Linearabmessungen auf den genauen Ausdruck (26) für die Leistungsverstärkung angewendet wird, folgt:

$$V_0' = \frac{\omega}{\pi^2}\left(1 - \frac{1}{\sqrt{\lambda}}\frac{l_f H_k}{G F_g \zeta}\right)\frac{\zeta F_g q}{l_m l_f \varrho}\frac{2 B_s}{\Delta H}\lambda^2. \tag{33}$$

Man erkennt, daß bei hinreichend kleinen Kernen der zweite Summand in der Klammer schließlich den Wert 1 erreichen kann, also die Leistungsverstärkung $V_0 = 0$ wird. Physikalisch bedeutet dieser Zustand, daß der gesamte Wickelraum zur Erzeugung der Steuerdurchflutung $\Theta_{sM} = \Delta\Theta$ und der Vormagnetisierungsdurchflutung Θ_k' verbraucht wird, so daß für die Arbeitswicklung kein Platz mehr vorhanden ist.

8. Die spannungssteuernde Einpuls-Schaltung mit Flußsteuerung

Die flußgesteuerte Einpuls-Schaltung in Abb. 8.1a unterscheidet sich von der durchflutungsgesteuerten Schaltung Abb. 7.1a durch eine anders geartete Beeinflussung des Steuerkreises. Bei der Flußsteuerung wird

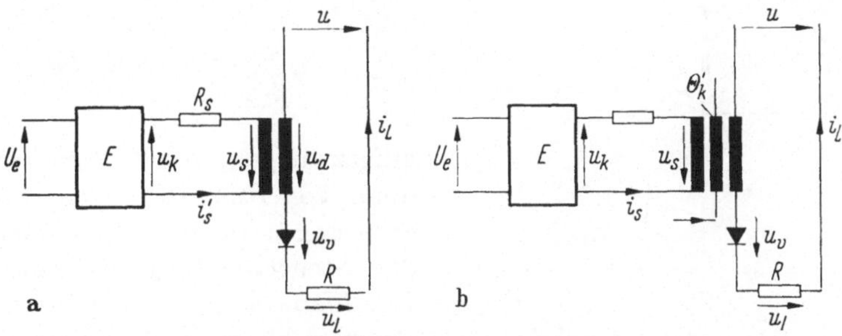

Abb. 8.1a u. b. Die einpulsige spannungssteuernde Transduktorschaltung mit Flußsteuerung, a ohne und b mit zeitlich konstanter Vormagnetisierung

durch eine Steuereinrichtung E eine Steuergröße u_k erzeugt, die vom Eingangssignal U_e beeinflußt werden kann und nur während der Sperrzeit des Ventiles V auf die Transduktordrossel einwirkt.

Man erhält übersichtliche Ergebnisse, wenn anstelle der Schaltung Abb. 8.1a die Schaltung Abb. 8.1b beschrieben wird; Θ_k' ist der Betrag einer negativen, zeitlich konstanten Vormagnetisierung. Mit Hilfe der Beziehung

$$i_s N_s = i_s' N_s - \Theta_k' \tag{1}$$

können die für Abb. 8.1b abgeleiteten Ergebnisse unmittelbar auf Abb. 8.1a übertragen werden.

8.1 Wirkungsweise der spannungssteuernden Einpuls-Schaltung mit Flußsteuerung. Ein unvollständiger Magnetisierungszyklus kann wegen der Ventilwirkung von der Arbeitswicklung und der Vormagnetisierungswicklung in Abb. 8.1b allein nicht erzeugt werden. Die zur Abmagnetisierung erforderliche negative Durchflutung wird bei der Durchflutungssteuerung durch eine aufgeprägte negative Steuerdurchflutung sichergestellt.

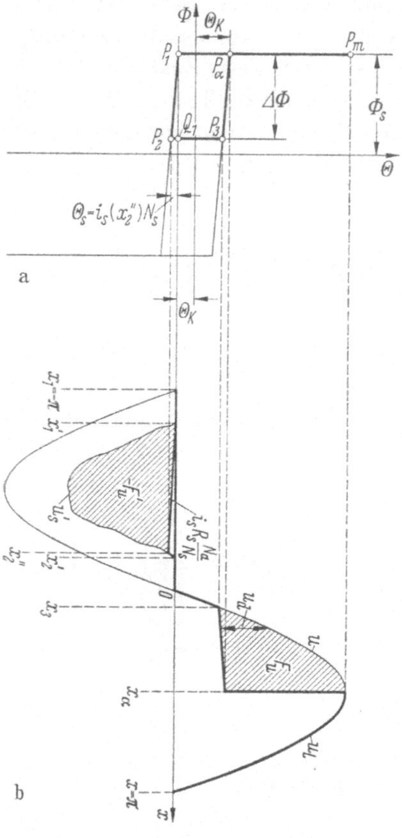

Man kann die Abmagnetisierung entlang des negativen Kennlinienstückes $P_1 P_2$ (Abb. 8.2a) jedoch auch durch einen aufgeprägten Flußhub, d. h. durch eine aufgeprägte negative Spannungszeitfläche erzwingen. Die naheliegendste Lösung ist, daß der Steuerwicklung von einem Steuergerät E (Abb. 8.1) während der Sperrzeit des Sättigungsventiles eine negative Spannung u_s mit entsprechender Zeitfläche

$$\omega N_s \varDelta\Phi = \int_{x_1'}^{x_2''} u_s\, dx \qquad (2)$$

aufgezwungen wird. Zur Vermeidung von Rückwirkungen soll das Steuergerät so beschaffen sein, daß die Steuerwicklung während der Durchlaßzeit des Sättigungsventiles stromlos bleibt (z. B. geeignete Anordnung von Ventilen, Abb. 8.3). Da bei dem Steuervorgang der Transduktordrossel ein Flußhub (2) aufgeprägt wird, spricht man von einer „Flußsteuerung".

Abb. 8.2a u. b. Zeitlicher Verlauf der elektrischen Größen bei der einpulsigen spannungssteuernden Transduktorschaltung mit Flußsteuerung: a Magnetisierungszyklus, b Lastspannung u_L, Drosselspannung u_d, Steuerspannung u_s

Im Abschn. 9 wird gezeigt, daß die spannungssteuernde Einpuls-Schaltung mit Flußsteuerung aus Gründen des Zeitverhaltens zweckmäßig ohne Vorwiderstand vor der Steuerwicklung betrieben wird; bei den folgenden Überlegungen wird deshalb $R_v = 0$, d. h. $R_e = R_s$ vorausgesetzt (Abb. 8.1).

Das Teilintervall des Magnetisierungszyklus, in dem die Punktfolge $P_4\, P_m\, P_1$ in Abb. 8.2a durchlaufen wird, liegt im Bereich der positiven

Netzspannungshalbwelle; es gilt nämlich $u_d \equiv 0$, so daß das Ventil V einen positiven Strom $i_L = u/R$ führt. Die Steuerwicklung ist in diesem Betriebszustand stromlos, da nach Voraussetzung der Steuereingriff nur in der Sperrzeit des Sättigungsventiles stattfindet. Daraus folgt, daß der Kennlinienpunkt P_1 am Ende der positiven Halbwelle, also im Zeitpunkt $x_1 = -\pi$ in Abb. 8.2b erreicht wird.

Im Zeitpunkt $x = -\pi$ beginnt die Sperrung des Sättigungsventiles durch die negative Netzspannungshalbwelle; von da an gilt $i_L \equiv 0$. Das Steuergerät E liefert zwischen den Zeitpunkten x_1' und x_2' — die im allgemeinen Fall (Abb. 8.2b) auch innerhalb des Sperrintervalles liegen können — die Spannung u_k. Für die Abmagnetisierung von P_1 nach P_2 steht nach Abb. 8.1b die Spannung

$$u_s = \omega N_s \frac{d\Phi}{dx} = -u_k + R_s i_s \tag{3}$$

zur Verfügung. Damit folgt für den abmagnetisierenden Flußhub $-\Delta\Phi$ nach (2):

$$-\Delta\Phi = -\frac{F_u}{\omega N_s} = -\frac{F_{uk}}{\omega N_s} + \int\limits_{x_1'}^{x_2'} \frac{i_s R_s}{\omega N_s}\, dx, \tag{4}$$

$$-F_u = \int\limits_{x_1'}^{x_2''} u_s\, dx, \qquad F_{uk} = \int\limits_{x_1'}^{x_2'} u_k\, dx. \tag{5}$$

Der Spannungsabfall $i_s R_s$ ist relativ klein gegenüber u_k. Deshalb ist die für die Abmagnetisierung zur Verfügung stehende Spannungszeitfläche F_u nur geringfügig kleiner als die zwischen den Zeitpunkten x_1' bis x_2' aufgespannte, von u_k gelieferte Spannungszeitfläche F_{uk}. Der abmagnetisierende Flußhub $\Delta\Phi$ hängt nur von der Spannungszeitfläche F_u, nicht dagegen vom zeitlichen Verlauf von u_k zwischen den Zeitpunkten x_1' und x_2' ab. Die Durchflutung $\Theta = i_s N_s$ des Drosselkernes besitzt zu Beginn der Abmagnetisierung im Zeitpunkt x_1', d. h. im Kennlinienpunkt P_1 den Wert 0. Am Ende der Abmagnetisierung im Zeitpunkt x_2'' erreicht die Durchflutung den durch die Strecke $P_2\, Q_1$ gegebenen Momentanwert $\Theta(x_2'') = i_s(x_2'')N_s$.

Bei dem in Abb. 8.2b gewählten Zeitverlauf der Ausgangsspannung u_k des Steuergerätes E sind in den Zeitintervallen $x = -\pi$ bis x_1' und x_2' bis $x = 0$ beide Wicklungen stromlos; die Transduktordrossel verharrt deshalb im ersteren Zeitintervall in dem durch den Kennlinienpunkt P_1, im letzteren Intervall in dem durch Q_1 gekennzeichneten Magnetisierungszustand (Abb. 8.2a); dabei erstreckt sich zwischen x_2'' und x_2' ein kurzes Entkopplungsintervall in dem das horizontale Kennlinienstück $P_2\, Q_1$ durchlaufen wird.

Im Zeitpunkt $x = 0$ wird die Netzspannung u positiv, so daß das Sättigungsventil die Stromführung übernimmt. Der Magnetisierungszyklus verläuft von da an auf dem horizontalen Kennlinienstück von Q_1 nach rechts, bis im Zeitpunkt x_3 der Kennlinienpunkt P_3 in Abb. 8.2a erreicht wird. Es handelt sich um ein kurzes Entkopplungsintervall, in dem die Steuerwicklung stromlos ist und die Arbeitswicklung den Laststrom $i_L = u/R$ führt. Man kann zeigen, daß wegen der Voraussetzung (5.26) x_3 nahe bei $x = 0$ liegt, also in erster Näherung $x_3 = 0$ gesetzt werden kann.

Die Aufmagnetisierung durch die Spannung $u_d = u - i_L R$ beginnt mit x_3 im Kennlinienpunkt P_3; sie ist beendet, sobald im Zeitpunkt x_a der Kennlinienpunkt P_a erreicht ist (Abb. 8.2a). Der aufmagnetisierende Flußhub zwischen P_3 und P_a muß dem durch die Steuerspannung vorgegebenen abmagnetisierenden Flußhub $\Delta\Phi$ gleich sein; daraus folgt eine Bestimmungsgleichung für den Zeitpunkt x_a:

$$\Delta\Phi = \frac{1}{\omega N_a} \int_{x_3}^{x_a} u_d \, dx \approx 2\Phi_s \frac{1}{2} (1 - \cos x_a). \tag{6}$$

Darin wurde beachtet, daß aus den gleichen Gründen wie bei der spannungssteuernden Einpuls-Schaltung mit Durchflutungssteuerung der Spannungsabfall Ri_L gegenüber u vernachlässigt werden kann; außerdem wurde von der Näherung $x_3 = 0$ Gebrauch gemacht. Das Ende der Aufmagnetisierung x_a ist somit durch den Flußhub $\Delta\Phi$, also durch die Steuergröße $I_s N_s$ festgelegt.

An den Zeitpunkt x_a schließt ein Entkopplungsintervall an, in dem die Punktfolge P_a P_m P_1 des horizontalen Sättigungsastes in Abb. 8.2a durchlaufen wird; für die Drosselspannung gilt $u_d \equiv 0$, also $u_L = u = Ri_L$. Lastspannung und Laststrom nehmen somit sinusförmigen Verlauf an. Der Magnetisierungszyklus ist beendet, sobald im Zeitpunkt $x = \pi$ der Kennlinienpunkt P_1 erreicht ist.

Aus diesen Überlegungen erhält man den in Abb. 8.2b dargestellten Verlauf der Größen u_L und i_L; die Spannung u_d ist durch die schraffierten Flächen bestimmt.

Bei Vernachlässigung des Laststromes während der Aufmagnetisierungs- und Abmagnetisierungszeit verhalten sich die flußgesteuerte und durchflutungsgesteuerte Einpuls-Schaltung hinsichtlich des Lastkreises gleichwertig.

Das Sättigungsventil ist zwischen $-\pi$ und 0 nur dann gesperrt, wenn die Ventilspannung u_v während dieser Zeit negativ ist, also

$$u_v = u - u_s \frac{N_a}{N_s} < 0 \tag{7}$$

gilt. u und u_s sind im Intervall $-\pi$ bis 0 negativ, so daß das Sättigungsventil während der negativen Netzspannungshalbwelle nur dann sperrt, wenn

$$|u| \geqq |u_s| \frac{N_a}{N_s}, \qquad -\pi \leq x \leq 0 \qquad (8)$$

erfüllt ist. In jedem Zeitpunkt des Intervalles $-\pi$ bis 0 muß deshalb der Betrag der Netzspannung u größer als der zugehörige Betrag von $u_s N_a/N_s$ sein.

Eine vorgegebene Spannungszeitfläche an der Steuerwicklung könnte zum Beispiel durch einen hinreichend schmalen negativen Spannungsimpuls u_s erzeugt werden, dessen Scheitelwert dann so groß werden könnte, daß die Bedingung (7) nicht mehr erfüllt ist. In diesem Falle würde in der negativen Netzspannungshalbwelle ein Intervall entstehen, in dem das Sättigungsventil wieder die Stromführung aufnimmt; die Ventildrossel würde sich dann anders als ein gesteuertes Ventil verhalten.

Man erkennt daraus, daß zur Sicherstellung einer ordnungsgemäßen Steuerwirkung bei den flußgesteuerten Schaltungen neben den Voraussetzungen (5.20), (5.26) auch noch die Bedingung (7), bzw. (8) erfüllt sein muß.

Im Grenzfall der Nullaussteuerung $\Delta\Phi = 2\Phi_s$ führen die beiden Bedingungen (5.20), (7) noch zu einer weiteren Konsequenz. Die Bedingung (7) legt fest, daß die auf die Arbeitswicklung bezogene abmagnetisierende Steuerspannungszeitfläche stets innerhalb der negativen Sinushalbwelle der Netzspannung u ablaufen muß (Abb. 8.2b). Andererseits legt die Bedingung (5.20) fest, daß die Nullaussteuerung, also der Flußhub $2\Phi_s$ dann erreicht wird, wenn die abmagnetisierende Steuerspannungszeitfläche den Wert $2\sqrt{2}\,U$ annimmt. Diese letzte Forderung kann — wenn gleichzeitig die Bedingung (7) eingehalten werden soll — nach Abb. 8.2b nur dann erfüllt werden, wenn die Steuerspannung u_s an der Steuerwicklung bei Nullaussteuerung ebenfalls sinusförmigen Verlauf annimmt, also

$$u_s = \sqrt{2}\,U_s' \sin x = \sqrt{2}\,U \frac{N_s}{N_a} \sin x, \qquad -\pi \leqq x \leqq 0 \qquad (9)$$

gilt.

Damit gelangt man zu folgender Feststellung: Die von der Steuereinrichtung E in Abb. 8.1 gelieferte Steuerspannung u_s kann — mit der Einschränkung, daß (7) erfüllt sein muß — beliebigen zeitlichen Verlauf besitzen; diese Freiheit hinsichtlich der Art des Zeitverlaufes von u_s wird mit wachsender Annäherung an die Nullaussteuerung immer mehr eingeschränkt, so daß schließlich durch die Bedingung (7) ein eindeutiger, nämlich sinusförmiger Verlauf von u_s im Grenzfall der Nullaussteuerung festgelegt wird. Auf diese Forderung muß bei der Auslegung der Steuereinrichtung geachtet werden.

Unter den verschiedenen Möglichkeiten ist in Abb. 8.3 ein einfaches Beispiel einer Steuereinrichtung zur Erzeugung der steuernden Spannungszeitfläche dargestellt.

Die Hilfsspannung u_h der Steuereinrichtung wird mit Hilfe eines Transformators aus der Netzspannung u abgeleitet; sie ist in Reihe mit der Steuergleichspannung U_e über ein ungesteuertes Ventil (Steuerventil) an die Steuerwicklung angeschlossen.

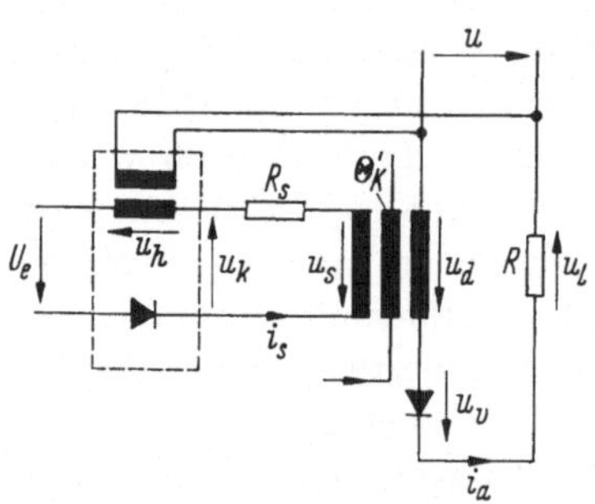

Abb. 8.3. Flußsteuerung durch eine Gleichspannung mit überlagerter Wechselspannung

Die in Abb. 8.2b zunächst noch unbestimmt gebliebene Ausgangsspannung u_k der Steuereinheit ist somit bei der Anordnung in Abb. 8.3 durch die Beziehung

$$-u_k = \sqrt{2}\, U_h \sin x + U_e = = u_s - R_s i_s \qquad (10)$$

gegeben.

Das Steuerventil ist so angeordnet, daß es Strom führt, wenn die Spannungssumme $u_h + U_e$ negativ wird. Das geschieht nach Abb. 8.4b im Zeitintervall zwischen x_1' und x_2', also während der Sperrzeit des Hauptventiles (negative Netzspannungshalbwelle). Außerhalb des Intervalles x_1' bis x_2' sperrt das Steuerventil, es gilt $i_s = 0$. Die schraffierte Spannungszeitfläche F_u wirkt auf die Steuerwicklung ein und bewirkt die Abmagnetisierung um den Flußhub $\Delta\Phi$. Durch die Gleichspannung U_e kann die Spannungszeitfläche an der Steuerwicklung und damit der Steuerzustand der Transduktordrossel verändert werden.

Man erhält Abb. 8.4a aus Abb. 8.2a, wenn die eben durchgeführten Überlegungen auf die spezielle Steuereinrichtung in Abb. 8.3 angewendet werden. Abb. 8.4c zeigt die Verhältnisse, wenn der Spannungsabfall $i_s R_s$ am Wicklungswiderstand der Steuerwicklung vernachlässigt wird.

8.2 Steuerkennlinie. Für den Lastspannungsmittelwert U_L gilt nach Abb. 8.2b unabhängig von der Art der Steuereinrichtung:

$$U_L = \frac{1}{\pi} \int_{x_a}^{\pi} u\,dx = U_M \frac{1}{2} (1 + \cos x_a), \qquad U_M = \frac{\sqrt{2}\,U}{\pi}. \qquad (11)$$

Dabei wurde der Spannungsabfall Ri_L im Intervall $x = 0$ bis x_a (Abb. 8.2b) vernachlässigt. x_a ist nach (6) durch den Flußhub $\Delta\Phi$ festgelegt:

$$\frac{\Delta\Phi}{2\Phi_s} = \frac{1}{2}(1 - \cos x_a). \tag{12}$$

Aus (11), (12) folgt:

$$\frac{U_L}{U_M} = \left(1 - \frac{\Delta\Phi}{2\Phi_s}\right). \tag{13}$$

Wenn der Flußhub $\Delta\Phi$ als Steuergröße aufgefaßt wird, dann liefert (13) bereits die gesuchte Steuerkennlinie der spannungssteuernden Einpuls-Schaltung mit Flußsteuerung.

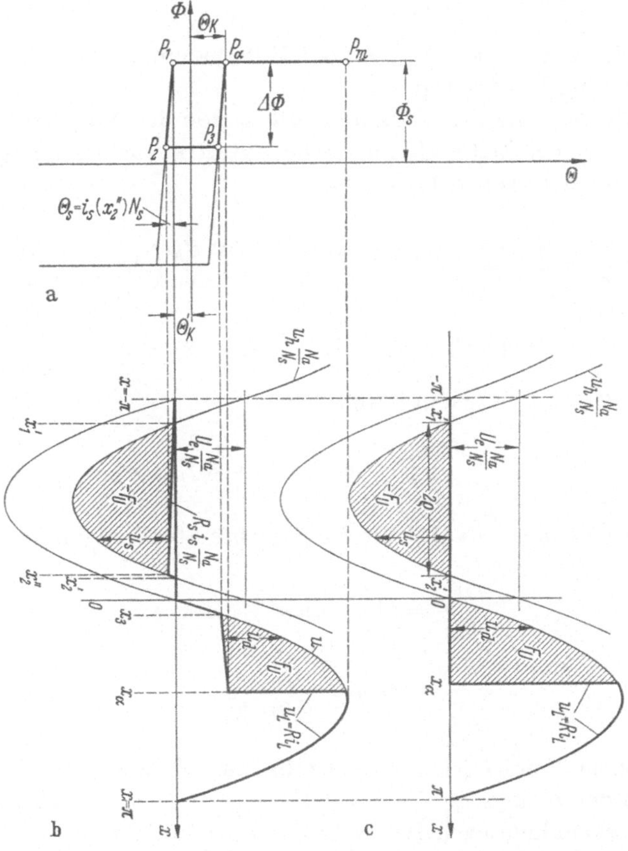

Abb. 8.4a–c. Zeitlicher Verlauf der elektrischen Größen bei der Steuerung nach Abb. 8.3: a Magnetisierungszyklus, b Lastspannung u_L, Drosselspannung u_d, Steuerspannung u_s, c die Lastspannung bei Vernachlässigung des Spannungsabfalles der Magnetisierungsströme

Meistens wird jedoch der Zusammenhang zwischen der Eingangsgröße U_e der Steuereinrichtung und dem Lastspannungsmittelwert U_L als Steuerkennlinie bezeichnet; diese Kennlinie hängt jedoch von der Eigenart der Steuereinrichtung E ab. Als Beispiel soll die Steuerkennlinie für die Anordnung in Abb. 8.3 bestimmt werden.

Vorausgesetzt wird, daß der Spannungsabfall $R_s i_s$ am Wicklungswiderstand der Steuerwicklung vernachlässigt werden kann, also $-u_k \approx u_s$ und damit Abb. 8.4c gilt.

Aus Abb. 8.4c entnimmt man unmittelbar, daß zur Nullaussteuerung bzw. zur Vollaussteuerung die Werte $U_e = 0$ bzw. $U_e = \sqrt{2}\,U_h$ gehören. Damit bei Nullaussteuerung die volle Abmagnetisierung $2\Phi_s$ eintritt, muß die Bedingung

$$\frac{\sqrt{2}\,U_h}{\omega N_s} = \frac{\sqrt{2}\,U}{\omega N_a} = \Phi_s, \qquad U_h = U\,\frac{N_s}{N_a} \tag{14}$$

erfüllt sein. Der Effektivwert U_h der Hilfsspannung ist damit durch die Netzspannung U festgelegt.

Zur Berechnung des Flußhubes $\Delta\Phi$ wurde der Nullpunkt der Zeitzählung auf den Zeitpunkt des Scheitelwertes von u_h verlegt. Damit erhält man nach Abb. 8.4c für $\Delta\Phi$:

$$\Delta\Phi = \frac{2}{\omega N_s}\int_0^{\varrho}\left(\sqrt{2}\,U_h\cos x - U_e\right)dx = \frac{\sqrt{2}\,U_h}{\omega N_s}\left(\sin\varrho - \frac{U_e}{\sqrt{2}\,U_h}\,\varrho\right), \tag{15}$$

$$\sqrt{2}\,U_h\cos\varrho = U_e, \qquad x_2' - x_1' = 2\varrho\,. \tag{16}$$

Aus (14), (15) folgt für den Flußhub:

$$\frac{\Delta\Phi}{2\Phi_s} = \sin\varrho - \varrho\cos\varrho\,. \tag{17}$$

Daraus erhält man mit (13) für die gesuchte Steuerkennlinie der Schaltung Abb. 8.3:

$$\frac{U_L}{U_M} = (1 - \sin\varrho + \varrho\cos\varrho), \tag{18}$$

$$\cos\varrho = \frac{U_e}{\sqrt{2}\,U}\,\frac{N_a}{N_s}\,. \tag{19a}$$

Zu jedem Wert U_e kann nach (19a) der Winkel ϱ und damit nach (17), (13) der zugehörige Wert $\Delta\Phi/2\Phi_s$ bzw. U_L/U_M berechnet werden. Die Steuerkennlinie nach (18), (19a) und der Verlauf von $\Delta\Phi/2\Phi_s$ nach (17) ist in Abb. 8.5 dargestellt; auf der Abszisse wurde dabei anstelle des Eingangssignales U_e die dimensionslose Größe $\cos\varrho$ aufgetragen.

In der Nähe der Nullaussteuerung darf der im Zeitintervall $x = 0$ bis x_a gelieferte Beitrag zum Lastspannungsmittelwert U_L nicht mehr vernachlässigt werden. Es gelten in der Nähe der Nullaussteuerung die entsprechenden Überlegungen, die am Ende des Abschn. 7.2 im Falle der Durchflutungssteuerung angestellt wurden.

8.3 Leistungsverstärkung. Die elektrischen Verhältnisse im Lastkreis sind bei der spannungssteuernden Einpuls-Schaltung mit Flußsteuerung dieselben wie bei der Durchflutungssteuerung. Dann gilt für die Nutzleistungsdifferenz dieselbe Beziehung (7.18):

$$\Delta P_L = R(I_M^2 - I_0^2) = P_M(1 - a_0^2), \qquad (19\text{b})$$

$$P_M = U_M I_M, \qquad (20)$$

a_0 ist der relative Nullstrom; P_M ist die maximale Nutzleistung.

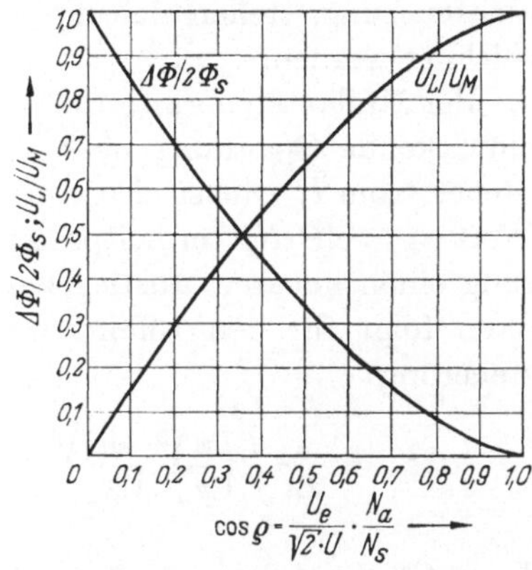

Abb. 8.5.
Steuerkennlinie der Schaltung Abb. 8.3

Über den Steuerleistungshub ist eine gesonderte Betrachtung erforderlich. Die von der Steuereinrichtung E in Abb. 8.1b gelieferte Leistung wird als Steuerleistung P_s bezeichnet. Man erhält P_s, indem der Ausdruck für die Ausgangsspannung u_k der Steuereinrichtung nach (3)

$$u_k = i_s R_s - \omega N_s \frac{d\Phi}{dx} \qquad (21)$$

mit i_s multipliziert und über die Stromführungsdauer x_1' bis x_2' des Steuerintervalles integriert wird (Abb. 8.2b):

$$P_s = \frac{1}{2\pi} \int_{x_1'}^{x_2'} u_k i_s dx = P_{vs}' + P_k', \qquad (22)$$

$$P_{vs}' = \frac{R_s}{2\pi} \int_{x_1'}^{x_2'} i_s^2\, dx = R_s I_{s,\text{eff}}^2, \qquad (23)$$

$$P_k' = -\frac{\omega}{2\pi} \int_{x_1'}^{x_2''} \Theta d\Phi = -\frac{\omega}{4\pi}\, \Theta(x_2'')\, \Delta\Phi. \qquad (24)$$

Bei der Integration in (24) wurde beachtet, daß während der Abmagnetisierung $-d\Phi = \Lambda d\Theta$ gilt, und daß für den Momentanwert der Durchflutung im Zeitpunkt x_1' die Beziehung $\Theta(x_1') = i_s(x_1')N_s = 0$ folgt. Der Momentanwert der Durchflutung im Zeitpunkt x_2', also am Ende der Abmagnetisierung wurde mit $i_s(x_2')N_s = \Theta(x_2')$ bezeichnet.

P_{vs}' bzw. P_k' sind die Verluste in der Steuerwicklung bzw. im Eisenkern. Die beiden Summanden in (22) besitzen bei Vollaussteuerung den Wert Null und wachsen mit $\Delta\Phi$ an; bei $\Delta\Phi = 2\Phi_s$, also bei Nullaussteuerung, stellen sich die Höchstwerte ein, die mit P_{vs} und P_k bezeichnet werden.

Bei Nullaussteuerung $\Delta\Phi = 2\Phi_s$ muß die auf die Steuerwicklung einwirkende Spannung nach (9) sinusförmigen Verlauf besitzen. Der Steuerstrom i_s wächst also von $i_s = 0$ im Zeitpunkt $x = -\pi$ auf den Wert $i_s = \Delta\Theta/N_s$ im Zeitpunkt $x = 0$ an. Nimmt man in erster Näherung einen linearen Anstieg von i_s zwischen $x = -\pi$ und $x = 0$ an, dann folgt für den Effektivwert I_{sm} des Steuerstromes bei Nullaussteuerung:

$$I_{sm}^2 = \frac{1}{2\pi}\int_{-\pi}^{0}\left(\frac{x}{\pi}\right)^2\left(\frac{\Delta\Theta}{N_s}\right)^2 dx = \left(\frac{\Delta\Theta}{N_s}\right)^2\frac{1}{6}; \qquad \Theta_{sm} = I_{sm}N_s. \tag{25}$$

I_{sm} ist für die thermische Beanspruchung der Steuerwicklung maßgebend; Θ_{sm} ist die entsprechende effektive Steuerdurchflutung.

Mit diesen Festlegungen erhält man aus (23), (24):

$$P_{vs} = \frac{1}{6}R_s\left(\frac{\Delta\Theta}{N_s}\right)^2, \tag{26}$$

$$P_k = \frac{\omega}{4\pi}\Delta\Theta\, 2\Phi_s. \tag{27}$$

Daraus folgt für die Steuerleistungsdifferenz ΔP_s:

$$\Delta P_s = P_{vs} + P_k = P_k\left(1 + \frac{P_{vs}}{P_k}\right). \tag{28}$$

Es soll gezeigt werden, daß die Steuerleistungsdifferenz ΔP_s eine Kernkonstante ist.

Wenn die Wicklungen mit der höchstzulässigen Stromdichte G betrieben werden, können P_{vs} und P_k in (28) mit Hilfe der Beziehungen (4.20), (4.10), (4.13) und (25) durch die Kerndaten ersetzt werden:

$$P_{vs} = R_s\left(\frac{\Theta_{sm}}{N_s}\right)^2 = \frac{\Theta_{sm}}{\Theta_g}P_v = \frac{\Delta\Theta}{\Theta_g}\frac{c_i}{\sqrt{6}}P_d, \tag{29}$$

$$P_k = \frac{\omega}{4\pi}\frac{\Delta\Theta}{\Theta_g}2\Phi_s\Theta_g = \frac{1}{\sqrt{2}\pi}\frac{\Delta\Theta}{\Theta_g}P_d. \tag{30}$$

Unter den üblichen Bedingungen ist das Verhältnis zwischen Wicklungsverlusten und Kernverlusten nach (29), (30) mit (4.11)

$$\frac{P_{vs}}{P_k} = \frac{c_i \pi}{\sqrt{3}} = \pi \sqrt{\frac{2}{3}} \frac{\varrho G l_m}{\omega q B_s} \tag{31}$$

klein gegenüber 1. Für den Normkern aus Abschn. 6.3 folgt mit $c_i = 0{,}1$ aus (31) die Abschätzung $P_{vs}/P_k \approx 0{,}18$. Bei einer Vergrößerung der Linearabmessungen des Kernes um den Faktor λ nimmt das Verhältnis der Verlustleistungen nach (4.37) ab:

$$\left(\frac{P_{vs}}{P_k}\right)' = \lambda^{-3/2} \left(\frac{P_{vs}}{P_k}\right). \tag{32}$$

Mit wachsender Kerngröße treten somit die Kupferverluste gegenüber den Kernverlusten immer stärker in den Hintergrund.

Mit (31), (28) folgt für die Steuerleistungsdifferenz:

$$\Delta P_s = P_k \left(1 + \frac{c_i \pi}{\sqrt{3}}\right) = P_{vs} \left(1 + \frac{\sqrt{3}}{c_i \pi}\right). \tag{33}$$

ΔP_s ist also eine Konstante der vorgegebenen Kerntype.

Für die Leistungsverstärkung erhält man mit (19b), (20) und (33):

$$V = \frac{\Delta P_L}{\Delta P_s} = V_0 (1 - a_0^2), \tag{34}$$

$$V_0 = \frac{P_M}{P_{vs}} c_0, \tag{35}$$

$$c_0 = \frac{1}{1 + \frac{\sqrt{3}}{\pi c_i}}. \tag{36}$$

V_0 ist der Quotient aus der maximalen Nutzleistung P_M und der Steuerleistung ΔP_s bei fehlendem Vorwiderstand im Steuerkreis, bedeutet also die größtmögliche Verstärkung.

Es soll gezeigt werden, daß V_0 durch die Wahl der Kerntype der Transduktordrossel festgelegt, also eine Kernkonstante ist.

Weil die Verhältnisse im Lastkreis dieselben wie bei der Durchflutungssteuerung sind, gilt für die maximale Nutzleistung P_M die Beziehung (7.24). Beim Betrieb beider Wicklungen mit der höchstzulässigen

Stromdichte G folgt für die Verluste P_{vs} in der Steuerwicklung mit (4.20), (4.21):

$$P_{vs} = \frac{\Theta_{sm}}{\Theta_g} P_v = \frac{\Delta\Theta}{\Theta_g} \frac{P_v}{\sqrt{6}}, \tag{37}$$

$$P_M = \frac{2\sqrt{2}}{\pi^2} P_{da} = \frac{2\sqrt{2}}{\pi^2} \frac{\Theta_{aM}}{\Theta_g} P_d. \tag{38}$$

Damit folgt für V_0:

$$V_0 = \frac{2\sqrt{2}}{\pi^2} c_0 \frac{\Theta_{am}}{\Theta_{sm}} \frac{P_d}{P_v} = \frac{4\sqrt{3}}{\pi^2} c_0 \frac{\Theta_g}{\Delta\Theta} \left(1 - \frac{\Theta_{sm}}{\Theta_g} - \frac{\Theta_k'}{\Theta_g}\right) \frac{P_d}{P_v}. \tag{39}$$

Für die Gesamtdurchflutung Θ_g des Kernes gilt $\Theta_g = \Theta_{aM} + \Theta_{sm} + \Theta_k'$. Dabei bedeuten Θ_{aM}, Θ_{sm} bzw. Θ_k' die effektiven Durchflutungen der Arbeits-, Steuer- bzw. Vormagnetisierungswicklung.

Der Vergleich mit dem entsprechenden Ausdruck (7.25) für die spannungssteuernde Einpulsschaltung mit Durchflutungssteuerung zeigt bis auf den Faktor c_0 vollkommen analogen Aufbau.

Aus (39) folgt mit (4.11) und mit $\Theta_{sm} = \Delta\Theta/\sqrt{6}$ für V_0:

$$V_0 = \frac{4\sqrt{3}}{\pi^2} \frac{c_0}{c_i} \frac{\Theta_g}{\Delta\Theta} \left(1 - \frac{\Delta\Theta}{\sqrt{6}\,\Theta_g} - \frac{\Theta_k'}{\Theta_g}\right) \approx \frac{4\sqrt{3}}{\pi^2} \frac{c_0}{c_i} \frac{\Theta_g}{\Delta\Theta}. \tag{40}$$

Die Näherung in (40) ist aus denselben Gründen wie bei der Durchflutungssteuerung erlaubt. Für den Faktor c_0 darf in erster Näherung

$$c_0 = \frac{1}{1 + \dfrac{\sqrt{3}}{c_i \pi}} \approx c_i \frac{\pi}{\sqrt{3}} \tag{41}$$

gesetzt werden. Für den Normkern aus Abschn. 6.3 folgt mit $c_i \approx 0{,}1$, daß die Näherung (41) in der Tat erlaubt ist; da $1/c_i$ mit $\lambda^{1,5}$ wächst, wird die Näherung mit wachsender Baugröße immer besser. Man erhält also schließlich für die maximale Leistungsverstärkung:

$$V_0 \approx \frac{4}{\pi} \frac{\Theta_g}{\Delta\Theta} = \frac{4}{\pi} \frac{F_g G \zeta}{l_f \Delta H}. \tag{42}$$

Bezeichnet man mit V_{0d} nach (7.26) die Leistungsverstärkung für eine entsprechende Transduktordrossel bei der Durchflutungssteuerung, dann folgt für das Verhältnis der beiden Verstärkungsziffern:

$$\frac{V_0}{V_{0d}} \approx \sqrt{2}\pi c_i = 2\pi \frac{\varrho G l_m}{\omega q B_s}. \tag{43}$$

Die für hinreichend große Kerne geltenden Ausdrücke (42), (43) zeigen den Einfluß der Kernabmessungen und der magnetischen Eigenschaften des Kernwerkstoffes auf die Leistungsverstärkung.

Bei einer linearen Vergrößerung der Kernabmessungen um den Faktor λ ändern sich die beiden Beziehungen (42), (43) folgendermaßen:

$$V_0' = \sqrt{\lambda}\, V_0, \tag{44}$$

$$\left(\frac{V_0}{V_{0d}}\right)' = \lambda^{-3/2} \left(\frac{V_0}{V_{0d}}\right). \tag{45}$$

Die Leistungsverstärkung V_0 nimmt also nur mäßig mit der Baugröße des Kernes zu.

Für den in Abschn. 6.3 untersuchten Normkern wurde $c_i \approx 0{,}1$ und in Abschn. 7.3 die Abschätzung $V_{0d} \approx 1370$ erhalten. Damit folgt nach (43) für die Leistungsverstärkung bei der Flußsteuerung $V_0 \approx 0{,}44 \cdot 1370 \approx 600$. Die Leistungsverstärkung bei der Flußsteuerung ist also geringer als bei der Durchflutungssteuerung.

Bei den beiden Durchflutungssteuerungen nach Abschn. 6. und 7. wirkt eine Gleichspannung U_e bzw. eine Gleichstromdurchflutung Θ_s, bei der Flußsteuerung dagegen eine Spannungszeitfläche als Steuergröße. Damit die elektrischen Vorgänge im Steuerkreis aller drei Schaltungen miteinander verglichen werden können, wird bei der Flußsteuerung die zur Nullaussteuerung erforderliche Spannungszeitfläche $F_M = 2\sqrt{2}\, U_h = \omega N_s 2 \Phi_s$ durch eine Hilfsgröße ersetzt. Während der Nullaussteuerung erfolgt bei der Flußsteuerung die Abmagnetisierung durch eine Sinushalbwelle, erstreckt sich also über die gesamte negative Halbperiode; dabei tritt nach (25) die effektive Durchflutung $\Theta_{sm} = I_{sm} N_s$ in der Steuerwicklung auf. Bei der Abmagnetisierung kommt es nicht auf den zeitlichen Verlauf der Spannung, sondern nur auf die Spannungszeitfläche an. Man kann deshalb die abmagnetisierende Spannungshalbwelle gedanklich durch eine flächengleiche, nur während der negativen Halbperiode auf die Steuerwicklung einwirkende Gleichspannung U_e^* ersetzen; diese fiktive Gleichspannung würde während der negativen Halbwelle eine fiktive Gleichstromdurchflutung $\Theta_{sM}^* = U_e^* N_s / R_s$ hervorrufen.

Zwischen den tatsächlichen Größen F_M, Θ_{sm} und den entsprechenden fiktiven Gleichspannungsersatzgrößen U_e^*, Θ_{sM}^* bestehen die folgenden Relationen:

$$U_e^* = \frac{F_M}{\pi} = \frac{2\sqrt{2}\, U_h}{\pi}, \tag{46}$$

$$\Theta_{sM}^* = \frac{U_e^*}{R_s} N_s = \frac{2\sqrt{2}}{\pi} \frac{U_h I_{sm}^2}{R_s I_{sm}^2} N_s = \frac{2\sqrt{2}}{\pi} \frac{P_{ds}}{P_{vs}} \Theta_{sm} = \frac{2\sqrt{2}}{\pi} \frac{\Theta_{sm}}{c_i}. \tag{47}$$

Bei der Umformung in (47) wurde berücksichtigt, daß für die Scheinleistung der Steuerwicklung $P_{ds} = U_h I_{sm}$ und für die Verlustleistung $P_{vs} = R_s I_{sm}^2$ gilt. Außerdem wurden die Beziehungen (4.20), (4.21) angewendet.

Der Ausdruck (39) für die Leistungsverstärkung kann nun mit Hilfe von (47) auf die folgende Form gebracht werden:

$$V_0 = \frac{8}{\pi^3} \frac{c_0}{c_i} \frac{\Theta_{aM}}{\Theta_{sM}^*} \frac{P_d}{P_v} \approx \frac{8}{\sqrt{3}\pi^2} \frac{\Theta_{aM}}{\Theta_{sM}^*} \frac{P_d}{P_v}. \tag{48}$$

Bei der Näherung in (48) wurde die für hinreichend große Kerne geltende Relation (41) verwendet. Der Vergleich von (48) mit den entsprechenden Formeln (6.33), (7.25) für die Leistungsverstärkung der zwei bereits untersuchten Durchflutungsschaltungen zeigt einen bis auf einen Zahlenfaktor vollkommen analogen Aufbau, wenn bei der Flußsteuerung die fiktive Gleichstromdurchflutung Θ_{sM}^* eingeführt wird.

Die Steuerleistungsdifferenz ΔP_s nach (33), die zur vollen Durchsteuerung der Schaltung Abb. 8.1 b erforderlich ist, muß von der Steuereinrichtung E geliefert werden. Dazu muß am Eingang der Steuereinrichtung E eine Leistungsdifferenz ΔP_e aufgebracht werden. Für die gesamte Verstärkung V_g zwischen Eingang der Steuereinrichtung E und der Nutzlast findet man also:

$$V_g = \frac{\Delta P_L}{\Delta P_e} = \frac{\Delta P_L}{\Delta P_s} \cdot \frac{\Delta P_s}{\Delta P_e} = V_0 V_e, \tag{49}$$

$$V_0 = \frac{\Delta P_L}{\Delta P_s}, \tag{50}$$

$$V_e = \frac{\Delta P_s}{\Delta P_e}. \tag{51}$$

V_0 wurde bereits in den vorangehenden Überlegungen festgelegt, V_e hängt dagegen von der Art der Steuereinrichtung E ab. Als Beispiel soll V_e für die Steuerschaltung E nach Abb. 8.3 bestimmt werden.

Man erkennt unmittelbar in Abb. 8.3, daß für die Wirkleistung P_e der Steuerspannungsquelle U_e bei Vollaussteuerung und bei Nullaussteuerung $P_e = 0$ gilt, denn im ersteren Fall ist $i_s = 0$, im letzteren Fall $U_e = 0$; P_e muß also bei einer zwischen Vollaussteuerung und Nullaussteuerung liegenden Steuergleichspannung U_{eM} einen Höchstwert besitzen. Dieser Höchstwert wird mit ΔP_e bezeichnet. Der Verlauf von P_e wird in Abhängigkeit von U_e anschließend berechnet und der Höchstwert, also die Leistungsdifferenz ΔP_e wird daraus entnommen.

Zur Vereinfachung der Rechnung wird angenommen, daß der Steuerstrom zwischen x_1' und x_2'' (Abb. 8.4b) linear ansteigt. Dann gilt mit $i_s(x_2'')\,N_s = \Delta\Theta \cdot \Delta\Phi/2\Phi_s$ für die Eingangsleistung P_e:

$$P_e = \frac{U_e}{2\pi}\,\frac{1}{2}\,2\varrho\, i_s(x_2'') = U_e\,\frac{\Delta\Theta}{N_s}\,\frac{\Delta\Phi}{2\Phi_s}\,\frac{\varrho}{2\pi}. \tag{52}$$

Mit (17), (16) und (14) folgt daraus:

$$P_e = \frac{\omega}{2\pi}\,\Delta\Theta\,\Phi_s\varrho\cos\varrho\,(\sin\varrho - \varrho\cos\varrho). \tag{53}$$

Die Scheinleistung der Steuerwicklung bei Vollaussteuerung ist nach (4.21) und (25) gegeben durch:

$$P_{ds} = \frac{\omega}{\sqrt{2}}\,\Theta_{sm}\Phi_s = \frac{\omega}{2\sqrt{3}}\,\Delta\Theta\,\Phi_s. \tag{54}$$

Damit folgt für das Verhältnis aus Eingangsleistung P_e und Scheinleistung P_{ds} der Steuerwicklung:

$$\frac{P_e}{P_{ds}} = \frac{\sqrt{3}}{\pi}\,\varrho\cos\varrho\,(\sin\varrho - \varrho\cos\varrho). \tag{55}$$

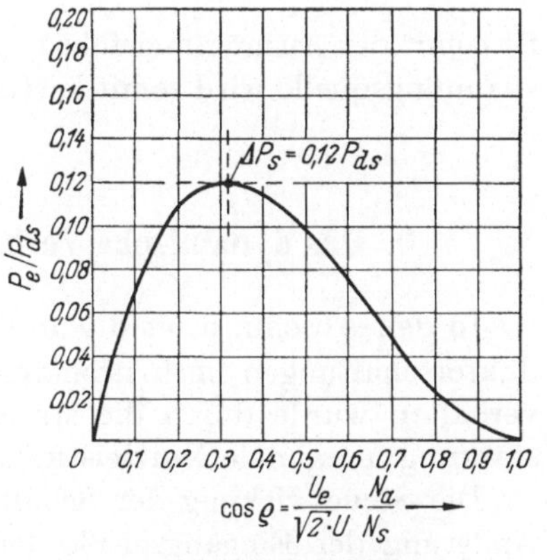

Abb. 8.6. Eingangsleistung in Abhängigkeit von der Steuergröße

Die Beziehung (55) ist in Abb. 8.6 dargestellt. Für das Maximum, also für den Leistungshub ΔP_e entnimmt man daraus:

$$\Delta P_e \approx 0,12\,P_{ds}, \tag{56}$$

$$U_{eM} \approx 0,32\,\sqrt{2}\,U_h. \tag{57}$$

U_{eM} ist die Signalspannung, bei der das Leistungsmaximum ΔP_e auftritt.

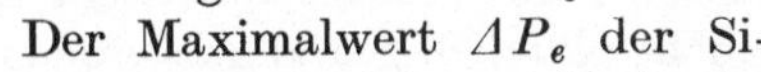

Der Maximalwert ΔP_e der Signalleistung ist damit auf die höchstzulässige Scheinleistung der Steuerwicklung zurückgeführt. Damit erhält man für die Leistungsverstärkung V_e nach (51), mit (33), (36) und (56):

$$V_e = \frac{\Delta P_s}{\Delta P_e} = \frac{P_{vs}}{P_{ds}}\,\frac{1}{0,12\,c_0}. \tag{58}$$

Mit den Beziehungen (4.20), (4.21), (4.11) und der Näherung (41) erhält man schließlich:

$$V_e = \frac{\sqrt{3}}{0,12\,\pi} \approx 4,6. \tag{59}$$

Die Steuereinrichtung besitzt also eine Leistungsverstärkung etwa 5.

Man kann aber die Leistung der Steuerspannungsquelle noch nach einem anderen Gesichtspunkt beurteilen; sie muß für die bei Vollaussteuerung auftretende höchste Gleichspannung $\sqrt{2}\,U_h$ bemessen sein und muß andererseits der thermischen Beanspruchung durch den höchsten effektiven Steuerstrom I_{sm} gewachsen sein. Eine solche Gleichspannungsquelle könnte die Leistung

$$P_{eh} = \sqrt{2}\,U_h I_{sm} = \omega \Phi_s \Theta_{sm} = \sqrt{2}\,P_{ds} \tag{60}$$

abgeben. Bei der Umformung wurden die Beziehungen (14), (25) und (54) berücksichtigt. P_{eh} ist somit die Nennleistung der Steuerspannungsquelle; sie ist gleich dem $\sqrt{2}$-fachen der Scheinleistung P_{ds} der Steuerwicklung. Das Verhältnis

$$\frac{\Delta P_e}{P_{eh}} = \frac{0{,}12}{\sqrt{2}} \approx 0{,}084 \tag{61}$$

ist somit der Ausnützungsfaktor der Steuerspannungsquelle. Die Steuerspannungsquelle wird somit leistungsmäßig nur zu etwa 8% ausgenützt.

9. Das dynamische Verhalten der Einpulsschaltungen

In den Abschn. 6 bis 8 wurde das Verhalten der einpulsigen Transduktorschaltungen im stationären Betrieb untersucht. Dieses Betriebsverhalten wurde durch die statischen Größen wie z. B. Leistungsverstärkung, maximale Nutzleistung, Steuerkennlinie usw. beschrieben.

Die Steuerwirkung der Schaltungen beruht darauf, daß durch eine Änderung der Eingangsgröße der Betrag $\Delta\Phi$ des Flußhubes, also der magnetische Zustand des Kernes beeinflußt wird. Der magnetische Zustand eines Eisenkernes kann jedoch nicht plötzlich geändert werden, so daß die Ausgangsgröße, z. B. die Lastspannung oder der Laststrom mit einer gewissen Verzögerung den Veränderungen der steuernden Eingangsgröße folgt. Bei den meisten Anwendungen ist dieses Zeitverhalten von ebenso großer Bedeutung wie z. B. die Leistungsverstärkung. Man kennzeichnet dieses Zeitverhalten unter anderem durch den sogenannten „Sprungübergang“; darunter wird der zeitliche Verlauf der Ausgangsgröße bei einer sprunghaften Änderung der Eingangsgröße verstanden. Der Sprungübergang und ähnliche, das Zeitverhalten kennzeichnende Größen, werden als dynamische Kenngrößen der Transduktorschaltungen bezeichnet.

In den Abschn. 9.1 bis 9.4 werden die dynamischen Kenngrößen der Einpuls-Schaltungen abgeleitet; in Abschn. 9.5 wird der Zusammenhang zwischen den statischen und dynamischen Größen behandelt.

Die Einwegschaltungen können in geeigneter Weise zu zwei- und mehrpulsigen Schaltungen kombiniert werden (Teile III und IV). Dabei wird sich herausstellen, daß die stationären und dynamischen Eigenschaften der mehrpulsigen Schaltungen — abgesehen von gewissen Konstanten — durch die gleichen Kenngrößen wie bei den einpulsigen Schaltungen beschrieben werden können.

9.1 Dynamische Kenngrößen. Der Sprungübergang einer Transduktorschaltung beschreibt den zeitlichen Verlauf der Ausgangsgröße $a(t)$ z. B. des Lastspannungsmittelwertes, der sich bei einer sprunghaften Änderung des Eingangssignales E einstellt.

Im allgemeinen hängt der Verlauf des Sprungüberganges bei den Transduktorschaltungen von drei Anfangsbedingungen ab: Vom Anfangszustand, auf den die sprunghafte Änderung des Eingangssignales einwirkt, von der Höhe und vom Vorzeichen dieser sprunghaften Änderung. Der Sprungübergang kann also bei derselben Transduktorschaltung nach ganz anderen Gesetzen ablaufen, wenn diese Bedingungen geändert werden.

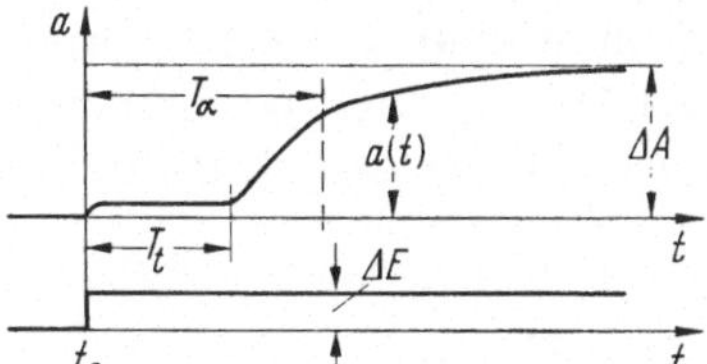

Abb. 9.1. Die charakteristischen Größen des Sprungüberganges einer Transduktorschaltung

Ein Vergleich des Zeitverhaltens verschiedener Transduktorschaltungen ist also nur unter gleichen Anfangsbedingungen möglich. Man benützt zum Vergleich meistens den Sprungübergang für volle Aufwärtssteuerung, d. h. jenen zeitlichen Verlauf der Ausgangsgröße, der sich einstellt, wenn der Verstärker vom Zustand der Nullaussteuerung ausgehend durch eine plötzliche Änderung der Eingangsgröße E in den Endzustand der Vollaussteuerung übergeführt wird (Abb. 9.1).

Häufig wünscht man die Eigenschaften des Sprungüberganges durch eine Kurzbezeichnung auszudrücken. Man verwendet dazu die beiden Begriffe Totzeit und Ansprechzeit; sie sind nach Abb. 9.1 folgendermaßen erklärt: Die Totzeit T_t ist die Zeitspanne von der sprunghaften Änderung der Steuergröße bis zum Beginn einer merklichen Änderung der Ausgangsgröße. Ansprechzeit T_α ist die Zeit zwischen der sprunghaften Änderung der Steuergröße und dem Zeitpunkt, in dem die zeitlich veränderliche Ausgangsgröße $a(t)$ auf α % der vollen Änderung angewachsen ist:

$$\alpha = \frac{a(T_\alpha)}{\Delta A} \cdot 100\,\%. \tag{1}$$

Bei der Anwendung werden häufig die Werte T_{63} und T_{95} entsprechend $\alpha = 63\%$ und $\alpha = 95\%$ angegeben.

Durch die beiden Zeitangaben T_t, T_α und durch die Ausgangsdifferenz ΔA ist der zeitliche Verlauf der Übergangsfunktion bereits in groben Umrissen festgelegt (Abb. 9.1).

In einfacher gelagerten Fällen wird der zeitliche Verlauf des Sprungüberganges in guter Näherung durch einen exponentiellen Verlauf (Abb. 9.2)

$$a(t) = \Delta A\left(1 - e^{-\frac{t}{\tau}}\right) \tag{2}$$

wiedergegeben. τ heißt Zeitkonstante des exponentiellen Verlaufes; man erhält τ als die Abszisse des Punktes P in Abb. 9.2, in dem die Nullpunkttangente die Tangente an den unendlich fernen Punkt schneidet. Für den speziellen Wert $t = \tau$ folgt:

$$\alpha = \frac{a(T)}{\Delta A} = \left(1 - \frac{1}{e}\right) \approx 0{,}632. \tag{3}$$

Nach Ablauf der Zeit τ erreicht somit $a(t)$ etwa 63% des Endwertes ΔA. Wenn der Sprungübergang einer Transduktorschaltung mit hinreichender Genauigkeit durch einen Exponentialverlauf nach (2) ersetzt

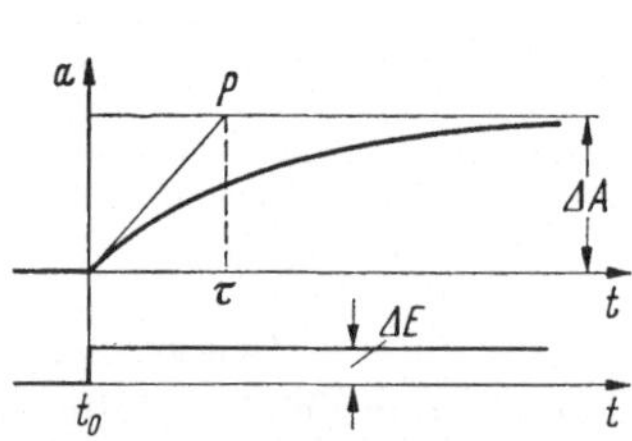

Abb. 9.2. Sonderfall eines Sprungüberganges mit exponentiellem Verlauf

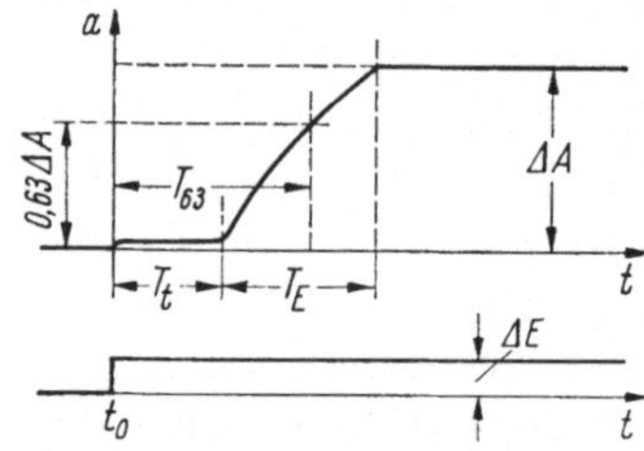

Abb. 9.3. Sprungübergang mit Totzeit T_t

werden kann, ist die Ansprechzeit T_{63} mit der Zeitkonstanten τ des Vorganges identisch, also $T_{63} = \tau$. In diesem Sonderfall ist der zeitliche Verlauf der Übergangsfunktion durch ΔA und τ nach (2) eindeutig festgelegt.

Bisher wurde bei der Beschreibung der Eigenschaften des Sprungüberganges stets davon ausgegangen, daß sich der stationäre Endzustand erst nach unendlich langer Zeit einstellt, also $\Delta A = a(\infty)$ gilt. Gelegentlich treten jedoch Übergangsfunktionen mit einem zeitlich begrenzten Verlauf nach Abb. 9.3 auf, bei denen der stationäre Endzustand nach einer endlichen Zeit $T_t + T_E$ erreicht wird. Den Begriff der Ansprechzeit T_α definiert man bei solchen Vorgängen genauso wie bei einem asymptotischen Verlauf des Sprungüberganges nach Abb. 9.1 in dem der Grenzfall $T_E = \infty$ vorliegt.

Eigentlich ist die Angabe von T_α bei einem zeitlich begrenzten Sprungübergang unnötig, weil die Zeitdauer direkt durch T_E festgelegt ist. Da jedoch einem asymptotischen Sprungübergang beliebigen zeitlichen Verlaufs stets dieselbe Zeitdauer $T_E =$ zugeordnet ist, kann ein Vergleich zwischen einer nach Abb. 9.3 zeitlich begrenzt verlaufenden und einer nach Abb. 9.1 asymptotisch verlaufenden Übergangsfunktion nur durch den Vergleich der Ansprechzeiten T_α für den gleichen Wert α erreicht werden.

9.2 Sprungübergang des Flußhubes. Wenn auf den Steuerkreis ausgehend vom Zustand der Nullaussteuerung ($\Delta\Phi = 2\Phi_s$) plötzlich im Zeitpunkt $t = 0$ der volle Steuerhub einwirkt, dann stellt sich wegen der magnetischen Trägheit der zugehörige stationäre Endzustand, nämlich die Vollaussteuerung ($\Delta\Phi = 0$) erst nach einer gewissen Zeit ein; d. h. der Flußhub nimmt im Laufe der Zeit von $\Delta\Phi = 2\Phi_s$ auf $\Delta\Phi = 0$ ab.

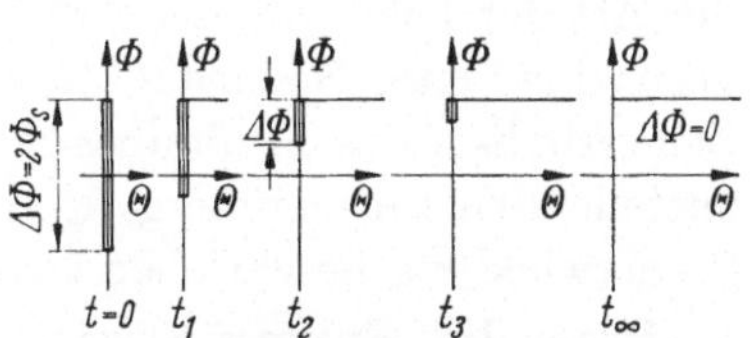

Abb. 9.4. Beim Sprungübergang durchlaufene Folge unvollständiger Magnetisierungszyklen (Durchflutungssteuerung)

Man darf eine monotone Abnahme des Flußhubes von Periode zu Periode annehmen, denn die untersuchten Transduktorschaltungen enthalten nur magnetische Energiespeicher; Schwingungsvorgänge sind also auszuschließen. Deshalb wird bis zum stationären Endzustand eine Folge unvollständiger Magnetisierungs-

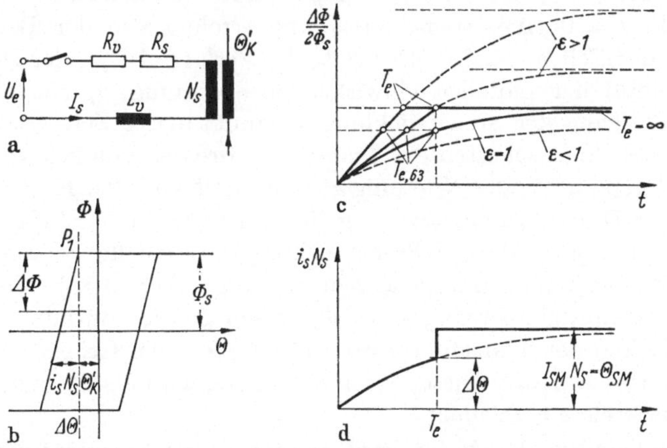

Abb. 9.5a–d. Zeitverhalten des Steuerkreises bei der Durchflutungssteuerung: a Steuerkreis, b Magnetisierungskennlinie, c Sprungverlauf des Flußhubes Φ, d Sprungverlauf der Steuerdurchflutung $i_s N_s$

zyklen mit abnehmendem $\Delta\Phi$ nach Abb. 9.4 durchlaufen. Die zeitliche Veränderung des Flußhubes $\Delta\Phi$ von Periode zu Periode wird als Sprungübergang des Flußhubes bezeichnet.

Eine Veränderung des Flußhubs $\Delta\Phi$ hat unmittelbar eine Änderung der Spannungszeitfläche an der Arbeitswicklung und daher eine Änderung des Lastspannungsmittelwertes zur Folge; denn der Lastspannungsmittelwert ist durch die Differenz aus der konstanten Halbwellenfläche der Netzspannung und der Spannungsfläche an der Arbeitswicklung bestimmt; der Lastspannungsmittelwert folgt also dem abgelaufenen Flußhub ohne Zeitverzögerung. Daraus folgt, daß der Sprungübergang des Lastspannungsmittelwertes U_L bereits durch den Sprungübergang des Flußhubes $\Delta\Phi$ festgelegt ist. Die Untersuchungen über das Zeitverhalten der Transduktorschaltungen läuft also im wesentlichen auf die Bestimmung des Sprungüberganges des Flußhubes hinaus.

Der Sprungübergang des Flußhubes hängt in verwickelter Weise von der Art der Last, von der Art der Schaltung und von einer Reihe bisher vernachlässigter Nebeneffekte ab. In erster Näherung kann jedoch das Zeitverhalten des Flußhubes $\Delta\Phi$ durch einen wesentlich einfacher darzustellenden Sprungübergang, nämlich durch den Sprungübergang der Steuerwicklung beschrieben werden.

Unter dem Sprungübergang der Steuerwicklung wird der Zeitverlauf des Flusses verstanden, der unter folgenden Bedingungen zustande kommt: Der Drosselkern ist mit einer negativen ideal geglätteten Durchflutung Θ_k' vormagnetisiert (Abb. 9.5a und b), die Arbeitswicklung ist stromlos, also abgeschaltet. Unter dieser Voraussetzung wird im Zeitpunkt $t = 0$ die Gleichspannung U_e auf den Steuerkreis geschaltet; für den Vorwiderstand soll $R_v = 0$ gelten. U_e ist so gepolt, daß beginnend mit $\Delta\Phi = 0$ im Zeitpunkt $t = 0$ eine Abmagnetisierung erfolgt, also der Betrag von $\Delta\Phi$ mit der Zeit anwächst. Der zeitliche Verlauf $\Delta\Phi(t)$, der sich unter dem Einfluß der plötzlich einwirkenden Spannung U_e einstellt, wird Sprungübergang der Steuerwicklung genannt; dieser Zeitverlauf hängt nur von den Eigenschaften der Transduktordrossel, nämlich vom Wicklungswiderstand R_s, der Windungszahl N_s und von den Kerndaten ab.

Bei der Durchflutungssteuerung sind im Steuerkreis häufig zwischen Steuerspannungsquelle und Steuerwicklung zusätzliche Vorwiderstände und Glättungsinduktivitäten angeordnet (vgl. Abb. 9.5a). Man erhält dann einen Sprungübergang von $\Delta\Phi$, dessen Zeitverlauf außer von den Eigenschaften der Transduktordrossel noch von den Größen R_v, L_v des Steuerkreises abhängt. Dieser Sprungübergang wird als Sprungübergang des Steuerkreises bezeichnet.

Im folgenden Abschnitt wird zunächst der Sprungübergang des Steuerkreises bestimmt; daraus folgt als Sonderfall der nur von den Drosseldaten abhängige Sprungübergang der Steuerwicklung.

9.3 Sprungübergang des Steuerkreises und der Steuerwicklung. Im Steuerkreis Abb. 9.5a wird im Zeitpunkt $t = 0$ die abmagnetisierende

Gleichspannung U_e eingeschaltet. Dann gilt die Differentialgleichung:

$$U_e = i_s(R_v + R_s) + N_s \frac{d\Phi}{dt} + L_v \frac{di_s}{dt}. \tag{4}$$

Mit $\Delta\Phi = \Lambda i_s N_s$ (Abb. 9.5b) und mit den Abkürzungen

$$\begin{aligned} R_e &= R_v + R_s, \\ L_e &= L_v + L_s, \end{aligned} \tag{5}$$

$$L_s = N_s^2 \Lambda \tag{6}$$

erhält man nach kurzer Zwischenrechnung aus (4):

$$\frac{U_e}{N_s} \frac{L_s}{L_e} = \frac{\Delta\Phi}{\tau_e} + \frac{d\Phi}{dt}, \tag{7}$$

$$\tau_e = \frac{L_e}{R_e} = \frac{1 + \dfrac{L_v}{L_s}}{1 + \dfrac{R_v}{R_s}} \tau_s, \tag{8}$$

$$\tau_s = \frac{L_s}{R_s}. \tag{9}$$

τ_e ist die Zeitkonstante des Steuerkreises, τ_s die Zeitkonstante der Steuerwicklung.

Mit der Grenzbedingung $\Delta\Phi = 0$ für $t = 0$ folgt aus (7) als Lösung für den zeitlichen Flußverlauf:

$$\frac{\Delta\Phi}{2\Phi_s} = \varepsilon\left(1 - e^{-\frac{t}{\tau_e}}\right), \tag{10}$$

$$\varepsilon = \varepsilon_s \frac{R_s}{R_e}, \tag{11}$$

$$\varepsilon_s = \frac{U_e \tau_s}{N_s 2\Phi_s} = \frac{\Theta_{sM}}{\Delta\Theta}. \tag{12}$$

Bei der Umformung von (12) wurde $N_s(U_e/R_s) = N_s I_{sM} = \Theta_{sM}$ und $2\Phi_s = \Lambda\Delta\Theta$ gesetzt; I_{sM} ist der stationäre Gleichstrom, der unter Einwirkung der Spannung U_e bei fehlendem Vorwiderstand ($R_v = 0$) fließen würde.

In Abb. 9.5c ist der exponentielle Verlauf nach (10) bei fest vorgegebener Zeitkonstante τ_e des Steuerkreises für verschiedene Werte von U_e, also nach (12) für verschiedene Werte von $\varepsilon \leqq 1$ dargestellt. Der exponentielle Verlauf gilt jedoch nur, bis im Zeitpunkt $t = T_e$ der Wert

$\varDelta\Phi = 2\Phi_s$ also die Sättigung erreicht ist; von da ab knickt der zeitliche Flußverlauf in die horizontale Gerade $\varDelta\Phi = 2\Phi_s$ ab. Die für die volle Abmagnetisierung um $2\Phi_s$ erforderliche Zeit T_e heißt Abmagnetisierungszeit des Steuerkreises.

Der Sprungübergang des Steuerkreises besitzt also für $\varepsilon > 1$ einen geknickten Verlauf (voll ausgezogen in Abb. 9.5c), entsprechend einer endlichen Ummagnetisierungszeit T_e. Im Grenzfall $\varepsilon = 1$ stellt sich ein rein exponentieller Verlauf mit $T_e = \infty$ ein. Der Fall $\varepsilon < 1$ wird nicht weiter betrachtet, weil die volle Abmagnetisierung um $2\Phi_s$, also die volle Durchsteuerung der Transduktordrosseln nicht erreicht wird. Abb. 9.5c zeigt, daß die Zeitkonstante τ_e des Steuerkreises zur Kennzeichnung des Sprungüberganges des Steuerkreises nicht herangezogen werden kann, denn man erhält je nach der Höhe von U_e bzw. ε für dieselbe Zeitkonstante τ_e einen ganz unterschiedlichen Zeitverlauf.

Der zeitliche Verlauf des Steuerstromes ist während der Abmagnetisierungszeit durch $i_s N_s = \varDelta\Phi/\varLambda$ gegeben, besitzt also bis zu dem Zeitpunkt $t = T_e$, in dem der Steuerstrom den Grenzwert $i_s N_s = \varDelta\Theta$ erreicht, ebenfalls exponentiellen Verlauf; von $t = T_e$ an gilt $\varLambda = 0$, so daß $i_s N_s$ plötzlich auf den stationären Endzustand $\Theta_{sM} = I_{sM} N_s = U_e N_s/R_s$ springt (Abb. 9.5d).

Der zeitliche Verlauf des Sprungüberganges der Steuerwicklung wird nach Abschn. 9.1 durch den stationären Endwert $\varDelta\Phi = 2\Phi_s$ und durch die Ansprechzeit $T_{e,63}$ gekennzeichnet. Man erhält $T_{e,63}$ nach Abb. 9.5c als Schnittpunkt des entsprechenden Sprungüberganges mit der im Abstand $(1 - 1/e) \approx 0{,}63$ parallel zur Abszisse verlaufenden Geraden. Damit erhält man aus (10) folgende Bestimmungsgleichung für $T_{e,63}$:

$$\varepsilon\left(1 - e^{-\frac{T_{e,63}}{\tau_e}}\right) = \left(1 - \frac{1}{e}\right). \tag{13}$$

Die Lösung lautet:

$$T_{e,63} = \tau_e \ln \frac{\varepsilon}{\varepsilon - 1 + \frac{1}{e}}. \tag{14}$$

Für asymptotischen Verlauf von $\varDelta\Phi$, also für $\varepsilon = 1$ folgt aus (14) $T_{e,63} = \tau_e$. Die Beziehung (14) ist in Abb. 9.6 dargestellt. Dabei ist nur der vollausgezogene Bereich $\varepsilon \geqq 1$ von Interesse, weil im Falle $\varepsilon < 1$ — wie oben erörtert — die volle Abmagnetisierung um $2\Phi_s$ nicht erreicht wird.

Den Sprungübergang der Steuerwicklung erhält man, wenn bei den vorangehenden Überlegungen $L_v = 0$ und $R_v = 0$ gesetzt wird. Damit ergibt sich aus (13) für die Ansprechzeit der Steuerwicklung:

$$T_{s,63} = \tau_s \ln \frac{\varepsilon_s}{\varepsilon_s - 1 + \frac{1}{e}}. \tag{15}$$

Die Ansprechzeit $T_{s,43}$ der Steuerwicklung hängt also nur von ε_s und τ_s, d. h. von den Daten der Transduktordrossel ab.

9.4 Ansprechzeit der Steuerwicklung bei den einpulsigen Schaltungen. Zum Vergleich des Zeitverhaltens verschiedener Transduktorschaltungen ist die Zeitkonstante des Steuerkreises ungeeignet, denn sie kann durch Vergrößerung des Vorwiderstandes R_v verkleinert und durch Erhöhung der Glättungsinduktivität L_v beliebig vergrößert werden. Für einen Vergleich verschiedener Schaltungen und Drosseln verwendet man deshalb die Ansprechzeit $T_{s,63}$ der Steuerwicklung.

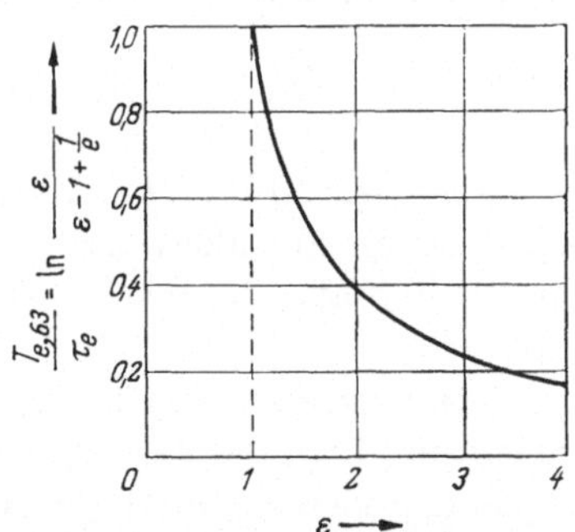

Abb. 9.6. Ansprechzeit $T_{e,63}$ des Steuerkreises in Abhängigkeit vom Parameter ε

Aus der allgemeinen Beziehung (15) erhält man die für die einpulsigen Schaltungen (Abschn. 6 bis 8) geltenden speziellen Werte für die Ansprechzeit der Steuerwicklung. Man hat dazu in (15) der Gleichspannung U_e jene speziellen Werte zu erteilen, die zur Vollaussteuerung, also zur Erzeugung der Durchflutung Θ_{sM} erforderlich sind; bei der Flußsteuerung wird dabei auf die in (8.46), (8.47) definierten Ersatzgrößen U_e^* und Θ_{sm}^* Bezug genommen. Man erhält dann für die drei Schaltungen nach (6.17), (7.14) und (8.47) verschiedene Werte für Θ_{sM} und damit nach (12) verschiedene Werte für ε_s; aus (15) folgen damit für die Sprungfunktionen der Steuerwicklung verschiedene Ansprechzeiten $T_{s,63}$ bei den drei einpulsigen Schaltungen.

Bei der stromsteuernden Einpuls-Schaltung muß nach (6.17) und (6.32) die Durchflutung $\Theta_{sM} = \Theta_{aM} = \Theta_g/2$ zur Vollaussteuerung aufgewendet werden. Damit folgt nach (12):

$$\varepsilon_s = \frac{\Theta_{sM}}{\Delta\Theta} = \frac{\Theta_g}{2\Delta\Theta}. \tag{16}$$

Die Kernkonstante $\Theta_g/\Delta\Theta$ ist nach Abschn. 7.3 im allgemeinen eine gegenüber 1 sehr große Zahl. Man erhält deshalb aus (15) durch Reihenentwicklung:

$$\ln \frac{\varepsilon_s}{\varepsilon_s - 1 + \frac{1}{e}} \approx \left(1 - \frac{1}{e}\right)\frac{1}{\varepsilon_s} = \left(1 - \frac{1}{e}\right)\frac{2\Delta\Theta}{\Theta_g}. \tag{17}$$

Mit (4.26) und (4.25) für die Zeitkonstanten τ_s und τ_0 folgt aus (15) für die Ansprechzeit:

$$T_{s,63} = \left(1 - \frac{1}{e}\right) \frac{q 2 B_s}{G l_m \varrho}. \tag{18}$$

$T_{s,63}$ ist also eine Kernkonstante. Für den in Abschn. 6.3 beschriebenen Normkern erhält man $T_{s,63} \approx 55 \cdot 10^{-3}$ sek; bei einer Vergrößerung der Linearabmessungen um den Faktor λ wächst $T_{s,63}$ mit $\lambda^{1,5}$.

Zur vollen Aussteuerung der spannungssteuernden Einpuls-Schaltung mit Durchflutungssteuerung ist nach (7.14) die Durchflutung $\Theta_{sM} = \Delta\Theta$ erforderlich. Damit folgt $\varepsilon_s = 1$ nach (12) und für die Ansprechzeit mit (15), (4.26), (4.25):

$$T_{s,63} = \tau_s = \frac{\Delta\Theta}{\Theta_g} \tau_0 = \frac{q 2 B_s}{G l_m \varrho}. \tag{19}$$

$T_{s,63}$ ist wiederum eine Kernkonstante. Für den in Abschn. 6.3 beschriebenen Normkern erhält man $T_{s,63} \approx 88 \cdot 10^{-3}$ sek. Bei einer Vergrößerung aller Linearabmessungen um den Faktor λ wächst $T_{s,63}$ mit $\lambda^{1,5}$.

Kennzeichnet man die Ansprechzeit der stromsteuernden Einpuls-Schaltung bzw. der spannungssteuernden Einpuls-Schaltung mit Durchflutungssteuerung durch einen hochgestellten Index w bzw. d, dann gilt für das Verhältnis der Ansprechzeiten:

$$\frac{T^w}{T^d} = 1 - \frac{1}{e} \approx 0{,}63. \tag{20}$$

Zur Vollaussteuerung der spannungssteuernden Einpuls-Schaltung mit Flußsteuerung muß in jeder negativen Halbperiode eine Sinushalbwelle oder eine äquivalente Gleichspannungszeitfläche πU_e^*

$$\pi U_e^* = 2\sqrt{2}\, U_h = \omega N_s 2 \Phi_s \tag{21}$$

nach (8.46), (8.14) aufgebracht werden. Damit erhält man aus (12):

$$\varepsilon_s = \frac{2\tau_s}{T}, \qquad T = \frac{1}{f}. \tag{22}$$

Für den in Abschn. 6.6 behandelten Normkern wurde aus (19) $\tau_s \approx 88 \cdot 10^{-3}$ sek. festgestellt. Man erhält also mit $T \approx 20 \cdot 10^{-3}$ sek., entsprechend der Netzfrequenz $f = 50$ Hz den Wert $\varepsilon_s \approx 9{,}0$; mit wachsender Kerngröße nimmt ε_s mit $\lambda^{1,5}$ zu. ε_s ist also groß gegenüber 1, so daß der Logarithmus von (15) nach (17) entwickelt werden darf; deshalb folgt für die Ansprechzeit der spannungssteuernden Einpuls-Schaltung mit Flußsteuerung:

$$T_{s,63} = \left(1 - \frac{1}{e}\right) \frac{T}{2}. \tag{23}$$

Die Ansprechzeit der Flußsteuerung ist also unabhängig von den Kerndaten.

$T/2$ ist die volle Abmagnetisierungszeit, $T_{s,63}$ die zugehörige Ansprechzeit.

Zusammenfassend kann festgestellt werden, daß aus dem allgemeinen Ausdruck (15) für die Ansprechzeit der Sprungfunktion des Steuerkreises die Ansprechzeiten der drei Einpuls-Schaltungen resultieren, wenn der Größe ε_s die speziellen Werte $\varepsilon_s = \frac{1}{2}\frac{\Theta_g}{\Delta\Theta}$ (stromsteuernd), $\varepsilon_s = 1$ (spannungssteuernd mit Durchflutungssteuerung), $\varepsilon_s = \frac{2\,\tau_s}{T}$ (spannungssteuernd mit Flußsteuerung) erteilt werden.

Bei der spannungssteuernden Einpuls-Schaltung mit Flußsteuerung ist die an der Steuerwicklung wirkende abmagnetisierende Spannung bei Vollaussteuerung durch eine Sinushalbwelle gegeben. Bei den vorangehenden Überlegungen wird diese Sinushalbwelle durch eine flächengleiche Gleichspannung ersetzt; dadurch konnte das Zeitverhalten aller drei Einpuls-Schaltungen aus derselben Grundformel (15) abgeleitet werden.

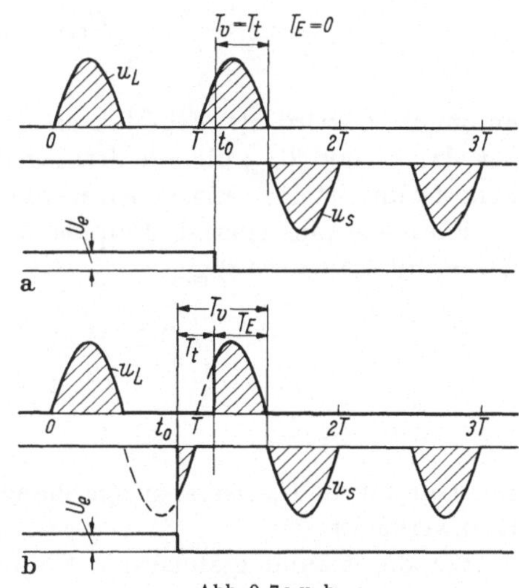

Abb. 9.7a u. b. Sprungfunktion bei der Flußsteuerung

Als nächstes soll das Zeitverhalten der Flußsteuerung untersucht werden, wenn die Abmagnetisierung den tatsächlichen Betriebsbedingungen entsprechend durch eine Sinushalbwelle erfolgt.

Ausgehend von Abb. 8.1b wird angenommen, daß die Ausgangsspannung u_k der Steuereinrichtung E im Zeitpunkt $t = t_0$ (Abb. 9.7) eingeschaltet wird. Nach Ablauf der Verzugszeit $T_v = T_t + T_e$ hat sich der stationäre Endzustand eingestellt.

Man unterscheidet zwei Fälle, je nachdem ob t_0 in die positive oder negative Netzspannungshalbwelle fällt (Abb. 9.7a bzw. b). In beiden Fällen tritt eine Totzeit T_t ein, die sich im ungünstigsten Fall über eine Halbperiode erstreckt.

Das Zeitverhalten der spannungssteuernden Schaltung ist also unabhängig von den Daten der Transduktordrossel durch eine Mindestverzugszeit von ein bis zwei Halbperioden festgelegt. Diese Eigenart trifft auf die spannungssteuernden zwei- und mehrpulsigen Schaltungen mit Flußsteuerung ebenfalls zu, wobei sich die gesamte Ansprechzeit je nach der Anzahl der Pulse auf höchstens eine Periode oder Bruchteile davon verringert.

9.5 Gütefaktor. Bei den meisten Anwendungen der Transduktorschaltungen wünscht man eine möglichst große Leistungsverstärkung V_0; gleichzeitig soll aber die Ansprechzeit $T_{e,63}$ gegenüber der Schwingungsdauer T der Netzspannung, also das Verhältnis $T_{e,63}/T = f\,T_{e,63}$ möglichst klein sein. Bei den folgenden Betrachtungen wird die Ansprechzeit $T_{e,63}$ in erster Näherung durch die Ansprechzeit $T_{s,63}$ des Steuerkreises bei fehlendem Vorwiderstand ($R_v = 0$) ersetzt.

Die Forderung nach möglichst großem V_0 und möglichst kleinem $f\,T_{s,63}$ ist um so besser erfüllt, je höhere Werte der Quotient

$$G_t = \frac{V_0}{f\,T_{s,63}} \tag{24}$$

annimmt. G_t wird als „Gütefaktor" der Transduktorschaltung bezeichnet. Da V_0 und $T_{s,63}$ für alle drei Schaltungen bereits berechnet wurden kann G_t unmittelbar angegeben werden.

Für die stromsteuernde Einpuls-Schaltung ergibt sich der Gütefaktor G_W mit (6.34) und (18) zu

$$G_W = \frac{\pi}{\sqrt{2}}\,\frac{1}{1-\frac{1}{e}} \approx 3{,}5. \tag{25}$$

Der Gütefaktor G_W ist also unabhängig von den Kerndaten und vom Kernwerkstoff.

Für die spannungssteuernde Einpuls-Schaltung mit Durchflutungssteuerung ergibt sich der Gütefaktor G_D mit (7.26), (4.11) und (19) zu

$$G_D = \frac{2}{\pi}\,\frac{\Theta_g}{\Delta\Theta} = \frac{2}{\pi}\,\frac{F_g G \zeta}{l_f \Delta H}. \tag{26}$$

G_D ist also eine Kernkonstante und wegen des Faktors ΔH stark vom Kernmaterial abhängig.

Da $\Theta_g/\Delta\Theta$ eine große Zahl ist, gilt $G_D \gg G_W$. Für den in 6.3 beschriebenen Normkern findet man $G_D \approx 300$; Diesem Wert liegen die Daten des Kernmateriales Permenorm 5000 Z zugrunde. Bei einer Vergrößerung aller Linearabmessungen um den Faktor λ wächst G_D mit $\sqrt{\lambda}$.

Für die spannungssteuernde Einpuls-Schaltung mit Flußsteuerung ergibt sich der Gütefaktor G_F nach (8.42) und (23) zu

$$G_F = \frac{8}{\pi} \frac{1}{1 - \frac{1}{e}} \frac{\Theta_g}{\Delta\Theta}. \tag{27}$$

Man erkennt:

$$\frac{G_F}{G_D} = \frac{4}{1 - \frac{1}{e}} \approx 6{,}3. \tag{28}$$

Es ist also $G_F > G_D$. Der in 6.3 beschriebene Normkern ergibt $G_F \approx$ ≈ 1900. Auch G_F wächst mit $\sqrt{\lambda}$.

In Abschn. 8 wurde schon bemerkt, daß ein Vorwiderstand R_v bei der Flußsteuerung von keiner praktischen Bedeutung ist. R_v verkleinert nämlich die Ummagnetisierungszeiten. Dagegen hat R_v eine Bedeutung bei den beiden anderen Schaltungen.

Nach (6.29) und (7.22) ist in beiden Fällen

$$V = V_0 \frac{R_s}{R_e} \qquad a_0 = 0 \qquad R_e = R_v + R_s. \tag{29}$$

Nach (8) gilt für $L_v = 0$:

$$\tau_e = \tau_s \frac{R_s}{R_e}, \tag{30}$$

so daß auch nach (14) für $\varepsilon = 1$

$$T_{e,63} = T_{s,63} \frac{R_s}{R_e} = T_{s,63} \frac{R_s}{R_v + R_s} \tag{31}$$

gilt. Demnach wird unter diesen Voraussetzungen:

$$G_t = \frac{V_0}{f T_{s,63}} = \frac{V}{f T_{e,63}}. \tag{32}$$

Bei der stromsteuernden Einpuls-Schaltung und der spannungssteuernden Einpuls-Schaltung mit Durchflutungssteuerung hat G_t denselben Wert, unabhängig von R_v, wenn man L_v vernachlässigt.

III. Eigenschaften der spannungssteuernden Zweipulsschaltungen

In den Abschn. 11 bis 15 werden die in Abb. 5.2b bis f dargestellten spannungssteuernden Zweipulsschaltungen beschrieben. Auf eine Beschreibung der drei- und mehrpulsigen Schaltungen wird verzichtet, weil dabei grundsätzlich auf die gleichen Methoden wie bei der Beschreibung der spannungssteuernden Zweipulsschaltungen zurückgegriffen werden kann.

Den umfassendsten Einblick in die Wirkungsweise der Schaltungen erhält man aus der Kenntnis des zeitlichen Verlaufes der elektrischen Größen, denn daraus können die jeweils interessierenden Mittelwerte, Effektivwerte, Leistungen usw. unmittelbar abgeleitet werden. In den Abschn. 11 bis 15 wird deshalb stets mit der Beschreibung des zeitlichen Verlaufes der elektrischen Größen begonnen; dabei werden die zu Beginn des Abschn. 5.1 zusammengestellten Idealisierungen vorausgesetzt.

Damit das wesentliche deutlich hervortritt, wird bei der Beschreibung der Wirkungsweise der einzelnen Schaltungen zunächst eine Sprungkennlinie nach Abb. 3.15b vorausgesetzt, so daß — wie aus den Überlegungen des Abschn. 10 hervorgehen wird — dieselben elektrischen Verhältnisse wie bei den entsprechenden Gleichrichterschaltungen vorliegen.

Im Anschluß daran wird der Einfluß des Magnetisierungsstromes, also der Einfluß der Schleifenbreite und Neigung der Kernkennlinie Abb. 3.15a berücksichtigt. Dazu könnte, wie in den Abschn. 6 bis 8 am Beispiel der Einpulsschaltungen gezeigt wurde, der zeitliche Verlauf unter Berücksichtigung des Magnetisierungsstromes aus den Daten der Schaltung und der Kernkennlinie berechnet werden; die Ergebnisse werden aber bei den Zweipuls-Schaltungen wesentlich komplizierter und unübersichtlicher. Deshalb wird der Einfluß des Magnetisierungsstromes nur beschreibend berücksichtigt, auf eine Berechnung wird dagegen weitgehend verzichtet.

Die Gesetzmäßigkeiten der Steuerkennlinie, der Leistungsverstärkung und des Zeitverhaltens sind grundsätzlich dieselben und werden deshalb gemeinsam für die Schaltungen Abb. 5.2b bis f im Abschn. 16 beschrieben.

10. Gemeinsame Eigenschaften der spannungssteuernden Transduktorschaltungen

Die spannungssteuernden zweipulsigen Transduktorschaltungen entstehen — wie aus Abb. 5.2b bis f folgt — aus den entsprechenden

Gleichrichterschaltungen, wenn darin die gesteuerten Ventile jeweils durch die Reihenschaltung einer Transduktordrossel und eines Sättigungsventiles ersetzt werden.

In den Abschn. 7 und 8 wurde gezeigt, daß die Reihenschaltung einer Transduktordrossel mit einem ungesteuerten Ventil (Ventildrossel) in der einpulsigen Transduktorschaltung — abgesehen von Nebeneffekten — genau wie ein gesteuertes Ventil wirkt. Daraus folgt, daß sich die spannungssteuernden zweipulsigen Transduktorschaltungen elektrisch wie die entsprechenden zweipulsigen Gleichrichterschaltungen mit gesteuerten Ventilen verhalten, vorausgesetzt, daß die Reihenschaltung von Transduktordrossel und Sättigungsventil in den zweispulsigen Transduktorschaltungen genau dasselbe Betriebsverhalten wie in den bisher untersuchten einpulsigen Schaltungen aufweist. In Abschn. 10.2 wird gezeigt, welche Bedingungen erfüllt sein müssen, damit diese Voraussetzung zutrifft.

10.1 Steuerkreis. In Abb. 5.2b bis f sind nur die Arbeitsstromkreise der Schaltungen dargestellt.

Für die Überlegungen in den Abschn. 11 bis 15 wird angenommen, daß jede Transduktordrossel neben der Steuerwicklung und der Arbeitswicklung eine dritte Wicklung besitzt, die eine zeitlich konstante negative Durchflutung vom Betrage Θ_k' führt. Deshalb gilt, genauso wie bei den spannungssteuernden Einpuls-Schaltungen in Abschn. 7 und 8 für jede Transduktordrossel die Beziehung:

$$I_s' N_s = I_s N_s + \Theta_k'. \qquad (1)$$

Darin bedeutet I_s' den Steuerstrom bei fehlender Vormagnetisierung, I_s den Steuerstrom, wenn eine negative Vormagnetisierung vom Betrag Θ_k' vorliegt (vgl. z. B. Abb. 7.1 und 8.1).

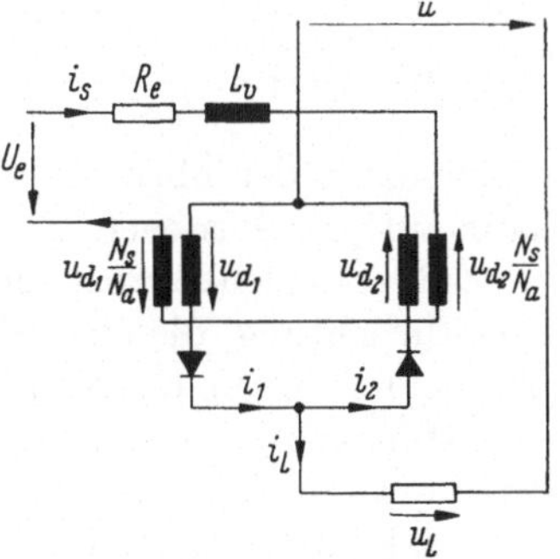

Abb. 10.1. Schaltung der Steuer- und Arbeitswicklungen am Beispiel der Gegentaktschaltung

Damit durch die Beeinflussung der Steuerwicklungen eine Steuerwirkung der Transduktordrosseln erzielt wird, muß — wie aus der Beschreibung der spannungssteuernden Einpuls-Schaltungen in Abschn. 7 und 8 hervorgeht — die Polarität des Steuersignales so gewählt werden, daß die Durchflutung der Steuerwicklung der Durchflutung in der Arbeitswicklung entgegenwirkt; letztere kann wegen des Ventiles nur positive Werte annehmen. Die Steuerwicklungen der beiden Transduktordrosseln sollen so miteinander verbunden sein, daß das Eingangssignal beide Transduktordrosseln der Schaltung, also beide Steuerwicklungen beeinflußt.

Bei der Durchflutungssteuerung werden diese Forderungen erfüllt, wenn die Steuerspannung U_e, unter Beachtung der Polaritätsbedingungen, auf die in Reihe geschalteten Steuerwicklungen der beiden Transduktordrosseln einwirkt (Abb. 10.1). Diese Überlegungen treffen auch für die übrigen Schaltungen mit Durchflutungssteuerung zu.

Die elektrischen Vorgänge in den beiden Transduktordrosseln der Schaltungen Abb. 5.2b bis f sind um eine Halbwelle gegeneinander phasenverschoben; das gilt deshalb auch für die Sperrzeiten der Sättigungsventile. Bei der Flußsteuerung müssen deshalb die auf die beiden Transduktordrosseln einwirkenden Steuerspannungen u_{s1} und u_{s2} um eine Halbwelle gegeneinander verschoben sein. Diese Forderung, ver-

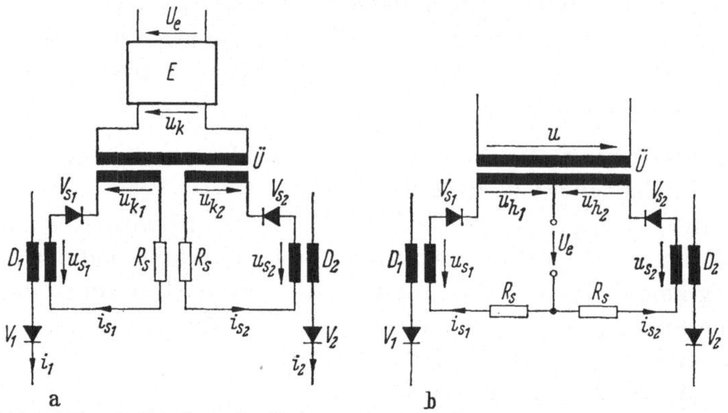

Abb. 10.2a u. b. Schaltung der Steuer- und Arbeitswicklungen bei der Flußsteuerung

bunden mit der oben erwähnten Polaritätsbedingung der Wicklungen kann auf verschiedenem Wege verwirklicht werden.

Eine Möglichkeit ist in Abb. 10.2 dargestellt. Darin bedeutet E eine Einrichtung, die eine Wechselspannung $u_k(x) = - u_k(x + \pi)$ liefert. Die beiden Sekundärspannungen u_{k1}, u_{k2} des Übertragers $Ü$ sind um eine Halbwelle gegeneinander phasenverschoben und durch geeigneten Anschluß an die Steuerwicklungen der beiden Transduktordrosseln D_1 und D_2 kann die geforderte Polarität sichergestellt werden. Die Steuerventile V_{s1} und V_{s2} sind so angeordnet, daß die Steuerwicklungen während der Stromführungszeit der Sättigungsventile V_1 und V_2 stromlos bleiben. Die Steuereinrichtung muß so eingerichtet sein, daß die Spannungszeitfläche F_u der Wechselspannungen u_{k1} und u_{k2} durch das Eingangssignal U_e zwischen $F_u = 0$ und $F_u = F_M$ verändert werden kann (vgl. Abschn. 5.4 u. 8.1).

Eine spezielle Ausführungsform dieses Prinzipes ist in Abb. 10.2b dargestellt. Eine Beschreibung erübrigt sich, denn es handelt sich um das in Abschn. 8.1 beschriebene Verfahren, das im Falle von Abb. 10.2b auf beide Halbwellen angewendet wird.

Beim Betrieb der Schaltungen können grundsätzlich Spannungen von den Arbeitswicklungen in den Steuerkreis induziert werden, die dort einen Strom hervorrufen, der sich dem von der Steuerspannung herrührenden Steuerstrom überlagert. Über diese Rückwirkungen können einige Aussagen getroffen werden, die den betrachteten fünf Schaltungen Abb. 5.2b bis f gemeinsam sind.

Die Flußsteuerung beruht bei allen Schaltungen grundsätzlich darauf, daß entweder nur die Arbeitswicklung einer Transduktordrossel oder nur die Steuerwicklung Strom führt, daß also jeweils eine Wicklung strom- und spannungslos ist. Unter solchen Bedingungen ist eine gegenseitige Beeinflussung der beiden Wicklungen nicht möglich; bei der Flußsteuerung können also keine Rückwirkungen von der Arbeitswicklung auf die Steuerwicklung auftreten. Man braucht also die Rückwirkungsprobleme nur bei den Schaltungen mit der Durchflutungssteuerung zu untersuchen.

Bei der Reihenschaltung der Steuerwicklungen besteht der Steuerkreis nach Abb. 10.1 aus der Steuerspannungsquelle U_e, den Steuerwicklungen der beiden Transduktordrosseln, dem Steuerkreiswiderstand R_e und der Steuerkreisinduktivität L_v. Die Spannungen $u_{d1} N_s/N_a$ und $u_{d2} N_s/N_a$ wirken in gleicher Richtung, der Steuerkreiswiderstand $R_e = R_v + 2R_s$ setzt sich aus dem Vorwiderstand R_v und dem Widerstand $2R_s$ der beiden Steuerwicklungen zusammen und die Steuerkreisinduktivität L_v dient der Glättung des Steuerstromes. Die gleichen Verhältnisse liegen auch bei den anderen Schaltungen in Abb. 5.2b bis f vor; deshalb gilt bei der Durchflutungssteuerung mit in Reihe geschalteten Steuerwicklungen unabhängig von der Art der Schaltung:

$$U_e = R_e i_s + \omega L_v \frac{d i_s}{d x} - (u_{d1} + u_{d2}) \frac{N_s}{N_a}. \tag{2}$$

Die von den Arbeitswicklungen in den Steuerkreis induzierte Spannung

$$u_r = \frac{N_s}{N_a} (u_{d1} + u_{d2}) \tag{3}$$

wird Rückwirkungsspannung genannt. Damit kann (2) in folgender Form geschrieben werden:

$$U_e + u_r = R_e i_s + \omega L_v \frac{d i_s}{d x}. \tag{4}$$

Die Rückwirkungsspannung u_r kann somit als eine zweite, zusätzlich zur Steuerspannung U_e im Steuerkreis wirkende EMK gedeutet werden.

Die Rückwirkungsspannung u_r ist eine Wechselspannung und ruft im Steuerkreis einen entsprechenden Wechselstrom i_r hervor, der dem Steuergleichstrom I_s überlagert ist; dann gilt:

$$i_s = I_s + i_r. \tag{5}$$

Damit kann (4) in eine für die Gleichkomponenten und für die Wechselkomponenten geltende Beziehung aufgelöst werden:

$$U_e = R_e I_s, \tag{6}$$

$$u_r = R_e i_s + \omega L_v \frac{d i_s}{dx}. \tag{7}$$

Wegen der Phasenverschiebung der beiden Spannungen u_{d1} und u_{d2} gilt:

$$u_r = \frac{N_s}{N_a} \left[u_{d1}(x) + u_{d1}(x + \pi) \right]. \tag{8}$$

Stellt man darin u_{d1} durch eine Fourierreihe dar, dann kehren in $u_{d1}(x + \pi)$ die ungeradzahligen Harmonischen ihr Vorzeichen gegenüber $u_{d1}(x)$ um und verschwinden in der Summe (8). Daraus folgt, daß die Rückwirkungsspannung u_r nur geradzahlige Harmonische enthält, so daß die Grundwelle von u_r die doppelte Netzfrequenz aufweist; dasselbe gilt für den Rückwirkungsstrom i_r.

Bei der Beschreibung der Schaltungen Abb. 5.2b bis f in den folgenden Abschn. 11 bis 16 wird eine unendlich große Steuerkreisinduktivität L_v vorausgesetzt. Dann wird $i_r = 0$, so daß sich ein zeitlich konstanter Steuerstrom $i_s = I_s$ einstellt; die Rückwirkungsspannung u_r wird in diesem Falle nach (7) gleich der Spannung an der Steuerkreisinduktivität. Für diesen Sonderfall wird die Beschreibung der fünf Schaltungen relativ einfach und die charakteristischen Eigenschaften treten besonders deutlich hervor. Der allgemeinere Fall einer unvollkommenen Glättung, der zu wesentlich komplizierteren Ergebnissen führt, wird im Teil IV behandelt.

10.2 Arbeitskreis. In Abb. 10.3a ist ein gesteuertes Ventil, in Abb. 10.4a eine Transduktordrossel mit einem Sättigungsventil dargestellt. Die beiden Klemmen C und D für die Zuführung des Steuersignales und die Klemmen A, B die den Arbeitsstrom führen, entsprechen einander in den beiden Abbildungen. Es wird angenommen, daß das gesteuerte Ventil in Abb. 10.3a Bestandteil irgendeiner Gleichrichterschaltung und die Transduktoranordnung in Abb. 10.4a Bestandteil irgendeiner Transduktorschaltung sei. Auf Grund der Erläuterungen in den Abschn. 7 und 8 können einige wichtige Analogien im Verhalten der beiden Anordnungen Abb. 10.3a und 10.4a festgestellt werden.

In beiden Fällen tritt während einer Periode ein Intervall x_a bis $x_1 + 2\pi$ auf, in dem die Strecke AB wie ein Kurzschlußbügel wirkt; es handelt sich um die Durchlaßzeit des gesteuerten Ventiles in Abb. 10.3b bzw. um die Sättigungszeit der Transduktordrossel in Abb. 10.4b. Der Zeitpunkt $x_1 + 2\pi$ ist in beiden Fällen durch den Nulldurchgang des Stromes i_a bestimmt; für die Anordnung in Abb. 10.4a gilt diese Aussage in guter Näherung. Der Zeitpunkt x_a ist in beiden Fällen durch das Steuersignal, beim gesteuerten Ventil Abb. 10.3a durch den Gitterzündimpuls, bei der Anordnung in Abb. 10.4a durch den Flußhub der Transduktordrossel festgelegt.

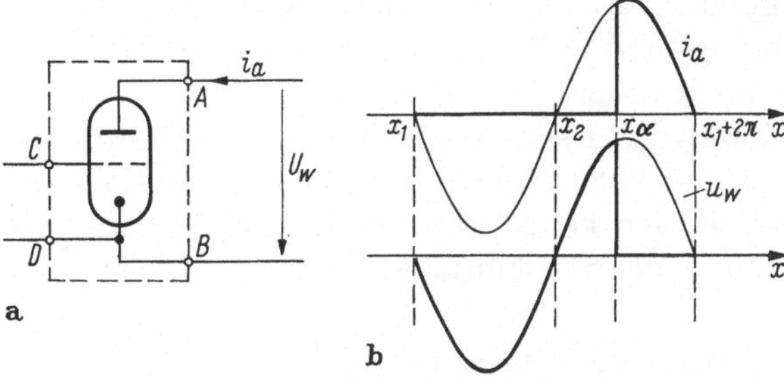

Abb. 10.3a u. b. Prinzipielle Wirkungsweise eines gesteuerten Ventiles: a gesteuertes Ventil, b zeitlicher Verlauf des Ventilstromes und der Ventilspannung im Sperr- und Durchlaßintervall

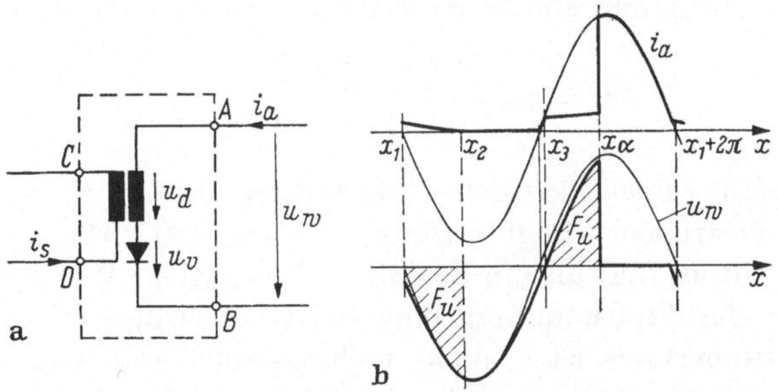

Abb. 10.4a u. b. Prinzipielle Wirkungsweise der Reihenschaltung einer Transduktordrossel und eines Sättigungsventiles: a Schaltung, b zeitlicher Verlauf des Stromes und der Spannung für die Reihenschaltung bestehend aus Arbeitswicklung und Sättigungsventil

Außerhalb des Zeitintervalles x_α bis $x_1 + 2\pi$ wird der Strecke AB in beiden Fällen eine Spannung u_w aufgeprägt, deren zeitlicher Verlauf von der Art der Schaltung abhängt. In Abb. 10.3 und 10.4 wurde für u_w als Beispiel eine sinusförmige Spannung gewählt. Dieser Spannungsverlauf entspricht etwa den Verhältnissen in der Gegentaktschaltung bei ohmscher Last (Abb. 5.2d).

Das gesteuerte Ventil in Abb. 10.3a bleibt zwischen x_1 und x_3 stromlos, weil eine negative Sperrspannung anliegt; es bleibt darüber hinaus zwischen x_3 und x_α stromlos, weil die Gitterzündung die Stromführung erst im Zeitpunkt x_α freigibt. Das gesteuerte Ventil verhält sich also von x_1 bis x_α wie ein geöffneter Kontakt an dem die volle Spannung u_w anliegt. Aus den Erläuterungen in Abschn. 7 und 8 folgt, daß die Transduktordrossel in Abb. 10.4 zwischen x_1 und x_2 eine Abmagnetisierung um die Spannungszeitfläche F_u erfährt, daß das Sättigungsventil zwischen x_2 und x_3 sperrt und anschließend die Aufmagnetisierung der Drossel zwischen x_3 und x_α erfolgt. Wenn vorausgesetzt wird, daß der Strom i_a in den Ummagnetisierungsintervallen x_1 bis x_2 und x_3 bis x_α vernachlässigbar klein wird und außerdem das Auftreten des Sperrintervalles x_2 bis x_3 sichergestellt ist, dann kann das gesamte Intervall x_1 bis x_α in guter Näherung als stromlos betrachtet werden. Die Transduktoranordnung in Abb. 10.4a verhält sich dann elektrisch praktisch genauso wie das gesteuerte Ventil in Abb. 10.3a.

Es muß gezeigt werden, welche Bedingungen erfüllt sein müssen, damit das Intervall x_1 bis x_α in Abb. 10.4b in guter Näherung als stromlos betrachtet werden kann. Man erhält mit (5.5) aus Abb. 10.4a für die Sperrspannung des Sättigungsventiles:

$$u_v = u_w - u_d = u_w - \omega N_a^2 \Lambda \frac{d i_a}{dx} + \omega N_a N_s \Lambda \frac{d i_s}{dx}. \tag{9}$$

Im Sperrintervall x_2 bis x_3 gilt $i_a \equiv 0$ und $u_v < 0$. Damit folgt aus (9) eine Bedingung, die im Sperrintervall erfüllt sein muß:

$$u_v = u_w + \omega N_a N_s \Lambda \frac{d i_s}{dx} < 0. \tag{10}$$

Im Sonderfall eines zeitlich konstanten Steuerstromes $i_s = I_s$ (Rückwirkungsfreiheit) folgt daraus $u_v = u_w < 0$. Die Sperrzeit des Sättigungsventiles fällt also in den Bereich negativer Werte von u_w.

Im Falle der Flußsteuerung oder bei Rückwirkungen zwischen Arbeits- und Steuerkreis ist i_s nicht mehr zeitlich konstant, so daß der zweite Summand in (10) von Null verschieden ist. Damit das Sättigungsventil sperrt muß deshalb die Bedingung (10) erfüllt sein. Bei der Flußsteuerung wird während der Sperrzeit des Sättigungsventiles die Steuerspannung u_s von der Steuerwicklung auf die Arbeitswicklung induziert und erzeugt dort die negative Spannung $u_d = u_s N_a / N_s$. Damit folgt aus (9) als Bedingungsgleichung für die Sperrung des Sättigungsventiles:

$$u_v = u_w - u_d = u_w - u_s \frac{N_a}{N_s} < 0. \tag{11}$$

Die Beträge der Momentanwerte von u_s dürfen deshalb nicht beliebig hoch sein, sondern müssen in jedem Augenblick der Sperrzeit die Bedingung (11) erfüllen. Man gelangt also zu derselben Bedingung (8.7) wie bei der flußsteuernden Einpuls-Schaltung in Abschn. 8, so daß dieselben Schlußfolgerungen gezogen werden können. Sie lauten dahin, daß nach (8.9) im Falle der Nullaussteuerung die Steuerspannung

$$u_s \frac{N_a}{N_s} = \sqrt{2}\, U \sin x \tag{12}$$

aufgebracht werden muß.

Während der Ummagnetisierung in den Zeitintervallen x_1 bis x_2 und x_3 bis x_α (Abb. 10.4 b) führt das Sättigungsventil den Strom i_a; es gilt also $u_v = 0$ und $\Lambda \neq 0$. Daraus folgt mit (9):

$$u_w = u_d = \omega N_a^2 \Lambda \frac{di_a}{dx} - \omega N_a N_s \Lambda \frac{di_s}{dx}. \tag{13}$$

Im Sonderfall eines zeitlich konstanten Steuerstromes $i_s = I_s$ folgt daraus:

$$u_w = u_d = \omega N_a^2 \Lambda \frac{di_a}{dx}. \tag{14}$$

Daraus geht hervor, daß der Strom i_a während der Ummagnetisierungszeit durch die Induktivität $N_a^2 \Lambda$ begrenzt ist.

Wenn Rückwirkungen auftreten, ist der zweite Summand in (13) von Null verschieden, deshalb kann der Strom i_a, je nach der Höhe der Rückwirkung, während der Ummagnetisierungszeit Werte annehmen die nicht mehr gegenüber dem Strom im Sättigungsintervall x_α bis $x_1 + 2\pi$ vernachlässigt werden können.

Zusammenfassend kann festgestellt werden, daß das gesteuerte Ventil in Abb. 10.3 und die Transduktoranordnung in Abb. 10.4 nur dann elektrisch gleichwertig sind, wenn die Rückwirkungen zwischen Steuer- und Arbeitskreis so klein bleiben, daß im Sperrintervall stets die Voraussetzung (10) erfüllt ist und während der Ummagnetisierungszeit der zweite Summand in (13) hinreichend klein bleibt. Diese Voraussetzungen sind grundsätzlich immer erfüllt, wenn ein zeitlich konstanter Steuerstrom I_s und eine Sprungkennlinie der Transduktordrosseln gemäß Abb. 3.15 b vorausgesetzt werden.

11. Mittelpunktschaltung mit Nullventil

Die spannungssteuernde Zweipuls-Transduktorschaltung nach Abb. 11.1 wird als Mittelpunktschaltung mit Nullventil bezeichnet; sie besitzt einen Gleichstromausgang. Die Anordnung in Abb. 11.1 a ist durchflutungsgesteuert, in Abb. 11.1 b ist eine spezielle Ausführung einer Flußsteuerung dargestellt.

Im Gegensatz zur Brückenschaltung und zur Gegentaktschaltung (Abb. 5.2c bis d) ist bei der Mittelpunktschaltung ein Zwischentransformator erforderlich, der gleichzeitig zur Anpassung an die gewünschte Gleichspannung dient.

Bei der Beschreibung der Mittelpunktschaltung wird sich herausstellen, daß grundsätzlich keine Rückwirkung zwischen Steuer- und Arbeitswicklung auftritt, wenn eine ideale Sprungkennlinie nach Abb. 3.15b zugrunde gelegt wird. Die tatsächlich auftretenden Rückwirkungen werden somit im wesentlichen durch die Steilheit und Schleifenbreite der Kernkennlinie bestimmt; sie können also durch geeignete Auswahl des Kernwerkstoffes und durch sorgfältigen Kernaufbau klein gehalten werden. Deshalb bringt bereits eine relativ kleine Induktivität im Steuerkreis eine ausreichende Glättung des Steuerstromes.

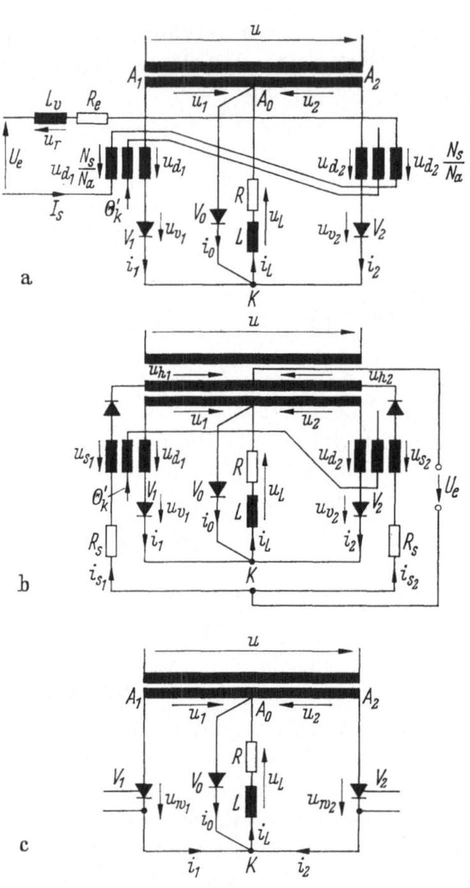

Abb. 11.1a–c.
Die Mittelpunktschaltung mit Nullventil, a bei Durchflutungssteuerung, b bei Flußsteuerung, c äquivalente Gleichrichterschaltung zu a und b

Der Rückwirkung kommt also keine entscheidende Bedeutung zu; deshalb wird zur Vereinfachung bei der Beschreibung der Schaltung ein ideal geglätteter Steuerstrom vorausgesetzt.

11.1 Wirkungsweise der Mittelpunktschaltung unter vereinfachenden Annahmen. Vorausgesetzt wird eine ideale Sprungkennlinie nach Abb. 3.15b und ein zeitlich konstanter Steuerstrom I_s. Dann verhält sich die Reihenschaltung Transduktordrossel und Sättigungsventil in Abb. 11.1a und b nach den Überlegungen am Ende des vorangehenden Abschnittes wie ein gesteuertes Ventil. Man kann also beide Anordnungen durch die Gleichrichterschaltung Abb. 11.1c ersetzen. Der Zündzeitpunkt

x_a bzw. $y_a = x_a + \pi$ in Abb. 11.2 wird in der Gleichrichterschaltung Abb. 11.1c durch den Gitterzündimpuls, in den beiden Schaltungen Abb. 11.1a und b durch den Flußhub $\Delta\Phi$ festgelegt; die beiden Schaltungen Abb. 11.1a und b unterscheiden sich dabei nur hinsichtlich der Erzeugung des steuernden Flußhubes $\Delta\Phi$ voneinander.

Es kommt also darauf an, die Wirkungsweise der Schaltung Abb. 11.1c zu beschreiben; dabei soll die Last aus der Reihenschaltung eines ohmschen Widerstandes R und einer Induktivität L bestehen.

Unter der Voraussetzung, daß der Transformator in Abb. 11.1 das Übersetzungsverhältnis 1 besitzt, gilt für die beiden Phasenspannungen u_1, u_2 und für die Netzspannung u:

$$u = u_1 = -u_2 = \sqrt{2}\,U \sin x\,. \quad (1)$$

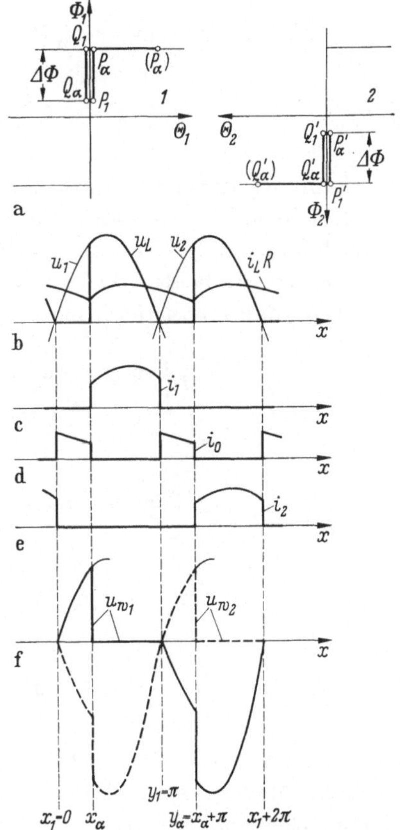

Abb. 11.2a–f. Zeitlicher Verlauf der elektrischen Größen in der Mittelpunktschaltung mit Nullventil; beliebig ohmisch-induktive Last und ideale Sprungkennlinie nach a

Der Potentialverlauf der Punkte A_1, A_2 und K gegenüber A_0 wird durch den zeitlichen Verlauf der drei Spannungen u_1, u_2 und u_L in Abb. 11.2b beschrieben; das Potential von A_0 ist durch die Zeitachse gegeben.

Die Potentiale der drei Punkte A_1, A_2 und A_0 in Abb. 11.1c sind abgesehen von $x = 0$ und $x = \pi$ stets von Null verschieden, so daß jeweils nur ein Ventil Strom führen kann; die anderen beiden Ventile sind gesperrt.

Bis zum Zeitpunkt x_α ist das Ventil V_1 durch die Gitterzündung gesperrt; zwischen x_α und π liegt das Potential von A_1 über dem Potential der Punkte A_2 und A_0, so daß V_1 Strom führt; nach $x = \pi$ ist V_2 durch die Gittersteuerung gesperrt, das Potential des Punktes A_1 liegt dann unter dem Potential A_0, so daß V_1 vom Zeitpunkt $x = \pi$ an sperrt und V_0 die Stromführung übernimmt. Vom Zeitpunkt $y_1 = x_1 + \pi$ an wiederholt sich das Spiel, indem V_2 zwischen y_α und 2π die Stromführung übernimmt usw.

Durch das Nullventil sind die Löschzeitpunkte der gesteuerten Ventile V_1 und V_2 unabhängig von der Art der Belastung auf die Zeitpunkte y_1 bzw. $x_1 + 2\pi$ festgelegt; deshalb beträgt die Brenndauer der gesteuerten Ventile $\pi - x_\alpha$. Die Stromführung der Nullventile erstreckt sich zweimal je Periode über die Zeitdauer $x_\alpha - x_1$.

Während der Stromführung von V_1 bzw. V_0 verhalten sich die jeweils anderen Ventile wie geöffnete Schalter, so daß der Zeitverlauf für i_1 und i_0 durch die Differentialgleichungen

$$u = \sqrt{2}\,U \sin x = i_1 R + \omega L \frac{di_1}{dx}; \qquad x_\alpha \leqq x \leqq \pi \tag{2}$$

$$0 = i_0 R + \omega L \frac{di_0}{dx}; \qquad 0 \leqq x \leqq x_\alpha \tag{3}$$

bestimmt ist. Die Lastinduktivität L fordert einen stetigen Zeitverlauf des Laststromes i_L, so daß der Stromübergang von einem Ventil auf das zeitlich darauffolgende stetig erfolgen muß. Daraus resultieren nach Abb. 11.2b die beiden Anfangsbedingungen $i_0(0) = i_1(\pi)$ und $i_0(x_\alpha) = i_1(x_\alpha)$. Man erhält für i_1 und i_0 die Lösungen:

$$i_1 = i_L = \sqrt{2}\,I \left[\frac{\sin\varphi - \sin(x_a - \varphi)\, e^{\varrho x_\alpha}}{1 - e^{-\varrho\pi}}\right] e^{-\varrho x} + \sqrt{2}\,I \sin(x - \varphi);$$

$$x_\alpha \leqq x \leqq \pi \tag{4}$$

$$i_L = i_0 = \sqrt{2}\,I \left[\frac{\sin\varphi - \sin(x_a - \varphi)\, e^{-\varrho(\pi - x_\alpha)}}{1 - e^{-\varrho\pi}}\right] e^{-\varrho x}; \quad 0 \leqq x \leqq x_\alpha \tag{5}$$

$$\sqrt{2}\,I = \frac{\sqrt{2}\,U}{\sqrt{R^2 + \omega^2 L^2}}, \tag{6}$$

$$\cot\varphi = \frac{R}{\omega L} = \varrho. \tag{7}$$

Der zeitliche Verlauf der Ströme i_1, i_0, i_L ist in Abb. 11.2b bis e dargestellt. Man erkennt daraus, daß der Nullventilstrom i_0 nach (5) exponentiell abklingt, so daß bei induktiver Last das Lücken des Gleichstromes vermieden wird.

Während der Stromführungsdauer des Ventiles V_1 gilt $u_{w1} = 0$, während der Stromführung von V_0 bzw. V_2 ist $u_{w1} = u$ bzw. $u_{w1} = 2u$, so daß der zeitliche Verlauf der Ventilspannung u_{w1} nach Abb. 11.2f folgt. Damit ist der zeitliche Verlauf aller interessierenden elektrischen Größen in Abb. 11.2 bekannt.

Für den Sonderfall rein ohmscher Last ($L = 0$) bzw. ideal guter Glättung des Laststromes ($L = \infty$) erhält man Abb. 11.3 bzw. 11.4. Man erkennt daraus, daß das Nullventil bei rein ohmscher Last während der gesamten Periodendauer stromlos bleibt, also wirkungslos ist.

Die im Intervall π bis 2π auf das Ventil V_1 einwirkende negative Spannung u_{w1} (Abb. 11.2f) ist dem Betrag nach in jedem Zeitpunkt größer, höchstens gleich dem zugehörigen Momentanwert der Netzspannung, so daß die Bedingungen (10.11), (10.12) für die Anwendbarkeit der Flußsteuerung stets erfüllt werden können.

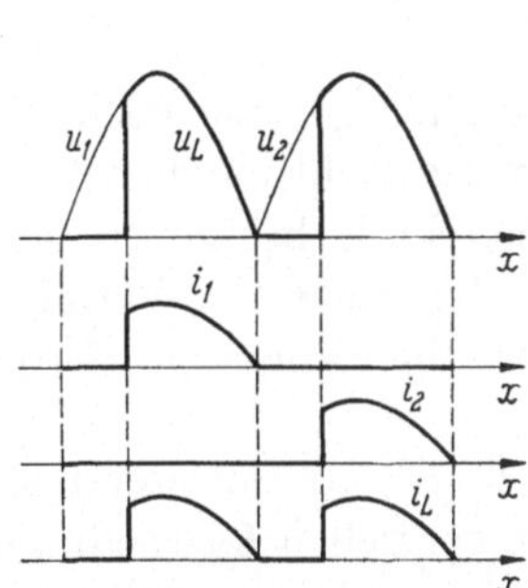

Abb. 11.3.
Zeitlicher Verlauf der elektrischen Größen in der Mittelpunktschaltung mit Nullventil für den Sonderfall rein ohmscher Last

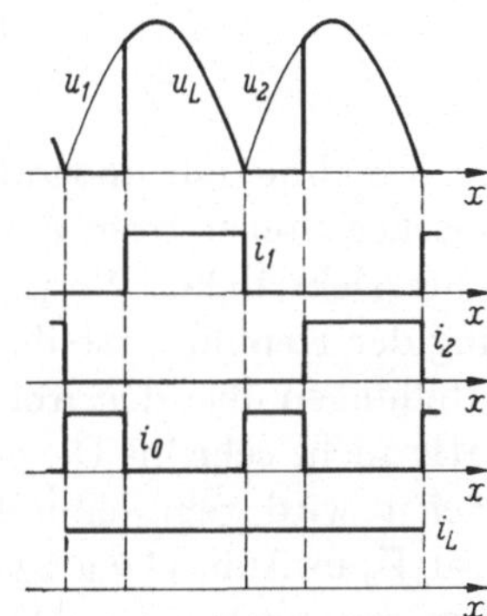

Abb. 11.4.
Zeitlicher Verlauf der elektrischen Größen in der Mittelpunktschaltung mit Nullventil bei ideal geglättetem Laststrom

Für die Spannungen u_{w1} und u_{w2}, die an der Reihenschaltung der Transduktordrossel und des Sättigungsventiles in Abb. 11.1a und b auftreten, gilt:

$$u_{w1} = u_{d1} + u_{v1} \qquad u_{w2} = u_{d2} + u_{v2}. \tag{8}$$

Der zeitliche Verlauf von u_{w1} und u_{w2} wurde für die Schaltung Abb. 11.1c ermittelt und ist in Abb. 11.2f dargestellt. Die Aufteilung der Spannung u_{w1} auf die Drosselspannung u_{d1} und die Sperrspannung u_{v1} des Sättigungsventiles ist bei der Durchflutungssteuerung und bei der Flußsteuerung verschieden; die Art der Aufteilung wird aus den Überlegungen in den Abschn. 11.2 und 11.3 hervorgehen.

In den folgenden beiden Abschnitten wird der Einfluß der Kennliniensteilheit und der Breite der Kernkennlinie auf die elektrischen Vorgänge bei der Durchflutungssteuerung und bei der Flußsteuerung erläutert. Dabei wird gleichzeitig untersucht, in welcher Weise der steuernde Flußhub $\Delta\Phi$ in den beiden Schaltungen Abb. 11.1a und b von der Eingangsgröße U_e abhängt.

Der Magnetisierungszyklus, der in den beiden Drosseln unter den beschriebenen idealen Bedingungen abläuft, ist in Abb. 11.2a dargestellt, darin ist die eingezeichnete Schleifenbreite beliebig klein zu wählen.

11.2 Berücksichtigung des Magnetisierungsstromes bei der Durchflutungssteuerung. Bei einer Kernkennlinie nach Abb. 11.5a liegt eine feste Zuordnung zwischen der Steuergröße U_e bzw. dem Steuerstrom I_s und dem steuernden Flußhub $\Delta\Phi$ vor:

$$\Delta\Phi = \frac{I_s N_s}{\Delta\Theta} 2\Phi_s, \tag{9}$$

$$I_s = \frac{U_e}{R_e}. \tag{10}$$

Bei einer Kennlinie mit unendlich großer Steilheit ist eine solche Zuordnung zwischen Steuerstrom I_s und Flußhub $\Delta\Phi$ nicht möglich.

Für die elektrischen Vorgänge im Arbeitskreis bringt die Berücksichtigung der Kennliniensteilheit und Schleifenbreite eine Verfeinerung der Vorstellungen über den Ablauf der elektrischen Vorgänge, der jedoch quantitativ nicht sehr ins Gewicht fällt.

Zunächst wird rein ohmsche Last, d. h. $L = 0$ angenommen. Das Nullventil V_0 in Abb. 11.1a ist unter diesen speziellen Lastbedingungen — wie im vorangehenden Abschnitt gezeigt wurde — unwirksam; es bleibt während der gesamten Periodenlänge gesperrt.

Für die Durchflutung der beiden Transduktordrosseln in Abb. 11.1a gilt:

$$\Theta_1 = i_1 N_a - I_s N_s - \Theta_k', \tag{11}$$

$$\Theta_2 = i_2 N_a - I_s N_s - \Theta_k'. \tag{12}$$

Daraus folgt, daß während der Sperrzeit eines Sättigungsventiles die Durchflutung der zugehörigen Transduktordrossel zeitlich konstant bleibt und den Wert $-I_s N_s - \Theta_k'$ besitzt; deshalb ist auch der Fluß konstant, so daß die Spannung an der Arbeitswicklung den Wert Null besitzt.

Da ein zeitlich konstanter Steuerstrom I_s vorausgesetzt wird, wirken die Arbeitswicklungen der Transduktordrosseln nach den Überlegungen des Abschn. 10.2 während der Aufmagnetisierung und während der Abmagnetisierung in guter Näherung wie geöffnete Kontakte; die Aufmagnetisierung der Drossel 1 erfolgt deshalb während der positiven, die Abmagnetisierung während der negativen Halbwelle von u_1; das Entsprechende gilt für die Drossel 2 und für die Spannung u_2. Im Anschluß an die Aufmagnetisierung, also noch während der positiven Halbwelle von u_1 bzw. u_2 läuft das Sättigungsintervall ab, in dessen Verlauf in Abb. 11.5a der Sättigungsast $P_\alpha (P_\alpha) Q_1$ bzw. $Q_\alpha' (Q_\alpha') P_1'$ durchlaufen wird.

Die beiden Spannungen u_1 und u_2 sind um eine Halbwelle phasenverschoben; deshalb gilt dasselbe für die elektrischen Vorgänge in den Drosseln 1 und 2. Dieser Umstand wurde durch eine konsequente Bezeichnung der Zeitpunkte in Abb. 11.5b bis e und der zugehörigen Kennlinienpunkte in Abb. 11.5a berücksichtigt. Die Zeitpunkte x_i sind den Kennlinienpunkten P_i der Drossel 1 bzw. P_i' der Drossel 2 zugeordnet; entsprechend gehören die Zeitpunkte y_i zu den Kennlinienpunkten Q_i bzw. Q_i'. Zwischen den Zeitpunkten x_i und y_i besteht die Relation $y_i = x_i + \pi$. Damit ist die Zuordnung zwischen den beiden Halbwellen hergestellt. Die Bezeichnung, P_{12} z. B. bedeutet, daß zu diesem Kennlinienpunkt die Zeitpunkte x_1 und x_2 gehören.

Aus dem Zeitverlauf unter idealen Bedingungen (Abb. 11.2) entnimmt man, daß am Ende der negativen Halbwelle die Drossel 2 gesättigt ist und die Drossel 1 in einem bestimmten Magnetisierungszustand verharrt; also gilt $u_{d2} = 0$ und $u_{d1} = 0$, so daß das Ventil V_2 das Potential des Punktes A_2 in Abb. 11.1a annimmt und damit über den Potentialen der beiden anderen Ventile liegt; das Ventil V_2 ist also im Sättigungsintervall der Drossel 2 stromführend, die beiden anderen Ventile sind gesperrt; daraus folgt die Ersatzschaltung Abb. 11.6a. Vor den Zeitpunkten x_1 bzw. $x_1 + 2\pi$ gilt also:

$$i_2 = i_L = \frac{u_2}{R} = \frac{u_L}{R}; \qquad i_1 = 0; \qquad i_0 = 0;$$
$$u_{d1} = 0; \qquad u_{d2} = 0; \qquad u_r = 0. \tag{13}$$

Das Sättigungsintervall der Drossel 2 endet, sobald im Zeitpunkt x_1 der Kennlinienpunkt P_1' erreicht ist. In diesem Zeitpunkt besitzt die Durchflutung den Momentanwert $\Theta_2(x_1) = -\Theta_k'$, so daß nach (12) $i_2(x_1)N_a = I_s N_s$ folgt. Damit erhält man mit $i_2 = u_2/R$ eine Bestimmungsgleichung für x_1:

$$\sin x_1 = -\frac{I_s N_s}{\sqrt{2}\, I N_a}; \qquad I = \frac{U}{R}. \tag{14}$$

I ist der Effektivwert des Laststromes, der im Lastwiderstand unter dem Einfluß der Spannung U fließen würde.

Während der Sättigungszeit des Ventiles V_2 gilt $i_1 = 0$, also nach (11) $\Theta_1 = -I_s N_s - \Theta_k'$; der magnetische Zustand der Drossel 1 verharrt also während des Sättigungsintervalles der Drossel 2 im Kennlinienpunkt P_{12}.

Im Zeitpunkt x_1 beginnt die Abmagnetisierung der Drossel 2 durch die Spannung $u_{d2} = u_2 - R i_2$. Der Arbeitspunkt bewegt sich dabei von P_1' nach P_2'; der Strom i_2 nimmt wegen der großen Kennliniensteilheit nur langsam ab (Abb. 11.5d). Bis zum Zeitpunkt x_2 besitzt das Ventil V_2 weiterhin das höchste Potential, bleibt also allein stromführend. Zwischen x_1 und x_2 gilt somit die Ersatzschaltung Abb. 11.6b. Man könnte daraus mit Hilfe der Kernkennlinie den zeitlichen Verlauf von i_2 und damit den

Verlauf aller übrigen Größen sowie den Endzeitpunkt x_2 des Intervalles berechnen; wegen der Kleinheit dieses Intervalles wird davon Abstand genommen.

Vom Zeitpunkt x_2 an wird u_1 größer als $u_L = Ri_2$ (Abb. 11.5d), so daß das Potential A_1 über den potentialgleichen Punkten A_2 und K liegt.

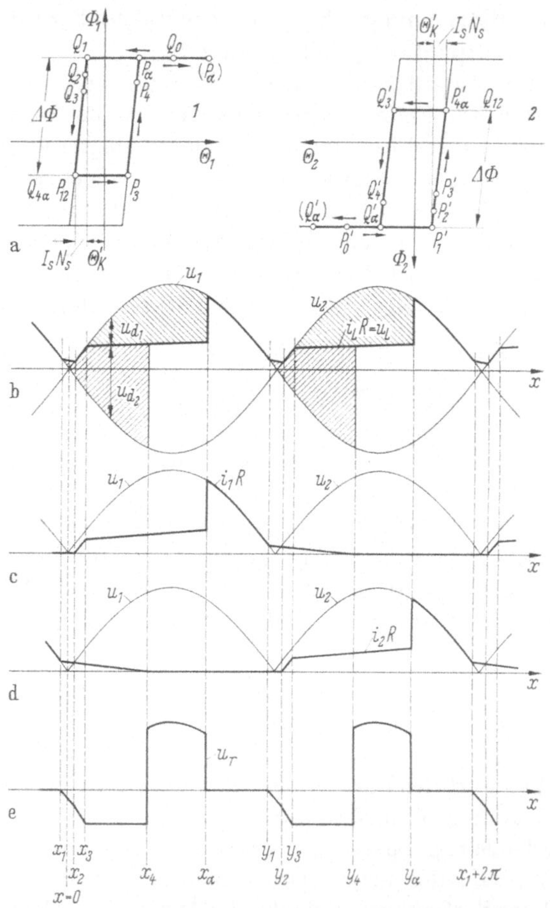

Abb. 11.5a—e. Zeitlicher Verlauf der elektrischen Größen in der Mittelpunktschaltung mit Nullventil bei Durchflutungssteuerung; rein ohmsche Last und Berücksichtigung der Schleifenbreite und Schleifenneigung der Kernkennlinie nach a

Die Induktivität der Arbeitswicklung der Drossel 2 verbietet einen spontanen Stromübergang vom Ventil V_2 auf das Ventil V_1. An x_2 schließt deshalb eine Überlappungszeit an, in der beide Ventile gemeinsam Strom führen. Wegen der Gleichheit der Potentiale von A_1 und K im Zeitpunkt x_2 fängt i_1 mit dem Wert Null an. Mit wachsendem i_1 wandert der Arbeitspunkt der Drossel 1 von P_{12} auf dem horizontalen Kennlinienstück nach rechts und erreicht im Zeitpunkt x_3 den Punkt P_3. Die Drossel 2 wird in dieser Zeit von P_2' nach P_3' abmagnetisiert; zwischen x_2 und x_3 gilt somit die Ersatzschaltung Abb. 11.6c.

Das Intervall x_2 bis x_3 ist sehr kurz, deshalb soll auch in diesem Fall auf die Berechnung des zeitlichen Verlaufes von i_2 und damit der übrigen elektrischen Größen verzichtet werden. Der Zeitpunkt x_3 kann jedoch einfach bestimmt werden. Zwischen x_2 und x_3 wächst nämlich die Durchflutung der Arbeitswicklung der Drossel 1 um $2\Theta_c$, so daß für den Zeit-

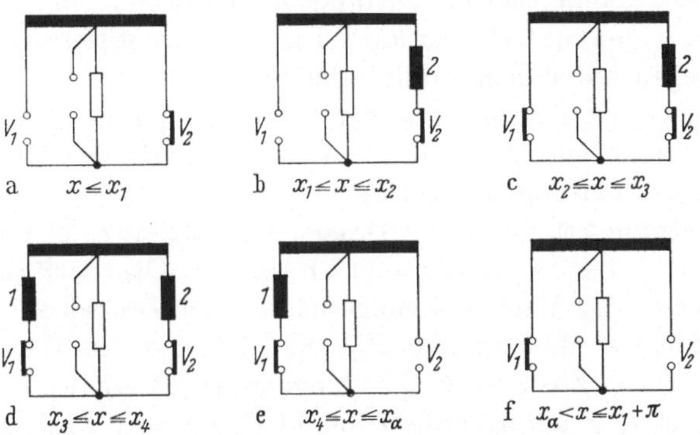

Abb. 11.6a–f. Ersatzschaltungen für die Teilintervalle in Abb. 11.5

punkt x_3 der Momentanwert $i_1(x_3)\, N_a = 2\Theta_c$ erreicht wird. Daraus folgt mit $i_1 = u_1/R$ für den Zeitpunkt x_3 die Bestimmungsgleichung:

$$\sin x_3 = \frac{2\Theta_c}{\sqrt{2}\, I N_a}. \tag{15}$$

Wegen der Voraussetzung (5.26) ist der Zähler in (14), (15) klein gegenüber dem Nenner, so daß x_1 kurz vor und x_3 kurz hinter dem Zeitpunkt $x = 0$ in Abb. 11.5 liegt.

Im Zeitpunkt x_3 beginnt die Aufmagnetisierung der Drossel 1 von P_3 nach P_4. Die Abmagnetisierung der Drossel 2 wird dabei fortgesetzt, bis im Zeitpunkt x_4 der Kennlinienpunkt $P'_{4\alpha}$ erreicht ist. Der Strom i_2 erreicht bei x_4 den Wert $i_2 = 0$; das Ventil V_2 sperrt von x_4 an. Zwischen x_3 und x_4 sind beide Sättigungsventile stromführend, so daß die Ersatzschaltung Abb. 11.6d gilt. Die über dem Zeitintervall x_1 bis x_4 aufgespannte Spannungszeitfläche der Drosselspannung u_{d2} bewirkt die Abmagnetisierung der Drossel 2 um den Flußhub $\Delta\Phi$. Man findet dafür aus Abb. 11.5a und aus dem Induktionsgesetz:

$$\Delta\Phi = \frac{I_s N_s}{\Delta\Theta}\, 2\Phi_s = -\frac{1}{\omega N_a}\int\limits_{x_1}^{x_4} (u_2 - i_L R)\, dx \approx \Phi_s(1 - \cos x_4). \tag{16}$$

Wenn die Voraussetzung (5.26) erfüllt ist, kann der zweite Summand im Integranden vernachlässigt und angenähert $x_1 = 0$ gesetzt werden, so daß daraus die Näherung (16) resultiert. Der Zeitpunkt x_4 ist durch den Steuerhub $\Delta\Phi$ bzw. durch die Steuerdurchflutung $I_s N_s$ festgelegt.

Im Intervall x_3 bis x_4 ändert sich der Laststrom $i_L = i_1 + i_2$ nur wenig, weil i_1 etwa in gleichem Maße anwächst, wie i_2 abnimmt. Daraus ergibt sich der zeitliche Verlauf der elektrischen Vorgänge nach Abb. 11.5b bis e.

Vom Zeitpunkt x_4 an bleibt das Ventil 2 gesperrt, also $i_2 = 0$; daraus folgt, daß der Magnetisierungszustand der Drossel 2 vom Zeitpunkt x_4 an im Kennlinienpunkt $P'_{4\alpha}$ verharrt. Die Aufmagnetisierung der Drossel 1 wird dagegen unter dem Einfluß der Spannung $u_{d1} = u_1 - R i_L \approx u_1$ fortgeführt, bis im Zeitpunkt x_α der Kennlinienpunkt P_α erreicht wird und das Sättigungsintervall der Drossel 1 einsetzt. Zwischen x_4 und x_α gilt die Ersatzschaltung Abb. 11.6e.

Vom Zeitpunkt x_α an ist die Drossel 1 gesättigt, es gilt also $u_{d1} \equiv 0$ und daher $i_1 = i_L = u_1/R$ (Abb. 11.5b und c). Das Sättigungsventil 2 bleibt gesperrt, der Magnetisierungszustand der Drossel 2 verharrt also weiterhin im Kennlinienpunkt $P'_{4\alpha}$. Es gilt also die Ersatzschaltung Abb. 11.6f. Dieser Zustand wird so lange aufrecht erhalten, bis im Zeitpunkt $y_1 = x_1 + \pi$ der Kennlinienpunkt Q_1 erreicht wird, also die Abmagnetisierung der Drossel 1 beginnt.

Die Vorgänge in der darauffolgenden Halbwelle verlaufen entsprechend und sind durch die Intervallendpunkte y_i und die zugehörigen Kennlinienpunkte Q_i bzw. Q'_i beschrieben.

Der zeitliche Verlauf der Ströme und Spannungen, der sich aus diesen Überlegungen ergibt, ist in Abb. 11.5b bis e schematisch dargestellt; der Einfluß des Magnetisierungsstromes während der Ummagnetisierung der Transduktordrosseln ist dabei übertrieben hervorgehoben.

Aus den schraffiert in Abb. 11.5b dargestellten Drosselspannungen u_{d1} und u_{d2} erhält man mit der Beziehung (10.3) die auf den Steuerkreis wirkende Rückwirkungsspannung u_r; das Ergebnis ist in Abb. 11.5e dargestellt. Die Rückwirkungsspannung entsteht also dadurch, daß bei der Ummagnetisierung der einen Drossel der Spannungsabfall $R i_L$ zur Spannung u_1 bzw. u_2 hinzugezählt, bei der anderen Drossel abgezogen wird. Deshalb ist die Abmagnetisierung der einen Drossel früher als die Aufmagnetisierung der anderen Drossel beendet; daraus entsteht der charakteristische Zacken zwischen x_4 und x_α in der Rückwirkungsspannung.

Wenn von den Voraussetzungen des Abschn. 11.1, also von einer Sprungkennlinie nach Abb. 11.2a ausgegangen wird, dann wird der Spannungsabfall $i_L R$ während der Ummagnetisierungszeit zu Null und die Zeitpunkte x_4 und x_α fallen zusammen; dann gilt, wie aus Abb. 11.5b folgt, in jedem Augenblick $u_{d1} = -u_{d2}$ also $u_r \equiv 0$. Daraus folgt, daß die Mittelpunktschaltung bei einer idealen Sprungkennlinie rückwirkungsfrei ist und die Rückwirkung auf den Steuerkreis im wesentlichen durch die Steilheit und Breite der Kernkennlinie bestimmt wird. Außerdem erkennt man, daß eine eindeutige Zuordnung zwischen Flußhub und Steuerdurchflutung nur angegeben werden kann, wenn die Kernkennlinie eine endliche Steilheit besitzt ($\Lambda \neq \infty$).

In Abb. 11.7 ist noch einmal die Spannung $u_{w1} = u_{d1} + u_{v1}$ aus Abb. 11.2f dargestellt; außerdem sind die Spannungen u_{d1} und u_{v1}, die sich bei Vernachlässigung des Magnetisierungsstromes aus Abb. 11.5 ergeben, mit eingezeichnet. Die aufmagnetisierende und die abmagnetisierende Spannungszeitfläche von u_{d1} ist darin schraffiert hervorgehoben.

Damit kann die Beschreibung des Einflusss der Kennlinienneigung und Kennlinienbreite auf den zeitlichen Verlauf der elektrischen Vorgänge für den Sonderfall rein ohmscher Last im wesentlichen als abgeschlossen angesehen werden. Anschließend sollen die Verhältnisse für den allgemeinen Fall einer gemischt ohmisch-induktiven Last anhand von Abb. 11.8 untersucht werden.

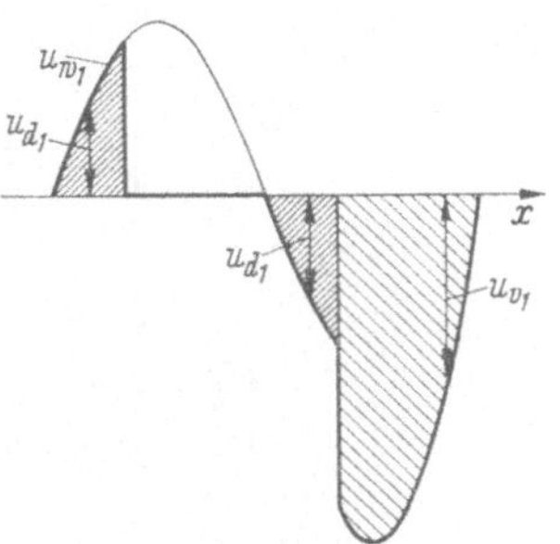

Abb. 11.7. Zur Erläuterung des Unterschiedes in der Wirkungsweise eines gesteuerten Ventiles und der Reihenschaltung eines Transduktors und eines Sättigungsventiles

Vor dem Zeitpunkt $x = 0$ in Abb. 11.8a gilt wie bei rein ohmscher Last die Ersatzschaltung Abb. 11.6a. Die Drossel 2 ist gesättigt, das Sättigungsventil 2 führt den Strom i_2 und die Ventile 1 und das Nullventil sind gesperrt. Der magnetische Zustand der Drossel 1 verharrt im Kennlinienpunkt P_{12} (Abb. 11.5a), der Arbeitspunkt der Drossel 2 bewegt sich dagegen nach Maßgabe des abnehmenden Stromes $i_2 = i_L$ auf dem unteren Sättigungsast von links nach rechts und erreicht bei $x = 0$ den Punkt P_0', dem die Gesamtdurchflutung $\Theta_0 = N_a i_L(0) - I_s N_s - \Theta_k'$ zugeordnet ist.

Mit abnehmender Lastinduktivität L wird der Momentanwert $i_L(0)$ kleiner und erreicht im Fall ohmscher Belastung den Wert Null. Bei den folgenden Überlegungen soll deshalb die Induktivität L so groß gewählt werden, daß für die vom Momentanwert $i_L = i_2(0)$ erzeugte Durchflutung die Relation

$$i_L(0) N_a = i_2(0) N_a \geqq I_s N_s + 2\Theta_c \tag{17}$$

gilt. Dann wird im Falle des Gleichheitszeichens im Zeitpunkt $x = 0$ gerade der Punkt Q_a' in Abb. 11.5a erreicht. Die folgenden Überlegungen gelten nur, wenn die Induktivität L so groß ist, daß in (17) das Ungleichheitszeichen gilt.

Zunächst wird gezeigt, daß vom Zeitpunkt $x = 0$ an alle drei Ventile an der Stromführung beteiligt sind. Im Zeitpunkt $x = 0$ wird das Ventil V_1 gegenüber A_0 positiv und damit zur Stromführung befähigt. Die Fortsetzung des Magnetisierungszyklus erfolgt bei der Drossel 1 von P_{12}, bei der Drossel 2 von P_0' nach rechts, entlang des entsprechenden horizontalen Kennlinienstückes, so daß die Drosselspannung in beiden Fällen den Wert Null besitzt, die Transduktordrosseln somit unwirksam

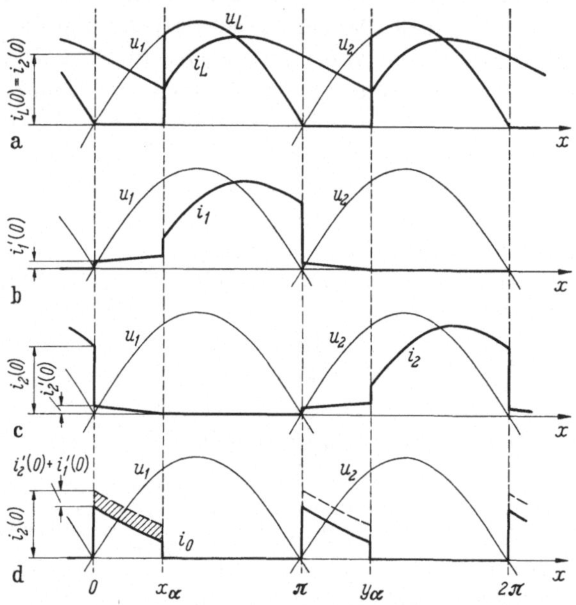

Abb. 11.8a–d. Zeitlicher Verlauf der elektrischen Größen in der Mittelpunktschaltung mit Nullventil bei Durchflutungssteuerung: beliebig ohmisch-induktive Last und Kernkennlinie nach Abb. 11.5a

sind. Deshalb erfolgt der Stromübergang zwischen V_1 und V_2 sprunghaft, wobei die Sprunghöhe durch die Kennlinienpunkte P_3 bzw. P_1' begrenzt wird; von da an setzt die Ummagnetisierung beider Drosseln ein, so daß ein Spannungsabfall an den Arbeitswicklungen entsteht. Dadurch würde eine Verlagerung des Potentiales des Nullventiles über die Potentiale der beiden anderen Ventile erfolgen; deshalb beginnt auch das Nullventil bei $x = 0$ mit der Stromführung.

Die Sprunghöhe des Stromes i_1 ist durch das Kennlinienstück P_{12} bis P_3 durch den Sprung von $i_1 = 0$ auf $i_1'(0) = 2\Theta_c/N_a$ begrenzt; der Strom i_2 nimmt dagegen entsprechend dem Kennlinienstück P_0' bis P_1' von $i_L(0) = i_2(0)$ sprunghaft auf den Wert $i_2'(0) = I_s N_s/N_a$ ab, (Abb. 11.8a bis c). Wegen der Induktivität im Laststromkreis verläuft der Laststrom i_L bei $x = 0$ stetig, so daß für den Strom durch das Nullventil bei $x = 0$ der Momentanwert $i_0(0) = i_2(0) - i_2'(0) - i_1'(0)$ auftritt (Abb. 11.8d).

Während der Stromführung des Nullventiles zwischen $x = 0$ und x_α ist die Last kurzgeschlossen, so daß $u_L \equiv 0$ gilt. Deshalb erfolgt die Ummagnetisierung der Drosseln durch dle Spannungen $u_{d1} = u$ und $u_{d2} = -u$. Die Abmagnetisierung der Drossel 2 ist beendet, sobald im Zeitpunkt x_α der Kennlinienpunkt $P_{4\alpha}'$ in Abb. 11.5a erreicht ist; der abmagnetisierende Flußhub $\Delta\Phi$ ist durch die Steuerdurchflutung $I_s N_s$ festgelegt. Im gleichen Zeitintervall wird die Drossel 1 um denselben Flußhub von P_3 nach P_α aufmagnetisiert.

Anschließend an x_α erstreckt sich bis $x = \pi$ das Sättigungsintervall der Drossel 1, in dem der Sättigungsast $P_\alpha(P_\alpha)P_1$ durchlaufen wird. Das Ventil V_2 ist in diesem Zeitintervall gesperrt, es gilt $i_2 = 0$, so daß die Drossel 2 in diesem Zeitabschnitt im Kennlinienpunkt $P_{4\alpha}'$ verharrt.

Für den Laststrom i_L gelten in den Intervallen $x = 0$ bis x_α und x_α bis $x = \pi$ dieselben Differentialgleichungen (2), (3) wie unter den vereinfachten Annahmen des Abschn. 11.1; außerdem erfüllt der Laststrom auch dieselben Anfangsbedingungen, so daß die gleichen Lösungen (4) bis (7) gelten. Der Laststrom i_L, der sich daraus ergibt, ist in Abb. 11.8a eingezeichnet.

Die Ströme i_1, i_2 und i_0 besitzen dagegen während der Ummagnetisierungszeit $x = 0$ bis x_α einen anderen zeitlichen Verlauf als unter den Annahmen des Abschn. 11.1. Aus dem Induktionsgesetz kann der zeitliche Verlauf von i_1 und i_2 berechnet werden; man erhält den in Abb. 11.8b und c schematisch dargestellten Verlauf. Für die Drosselspannungen gilt während der Ummagnetisierung: $u_{d1} = u$ und $u_{d2} = -u$; daraus folgt:

$$0 = u_{d1} + u_{d2} = \omega N_a \frac{d(\Phi_1 + \Phi_2)}{dx} = \omega N_a^2 \Lambda \frac{d(i_1 + i_2)}{dx}. \tag{18}$$

Daraus folgt mit Abb. 11.8 $i_1 + i_2 = \text{konst.} = i_1(0) + i_2(0)$; mit dem Knotenpunktsatz für den Punkt K in Abb. 11.1a erhält man für den zeitlichen Verlauf von i_0:

$$i_0 = i_L - (i_1 + i_2) = i_L - \frac{2\Theta_c}{N_a} - \frac{I_s N_s}{N_a}. \tag{19}$$

Der Nullventilstrom i_0 ist also um den konstanten Betrag $2\Theta_c/N_a$ kleiner als unter den vereinfachten Annahmen des Abschn. 11.1.

Nach (18) gilt $u_{d1} + u_{d2} = 0$ im Zeitintervall $x = 0$ bis x_α; zwischen x_α und $x = \pi$ ist $u_{d1} \equiv 0$ und $u_{d2} \equiv 0$, denn die Transduktordrossel 1 ist gesättigt und das Sättigungsventil V_2 ist gesperrt. Also gilt während der gesamten Periodenlänge — unabhängig von der Form der Kernkennlinie — für die Spannungssumme $u_{d1} + u_{d2} \equiv 0$; daher folgt $u_r \equiv 0$ nach (10.3). Die Mittelpunktschaltung mit Nullventil ist somit rückwirkungsfrei, sobald der induktive Lastanteil hinreichend groß ist, also die Beziehung (17) erfüllt ist.

Abb. 11.9 zeigt ein Oszillogramm der Ströme i_1, i_2, i_0 und i_L; die Ströme während der Ummagnetisierungszeit sind darin wegen ihrer Kleinheit nicht erkennbar.

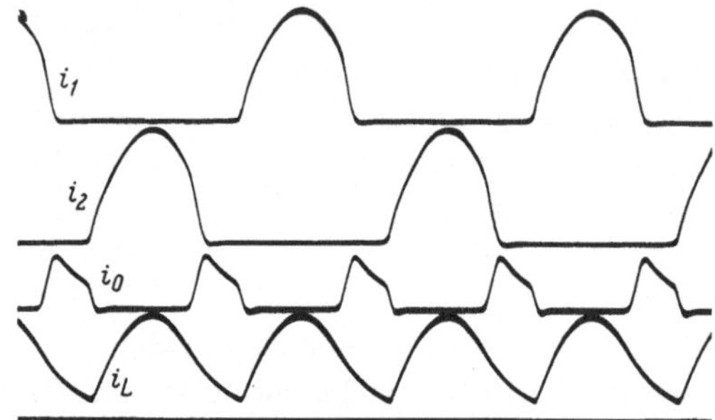

Abb. 11.9. Vergleichsoszillogramme zu Abb. 11.8

11.3 Berücksichtigung des Magnetisierungsstromes bei der Flußsteuerung. Der Einfluß des Magnetisierungsstromes bei der Flußsteuerung soll zunächst für den einfachen Fall einer ohmschen Last, d. h. $L = 0$ untersucht werden.

Vor dem Zeitpunkt $x_1 = 0$ in Abb. 11.10 ist die Drossel 2 gesättigt und das Ventil V_2 führt den Strom $i_2 = u_2/R$. Da die Steuerwicklung entsprechend der Definition der Flußsteuerung stromlos ist, gilt für die Durchflutung $\Theta_2 = N_a u_2/R - \Theta_k'$. Die Potentiale der Ventile V_1 und V_0 liegen unter dem Potential von V_2 und sind deshalb gesperrt. Vor dem Zeitpunkt x_1 gilt somit die Ersatzschaltung Abb. 11.6a. Im Zeitpunkt x_1 besitzen die Durchflutungen beider Drosseln den Momentanwert $-\Theta_k'$. Bei der Drossel 1 ist im Zeitpunkt x_1 die Abmagnetisierung durch die Steuerspannung u_{s1}, bei der Drossel 2 das Sättigungsintervall beendet, so daß der Magnetisierungszustand der beiden Kerne durch die Kennlinienpunkte P_1 bzw. P_{12}' gegeben ist (Abb. 11.10a).

Ab $x_1 = 0$ übernimmt V_1 als das Ventil mit dem höchsten Potential die Stromführung, die Ventile V_2 und V_0 sind gesperrt; ab $x_1 = 0$ gilt somit die Ersatzschaltung Abb. 11.6f. Unter dem Einfluß der Spannung u_1 wandert der Arbeitspunkt auf der Kernkennlinie der Drossel 1 vom Kennlinienpunkt P_1 nach rechts und erreicht im Zeitpunkt x_2 den Kennlinienpunkt P_2. Der Arbeitspunkt der Drossel 2 verharrt bei stromloser Arbeits- und Steuerwicklung bis zum Zeitpunkt x_{s1} (Abb. 11.10d) im

Kennlinienpunkt P'_{12}. Der Strom $i_1 = i_L \doteq u_1/R$ verläuft deshalb zwischen x_1 und x_2 sinusförmig (Abb. 11.10b und c).

In x_2 beginnt die Aufmagnetisierung der Drossel 1 von P_2 nach P_α, die Ventile V_2 und V_0 bleiben stromlos, so daß die Ersatzschaltung

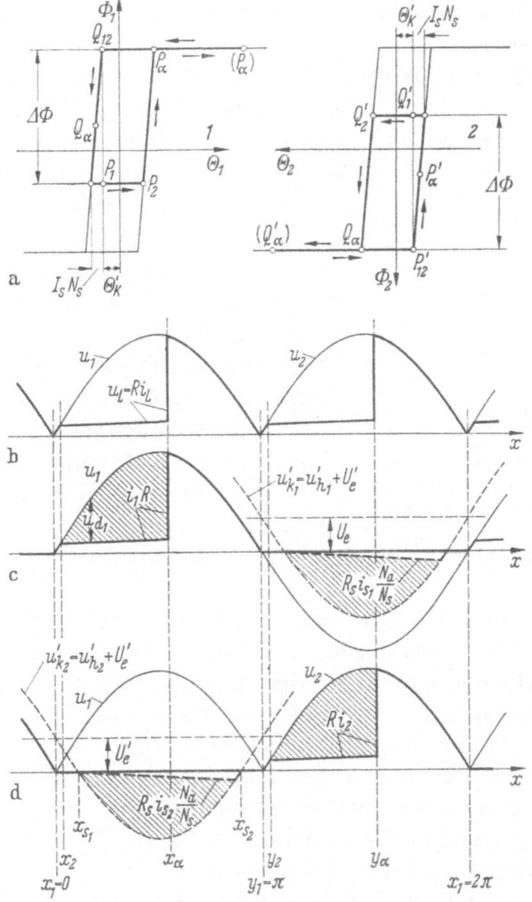

Abb. 11.10a–d. Zeitlicher Verlauf der elektrischen Größen in der Mittelpunktschaltung mit Nullventil bei Flußsteuerung: rein ohmsche Last und eine Kernkennlinie nach a

Abb. 11.6e gilt. Der Strom $i_1 = i_L$ wächst nur langsam nach Maßgabe der Kennliniensteilheit.

Bei x_α geht die Drossel 1 in Sättigung, die Ventile V_2 und V_0 bleiben gesperrt, es gilt die Ersatzschaltung Abb. 11.6f, d. h. der Strom $i_1 = i_L = u_1/R$ verläuft wiederum sinusförmig (Abb. 11.10b und c). Dabei wird das horizontale Kennlinienstück P_α $(P_\alpha)Q_{12}$ durchlaufen. Der Kennlinienpunkt Q_{12} wird im Zeitpunkt $y_1 = \pi$ erreicht (Abb.

11.10a und c). Während der Stromführung der Drossel 1 im Intervall x_1 bis y_1 liefert das Steuergerät (Abb. 11.1b) keinen Strom durch die Steuerwicklung der Drossel 1; es gilt also $i_{s1} = 0$. Die Ventile V_2 und V_0 bleiben im gleichen Intervall gesperrt, weil ihr Potential unter dem Potential von V_1 bleibt.

Auf die Steuerwicklung der Drossel 2 wirkt im Zeitintervall x_1 bis y_1 die Steuerspannung u_{s2} ein. Im Falle der speziellen Anordnung in Abb. 11.1b wird der Steuerwicklung der Drossel 2 bei Vernachlässigung des Abfalls an R_s die Spannung $u_{k2} = u_{h2} + U_e$ zugeführt und erzeugt einen Steuerstrom i_{s2} in der Steuerwicklung. In Abb. 11.10d ist die auf die Arbeitswicklung reduzierte Spannung $u'_{k2} = u_{k2} N_a/N_s$ gestrichelt dargestellt; ebenfalls gestrichelt eingezeichnet ist der auf die Arbeitswicklung reduzierte Spannungsabfall $R_s i_{s2} N_a/N_s$. Die für die Abmagnetisierung wirksame negative Spannung $u_d = u_s N_a/N_s$ ist in Abb. 11.10d schraffiert hervorgehoben.

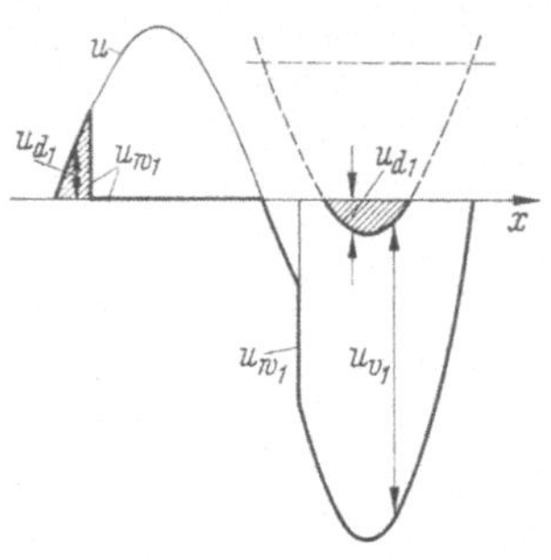

Abb. 11.11. Zur Erläuterung des Unterschiedes in der Wirkungsweise eines gesteuerten Ventiles und der Reihenschaltung einer Transduktordrossel mit einem Sättigungsventil

Die für die Halbwelle x_1 bis y_1 abgeleiteten Ergebnisse können auf die zweite Halbwelle übertragen werden; damit erhält man die Darstellung für den gesamten Magnetisierungszyklus nach Abb. 11.10.

Die Aufteilung der Spannung $u_{w1} = u_{v1} + u_{d1}$ auf die Sperrspannung u_{v1} des Sättigungsventiles und auf die Drosselspannung u_{d1} kann aus Abb. 11.10c entnommen werden. Dazu ist in Abb. 11.11 noch einmal die Spannung u_{w1} aus Abb. 11.2f übertragen und die Drosselspannung u_{d1} nach Abb. 11.10c durch die schraffierte Fläche gekennzeichnet.

Aus Abb. 11.10c oder d entnimmt man außerdem, daß für den Zusammenhang zwischen der Steuergröße U_e in Abb. 11.1b und dem Flußhub $\Delta\Phi$ genau dieselbe Beziehung (8.17) wie bei der flußgesteuerten Einpuls-Schaltung, also Abb. 8.5 gilt.

Für den allgemeinen Fall einer gemischten induktiv-ohmschen Last sei vorausgesetzt, daß der induktive Anteil so groß ist, daß die bei der Beschreibung der Durchflutungssteuerung angenommene Voraussetzung (17) gilt. Man überzeugt sich dann unmittelbar, daß der zeitliche Verlauf von i_1 im Intervall zwischen 0 und π gegenüber der Durchflutungssteuerung keine Änderung erfährt; zwischen π und 2π gilt im Gegensatz zur Durchflutungssteuerung $i_1 = 0$. Damit nimmt der Nullventilstrom $i_0 = i_L - i_1$ nur einen geringfügig anderen zeitlichen Verlauf gegenüber der Durchflutungssteuerung an, so daß auf eine bildliche Darstellung dieser Verhältnisse verzichtet werden kann.

12. Brückenschaltung

Die Brückenschaltung nach Abb. 12.1 besitzt einen Gleichstromausgang. Im Gegensatz zur Mittelpunktschaltung ist ein Netztransformator nur zum Zwecke der Anpassung der Gleichspannung auf eine gewünschte Höhe erforderlich. Die Typenleistung des Transformators in der Mittelpunktschaltung ist jedoch wegen der beiden, jeweils nur während einer Halbwelle ausgenützten Sekundärwicklungen größer als die Typenleistung eines Zwischentransformators bei der Brückenschaltung.

Gegenüber der Mittelpunktschaltung mit Nullventil sind bei der Brückenschaltung vier statt drei Ventile erforderlich. Zur Erzeugung derselben Gleichspannung müssen jedoch die Sättigungsventile in der Mittelpunktschaltung für die doppelte Sperrspannung gegenüber den Sättigungsventilen der Brückenschaltung bemessen sein.

Die Wirkungsweise der Brückenschaltung ähnelt weitgehend der Mittelpunktschaltung mit Nullventil. Das trifft auch für die Rückwirkung der Arbeitswicklung auf die Steuerwicklung zu. Wenn eine ideale Sprungkennlinie nach Abb. 3.15b angenommen wird, treten grundsätzlich keine Rückwirkungen auf. Die tatsächlichen Rückwirkungen sind weitgehend durch die Steilheit und Schleifenbreite der Kernkennlinie bestimmt; sie können also durch geeignete Kernwerkstoffe und günstigen Aufbau der Transduktorkerne klein gehalten werden.

Zur Vereinfachung der Beschreibung wird von ideal geglättetem Steuerstrom ausgegangen.

12.1 Wirkungsweise der Brückenschaltung unter vereinfachten Annahmen. In der Brückenschaltung Abb. 12.1a und b ist die Last an der einen Diagonale CD, die Netzspannung an der anderen Diagonale AB einer Gleichrichterbrücke angeschlossen. Die Brückenschaltung verhält sich weitgehend ähnlich wie die Mittelpunktschaltung mit Nullventil, die Potentialverhältnisse und damit Beginn und Sperrung der Ventile sind jedoch nicht so einfach wie bei der Mittelpunktschaltung zu übersehen.

Vorausgesetzt wird eine Sprungkennlinie nach Abb. 12.2a und ein zeitlich konstanter Steuerstrom I_s. Man kann dann wie bei der Durchflutungssteuerung in Abschn. 11.1 die Schaltungen Abb. 12.1a und b hinsichtlich des Arbeitskreises gleichwertig durch die Gleichrichterschaltung Abb. 12.1c ersetzen.

Während der positiven Halbwelle der Netzspannung u (Abb. 12.2b) ist das Ventil V_1 bis zum Zeitpunkt x_α durch die Gittersteuerung gesperrt. Im Zündzeitpunkt x_α ist A positiv, B negativ gegenüber C, so daß V_1 die Stromführung übernimmt, V_3 sperrt; ebenso wird gezeigt, daß gleichzeitig V_4 mit der Stromführung beginnt und V_2 durch eine negative Ventilspannung gesperrt ist. Im Zeitpunkt x_α wird also der Stromkreis über V_1, die Last und V_4 geschlossen. Im Zeitpunkt $x = \pi$ ändert die Netzspannung u ihr Vorzeichen; damit wird B positiv, A negativ gegenüber C, so daß V_3 bei $x = \pi$ mit der Stromführung einsetzt und V_1 sperrt. Das Ventil V_2 bleibt weiterhin durch die Gittersteuerung

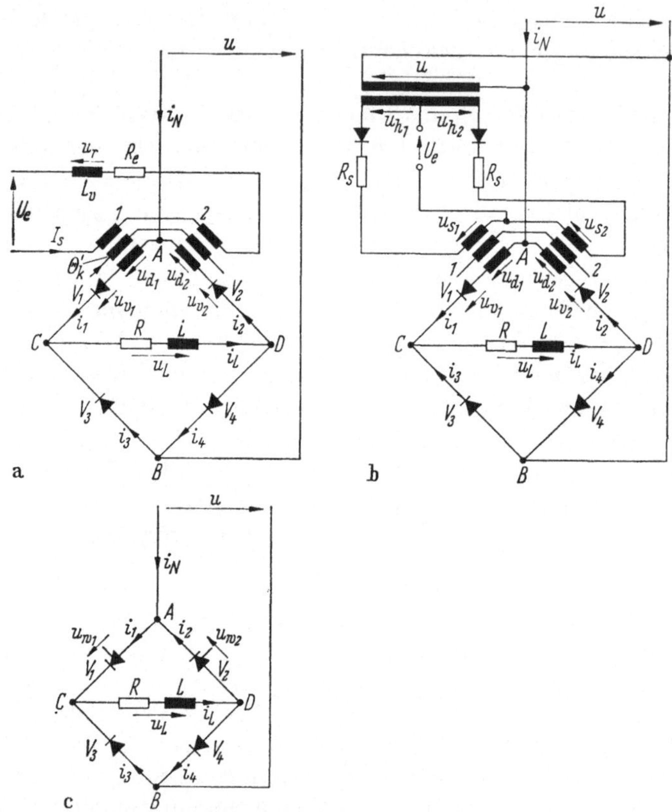

Abb. 12.1a–c. Brückenschaltung: a mit Durchflutungssteuerung, b mit Flußsteuerung, c äquivalente Gleichrichterschaltung zu a und b

gesperrt; dem Punkt D wird von der Lastspannung u_L ein positives Potential gegenüber B erteilt, so daß V_4 die Stromführung aufrecht erhält. Vom Zeitpunkt $y_1 = \pi$ bis $y_\alpha = x_\alpha + \pi$ ist also die Last über die stromführenden Ventile V_3 und V_4 kurz geschlossen, so daß der Laststrom i_L – wie bei der Mittelpunktschaltung mit Nullventil – exponentiell abklingt. Von da an wiederholen sich die Vorgänge mit entsprechendem Vorzeichenwechsel.

Deshalb gelten für die Zeitintervalle x_α bis π bzw. 0 bis x_1 die beiden Differentialgleichungen:

$$u = \sqrt{2}\, U \sin x = i_1 R + \omega L \frac{di_1}{dx}; \qquad i_1 = i_4; \qquad x_\alpha \leqq x \leqq \pi, \tag{1}$$

$$0 = i_3 R + \omega L \frac{di_3}{dx}; \qquad i_3 = i_4; \qquad 0 \leqq x \leqq x_\alpha. \tag{2}$$

Die Lastinduktivität fordert einen stetigen Zeitverlauf von i_L, also einen stetigen Stromübergang zwischen zeitlich benachbarten Ventilen. Daraus resultieren nach Abb. 12.2 die Anfangsbedingungen $i_3(0) = i_1(\pi)$ und $i_3(x_\alpha) = i_1(x_\alpha)$. Das sind genau dieselben Differentialgleichungen und Anfangsbedingungen wie bei der Mittelpunktschaltung mit Nullventil, so daß man auch denselben zeitlichen Verlauf erhält:

$$i_L = i_1 = \sqrt{2}\, I \left[\frac{\sin\varphi - \sin(x_\alpha - \varphi)\, e^{\varrho x_\alpha}}{1 - e^{-\varrho\pi}}\right] e^{-\varrho x} + \sqrt{2}\, I \sin(x - \varphi);$$

$$i_1 = i_4; \qquad x_\alpha \leqq x \leqq \pi, \tag{3}$$

$$i_L = i_3 = \sqrt{2}\, I \left[\frac{\sin\varphi - \sin(x_\alpha - \varphi)\, e^{-\varrho(\pi - x_\alpha)}}{1 - e^{-\varrho\pi}}\right] e^{-\varrho x};$$

$$i_3 = i_4; \qquad 0 \leqq x \leqq x_\alpha, \tag{4}$$

$$\sqrt{2}\, I = \frac{\sqrt{2}\, U}{\sqrt{R^2 + \omega^2 L^2}}, \tag{5}$$

$$\cot\varphi = \frac{R}{\omega L} = \varrho. \tag{6}$$

Der zeitliche Verlauf der Ströme und der Lastspannung, der sich aus den vorangehenden Überlegungen ergibt, ist in Abb. 12.2b bis h dargestellt. Man erkennt daraus, daß die ungesteuerten Ventile V_3, V_4 die Funktionen des Nullventiles V_0 in der Mittelpunktschaltung (Abb. 11.2) ausüben, daß sie jedoch zusätzlich noch den Strom des jeweils in Reihe liegenden gesteuerten Ventiles V_1 bzw. V_2 mit übernehmen.

Während der Brenndauer von V_1 gilt $u_{w1} = 0$, während der Brenndauer von V_2 ist $u_{w1} = u$; während der gemeinsamen Brenndauer der Ventile V_3, V_4 gilt ebenfalls $u_{w1} = u$. Damit erhält man den in Abb. 12.2h eingezeichneten zeitlichen Verlauf von u_{w1} und u_{w2}.

Die Aufteilung der Spannung $u_{w1} = u_{v1} + u_{d1}$ auf die Sperrspannung u_{v1} des Sättigungsventiles und auf die Drosselspannung u_{d1} in den Schaltungen Abb. 12.1a und b kann anhand der Ergebnisse der Abschn. 12.2 und 12.3 genauso wie bei der Mittelpunktschaltung vorgenommen werden.

Die im Intervall π bis 2π auf das Ventil V_1 einwirkende negative Spannung ist nach Abb. 12.2h mit der Netzspannung u identisch, so daß die Bedingungen (10.11), (10.12) für die Anwendung der Flußsteuerung stets erfüllt werden können. Die Brückenschaltung kann also sowohl mit Durchflutungssteuerung als auch mit Flußsteuerung betrieben werden.

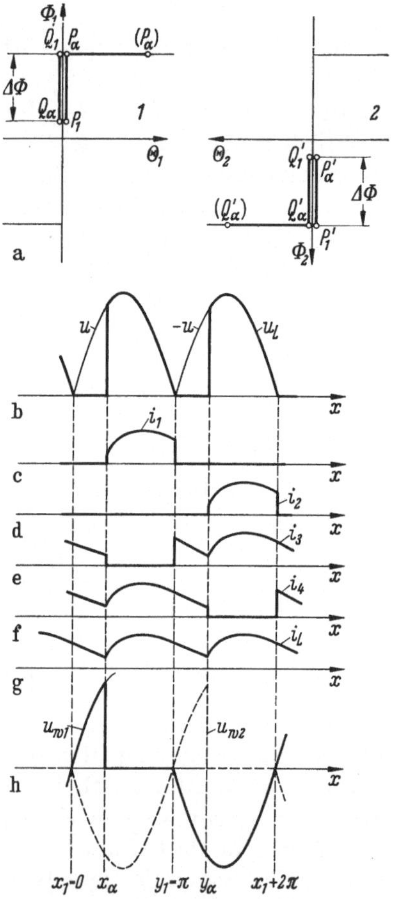

In den folgenden beiden Abschnitten wird der Einfluß der Kennliniensteilheit und der Breite der Kernkennlinie auf die elektrischen Vorgänge in der Brückenschaltung bei Durchflutungssteuerung und Flußsteuerung beschrieben. Dabei wird gleichzeitig angegeben, wie der Flußhub in den beiden Schaltungen 12.1a und b von der Eingangsgröße U_e abhängt.

Abb. 12.2a–h. Zeitlicher Verlauf der elektrischen Größen in der Brückenschaltung: beliebig ohmisch-induktive Last und ideale Sprungkennlinie nach a

12.2 Berücksichtigung des Magnetisierungsstromes bei der Durchflutungssteuerung. Die elektrischen Vorgänge laufen ähnlich wie bei der Mittelpunktschaltung mit Nullventil ab, so daß auf die Ableitungen des Abschn. 11.2 zurückgegriffen und die Beschreibung der durchflutungssteuernden Brückenschaltung etwas kürzer gehalten werden kann. Vorausgesetzt wird wiederum eine ohmsche Last, also $L = 0$ und ideal geglätteter Steuerstrom.

Vor dem Zeitpunkt x_1 führen die Ventile V_2 und V_3 in Abb. 12.1a den Strom $i_2 = i_3$, die Ventile V_1 und V_4 sind gesperrt, die Drossel 2 ist gesättigt; es gilt die Ersatzschaltung Abb. 12.4a. Die Gesamtdurchflutung der Drossel 1 ist während dieser Zeit durch $-I_s N_s - \Theta_k'$ gegeben, so daß der magnetische Zustand des Kernes im Kennlinienpunkt P_{12} (Abb. 12.3a) verharrt. Die Gesamtdurchflutung der Drossel 2 nimmt mit dem Strom i_2 ab, so daß sich der Kennlinienpunkt auf dem unteren Sättigungsast der Drossel 2 nach rechts bewegt und im Zeitpunkt x_1 den Kennlinienpunkt P_1' erreicht. Der Netzstrom i_N ist bis x_1 negativ (Abb.

12.3g). Da der Ventilstrom vereinbarungsgemäß in der Durchlaßrichtung positiv zu zählen ist, wird $i_2 = i_3$ in diesem Zeitintervall positiv aufgetragen (Abb. 12.3d und f).

Bei x_1 beginnt die Abmagnetisierung der Drossel 2 nach der Ersatzschaltung Abb. 12.4b; der Strom $i_2 = i_3 = i_L = -i_N$ ändert sich nur noch geringfügig nach Maßgabe der Kennliniensteilheit.

Bei $x_2 = 0$ wechselt die Netzspannung u das Vorzeichen, so daß das Ventil V_1 positiv und V_3 negativ gegenüber C wird; deshalb sperrt das Ventil V_3 und V_1 übernimmt die Stromführung. Die Lastspannung u_L ist wegen $i_2 > 0$ weiterhin positiv und größer als die Speisespannung, die von Null an wächst, so daß V_4 gesperrt bleibt. Deshalb gilt ab $x_2 = 0$ die Ersatzschaltung Abb. 12.4c; der Strom $i_2 = i_1 = i_L$ klingt, beginnend mit $x_2 = 0$, exponentiell ab; für die übrigen Ströme gilt $i_3 = = i_4 = i_N = 0$.

Im Zeitpunkt x_3 werden die Netzspannung u und die Gleichspannung u_L nach Abb. 12.3b einander gleich, so daß die Punkte D und B gleiches Potential annehmen. Da im Zeitpunkt $x_3 + dx$ nach Abb. 12.3b das Potential von D bereits über dem Potential von B liegt, beginnt das Ventil V_4 ab x_3 mit der Stromführung; von da ab gilt die Ersatzschaltung Abb. 12.4d.

Von x_3 an liegt die volle Netzspannung am ohmschen Lastwiderstand, so daß $i_1 = i_4 = i_L$ von da ab dem Sinusgesetz folgt. i_2 nimmt im Zuge der weiteren Abmagnetisierung weiterhin langsam ab und es gilt $i_N = i_L - i_2$ (Abb. 12.3g). Im Zeitpunkt x_4 hat der Arbeitspunkt der Drossel 1 den horizontalen Ast von P_1 bis P_4 durchlaufen, so daß die Aufmagnetisierung nach P_5 einsetzt; es gilt die Ersatzschaltung Abb. 12.4e. Die beiden Arbeitswicklungen werden über das Ventil V_4 von der Netzspannung u ummagnetisiert. Mit der Drossel 1 liegt der Lastwiderstand in Reihe, so daß die aufmagnetisierende Spannung an u_{d1} um den Spannungsabfall des Magnetisierungsstromes am Lastwiderstand kleiner ist als die abmagnetisierende Spannung u_{d2}. Deshalb ist die Abmagnetisierung der Drossel 2 im Zeitpunkt x_5 früher beendet als die Aufmagnetisierung der Drossel 1. Vom Zeitpunkt x_5 an ist die Drossel 2 gesättigt, der Punkt D wird negativ gegenüber C bzw. A; das Ventil V_2 sperrt also ab x_5; es gilt die Ersatzschaltung Abb. 12.4f.

Im Zeitpunkt x_a ist die Drossel 1 schließlich voll aufmagnetisiert und geht in den Sättigungszustand über, so daß von da an der Strom $i_1 = i_4 = i_N = i_L = u/R$ sinusförmig verläuft und nur durch den Lastwiderstand begrenzt wird.

Von $y_1 = x_1 + \pi$ an wiederholen sich die Vorgänge unter Berücksichtigung der entsprechenden Vorzeichenwechsel.

Der zeitliche Verlauf der elektrischen Größen, der sich nach dieser Überlegungen ergibt, ist in Abb. 12.3b bis h schematisch dargestellt; der Einfluß des Magnetisierungsstromes ist dabei zur besseren Veranschaulichung stark übertrieben eingezeichnet.

Im Abschn. 11.2 wurde eine gewisse Zuordnung zwischen den Zeitpunkten x_1 bzw. y_1 und den Kennlinienpunkten P_1, P_1' bzw. Q_1, Q_1' festgelegt. Die Anwendung dieser Regeln führt auf die in Abb. 12.2a eingezeichnete Zuordnung der Kennlinienpunkte zu den Zeitpunkten in Abb. 12.2b bis h.

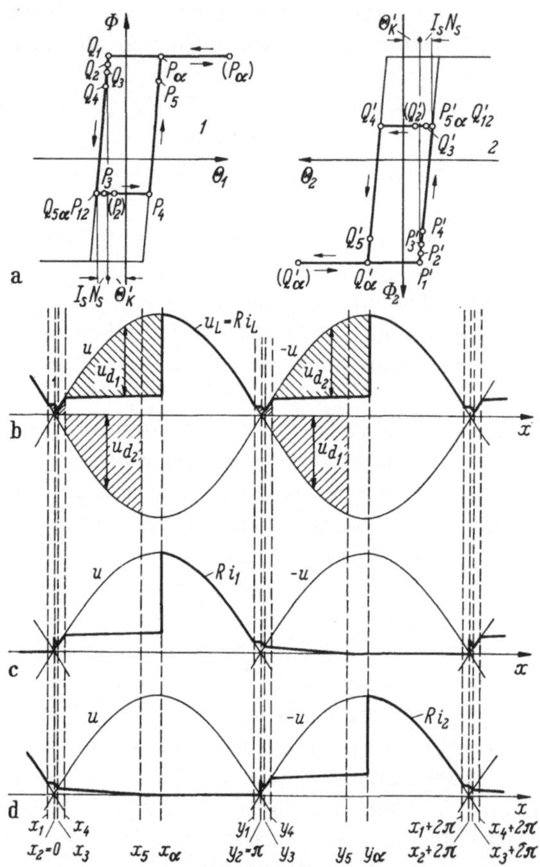

Abb. 12.3a–h. Zeitlicher Verlauf der elektrischen Größen in der Brückenschaltung bei Durchflutungssteuerung: rein ohmsche Last und eine Kernkennlinie nach a (Fortsetzung der Abb. 12.3 auf S. 139).

Eine Bemerkung ist noch hinzuzufügen: Mit Abb. 12.3b wurde über die Gestalt der Kernkennlinie stillschweigend vorausgesetzt, daß $\Delta\Theta \leq 2\Theta_c$ gilt; bei günstiger Dimensionierung des Kernes und hochwertigen Kernwerkstoffen ist diese Bedingung meistens erfüllt. Man überzeugt sich leicht auf Grund der vorangehenden Überlegungen, daß sich dann der Kennlinienpunkt der Drossel 1 im Zeitintervall zwischen x_1 und x_4

tatsächlich nur auf dem horizontalen Kennlinienstück zwischen P_{12} und P_4 bewegt; wenn die angegebene Bedingung jedoch nicht erfüllt ist, laufen die elektrischen Vorgänge nach etwas anders gearteten Gesetzmäßigkeiten ab.

Die Rückwirkungsverhältnisse sind praktisch dieselben wie bei der in Abschn. 11. beschriebenen Mittelpunktschaltung mit Nullventil. Die Drosselspannungen u_{d1} und u_{d2} sind in Abb. 12.3b schraffiert dargestellt.

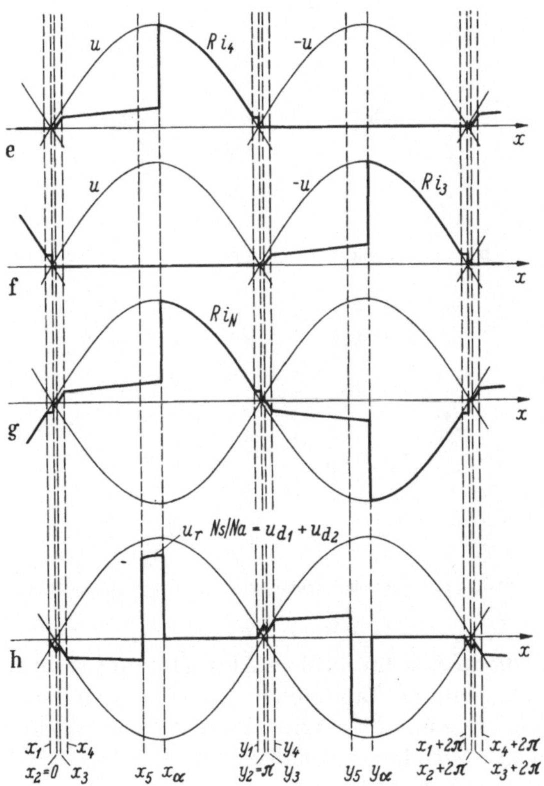

Die Rückwirkungsspannung ist nach (10.3) der Spannungssumme $u_{d1} + u_{d2}$ proportional und kann somit aus Abb. 12.3b bestimmt werden; das Ergebnis ist in Abb. 12.3h dargestellt. Wie bei der Mittelpunktschaltung mit Nullventil fallen auch in der vorliegenden Schaltung bei vernachlässigbarem Magnetisierungsstrom, also bei einer Kernkennlinie nach Abb. 3.15b die Zeitpunkte x_5 und x_α zusammen, so daß während der vollen Netzspannungshalbwelle $u_{d1} = -u_{d2}$ wird, also Rückwirkungsfreiheit vorliegt. Die Rückwirkung wird also im wesentlichen durch die Steilheit und Breite der Kernkennlinie bestimmt und kann deshalb bei entsprechender Güte des Kernwerkstoffes und bei sorgfältiger Bauweise der Transduktorkerne klein gehalten werden.

Im allgemeinen Fall gemischt ohmisch-induktiver Last wird, wie bei der Mittelpunktschaltung, durch die Forderung (11.17) ebenfalls eine hinreichend große Induktivität angenommen. Die Wiederholung der

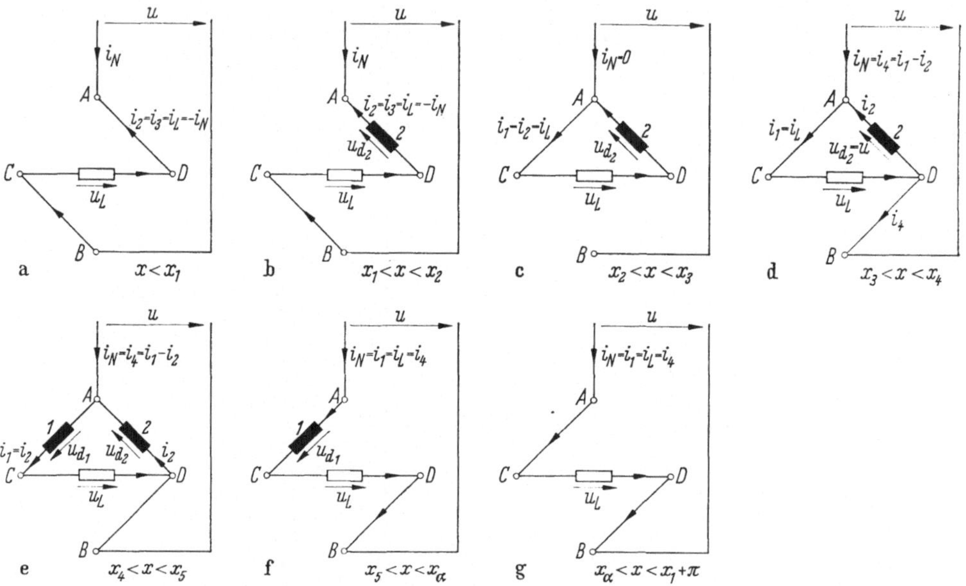

Abb. 12.4a–g. Ersatzschaltungen für die Teilintervalle in Abb. 12.3

Überlegungen, die in Abschn. 11.2 zu Abb. 11.8 angestellt wurden, zeigt, daß die dort abgeleiteten Ergebnisse nahezu ungeändert übernommen werden können, so daß Abb. 12.5 entsteht. Die Wirkung des Nullventiles V_0 in der Mittelpunktschaltung wird in der Brückenschaltung im Intervall x_1 bis x_α (Abb. 12.5) durch die beiden in Reihe geschalteten Ventile V_3 und V_4 übernommen; dabei muß beachtet werden (Abb. 12.5d und e), daß die Ventile V_3 und V_4 jeweils zusätzlich noch den Strom des entsprechenden in Reihe geschalteten Ventiles V_1 bzw. V_2 mit übernehmen.

Der Vergleich der Abb. 12.2 und 12.5 zeigt den Einfluß der Kennlinienbreite und Kennlinienneigung. Im Verlauf von u_L und i_L ergibt sich kein Unterschied. Die Ströme i_1, i_2 und i_N sind nach Abb. 12.5b, c und f während der Intervalle x_1 bis x_α und y_1 bis y_α durch die geringfügigen

Werte des Magnetisierungsstromes gegeben. Für die Ströme i_3 und i_4 ist in Abb. 12.5d und e der Verlauf, der sich bei einer Sprungkennlinie nach Abb. 12.2a einstellt, gestrichelt mit eingezeichnet. In den Intervallen x_1 bis x_α und y_1 bis y_α sind somit die Ströme i_3 und i_4 um den zeitlich konstanten Betrag $i_1 + i_2$ kleiner als unter der Voraussetzung von Abb. 12.2.

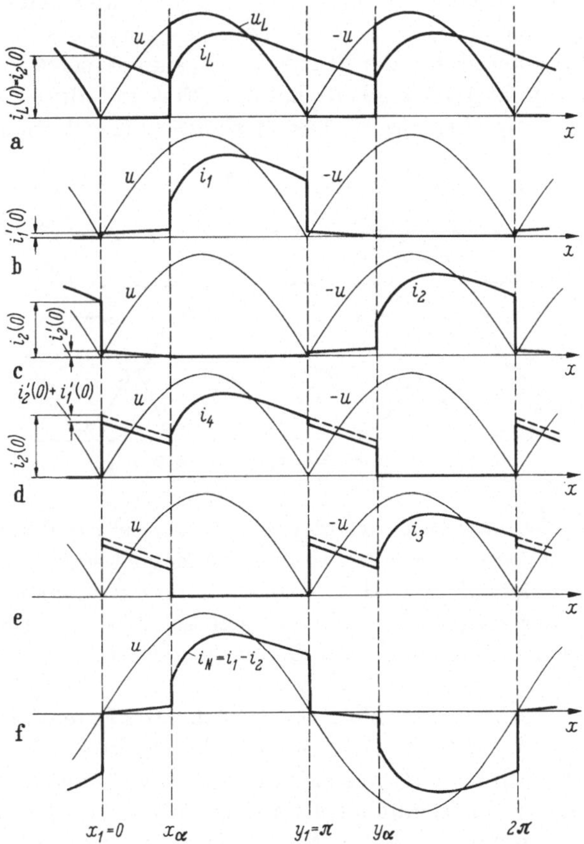

Abb. 12.5a–f. Zeitlicher Verlauf der elektrischen Größen in der Brückenschaltung mit Durchflutungssteuerung: beliebig ohmisch-induktive Last, Kernkennlinie nach Abb. 12.3a

Über die Rückwirkung können dieselben Überlegungen wie bei der Mittelpunktschaltung mit Nullventil (Ende Abschn. 11.2) angestellt werden. Man erhält dasselbe Ergebnis; sobald bei gemischt ohmisch-induktiver Last der induktive Lastanteil so groß ist, daß die Beziehung (11.17) erfüllt wird, ist die Brückenschaltung, unabhängig von der Form der Kernkennlinie, rückwirkungsfrei.

In den Oszillogrammen Abb. 12.6 sind die Ströme i_1, i_3, i_L und i_N für ohmisch-induktive Last dargestellt. Der zeitliche Verlauf entspricht den Verhältnissen in Abb. 12.5.

12.3 Berücksichtigung des Magnetisierungsstromes bei der Flußsteuerung. Der Einfluß des Magnetisierungsstromes bei der flußsteuernden Brückenschaltung Abb. 12.1b soll zunächst für den einfachen Fall eines ohmschen Lastwiderstandes R, d. h. $L = 0$ untersucht werden.

Vor dem Zeitpunkt $x_1 = 0$ ist die Drossel 2 gesättigt, die Ventile V_2, V_3 sind stromführend und die Ventile V_1, V_4 sind gesperrt (Abb. 12.1b); vor dem Zeitpunkt $x_1 = 0$ gilt deshalb die Ersatzschaltung Abb. 12.4a. Der Strom $i_2 = i_3 = i_L = -i_N$ besitzt sinusförmigen Verlauf. Im Zeit-

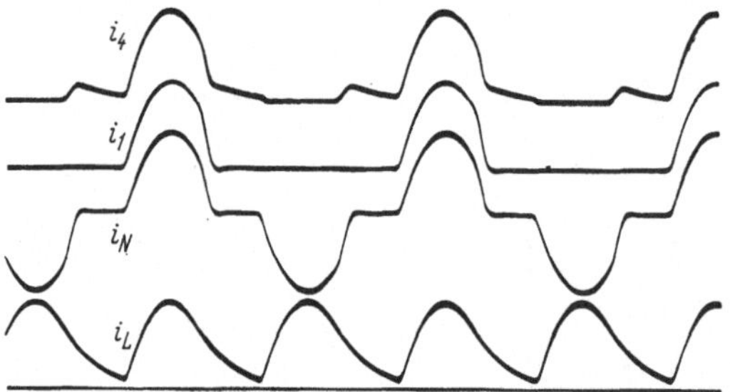

Abb. 12.6. Vergleichsoszillogramme zu Abb. 12.5

punkt $x_1 = 0$ ist das Sättigungsintervall der Drossel 2 und die Abmagnetisierung der Drossel 1 beendet, so daß der Magnetisierungszustand der Drossel 1 vor dem Zeitpunkt $x_1 = 0$ im Kennlinienpunkt P_1 verharrt (Abb. 12.7); der Kennlinienpunkt der Drossel 2 bewegt sich auf dem Sättigungsast von links nach rechts und erreicht bei $x_1 = 0$ den Kennlinienpunkt P'_{12}.

Bei $x = 0$ wechselt u das Vorzeichen, so daß das Potential von A über dem Potential von B liegt. Das Potential des Punktes D liegt ab $x = 0$ unter dem Potential von A, weil sich die Arbeitswicklung der gesättigten Drossel 2 wie ein Kurzschlußbügel verhält; die Ventile V_2 und V_3 sperren somit ab $x_1 = 0$ und die Ventile V_1, V_4 übernehmen die Stromführung: ab $x_1 = 0$ gilt somit die Ersatzschaltung Abb. 12.4g. Der Strom $i_1 = i_4 = i_L = i_N$ nimmt sinusförmigen Verlauf an (Abb. 12.7). Der Arbeitspunkt der Drossel 1 läuft dabei von P_{12} nach rechts und erreicht im Zeitpunkt x_2 den Kennlinienpunkt P_2. Die Arbeitswicklung der Drossel 2 ist stromlos und verharrt — da die abmagnetisierende Steuerspannung erst zu einem späteren Zeitpunkt x_{s1} einsetzt (Abb. 12.7d) — im Kennlinienpunkt P'_{12}.

Zwischen x_2 und x_α erfolgt die Aufmagnetisierung der Drossel 1 von P_2 nach P_α; es gilt die Ersatzschaltung Abb. 12.4f. Der Strom $i_1 = i_4 =$

$= i_L = i_N$ ändert sich nach Maßgabe der Kennliniensteilheit nur geringfügig; die Ventile V_3 und V_2 bleiben weiterhin gesperrt.

Ab x_α ist die Drossel 1 gesättigt, so daß bis $y_1 = x_1 + \pi$ die Ersatzschaltung Abb. 12.4 gilt und der Strom $i_1 = i_4 = i_L = i_N$ sinusförmig verläuft; die Ventile V_2 und V_3 bleiben gesperrt.

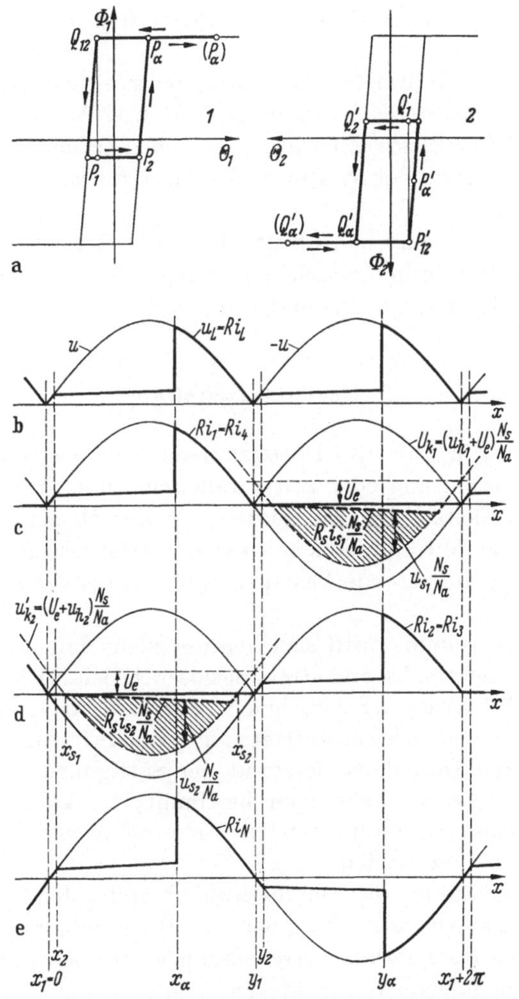

Abb. 12.7 a – e. Zeitlicher Verlauf der elektrischen Größen in der Brückenschaltung bei Flußsteuerung: rein ohmsche Last, Kernkennlinie nach a

Während der Sperrzeit des Ventiles V_2 wirkt die Steuerspannung u_{s2} auf die Steuerwicklung der Drossel 2 ein. In Abb. 12.1 b ist dasselbe Verfahren zur Erzeugung der Steuerspannung wie bei der Mittelpunktschaltung in Abschn. 11.1 bzw. bei der Einpuls-Schaltung in Abschn. 8 dargestellt. Die vom Steuergerät gelieferte Spannung $u_{k2} = u_{h2} + U_e$ wirkt zwischen x_{s1} und x_{s2} auf die Steuerwicklung ein; sie hat einen Steuerstrom i_{s2} zur Folge und bewirkt die Abmagnetisierung der Drossel 2 von P'_{12} nach Q'_1. Die auf die Arbeitswicklung reduzierten Größen $u'_{k2} = u_{k2}N_s/N_a$ und $R_s i_{s2} N_s/N_a$ sind in Abb. 12.7d gestrichelt dargestellt; die schraffierte Spannungszeitfläche entspricht dem abmagnetisierenden Flußhub.

In der zweiten Halbwelle zwischen y_1 bis $x_1 + 2\pi$ wiederholen sich die Vorgänge, so daß der Zeitverlauf nach Abb. 12.7b bis e entsteht. Die in Abschn. 11.2 festgelegte Zuordnung zwischen Zeitpunkten und Kennlinienpunkten führt zu der in Abb. 12.7a dargestellten Folge der magnetischen Zustände.

Die Steuereinrichtung in Abb. 12.1b ist dieselbe wie in Abschn. 8.; deshalb ist die Zuordnung zwischen Eingangsgröße U_e und steuerndem Flußhub ebenfalls durch (8.17) und Abb. 8.5 festgelegt.

13. Gegentaktschaltung

Die Schaltung in Abb. 13.1a besitzt einen Wechselstromausgang und wird Gegentaktschaltung oder Antiparallelschaltung genannt. Sie kann unmittelbar am Netz betrieben werden; ein Zwischentransformator ist im Gegensatz zur Mittelpunktschaltung nur erforderlich, wenn die bei Vollaussteuerung auftretende Lastspannung von der Netzspannung verschieden sein soll.

Bei der Beschreibung wird sich herausstellen, daß bei idealen Ventilen und bei widerstands- und streuungslosen Arbeitswicklungen grundsätzlich keine Rückwirkung zwischen Steuer- und Arbeitswicklung auftreten kann. Die tatsächlich auftretenden Rückwirkungen werden im wesentlichen vom Durchlaßwiderstand der Sättigungsventile und vom Widerstand der Arbeitswicklungen bestimmt; sie können also durch geeignete Bauweise der Transduktordrosseln und geeignete Auswahl der Ventile klein gehalten werden.

Bei Berücksichtigung des Durchlaßwiderstandes der Ventile und des Widerstandes der Arbeitswicklung wird die Beschreibung der Wirkungsweise wegen der Rückwirkungserscheinungen ziemlich unübersichtlich; deshalb wird im folgenden von idealen Ventilen und von einer widerstandslosen Arbeitswicklung ausgegangen.

13.1 Wirkungsweise der Gegentaktschaltung unter vereinfachenden Annahmen. Bei zeitlich konstantem Steuerstrom I_s und einer idealen Sprungkennlinie nach Abb. 3.15b verhält sich die Reihenschaltung Transduktordrossel und Sättigungsventil in Abb. 13.1a wie ein gesteuertes

Ventil. Man kann deshalb die Schaltung Abb. 13.1a hinsichtlich des Arbeitskreises gleichwertig durch die Gleichrichterschaltung Abb. 13.1b ersetzen.

Bei den anschließenden Überlegungen soll die Last aus der Reihenschaltung eines ohmschen Widerstandes R und einer Induktivität L bestehen:

$$Z = \sqrt{R^2 + \omega^2 L^2}, \tag{1}$$

$$\cot\varphi = \frac{R}{\omega L}. \tag{2}$$

Zunächst sei angenommen, daß die beiden Ventile V_1 und V_2 in Abb. 13.1b ungesteuert sind. Dann verhält sich das Ventil V_1 während der positven, das Ventil V_2 während der negativen Halbwelle des Laststromes i_L wie

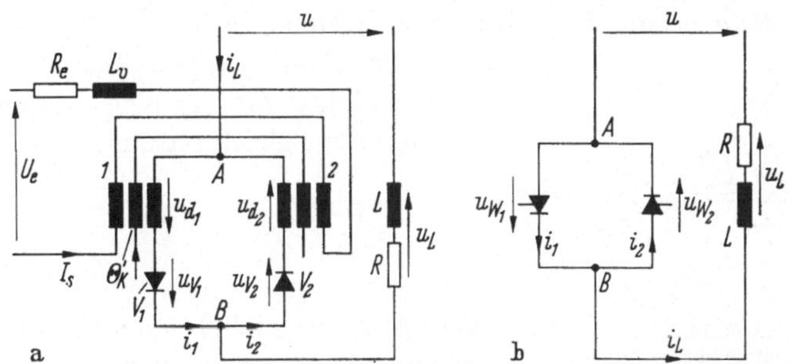

Abb. 13.1a u. b. Gegentaktschaltung: a mit Durchflutungssteuerung, b die zugehörige äquivalente Gleichrichterschaltung

ein geschlossener Schalter; die Schaltung verhält sich also genauso, als wären die Punkte A, B durch einen Kurzschlußbügel überbrückt. Der Strom i_L verläuft sinusförmig und eilt der Netzspannung u um den Phasenwinkel φ nach (Abb. 13.2).

Während der positiven Halbwelle liegt am Ventil V_1 eine positive Spannung u_{w1}, die im Falle eines idealen Ventiles gegen Null konvergiert; diese Spannung wirkt auf das gegengeschaltete Ventil V_2 als Sperrspannung. Daraus folgt, daß während der Stromführungszeit des einen Ventiles das andere Ventil stets gesperrt ist. In Abb. 13.2 sind die Ventilspannungen u_{w1} und u_{w2} gestrichelt eingezeichnet.

Durch die Gittersteuerung kann die Stromübernahme durch das Ventil V_1 vom natürlichen Zündzeitpunkt $x = \varphi$ (Abb. 13.2) auf den Zeitpunkt x_α (Abb. 13.3b) verlagert werden. Das Ventil V_1 wirkt wie ein Schalter, der im Zeitpunkt x_α geschlossen wird. Der zeitliche Verlauf des Ventilstromes i_1 wird also durch die Differentialgleichung

$$u = \sqrt{2}\,U \sin x = R i_1 + \omega L \frac{di_1}{dx}; \qquad i_1 \geqq 0; \qquad x_\alpha \geqq \varphi \tag{3}$$

bestimmt. Nach Abb. 13.3c gilt die Anfangsbedingung $i_1(x_\alpha) = 0$. Damit findet man als Lösung:

$$i_1 = \sqrt{2} I \left[\sin(x - \varphi) - \sin(x_\alpha - \varphi)\, e^{-\varrho(x - x_\alpha)}\right]; \quad i_1 \geqq 0; \quad x_\alpha \geqq \varphi, \tag{4}$$

$$\sqrt{2} I = \frac{\sqrt{2}\, U}{\sqrt{R^2 + \omega^2 L^2}}, \tag{5}$$

$$\cot \varphi = \frac{R}{\omega L} = \varrho. \tag{6}$$

Der zeitliche Verlauf von i_1, der sich aus (4) ergibt, ist in Abb. 13.3c dargestellt.

Im Zeitpunkt y_1 wird i_1 zu Null, so daß die Sperrung des Ventiles V_1 einsetzt. Man erhält die Stromführungsdauer $x_d = y_1 - x_\alpha$ als Lösung der Gleichung $i_1(y_1) = i_1(x_\alpha + x_d) = 0$. Daraus folgt mit (4) eine transzendente Bestimmungsgleichung für x_d:

$$\sin(x_\alpha - \varphi + x_d) = \sin(x_\alpha - \varphi)\, e^{-\varrho x_d}. \tag{7}$$

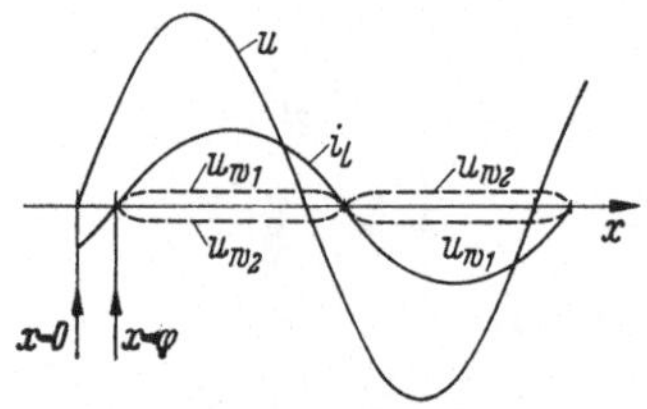

Abb. 13.2. Zur Sperrung und Stromführung der beiden Sättigungsventile

Die Auflösung nach x_d muß auf graphischem oder numerischem Weg erfolgen. Abb. 13.4 zeigt das Ergebnis, nämlich x_d in Abhängigkeit vom Zündzeitpunkt x_α mit φ als Parameter.

Zwischen y_1 und y_α sind beide Ventile gesperrt, denn am Ventil V_1 liegt die negative Netzspannung und das Ventil V_2 ist durch die Gittersteuerung noch nicht freigegeben. Vom Zeitpunkt $y_\alpha = x_\alpha + \pi$ an wiederholen sich die Vorgänge mit entsprechendem Vorzeichenwechsel.

Für die Ventilspannung u_{w1} des Ventiles V_1 gilt während der Brenndauer beider Ventile $u_{w1} = 0$, und während der gemeinsamen Sperrzeit beider Ventile $u_{w1} = u$, so daß der Spannungsverlauf nach Abb. 13.3e (vollausgezogen) entsteht; für u_{w2} erhält man den gestrichelten Verlauf.

Der zeitliche Verlauf der elektrischen Größen, der sich aus diesen Überlegungen ergibt, ist in Abb. 13.3 dargestellt.

Der Sonderfall der Vollaussteuerung entsteht für $x_\alpha = \varphi$ aus (4):

$$i_1 = \sqrt{2} I \sin(x - \varphi); \qquad x_\alpha = \varphi. \tag{8}$$

Der Laststrom verläuft also bei Vollaussteuerung, wie bereits in Abb. 13.2 dargestellt wurde, sinusförmig und eilt der Netzspannung um den Phasenwinkel φ nach.

An der Reihenschaltung Transduktordrossel und Sättigungsventil in Abb. 13.1 a tritt genau derselbe Spannungsverlauf u_w wie an den gesteuerten Ventilen in der Schaltung Abb. 13.1 b auf, es gilt also:

$$u_{w1} = u_{d1} + u_{v1}, \qquad u_{w2} = u_{d2} + u_{v2}. \tag{9}$$

Diese Aussage folgt aus dem schon mehrfach erwähnten gleichartigen Verhalten eines gesteuerten Ventiles und der Reihenschaltung Transduktordrossel und Sättigungsventil, wenn eine ideale Sprungkennlinie und zeitlich konstanter Steuerstrom vorausgesetzt ist. Zur vollständigen Beschreibung der Transduktorschaltung Abb. 13.1 a fehlt noch die Aufteilung der Spannungen u_{w1}, u_{w2} auf die Drosselspannungen u_{d1}, u_{d2} und auf die Ventilspannungen u_{v1}, u_{v2}.

Noch deutlicher als Abb. 13.2 zeigen die Überlegungen zu Abb. 13.5, daß die Sperrspannung am Sättigungsventil V_1

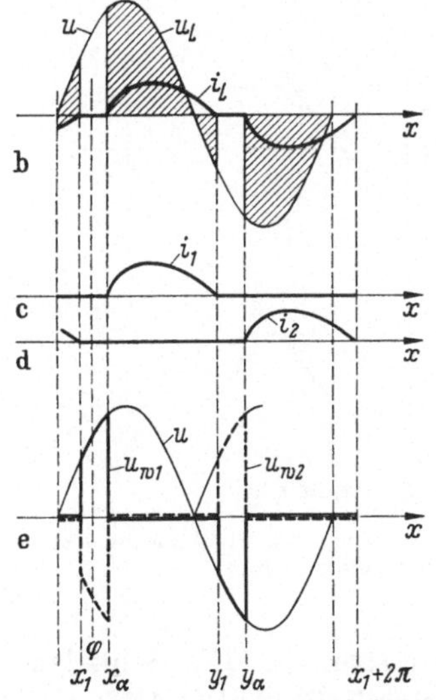

Abb. 13.3a–e. Zeitlicher Verlauf der elektrischen Ströme in der Gegentaktschaltung: beliebig ohmisch-induktive Last und Kernkennlinie nach a

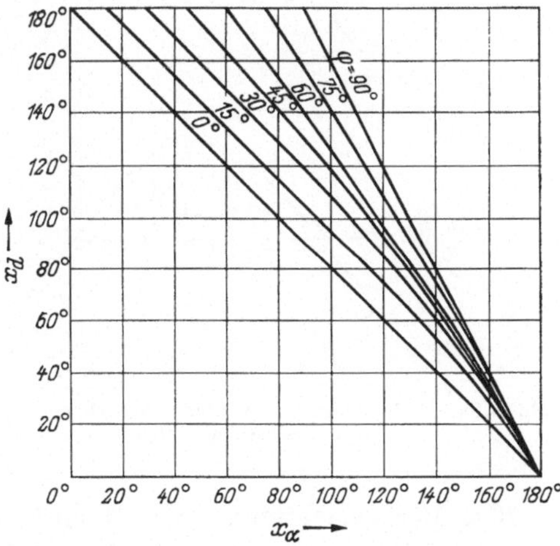

Abb. 13.4.
Stromführungszeit x_d in Abhängigkeit vom Sättigungswinkel x_α

durch die Durchlaßspannung des Ventiles V_2 gegeben ist. Daraus folgt, daß während der gesamten Periodenlänge $u_{v1} = 0$ und daher $u_{w1} = u_{d1}$ gilt; durch Abb. 13.3 e sind somit gleichzeitig die Spannungen u_{d1}, u_{d2} an den Arbeitswicklungen festgelegt.

Die Flußsteuerung ist zwar grundsätzlich möglich. Da aber $u_{v1} = 0$ gilt, folgt aus der Bedingung (10.11) $u_{d1} = u = u_{s1} N_a/N_s$; die Steuerspannung u_{s1} ist also genau durch den Netzspannungsausschnitt zwischen y_1 und y_α (Abb. 13.3e) festgelegt. Dieser Abschnitt ändert sich jedoch mit dem Grad der Aussteuerung und mit dem Charakter der Last, ist also relativ schwer zu realisieren. Deshalb verzichtet man bei der Gegentaktschaltung auf die Flußsteuerung.

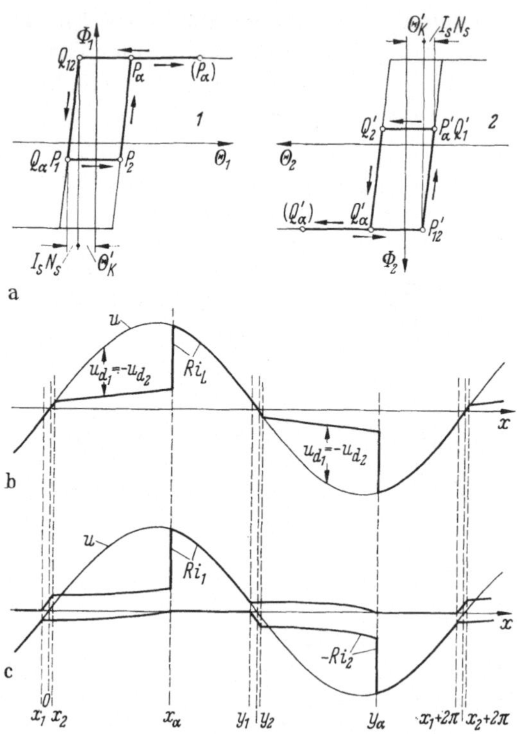

Abb. 13.5a—c. Zeitlicher Verlauf der elektrischen Größen in der Gegentaktschaltung mit Durchflutungssteuerung: rein ohmsche Last, Kernkennlinie nach a

13.2 Berücksichtigung des Magnetisierungsstromes. Die Schleifenbreite und die Kennliniensteilheit der Kernkennlinie (Abb. 3.15a) verursacht Magnetisierungsströme während der Ummagnetisierungszeit der Sättigungsdrosseln und bewirkt dadurch eine Veränderung des zeitlichen Verlaufes der elektrischen Größen gegenüber dem Idealfall einer idealen Sprungkennlinie nach Abb. 3.15b. Der Einfluß der Schleifenbreite und Kennlinienneigung auf den zeitlichen Verlauf der elektrischen Größen wird unter der Voraussetzung eines ideal geglätteten Steuerstromes und rein ohmscher Last untersucht.

Der Einfluß der Magnetisierungsströme ist leichter zu beschreiben, wenn die beiden idealen Sättigungsventile V_1 und V_2 als reale Ventile aufgefaßt werden, deren Bahnwiderstand gegen Null konvergiert; man ordnet damit den Ventilen während der Durchlaßzeit einen beliebig kleinen positiven Spannungsabfall in Durchlaßrichtung zu.

Aus dem Zeitverlauf unter idealen Bedingungen (Abb. 13.3) entnimmt man zunächst, daß während der negativen Netzspannungshalbwelle ein Zeitintervall auftritt, in dem die Drossel 2 gesättigt ist und das Ventil V_2 den Strom $i_2 = i_L = u/R$ führt; am Ventil V_1 liegt als negative Sperrspannung der (gegen Null konvergierende) Spannungsabfall des Ventiles V_2 und bewirkt die Sperrung von V_1. Vor dem Zeitpunkt x_1 (Abb. 13.5) gilt also die Ersatzschaltung Abb. 13.6a; $-i_2 = i_L$ verläuft sinusförmig. Während dieses Betriebszustandes verharrt der Magnetisierungszustand der Drossel 1 im Kennlinienpunkt P_1, denn die Gesamtdurchflutung Θ_1 der Drossel 1 ist durch $-\Theta_k' - I_s N_s$ bestimmt; der Arbeitspunkt der Sättigungsdrossel 2 wandert dagegen — nach Maßgabe des abnehmenden Stromes i_2 — auf dem unteren Sättigungsast in Abb. 13.5a nach rechts und erreicht im Zeitpunkt x_1 den Kennlinienpunkt P_{12}'.

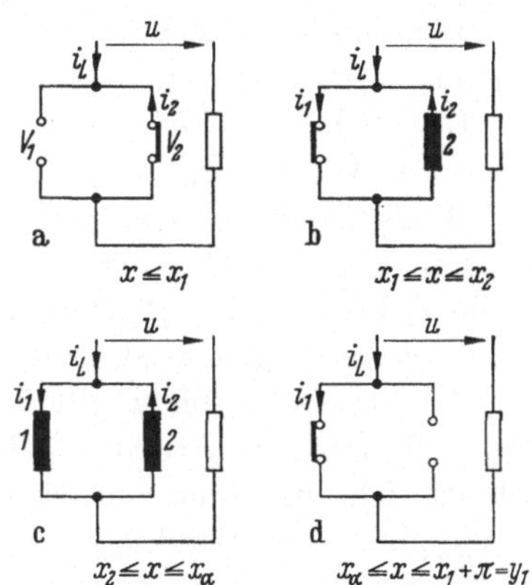

Abb. 13.6a—d. Ersatzschaltungen für die einzelnen Teilintervalle in Abb. 13.5

Vom Zeitpunkt x_1 an beginnt die Abmagnetisierung der Drossel 2; an der Arbeitswicklung der Drossel 2 entsteht eine Spannung u_{d2}, so daß die Spannung an V_1 über Null auf positive Werte gebracht und damit die Zündung des Ventiles V_1 eingeleitet wird. Da die zu überwindenden Ventilspannungsabfälle nach Voraussetzung gegen Null konvergieren, erfolgt die Stromübernahme durch das Ventil V_1 bereits im Zeitpunkt x_1. Die abmagnetisierende Spannung u_{d2} konvergiert deshalb ebenfalls gegen Null. Die Spannung an der Drossel 1 bleibt aber noch solange Null, bis durch den wachsenden Strom i_1 der Arbeitspunkt von P_1 nach P_2 gewandert ist. Es gilt demnach die Ersatzschaltung Abb. 13.6b. Die Sättigungsdrossel 2 ist kurzgeschlossen, also $u_{d2} = N_a d\Phi_2/dx = 0$, so daß der Fluß Φ_2 zeitlich konstant bleibt; deshalb ist ab x_1 auch die Gesamtdurchflutung $\Theta_2 = i_2 N_a - I_s N_s$ und damit der Ventilstrom i_2 zeitlich konstant (Abb. 13.5c). Aus der Ersatzschaltung Abb. 13.6b folgt, daß der Laststrom $i_L = u/R$ sinusförmigen Verlauf annimmt. Für den Strom im Ventil V_1 gilt $i_1 = i_L + i_2(x_1)$ (Abb. 13.5c). Während dieses Betriebszustandes bewegt sich der Arbeitspunkt der

Drossel 1 von P_1 nach rechts und erreicht im Zeitpunkt x_1 den Zeitpunkt P_2.

Ab x_2 beginnt die Aufmagnetisierung der Drossel 1 von P_2 nach P_α und zugleich die Abmagnetisierung der Drossel 2 von P'_{12} nach P'_α; es gilt die Ersatzschaltung Abb. 13.6c. Im Zeitpunkt x_α, der durch den Flußhub $\Delta\Phi$ bzw. durch die Steuerdurchflutung $I_s N_s$ festgelegt ist, endet die Ummagnetisierung beider Drosseln.

Ab x_α sperrt das Ventil V_2 und der Ventilstrom i_1 wird nur noch durch den Lastwiderstand begrenzt: $i_1 = u/R$; es gilt die Ersatzschaltung Abb. 13.6d. Ab x_α durchläuft der Arbeitspunkt der Drossel 1 den Kennlinienast $P_\alpha(P_\alpha)\,Q_{12}$; im Zeitpunkt $y_1 = x_1 + \pi$ wird Q_{12} erreicht. Die Drossel 2 verharrt zwischen x_α und y_1 im Kennlinienpunkt P'_α. Dann wiederholen sich die Vorgänge während der zweiten Halbwelle mit entsprechendem Vorzeichenwechsel.

Der zeitliche Ablauf der elektrischen Vorgänge, der sich aus den vorangehenden Überlegungen ergibt, ist in Abb. 13.5 dargestellt.

Hinsichtlich der Rückwirkungen zwischen Arbeits- und Steuerkreis können folgende Überlegungen angestellt werden. Während der Intervalle x_2 bis x_α (Abb. 13.3e) sind die beiden Drosselspannungen u_{d1} und $-u_{d2}$ einander gleich, also gilt $u_{d1} + u_{d2} = 0$.

Im Intervall x_α bis y_1 gilt $u_{d1} \equiv 0$, weil die Drossel 1 gesättigt ist und $u_{d2} \equiv 0$, weil die Arbeitswicklung der Drossel 2 stromlos ist und die Steuerwicklung einen zeitlich konstanten Strom führt. Im Intervall y_1 bis y_2 gilt $u_{d1} \equiv 0$ und $u_{d2} \equiv 0$, weil der Fluß in beiden Drosseln zeitlich konstant ist; bei der Drossel 1 verharrt nämlich der Magnetisierungszustand im Kennlinienpunkt Q_{12} und bei der Drossel 2 wird das horizontale Kennlinienstück von Q'_1 nach Q'_2 durchlaufen. Deshalb gilt während der ganzen Periode $u_{d1} + u_{d2} \equiv 0$ und damit für die Rückwirkungsspannung auf den Steuerkreis:

$$u_r = \frac{N_s}{N_a}\,(u_{d1} + u_{d2}) \equiv 0\,. \tag{10}$$

Die Gegentaktschaltung ist also bei zeitlich konstantem Steuerstrom, unabhängig von der Form der Kernkennlinie, rückwirkungsfrei.

14. Gegentaktschaltung mit nachgeschalteter Brücke

Die Gegentaktschaltung mit nachgeschalteter Brücke nach Abb. 14.1a wird verwendet, wenn die Betriebseigenschaften der Gegentaktschaltung nach Abb. 13.1a erwünscht sind, als Ausgang jedoch eine Gleichspannung gefordert wird. Der Aufwand an Ventilen ist beträchtlich größer gegenüber den anderen Schaltungen, so daß die Gegentaktschaltung mit nachgeschalteter Brücke nur dann verwendet wird, wenn auf ihre besonderen Eigenschaften nicht verzichtet werden kann.

Die Beschreibung der Schaltung kann kurz gefaßt werden, da jeweils auf die Eigenschaften der bereits beschriebenen Gegentaktschaltung und Brückenschaltung zurückgegriffen werden kann.

14.1 Wirkungsweise der Gegentaktschaltung mit nachgeschalteter Brücke mit vereinfachenden Annahmen. Unter der Voraussetzung einer idealen Sprungkennlinie nach Abb. 3.15b und eines ideal geglätteten Steuerstromes kann die Schaltung Abb. 14.1a, mit denselben Begründungen wie in den vorangehenden Abschnitten, gleichwertig durch die Gleichrichterschaltung Abb. 14.1b ersetzt werden.

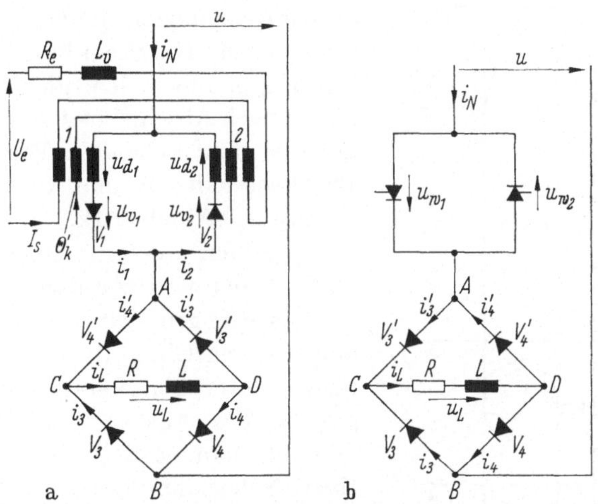

Abb. 14.1a u. b. Gegentaktschaltung mit nachgeschalteter Brücke: a mit Durchflutungssteuerung, b zugehörige äquivalente Gleichrichterschaltung

Im Zündzeitpunkt x_α übernimmt das gesteuerte Ventil V_1 in Abb. 14.1b die Stromführung. Die aus den vier ungesteuerten Ventilen V_3, V_4 und V_3', V_4' bestehende Brückenschaltung wird dadurch unmittelbar an die Netzspannung u angeschlossen, so daß mit V_1 auch die Brückenventile V_4' und V_4 zwischen x_α und $y_1 = \pi$ die Stromführung übernehmen (Abb. 14.2). Im Zeitpunkt $y_1 = \pi$ wechselt die Lastspannung — wie bei der Mittelpunktschaltung mit Nullventil (Abb. 11.1a) und bei der Brückenschaltung (Abb. 12.1a) — das Vorzeichen, so daß von da an alle vier Brückenventile Strom führen. Es liegen also zwischen $y_1 = \pi$ und y_a bzw. zwischen $x_1 = 0$ und x_α die gleichen Verhältnisse wie bei der Brückenschaltung vor, mit dem Unterschied, daß sich der Laststrom in den Punkten C, D hälftig auf die beiden aus den Ventilen V_3, V_4 bzw.

V_3', V_4' bestehenden Brückenzweige aufteilt. Im Intervall x_1 bis x_α wirken die Brückenventile somit wie Nullventile.

Aus diesen Überlegungen ergibt sich unmittelbar der zeitliche Verlauf der elektrischen Größen nach Abb. 14.2b bis h. Weil die Sperrspannungsverhältnisse an den Ventilen V_1 und V_2 die gleichen wie bei der Gegentaktschaltung Abb. 13.1a sind, ist bei der Gegentaktschaltung mit nachgeschalteter Brücke ebenfalls nur die Durchflutungssteuerung von Bedeutung.

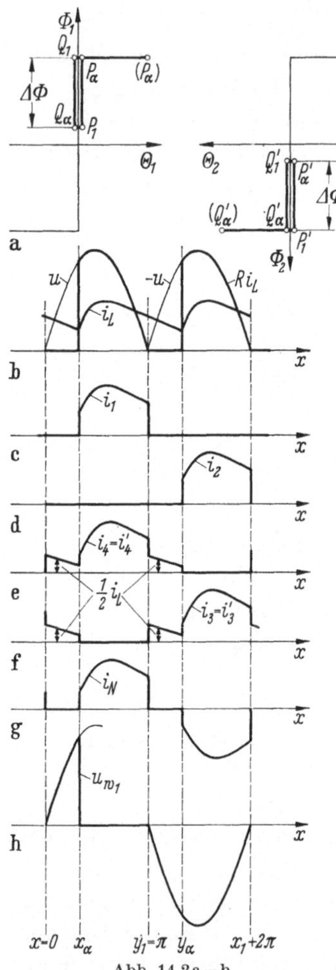

Abb. 14.2a–h.
Zeitlicher Verlauf der elektrischen Größen in der Gegentaktschaltung mit nachgeschalteter Brücke; beliebige ohmisch-induktive Last, Kernkennlinie nach a

14.2 Berücksichtigung des Magnetisierungsstromes. Bei der Erläuterung der Abweichungen, die bei Berücksichtigung einer Kernkennlinie nach Abb. 3.15a gegenüber den idealen Verhältnissen nach Abschn. 14.1 auftreten, kann auf die entsprechenden Ergebnisse der Brückenschaltung und der Gegentaktschaltung (Abschn. 12.2 und 13.2) zurückgegriffen werden. Ideal geglätteter Steuerstrom wird vorausgesetzt.

Ausgegangen wird vom Sonderfall ohmscher Last ($L = 0$). Aus den Verhältnissen unter den vereinfachten Bedingungen des Abschn. 14.1 (Abb. 14.2) erkennt man, daß während der negativen Netzspannungshalbwelle, also vor dem Zeitpunkt $x = 0$, ein Intervall liegt, in dem die Drossel 2 gesättigt ist und die Ventilkette V_2, V_3', V_3 Strom führt (Ersatzschaltung Abb. 14.4a); der Strom $i_2 = i_L = -i_N$ besitzt sinusförmigen Verlauf (Abb. 14.3). Die Drossel 1 verharrt in dem durch die Steuerdurchflutung $I_s N_s$ festgelegten Kennlinienpunkt P_1 und der Arbeitspunkt der Drossel 2 bewegt sich auf dem unteren Kennlinienast in Abb. 14.3a nach rechts und erreicht bei x_1 den Kennlinienpunkt P_{12}'.

Aus den gleichen Gründen wie bei der Gegentaktschaltung (Abschn. 13.2) übernimmt das Ventil V_1 zwischen x_1 und x_2 gemeinsam mit V_2 die Stromführung, so daß die Ströme i_1, i_2 und $i_N = i_1 - i_2$ denselben zeitlichen Verlauf wie bei der Gegentaktschaltung (Abb. 13.5) besitzen. Der Brückenpunkt A ist daher zwischen x_1 und $x = 0$ negativ, zwischen $x = 0$ und x_2 positiv gegenüber B, so daß im ersten Falle die Ventile V_3, V_3' (Abb. 14.4b) im zweiten Falle V_4, V_4' (Abb. 14.4c) Strom führen.

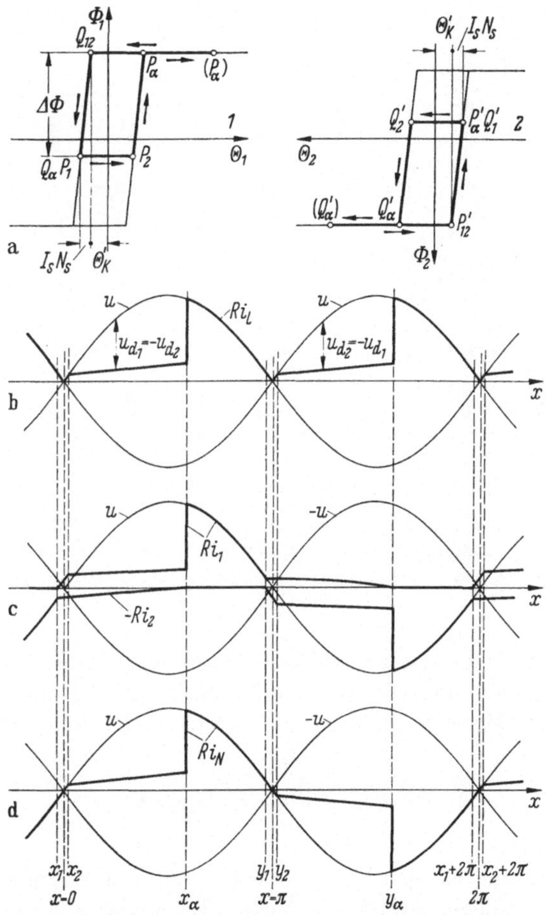

Abb. 14.3a–d. Zeitlicher Verlauf der elektrischen Größen in der Gegentaktschaltung mit nachgeschalteter Brücke: rein ohmsche Last, Kernkennlinie nach a

Im anschließenden Intervall x_2 bis x_a (Abb. 14.4d) und im darauffolgenden Sättigungsintervall x_a bis y_1 der Drossel 2 (Abb. 14.4e) unterscheidet sich der zeitliche Verlauf der drei Ströme i_N, i_1, i_2 in keiner Weise von den Verhältnissen der Gegentaktschaltung; man überzeugt sich davon durch eine Wiederholung der Überlegungen des Abschn. 13.2.

Man erkennt aus den Ersatzschaltbildern 14.4b bis e, daß während der Halbwelle von $x = 0$ bis $x = \pi$ die Beziehung $i_L = i_N$ und $i_1 = i_4' = i_4$

gilt; entsprechend folgt für die nächste Halbwelle $x = \pi$ bis $x = 2\pi$ die Beziehung $i_L = -i_N$ und $i_2 = i_3' = i_3$.

In Abb. 14.3b bis d ist der zeitliche Verlauf der elektrischen Größen dargestellt. Die Zuordnung zwischen Zeitpunkten und Kennlinienpunkten entspricht den Vereinbarungen aus Abschn. 11.1.

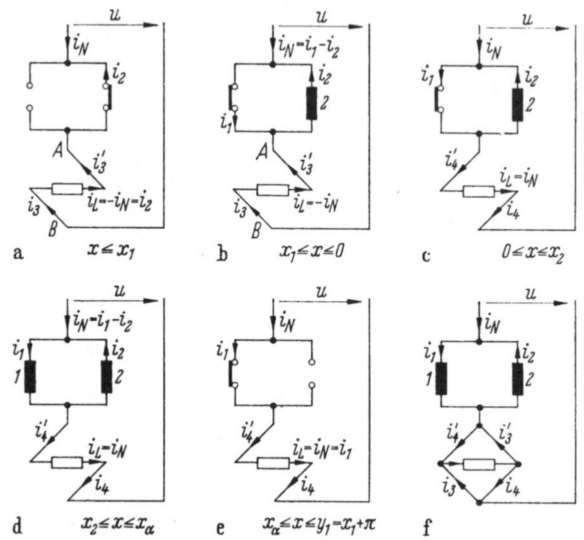

Abb. 14.4a–f. Ersatzschaltungen zu den einzelnen Teilintervallen in Abb. 14.3

Bei der Untersuchung der Rückwirkungserscheinungen kann auf dem gleichen Wege wie bei der Gegentaktschaltung (Abschn. 13.2) vorgegangen werden. Dabei ergibt sich, daß während der vollen Periodenlänge

$$u_r = \frac{N_s}{N_a}(u_{d1} + u_{d2}) \equiv 0$$

gilt. Die Schaltung ist also bei beliebiger Form der Kernkennlinie rückwirkungsfrei; es liegen somit die gleichen Rückwirkungsverhältnisse wie bei der Gegentaktschaltung vor.

Im allgemeinen Fall gemischt ohmisch-induktiver Last können praktisch dieselben Überlegungen wie bei der Mittelpunktschaltung mit Nullventil und bei der Brückenschaltung durchgeführt werden. Das Ergebnis zeigt Abb. 14.5; dabei wurde, wie bei den erstgenannten Schaltungen, eine hinreichend große Induktivität vorausgesetzt, so daß die Bedingung (11.17) erfüllt ist.

In den Intervallen x_1 bis x_α und y_1 bis y_α (Abb. 14.5) gilt die Ersatzschaltung Abb. 14.4f. Die Ströme i_1, i_2 und i_N sind in diesen Intervallen durch die geringfügigen Werte des Magnetisierungsstromes gegeben. Der Verlauf der Ströme i_3 und i_4, der sich bei einer Sprungkennlinie (Abb. 14.2e und f) einstellen würde, ist in Abb. 14.5d und e gestrichelt eingezeichnet.

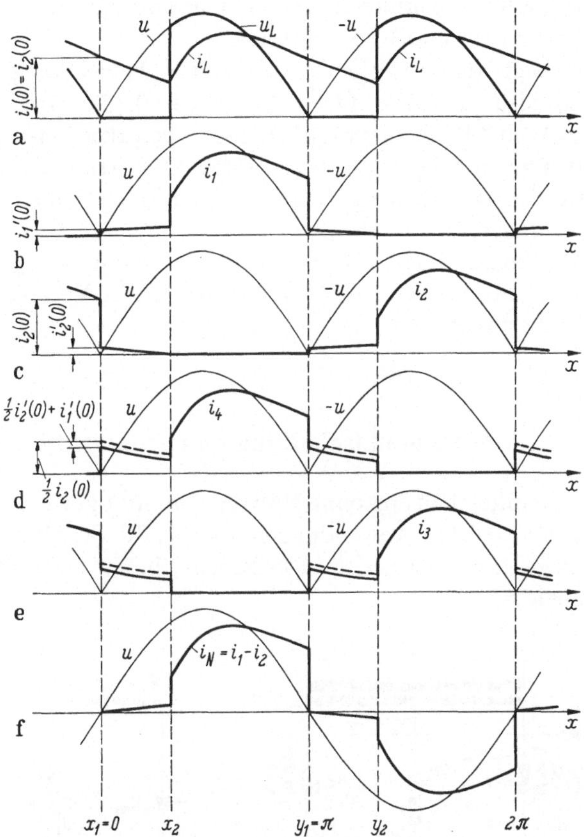

Abb. 14.5a–f. Zeitlicher Verlauf der elektrischen Größen in der Gegentaktschaltung mit nachgeschalteter Brücke: beliebige ohmisch-induktive Last, Kernkennlinie nach Abb. 14.3a

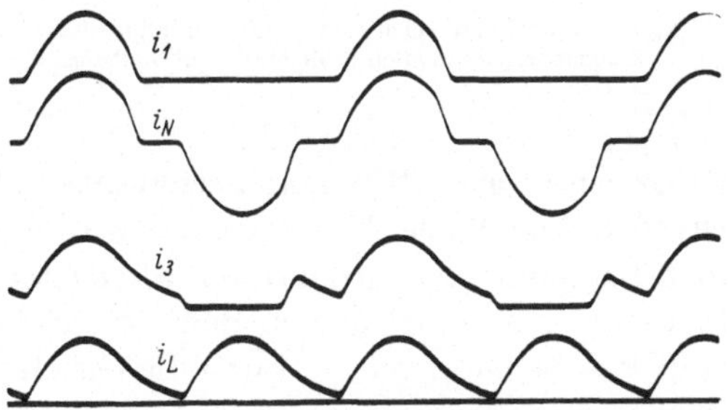

Abb. 14.6. Vergleichsoszillogramme zu Abb. 14.5

In den Intervallen x_1 bis x_α und y_1 bis y_α sind demnach die Ströme i_3 und i_4, die bei Berücksichtigung der Kennlinienneigung und Steilheit entstehen, um den zeitlich konstanten Betrag $i_1 + i_2$ kleiner als bei der Annahme einer Sprungkennlinie. Der zeitliche Verlauf von u_L und i_L wird jedoch durch die Kernkennlinie nicht beeinflußt; der zeitliche Verlauf ist in Abb. 14.2b und 14.5a derselbe.

Aus 14.5 folgt, daß zwischen $x = 0$ und x_α beide Sättigungsventile Strom führen, also nach Abb. 14.1a $u_{d1} + u_{d2} \equiv 0$ gilt. Zwischen x_α und $x = \pi$ ist das Ventil V_2 gesperrt und Drossel 1 gesättigt, also gilt $u_{d1} \equiv 0$ und $u_{d2} \equiv 0$. Daraus folgt $u_{d1} + u_{d2} \equiv 0$ für die gesamte Periodenlänge; die Schaltung ist also auch bei beliebiger gemischt ohmisch-induktiver Last rückwirkungsfrei.

In den Oszillogrammen Abb. 14.6 sind die Ströme i_1, i_4 und i_L dargestellt; der in Abb. 14.2 und 14.5 ermittelte zeitliche Verlauf der Ströme wird dadurch bestätigt.

15. Mittelpunktschaltung ohne Nullventil

Die Mittelpunktschaltung ohne Nullventil besitzt gewisse Eigenschaften, die bei den meisten Anwendungen stören; die Schaltung wird deshalb nur gelegentlich verwendet. Die Beschreibung der Wirkungsweise wird kurz gehalten.

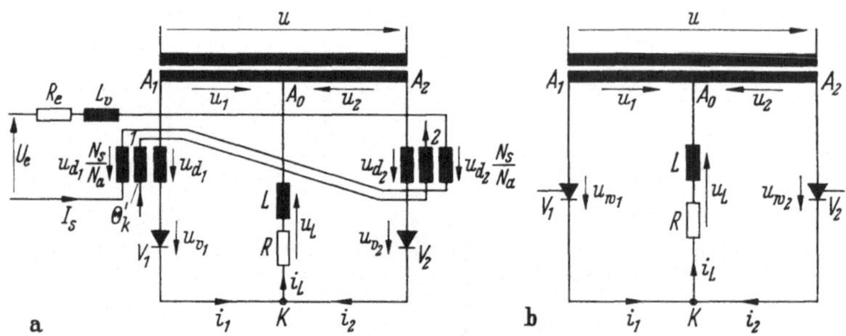

Abb. 15.1a u. b. Mittelpunktschaltung: a mit Durchflutungssteuerung, b zugehörige äquivalente Gleichrichterschaltung

15.1 Wirkungsweise der Mittelpunktschaltung ohne Nullventil unter vereinfachenden Annahmen. Vorausgesetzt wird eine Sprungkennlinie nach Abb. 3.15b und ideal geglätteter Steuerstrom, so daß die Schaltung Abb. 15.1a — wie bei den in den vorangehenden Abschn. 11. bis 14. behandelten Schaltungen — durch die Gleichrichterschaltung Abb. 15.1b ersetzt werden kann.

Während der positiven Netzspannungshalbwelle liegt das Potential des Punktes A_1 in Abb. 15.1 b über dem Potential von A_2, so daß das

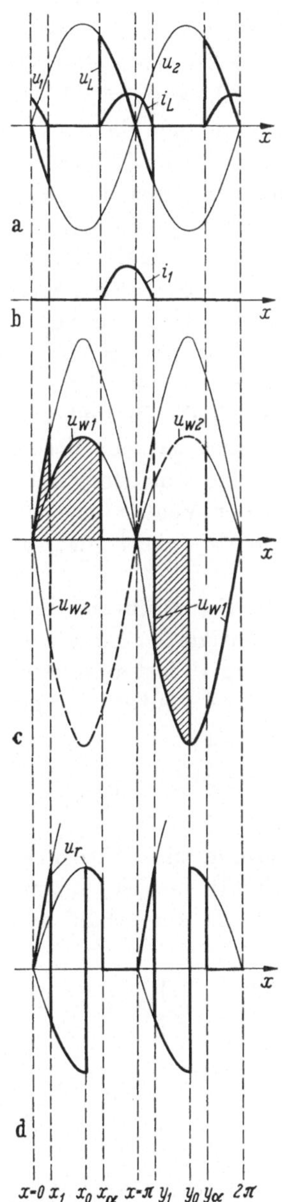

Abb. 15.2a–d. Zeitlicher Verlauf der elektrischen Größen in der Mittelpunktschaltung bei lückendem Betrieb: beliebige ohmisch-induktive Last, Kernkennlinie wie in Abb. 12.2a

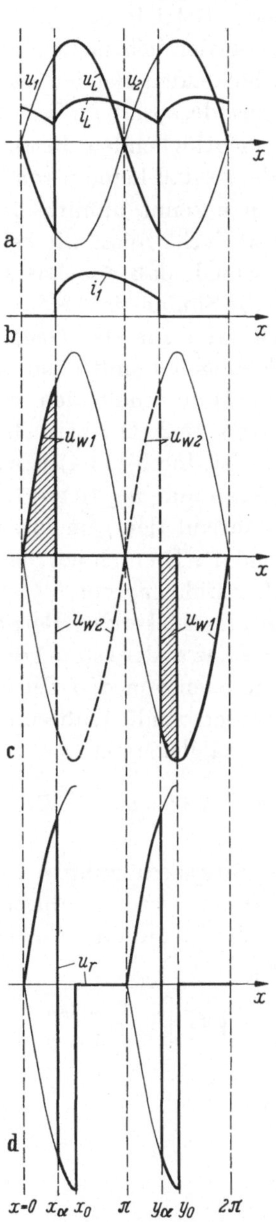

Abb. 15.3a–d. Zeitlicher Verlauf der elektrischen Größen in der Mittelpunktschaltung bei nichtlückendem Betrieb: beliebige ohmisch-induktive Last, Kernkennlinie wie in Abb. 12.2a

Ventil V_1 vom Zeitpunkt $x = 0$ an die Stromführung übernehmen kann, vorausgesetzt, daß die Gittersteuerung die Stromführung freigibt.

Beim Betrieb der Mittelpunktschaltung Abb. 15.1b können zwei Zustände, der nichtlückende und der lückende Betrieb beobachtet werden. Beim lückenden Betrieb ist die Brenndauer der Ventile kleiner als eine Halbperiode, so daß im Laststrom i_L eine Stromlücke auftritt (Abb. 15.2a); beim nichtlückenden Betrieb umfaßt die Brenndauer die volle Halbperiode, so daß keine Stromlücke entstehen kann (Abb. 15.3a).

Man erkennt unmittelbar, daß beim lückenden Betrieb genau die gleichen Verhältnisse wie bei der Gegentaktschaltung vorliegen, mit dem Unterschied, daß der Laststrom i_L nicht durch die Differenz sondern durch die Summe der beiden Ventilströme i_1 und i_2 gegeben ist. Man kann deshalb alle für die Gegentaktschaltung Abb. 13.1b durchgeführten Überlegungen unmittelbar auf den Fall des lückenden Betriebs übertragen. Man erhält den zeitlichen Verlauf der elektrischen Größen nach Abb. 15.2. Der zeitliche Verlauf von i_1 sowie die Brenndauer $x_d = y_1 - x_\alpha$ ist durch (13.4) bzw. (13.7) festgelegt. Der zeitliche Verlauf der Ventilspannung u_{w1} (Abb. 15.2c) folgt unmittelbar aus der Überlegung, daß während der gemeinsamen Sperrzeit beider Ventile $u_{w1} = u$ und während der Brenndauer des Ventiles V_2 dagegen $u_{w1} = 2u$ gilt; während der Stromführung von V_1 ist $u_{w1} = 0$.

Im nichtlückenden Betrieb ist während der Stromführung des einen Ventiles das andere stets gesperrt, weil die Potentiale der Punkte A_1 und A_2 abgesehen von den Zeitpunkten $x = 0$ und $x = \pi$ stets voneinander verschieden sind. Während der Brenndauer des Ventiles V_1 gilt die Differentialgleichung:

$$u = \sqrt{2}\,U \sin x = R i_1 + \omega L \frac{di_1}{dx}; \qquad x_\alpha \leqq x \leqq y_\alpha = x_\alpha + \pi. \tag{1}$$

Die Anfangsbedingung $i_1(x_\alpha) = i_1(x_\alpha + \pi)$ bringt zum Ausdruck, daß der Strom — bedingt durch die Lastinduktivität — ohne Sprung von einem Ventil auf das andere übergehen muß. Damit erhält man die Lösung:

$$i_1 = \sqrt{2}\,I \left[- \frac{2 \sin (x_\alpha - \varphi)}{1 - e^{-\varrho\pi}}\, e^{-\varrho(x - x_\alpha)} + \sin (x - \varphi) \right]; \qquad i_1 = i_L; \tag{2}$$

$$\sqrt{2}\,I = \frac{\sqrt{2}\,U}{\sqrt{R^2 + \omega^2 L^2}}, \tag{3}$$

$$\cot \varphi = \frac{R}{\omega L} = \varrho. \tag{4}$$

Die Ventilspannung u_{w1} folgt unmittelbar aus der Überlegung, daß $u_{w1} = 2u$ während der Brenndauer des Ventiles V_2 gelten muß.

In Abb. 15.3 ist der zeitliche Verlauf bei nichtlückendem Betrieb dargestellt.

Der Übergang zwischen lückendem und nichtlückendem Betrieb ist dadurch gekennzeichnet, daß der Momentanwert des Laststromes (2) im Zeitpunkt $x = x_\alpha$ genau den Wert Null annimmt, also in (2) $i_1(x_\alpha) = i_L(x_\alpha) = 0$ gilt; das ist jedoch nach (2) der Fall, wenn der Zündwinkel x_α den Wert des Phasenwinkels erreicht, also $x_\alpha = \varphi$ gilt. Der nichtlückende Betrieb erstreckt sich demnach über den Zündwinkelbereich $0 \leqq x_\alpha \leqq \varphi$, der lückende Bereich umfaßt $\varphi \leqq x_\alpha \leqq \pi$. Der Übergang zwischen lückendem und nichtlückendem Bereich wird also durch die Last, nämlich durch den Phasenwinkel φ bestimmt.

Die Flußsteuerung ist bei der Mittelpunktschaltung ohne Nullventil zwar grundsätzlich möglich, wenn die Steuereinrichtung so beschaffen ist, daß die abmagnetisierende Spannung an der Steuerwicklung stets während der Sperrzeit des zugehörigen Ventiles auf die Steuerwicklung einwirkt. Diese Forderung ist jedoch mit einfachen Mitteln nicht zu erfüllen, weil Anfang und Ende des Sperrintervalles vom Zündwinkel x_α — also vom Steuersignal — und beim lückenden Betrieb darüber hinaus noch von der Art der Last abhängen. Die Flußsteuerung wird deshalb weiterhin nicht mehr in Betracht gezogen.

Die in Abb. 15.2c und 15.3c dargestellten Spannungen u_{w1} und u_{w2} treten an der Reihenschaltung Transduktordrossel und Sättigungsventil in Abb. 15.1a auf. Es gilt deshalb:

$$u_{w1} = u_{d1} + u_{v1}, \tag{5}$$

$$u_{w2} = u_{d2} + u_{v2}. \tag{6}$$

Die Aufteilung der beiden Teilspannungen u_{d1}, u_{v1} auf u_{w1} soll bestimmt werden.

Die folgenden Überlegungen gelten sowohl für lückenden als auch für nichtlückenden Betrieb, also für Abb. 15.2 und 15.3. Im Zeitpunkt $x = 0$ wird das Sättigungsventil V_1 in Abb. 15.1a positiv und übernimmt deshalb die Stromführung; es gilt also von da an $u_{v1} = 0$. Im anschließenden Zeitintervall $x = 0$ bis x_α wird die Drossel 1 nach (5) durch die Spannung $u_{d1} = u_{w1}$, also durch die schraffierte positive Spannungszeitfläche in Abb. 15.2c und 15.3c aufmagnetisiert. Das anschließende Sättigungsintervall ($u_{d1} = 0$) ist in Abb. 15.2 bei y_1 und in Abb. 15.3 bei y_α beendet. Von da an beginnt die Abmagnetisierung, bis die negative Spannungszeitfläche im Zeitpunkt y_0 den Betrag der positiven Spannungszeitfläche erreicht hat. Daraus ergibt sich der durch die schraffierten Flächen in Abb. 15.2c und 15.3c gekennzeichnete zeitliche Verlauf u_{d1} der Drosselspannung; die Spannung u_{v1} am Sättigungsventil V_1 ist dem entsprechend durch den nicht schraffierten Teil von u_{w1} beschrieben. Eine entsprechende Aufteilung gilt für u_{w2}.

Die auf den Steuerkreis einwirkende Rückwirkungsspannung ist durch

$$u_r = \frac{N_s}{N_a} (u_{d1} + u_{d2}) \tag{7}$$

gegeben. Damit erhält man den in Abb. 15.2d bzw. 15.3d dargestellten Zeitverlauf von u_r. Man erkennt daraus, daß sich beträchtliche Rückwirkungsspannungen einstellen; dies ist der wesentliche Grund, warum diese Schaltung selten angewendet wird.

16. Steuerkennlinie, Rückwirkung und Gütefaktor der zweipulsigen spannungssteuernden Transduktorschaltungen

Bei einer vergleichenden Betrachtung des zeitlichen Verlaufes der elektrischen Größen in den spannungssteuernden Zweipuls-Schaltungen (Abschn. 11 bis 15) stellt man weitgehende Ähnlichkeiten fest; sie kommen bei der Steuerkennlinie, bei den Rückwirkungsproblemen, bei Verstärkung, Zeitkonstante und beim Gütefaktor in noch stärkerem Maße zum Ausdruck. Diese Probleme werden deshalb für alle fünf Schaltungen gemeinsam behandelt. Dabei wird wie bei der Beschreibung der einzelnen Schaltungen in den Abschn. 11 bis 15 eine zusätzliche Wicklung der Transduktordrosseln vorausgesetzt, die eine zeitlich konstante, in der Richtung der Steuerdurchflutung wirkende Durchflutung vom Betrag Θ_k' aufweist.

16.1 Steuerkennlinie der spannungssteuernden zweipulsigen Transduktorschaltungen. Für die Anwendung interessiert vor allem der Zusammenhang zwischen Steuersignal S und Lastspannung U_L, also die Steuerkennlinie der Schaltung.

Bei der Flußsteuerung gilt für das Steuersignal $S = F_{us} = \omega N_s \Delta\Phi$; dabei ist F_{us} der Betrag der abmagnetisierenden Spannungszeitfläche, der auf die Steuerwicklung einwirkt. Damit gilt bei der Flußsteuerung zwischen Steuersignal S und der aufmagnetisierenden Spannungszeitfläche der Arbeitswicklung $F_u = \omega N_a \Delta\Phi$ die Beziehung:

$$F_u = \frac{N_a}{N_s} S, \qquad S = F_{us}. \tag{1}$$

Bei der Durchflutungssteuerung gilt für das Steuersignal $S = I_s N_s$. Die Spannungszeitfläche $F_u = \omega N_a \Delta\Phi$ ist mit dem Steuersignal durch die Proportion $I_s N_s / \Delta\Theta = \Delta\Phi / 2\Phi_s$ verknüpft. Also folgt mit $F_M = \omega N_a 2\Phi_s$:

$$F_u = \frac{F_M}{\Delta\Theta} S, \qquad S = I_s N_s. \tag{2}$$

Zunächst soll unter der Voraussetzung, daß der Magnetisierungsstrom vernachlässigt werden kann, also unter der Annahme einer Sprungkennlinie nach Abb. 3.15b, eine Beziehung zwischen Lastspannungsmittelwert U_L und der ummagnetisierenden Spannungszeitfläche $F_u = \omega N_a \Delta\Phi$ abgeleitet werden, der für die in Abschn. 11 bis 15 beschriebenen Schaltungen gemeinsam gilt. Der zeitliche Verlauf der elektrischen Größen, der sich unter diesen Voraussetzungen ergibt, ist in den Abb. 11.2, 12.2, 13.3, 14.2 und 15.2, 15.3 dargestellt. Man entnimmt daraus, daß für alle Schaltungen während der positiven Spannungshalbwelle

$$u = u_L + u_{w1}, \qquad 0 \leqq x \leqq \pi \tag{3}$$

gilt. Da der Lastspannungsmittelwert U_L in den betrachteten Fällen durch Mittelwertbildung, also durch Integration über das Intervall $x = 0$ bis $x = \pi$ entsteht, folgt:

$$U_L = \frac{1}{\pi} \int_0^\pi u_L \, dx = \frac{1}{\pi} \int_0^\pi u \, dx - \frac{1}{\pi} \int_0^\pi u_{w1} \, dx. \tag{4}$$

Aus den oben aufgezählten Bildern folgt weiter, daß das Sättigungsventil V_1 während der vollen positiven Halbwelle stromführend ist; also gilt $u_{v1} = 0$ im Intervall $x = 0$ bis $x = \pi$. Noch deutlicher erkennt man diese Aussage aus den Abb. 11.5, 11.8 usf. in denen der Magnetisierungsstrom mit berücksichtigt wurde. Berücksichtigt man $u_{w1} = u_{d1} + u_{v1}$, dann erhält man aus (4):

$$U_L = \frac{1}{\pi} \int_0^\pi u \, dx - \frac{1}{\pi} \int_0^\pi u_{d1} \, dx; \qquad U_M = \frac{1}{\pi} \int_0^\pi u \, dx = \frac{2\sqrt{2}\,U}{\pi}. \tag{5}$$

Der erste Summand auf der rechten Seite bedeutet den Höchstwert U_M der mittleren Lastspannung. Zur Deutung des zweiten Summanden beachtet man, daß u_{w1} und damit auch u_{d1} bei allen fünf Schaltungen zwischen $x = 0$ und $x = \pi$ nur positive Werte annimmt; der zweite Summand stellt also die auf die Halbperiode bezogene aufmagnetisierende Spannungszeitfläche F_u der Transduktordrossel 1 dar. Nach Division mit U_M folgt aus (5) eine Beziehung zwischen Lastspannung U_L und der Spannungszeitfläche F_u bzw. dem zugehörigen Flußhub $\Delta\Phi$:

$$\frac{U_L}{U_M} = 1 - \frac{F_u}{F_M} = 1 - \frac{\Delta\Phi}{2\Phi_s}. \tag{6}$$

Die Lastspannung U_L nimmt also linear mit wachsender Spannungszeitfläche F_u ab. Diese Aussage gilt für alle fünf Schaltungen und für beliebige ohmisch-induktive Last, denn es wurde nur von Aussagen Gebrauch gemacht, die für alle fünf Schaltungen bei beliebiger Last gelten.

Die Spannungszeitfläche F_u kann nach (1), (2) durch das Steuersignal ersetzt werden. Daraus folgen die beiden Beziehungen:

$$\frac{U_L}{U_M} = 1 - \frac{F_{us}}{F_M}\frac{N_a}{N_s}, \tag{7}$$

$$\frac{U_L}{U_M} = 1 - \frac{I_s N_s}{\Delta\Theta}, \tag{8}$$

$$0 \leqq F_{us} \leqq F_M \frac{N_a}{N_s}, \qquad 0 \leqq I_s N_s \leqq \Delta\Theta,$$

$$F_M = 2\sqrt{2}\,U, \tag{9}$$

$$U_M = \frac{2\sqrt{2}}{\pi}\,U. \tag{10}$$

Die Beziehung (7) liefert die Steuerkennlinie der flußgesteuerten Schaltungen für den Steuerbereich $F_{us} = 0$ bis $F_{us} = F_M N_s/N_a$; für die durchflutungsgesteuerten Schaltungen gilt im Steuerbereich $I_s N_s = 0$ bis $I_s N_s = \Delta\Theta$ die Beziehung (8) (Abb. 16.1a und b). Der Verlauf der Steuerkennlinie außerhalb des Steuerbereiches soll nur für den Fall der Durchflutungssteuerung (Abb. 16.1b) untersucht werden.

Bei einer Veränderung der Steuerdurchflutung von hinreichend großen negativen Werten zu positiven Werten werden die in Abb. 16.2a bis f schematisch dargestellten Magnetisierungszustände der Transduktordrossel 1 durchlaufen; den Kennlinienpunkten A bis F in Abb. 16.1b sind dabei die entsprechenden Magnetisierungszustände Abb. 16.2a bis f zugeordnet. Die Magnetisierungszustände Abb. 16.2c, e bzw. d entsprechen somit der Nullaussteuerung, der Vollaussteuerung und einem dazwischen liegenden Betriebszustand.

Bei beliebiger positiver Durchflutung (Abb. 16.2f) bleibt der Sättigungszustand beider Drosseln erhalten, so daß die Steuerkennlinie in Abb. 16.1b von E nach F horizontal abknickt.

Bei hinreichend großen negativen Steuerdurchflutungen (Abb. 16.2b) kann die Kennlinienneigung und Kennlinienbreite gegenüber der Steuerdurchflutung $I_s N_s$ vernachlässigt werden, so daß während der Ummagnetisierung der Drossel $I_s N_s \approx i_1 N_a$ bzw $I_s N_s \approx i_2 N_a$ gilt; die Ströme i_1 und i_2 wachsen deshalb mit dem Betrag der Steuerdurchflutung $I_s N_s$ an. Die Ströme i_1 und i_2 bestimmen den Laststrom i_L und damit auch

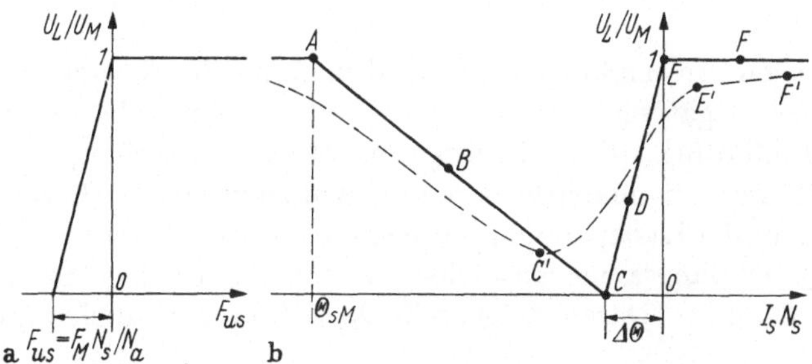

Abb. 16.1a u. b. Die Steuerkennlinie der zweipulsigen Schaltungen (schematisch): a Flußsteuerung, b Durchflutungssteuerung

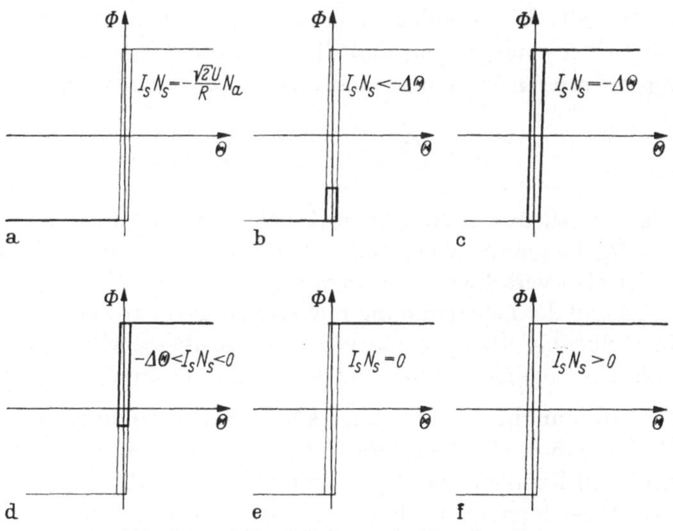

Abb. 16.2a–f. Zur Erläuterung der Steuerkennlinie

den Spannungsabfall u_L an der Last, so daß die Drosselspannung $u - u_L$ und damit der ummagnetisierende Flußhub $\Delta\Phi$ ebenfalls kleiner wird und bei einem bestimmten Wert $\Theta_{sM} = I_{sM} N_s$ den Wert Null (Abb. 16.2a) erreicht. Von da an ist der Strom in den Arbeitswicklungen bei einer weiteren Vergrößerung des Steuerstromes zu negativen Werten durch einen Halbwellenstrom mit dem Scheitelwert $\sqrt{2}\,U/R$ gegeben. Die Steuerkennlinie knickt deshalb horizontal nach links ab, sobald Θ_{sM} erreicht ist; dabei gilt $\Theta_{sM} = N_a\sqrt{2}\,U/R$. Daraus resultiert der in Abb. 16.1 b schematisch dargestellte Kennlinienverlauf links vom Punkt C. Die spannungssteuernden Ventildrosselschaltungen verhalten sich somit bei hinreichend großen negativen Steuerdurchflutungen, nämlich zwischen C und A, ähnlich wie die stromsteuernden Transduktorschaltungen.

Bei vielen Anwendungen ist die Zunahme der Lastspannung mit wachsender negativer Übersteuerung, also beim Überschreiten der Steuerdurchflutung $\Delta\Theta$ nach negativen Werten, überhaupt nicht oder zumindest nur in mäßigen Grenzen zulässig. Diese Forderung ist erfüllt, wenn die Lastspannung im Kennlinienbereich zwischen C und A um sehr viel langsamer anwächst als im eigentlichen Steuerbereich zwischen E und C. Daraus folgt, daß $\Theta_{sM}/\Delta\Theta$ eine möglichst große Zahl sein soll.

Bei den spannungssteuernden Einpuls-Schaltungen in Abschn. 7 und 8 wurde gezeigt, daß die Arbeitswicklung der Transduktordrosseln den überwiegenden Teil des Wickelraumes beansprucht, also $N_a I = \Theta_{am} \approx \Theta_g$ gilt. Es ist einleuchtend und in Abschn. 16.3 wird darauf noch ausführlich eingegangen, daß diese Gesetzmäßigkeit auch für die spannungssteuernden Zweipuls-Schaltungen gilt. Somit folgt

$$\frac{\Theta_{sM}}{\Delta\Theta} = \frac{\sqrt{2}\,U N_a}{R\Delta\Theta} \approx \frac{\sqrt{2}\,\Theta_g}{\Delta\Theta} \gg 1. \tag{11}$$

Mit den Daten des in Abschn. 6 eingeführten Normkernes wird das Verhältnis $\Theta_g/\Delta\Theta$ sehr groß gegenüber 1. Der Kennlinienbereich zwischen E und C ist also verschwindend klein gegenüber dem Bereich zwischen A und C, so daß die Lastspannung nur sehr langsam anwächst, wenn die Steuerdurchflutung $\Delta\Theta$ zu negativen Werten überschritten wird. Entsprechende Überlegungen gelten für die Flußsteuerung.

16.2 Lastspannung in Abhängigkeit vom Sättigungswinkel. Der Zeitpunkt in dem die Transduktordrossel 1 in Sättigung geht, bzw. das gesteuerte Ventil zündet, wurde in Abb. 11.2, 12.2, 13.3, 14.2 und 15.2, 15.3 mit x_α bezeichnet. Je nachdem, ob eine Transduktorschaltung oder die entsprechende Gleichrichterschaltung mit gesteuerten Ventilen vorliegt, wird x_α Sättigungswinkel oder Zündwinkel genannt.

Bei manchen Überlegungen interessiert die Abhängigkeit des Lastspannungsmittelwertes U_L vom Sättigungswinkel x_α und vom Lastparameter φ, also die Funktion:

$$U_L = U_L(x_\alpha, \varphi), \qquad \cot\varphi = \frac{R}{\omega L} = \varrho. \tag{12}$$

Aus den oben angeführten Abbildungen folgt, daß bei allen fünf Schaltungen der Lastspannungsmittelwert U_L im Intervall x_α bis $x_\alpha + x_d$ durch den Mittelwert des Netzspannungsausschnittes, also durch die Beziehung

$$U_L = \frac{1}{\pi} \int\limits_{x_\alpha}^{x_\alpha + x_d} u\, dx = U_M \frac{1}{2} [\cos x_\alpha - \cos (x_\alpha + x_d)]; \; U_M = \frac{2\sqrt{2}\,U}{\pi} \tag{13}$$

gegeben ist. x_d bedeutet das Zeitintervall in dem die Drossel 1 gesättigt ist. Hinsichtlich der Sättigungsdauer x_d unterscheiden sich die fünf Schaltungen voneinander, so daß die Auswertung von (13) für verschiedene Schaltungen auch einen verschiedenen Verlauf von $U_L(x_\alpha, \varphi)$ liefert.

Man beginnt am zweckmäßigsten mit der Bestimmung der Funktion $U_L = U_L(x_\alpha, \varphi)$ für die Mittelpunktschaltung ohne Nullventil (Abb. 15.1 a), denn darauf lassen sich die entsprechenden Beziehungen der übrigen vier Schaltungen zurückführen.

Im nichtlückenden Bereich $0 \leqq x_\alpha \leqq \varphi$ gilt $x_d = \pi$, so daß aus (13) unmittelbar

$$\frac{U_L}{U_M} = \cos x_\alpha, \qquad 0 \leqq x_\alpha \leqq \varphi \tag{14}$$

folgt. Die Abhängigkeit der Lastspannung U_L vom Sättigungswinkel x_α ist also im nichtlückenden Betrieb unabhängig von der Art der Last.

Im lückenden Betrieb ist dagegen die Sättigungsdauer nach Abschn. 15.2 durch die Lösung der transzendenten Gleichung (13.7) gegeben und hängt damit sowohl vom Sättigungswinkel x_α, als auch von der Last ab. Die graphisch oder numerisch ermittelte Lösung für x_d wurde bereits in Abb. 13.6 mit x_α als Abszisse und φ als Parameter dargestellt. Diese Kurvenschar ist nochmals in Abb. 16.3 eingezeichnet.

Man erhält die Funktion $U_L = U_L(x_\alpha, \varphi)$ in dem die Sättigungszeit x_d, deren Wert aus Abb. 16.3 für einen bestimmten Sättigungswinkel x_α und einen bestimmten Lastparameter φ entnommen werden kann, in (13) eingesetzt wird. Die errechneten Werte des Lastspannungsmittelwertes U_L/U_M sind in Abb. 16.3 in Abhängigkeit von x_α mit φ als Parameter eingezeichnet; man erhält also im lückenden Betrieb zu jedem Lastparameter eine bestimmte Kennlinie.

Die Kennlinie der Mittelpunktschaltung verläuft demnach im nichtlückenden Betrieb nach dem Cosinusgesetz (14) und knickt bei Übergang zu lückendem Betrieb bei $x_\alpha = \varphi$ auf den durch den Lastparameter φ festgelegten, flacher verlaufenden Kennlinienast ab (Abb. 16.3).

Im Grenzfall fehlender Glättung ($L = 0$, d. h. $\varphi = 0$) erhält man aus (13.7) für die Sättigungsdauer $x_d = \pi - x_\alpha$ für beliebige Sättigungswinkel zwischen $x_\alpha = 0$ und $x_\alpha = \pi$. Daraus folgt nach (13) für den Kennlinienverlauf:

$$\frac{U_L}{U_M} = \frac{1}{2}(1 + \cos x_\alpha), \qquad 0 \leqq x_\alpha \leqq \pi. \tag{15}$$

Der Verlauf von (15) ist in Abb. 16.3 dargestellt durch die rechte Begrenzungskurve.

Im Grenzfall idealer Glättung $L = \infty$, d. h. $\varphi = \pi/2$ erstreckt sich die Gültigkeit von (14) über das Intervall $0 \leqq x_\alpha \leqq \pi/2$; die Lastspannung ändert sich dabei vom Höchstwert U_M bis zur Nullaussteuerung $U_L = 0$. Die Kennlinie verläuft dann nach Abb. 16.3 bis $x_\alpha = \pi/2$ nach dem Cosinusgesetz (14) und knickt von da auf die Abszisse um; dieser Verlauf ist in Abb. 16.3 dargestellt durch die linke Begrenzungskurve.

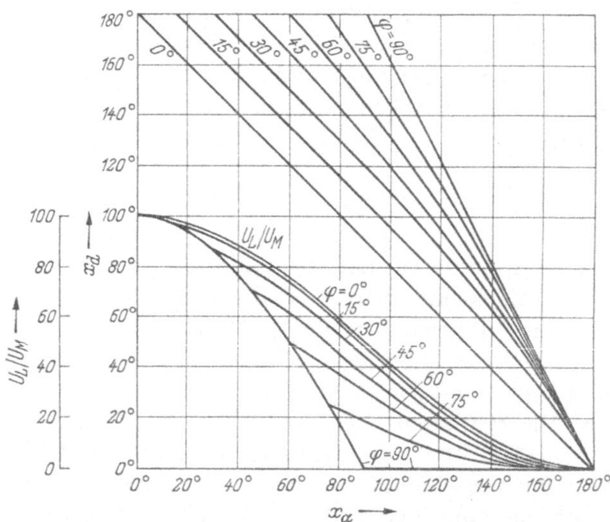

Abb. 16.3. Relative Lastspannung U_L/U_M und Stromführungszeit x_d in Abhängigkeit vom Sättigungswinkel x_α für verschiedene Werte des Phasenwinkels φ der Lastimpedanz

Die Kennlinien für die beiden Sonderfälle $L = 0$ und $L = \infty$ bilden die rechte bzw. linke Begrenzung des Kennlinienfeldes in Abb. 16.3. Durch das Kennlinienfeld Abb. 16.3 der Mittelpunktschaltung ohne Nullventil sind — wie die folgenden Überlegungen zeigen — auch die Kennlinien aller übrigen Schaltungen bestimmt.

In Abschn. 15.1 wurde gezeigt, daß sich die Mittelpunktschaltung ohne Nullventil im lückenden Betrieb genauso wie die Gegentaktschaltung verhält; die von der Cosinuslinie ausgehenden und in den Punkt $x_\alpha = \pi$ der Abszisse mündenden Kennlinien in Abb. 16.3 sind somit gleichzeitig die Kennlinien der Gegentaktschaltung. Man erkennt daraus, daß der Maximalwert U_M bei der Gegentaktschaltung nur im Sonderfall $\varphi = 0$, also bei rein ohmscher Last erreicht wird; im Falle gemischter Last ist der bei $x_\alpha = \varphi$ auftretende Höchstwert durch $U_M \cos\varphi$ gegeben.

Bei den Schaltungen mit Nullventilwirkung, also bei der Mittelpunktschaltung mit Nullventil, der Brückenschaltung und der Gegentaktschaltung mit nachgeschalteter Brücke gilt für die Brenndauer, unabhängig von der Art der Belastung, $x_d = \pi - x_\alpha$. Daraus folgt die Beziehung (15) für den Verlauf der Kennlinie. Die drei Schaltungen besitzen also unabhängig von der Art der Belastung dieselbe, durch die rechte Begrenzungslinie in Abb. 16.3 dargestellte Kennlinie.

16.3 Steuerkennlinie unter realen Bedingungen. In Abschn. 16.1 wurde der Verlauf der Steuerkennlinie unter idealen Bedingungen ermittelt; die Kernkennlinie wurde stückweise durch Gerade angenähert, der Magnetisierungsstrom und das dynamische Verhalten der Kernkennlinie wurde vernachlässigt, Wicklungswiderstände, Streureaktanzen und Ventilwiderstände wurden nicht berücksichtigt, außerdem wurden Rückwirkungserscheinungen ausgeschlossen, da stets ein ideal geglätteter Steuerstrom vorausgesetzt wurde. Der Verlauf der tatsächlichen Steuerkennlinie, wie er etwa in Abb. 16.1b gestrichelt eingezeichnet ist, unterscheidet sich deshalb zum Teil beträchtlich vom vollausgezogenen idealen Verlauf.

Der Anstieg der gestrichelten Kennlinie zwischen E' und F' rührt von allem vom Einfluß der Streureaktanzen, von den Spannungsabfällen an den Arbeitswicklungen und an den Sättigungsventilen her. Die Anhebung des Punktes C' wird vom Spannungsabfall des Magnetisierungsstromes am Lastwiderstand, außerdem von Rückwirkungserscheinungen und von den dynamischen Magnetisierungsprozessen hervorgerufen. Die Krümmungen bei C' und E' sind vor allem auf die Krümmungen der tatsächlichen Kernkennlinie zurückzuführen. Die Verminderung der Kennliniensteilheit zwischen C' und E' rührt in erster Linie von den dynamischen Magnetisierungsprozessen und von den Rückwirkungserscheinungen her.

Man erkennt daraus, daß die ideale Steuerkennlinie nur einen ungefähren Anhalt über die wirklichen Verhältnisse liefert. Die folgenden Überlegungen sollen einen Überblick geben, wie die oben erwähnten Nebeneffekte, wie Magnetisierungsstrom, Wicklungswiderstände usw. an den Abweichungen zwischen idealer und realer Kennlinie beteiligt sind.

Zwischen der Spannungszeitfläche F_u an der Arbeitswicklung der Transduktordrossel und dem Flußhub $\varDelta\Phi$ besteht in jedem Fall, also auch unter realen Bedingungen die Beziehung:

$$F_u = \omega N_a \Delta\Phi. \tag{16}$$

Die Größe der Spannungszeitfläche F_u wird durch das auf die Steuerwicklung einwirkende Steuersignal S bestimmt; F_u ist also eine Funktion von S. Der Lastspannungsmittelwert U_L nimmt mit wachsender Spannungszeitfläche F_u ab, ist deshalb eine Funktion von F_u. Formal kann für diese, auch unter realen Bedingungen geltenden Aussagen, geschrieben werden:

$$U_L = g(F_u) = g(\omega N_a \Delta\Phi), \tag{17}$$

$$F_u = h(S). \tag{18}$$

Die Beziehung (18) kann in (17) eingesetzt werden, so daß formal eine Beziehung zwischen U_L und S, also die Steuerkennlinie

$$U_L = f(S) \tag{19}$$

entsteht.

Diese allgemeinen Überlegungen sollen nun als Beispiel auf den bereits in Abschn. 16.1 beschriebenen Sonderfall der Steuerkennlinie unter idealen Bedingungen angewendet werden. Für die Beziehung (17) erhält man nach Abschn. 16.1 eine lineare Beziehung:

$$\frac{U_L}{U_M} = 1 - \frac{F_u}{F_M} = 1 - \frac{\Delta\Phi}{2\Phi_s}, \qquad 0 \leqq \frac{\Delta\Phi}{2\Phi_s} \leqq 1. \tag{20}$$

Für die Beziehung (18) folgt im Falle der Flußsteuerung aus (1):

$$F_u = \frac{N_a}{N_s} S, \qquad S = F_{us}. \tag{21}$$

Für die Durchflutungssteuerung erhält man nach (2):

$$F_u = \frac{F_M}{\Delta\Theta} S, \qquad S = I_s N_s. \tag{22}$$

Die Steuerkennlinie (19) unter idealen Bedingungen erhält man aus (20), (22) bzw. (20), (21):

$$\frac{U_L}{U_M} = 1 - \frac{S}{\Delta\Theta}, \tag{23}$$

$$\frac{U_L}{U_M} = 1 - \frac{S}{F_M} \frac{N_a}{N_s}. \tag{24}$$

Darin gilt (24) für die Flußsteuerung und (23) für die Durchflutungssteuerung.

Die folgenden Überlegungen sollen zeigen, daß der Einfluß der obengenannten Nebeneffekte wie Streureaktanzen, Widerstände, Rückwirkungen usw. auf den Zusammenhang (17) zwischen Lastspannungsmittelwert U_L und Spannungszeitfläche F_u relativ gering ist und daß deshalb der für ideale Bedingungen abgeleitete lineare Zusammenhang (20) auch bei Berücksichtigung dieser Nebeneffekte, zumindest in guter Näherung gilt.

Für jede der fünf Schaltungen, die in den Abschn. 11 bis 15 beschrieben wurden, kann ein Spannungsumlauf, der die Drossel 1 und das zugehörige Sättigungsventil V_1, die Last und die Netzspannung enthält, angegeben werden; dieser Stromkreis ist für sich in Abb. 16.4a herausgezeichnet; darin bedeutet R_0 einen Widerstand, der aus dem Durchlaßwiderstand des Sättigungsventiles und dem Widerstand der Arbeitswicklung besteht. Abb. 16.4b zeigt die tatsächliche Kernkennlinie der

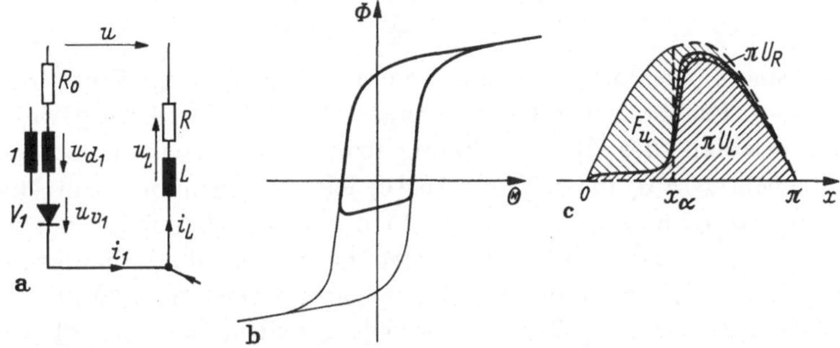

Abb. 16.4a–c. Zur Erläuterung des Einflusses der Krümmung bei den realen Kernkennlinien

Transduktordrossel 1; die dynamischen Magnetisierungsprozesse sind darin durch eine entsprechende Schleifenverbreiterung und die Streureaktanzen der Wicklungen durch den linearen Anstieg im Sättigungsbereich beschrieben. Die Glättung im Steuerkreis sei beliebig, so daß je nach der Art der Schaltung grundsätzlich Rückwirkungen auftreten können. In Abb. 16.4a sind somit alle oben aufgezählten Nebeneffekte berücksichtigt.

In Abschn. 16.1 wurde gezeigt, daß das Sättigungsventil V_1 unter idealen Bedingungen während der positiven Halbwelle der Netzspannung $x = 0$ bis $x = \pi$ Strom führt, also $u_{w1} = 0$ gilt; an diesem Verhalten wird auch bei Berücksichtigung der oben erwähnten Nebenbedingungen nichts wesentliches geändert. Für die Lastspannung erhält man deshalb aus Abb. 16.4a $u_L = u - u_{d1} - R_0 i_1$. Die Integration über die Halbperiode liefert:

$$\frac{1}{\pi}\int_0^\pi u_L\,dx = \frac{1}{\pi}\int_0^\pi u\,dx - \frac{1}{\pi}\int_0^\pi u_{d1}\,dx - \frac{1}{\pi}\int_0^\pi R_0 i_1\,dx. \qquad (25)$$

Der Ausdruck links vom Gleichheitszeichen ist der Gleichspannungsmittelwert U_L, der erste Ausdruck rechts liefert den Höchstwert $U_M = 2\sqrt{2}\,U/\pi$, der zweite Summand beschreibt den Mittelwert der Drosselspannung F_u/π und der dritte ist der Mittelwert U_R des Spannungsabfalles am Widerstand R_0. In Abb. 16.4c sind diese Verhältnisse schematisch unter Berücksichtigung der Kennlinienform Abb. 16.4b für den Fall ohmscher Last dargestellt; die rechts schraffierte Fläche entspricht dem Lastspannungsmittelwert U_L, die links schraffierte Fläche der Spannungszeitfläche F_u und die doppelt schraffierte Fläche kennzeichnet den Spannungsverlust am Widerstand R_0; der Verlauf der Lastspannung unter idealen Bedingungen und bei einer idealen Knickkennlinie ist gestrichelt mit eingezeichnet.

Mit den eben getroffenen Festlegungen erhält man aus (25):

$$\frac{U_L}{U_M} = 1 - \frac{F_u}{F_M} - \frac{U_R}{U_M}. \tag{26}$$

Der Spannungsabfall U_R kann für ohmsche Last angenähert berechnet werden. Früher wurde bereits festgestellt, daß der Beitrag, den der Spannungsabfall des Magnetisierungsstromes am Lastwiderstand im Zeitintervall $x = 0$ bis x_α (Abb. 16.4c) leistet, gegenüber dem Mittelwert der Lastspannung U_L — abgesehen von der Umgebung der Nullaussteuerung — vernachlässigt werden kann; dasselbe gilt umsomehr für den Spannungsabfall an dem viel kleineren Ersatzwiderstand R_0. Bei hinreichend kleinem R_0/R gilt zwischen x_α und $x = \pi$ bei ohmscher Last in guter Näherung $i_1 = i_L = u/(R + R_0)$. Daraus folgt:

$$\frac{U_R}{U_M} \approx \frac{R_0}{U_M}\int_{x_\alpha}^{\pi} \frac{u}{R + R_0}\,dx \approx \frac{R_0}{R + R_0}\,\frac{U_L}{U_M}. \tag{27}$$

Aus (26), (27) folgt:

$$\frac{U_L}{U_M} = \left(1 - \frac{F_u}{F_M}\right)\frac{R + R_0}{R + 2R_0}. \tag{28}$$

Die an die Beziehungen (26), (28) geknüpften Überlegungen zeigen, daß der Zusammenhang zwischen U_L und F_u, also die Beziehung (17), nur von R_0 beeinflußt wird, daß jedoch die Abweichung von der unter idealen Bedingungen errechneten Beziehung (20) nur gering ist, wenn $R_0/R \ll 1$ gilt; diese Relation ist fast immer erfüllt. Änderungen der Kennlinienform, dynamische Prozesse und Rückwirkungserscheinungen haben somit auf den Zusammenhang zwischen U_L und F_u keinen wesentlichen Einfluß, denn die Spannungsbilanz (25), die diesen Überlegungen zugrunde liegt, gilt auch wenn diese eben genannten Nebeneffekte vorliegen.

Aus dem Umstand, daß die Beziehung (17) zwischen U_L und F_u durch die Nebeneffekte nur geringfügig beeinflußt wird, folgt, daß der Unterschied zwischen dem tatsächlichen und idealen Verlauf der Steuerkennlinie (gestrichelt bzw. voll ausgezogen in Abb. 16.1b) fast ausschließlich davon herrührt, daß der tatsächliche Zusammenhang (18) zwischen Spannungszeitfläche F_u und dem Steuersignal S beträchtlich von der unter idealen Bedingungen geltenden Beziehung (1) bzw. (2) abweicht. Die Nebeneffekte wirken sich somit fast ausschließlich auf die Beziehung (18) aus, die für alle fünf Schaltungen und für beide Steuerungsarten geltende Beziehung (17) wird dagegen davon nur geringfügig beeinflußt.

Die Veränderung, die die Beziehung (18) unter realen Bedingungen erfährt, rührt — abgesehen von der Krümmung der realen Kernkennlinie — vorwiegend von den dynamischen Magnetisierungsprozessen und von den Rückwirkungserscheinungen her. Rückwirkungserscheinungen können bei der Flußsteuerung grundsätzlich nicht auftreten (vgl. Abschn. 16.4) und die dynamischen Magnetisierungsprozesse sind bei der Flußsteuerung — wie in Teil V gezeigt wird — ebenfalls nur von geringer Bedeutung. Daraus ergibt sich, daß die Beziehung (18) bei der Durchflutungssteuerung wesentlich stärkere Abweichungen von den idealen Verhältnissen als bei der Flußsteuerung zeigen muß. In Teil V wird auf den Einfluß der dynamischen Magnetisierungsprozesse und der Rückwirkungen bei der Durchflutungssteuerung ausführlicher eingegangen.

16.4 Rückwirkung zwischen Steuer- und Arbeitskreis. Bei der Beschreibung der einzelnen Zweipuls-Schaltungen in den Abschn. 11 bis 15 wurde an den einschlägigen Stellen der zeitliche Verlauf der Rückwirkungsspannung u_r abgeleitet und zwar für den Fall einer idealen Sprungkennlinie nach Abb. 3.15b und für den Fall einer mit endlicher Kennlinienneigung und Schleifenbreite behafteten Kernkennlinie nach Abb. 3.15a. Aus einer Zusammenfassung dieser Ergebnisse können die folgenden Aussagen über den Einfluß der Kennlinienform auf die Rückwirkung der Arbeitswicklungen auf den Steuerkreis entnommen werden; sie sind jedoch an die Voraussetzungen geknüpft, daß ein zeitlich konstanter Steuerstrom vorliegt und die zu Beginn des Abschn. 5.1 zusammengestellten Idealisierungen gelten.

Dabei stellt man weitgehend analoge Verhältnisse bei der Mittelpunktschaltung mit Nullventil (Abb. 11.1a) und bei der Brückenschaltung (Abb. 12.1a) einerseits und bei der Gegentaktschaltung (Abb. 13.1a) und bei der Gegentaktschaltung mit nachgeschalteter Brücke (Abb. 14.1a) andererseits fest; die Mittelpunktschaltung ohne Nullventil (Abb. 15.1a) verhält sich dagegen vollkommen anders.

Wenn der induktive Lastanteil hinreichend groß ist, d. h. wenn die Bedingung (11.17) erfüllt ist, sind die vier erstgenannten Schaltungen unabhängig von der Form der Kernkennlinie rückwirkungsfrei, es gilt $u_r \equiv 0$ während der vollen Periodenlänge; für die letztgenannte Schaltung trifft diese Aussage in keiner Weise zu.

Bei den zwei Gegentaktschaltungen Abb. 13.1a und 14.1a liegt $u_r \equiv 0$, also Rückwirkungsfreiheit, auch noch bei beliebig kleinen induktiven Lastanteilen vor; die beiden Schaltungen sind also bei beliebig ohmisch-induktiver Last und beliebiger Kennlinienform rückwirkungsfrei. Bei den beiden erstgenannten Schaltungen Abb. 11.1a und 12.2a tritt eine Rückwirkungsspannung auf, sobald der durch (11.17) definierte Mindestwert des induktiven Lastanteiles unterschritten wird; diese Verhältnisse wurden in den Abb. 11.5e und 12.3h für den Sonderfall rein ohmscher Last im einzelnen erläutert. Daraus geht hervor, daß die unter diesen Lastverhältnissen auftretenden Rückwirkungen von der Kennlinienbreite und der Kennliniensteilheit abhängen und gegen Null konvergieren, wenn sich die Kernkennlinie dem idealen Verlauf nach Abb. 3.15b nähert; die Rückwirkungen können dann durch geeignete Kernwerkstoffe und durch günstige Kerndimensionierung klein gehalten werden. Bei einer idealen Sprungkennlinie verschwinden die Rückwirkungen auch im Falle ohmscher Last.

Die eben betrachteten vier Schaltungen sind somit im Falle einer idealen Sprungkennlinie, unabhängig von der Art der Last, stets rückwirkungsfrei. Im Gegensatz dazu tritt bei der Mittelpunktschaltung ohne Nullventil stets eine Rückwirkungsspannung auf, gleichgültig welche Kennlinienform und welche Belastungsart vorliegt. Aus Abb. 15.2 und 15.3 folgt, daß der Momentanwert von u_r das Doppelte des Netzspannungsscheitelwertes annehmen kann; bei hinreichend großem Übersetzungsverhältnis N_s/N_a können dadurch Isolationsschwierigkeiten an der Steuerwicklung entstehen. Die hohen Rückwirkungsspannungen erfordern große Glättungsinduktivitäten im Steuerkreis und verschlechtern dadurch die dynamischen Eigenschaften der Schaltung. Aus diesen Gründen wird die Mittelpunktschaltung ohne Nullventil relativ selten angewendet.

16.5 Leistungsverstärkung, Ansprechzeit und Gütefaktor der spannungssteuernden zweipulsigen Transduktorschaltungen. Die zweipulsigen Schaltungen liefern bei gleicher Netzspannung und gleicher Last gegenüber den einpulsigen Schaltungen den doppelten Lastspannungsmittelwert U_L, den doppelten Laststrom I_L und deshalb die vierfache Nutzleistung N_L; die auf die Steuerwicklungen entfallende Steuerleistung N_s verdoppelt sich dagegen nur gegenüber den einpulsigen Schaltungen. Daraus folgt unmittelbar eine doppelt so große Leistungsverstärkung wie bei den einpulsigen Schaltungen. Es gilt also nach (7.29) und (8.42):

$$V_0 = 2\,\frac{\omega}{\pi^2}\,\frac{\xi F_g q}{l_m l_f \varrho}\,\frac{2B_s}{\Delta H}, \tag{29}$$

$$V_0 = \frac{8}{\pi}\,\frac{F G \zeta}{l_j \Delta H}. \tag{30}$$

Die Beziehung (29) gilt für die durchflutungsgesteuerten und (30) für die flußgesteuerten zweipulsigen Transduktorschaltungen.

Wenn bei der Gegentaktschaltung von der thermischen Nutzleistung ausgegangen wird, muß der aus den Halbwellenmittelwerten errechnete Nutzleistungshub ΔP_L entsprechend dem Übergang zu den Effektivwerten mit dem Faktor $(\pi/2\sqrt{2})^2$ multipliziert werden; in diesem Fall ist die Leistungsverstärkung der Gegentaktschaltung mit demselben Faktor zu multiplizieren.

In Abschn. 9 wurde für die einpulsigen Schaltungen gezeigt, daß das Zeitverhalten der Transduktorschaltungen in grober Näherung durch den Sprungübergang des Steuerkreises beschrieben werden kann. Der Sprungübergang der Steuerwicklung wurde in Abschn. 9.2 als der zeitliche Flußverlauf in einer Transduktordrossel definiert, der sich bei offener Arbeitswicklung unter dem Einfluß einer plötzlich einwirkenden Gleichspannung U_e einstellt; vorausgesetzt ist lediglich eine konstante Vormagnetisierung $-\Theta_k'$ und eine nach Größe und Richtung zur vollen Ummagnetisierung ausreichende Gleichspannung U_e. Diese Definition gilt unabhängig von der Art der Schaltung, also auch für die zweipulsigen Transduktorschaltungen.

Bei abgeschalteter Arbeitswicklung wirkt der Steuerkreis bei der Durchflutungssteuerung wie zwei in Reihe geschaltete, bei der Flußsteuerung wie zwei parallel geschaltete Drosseln gleicher Induktivität und gleichen Widerstandes, wenn von einem zusätzlichen Vorwiderstand im Steuerkreis abgesehen wird. Daraus folgt, daß die zweipulsigen und einpulsigen Schaltungen genau das gleiche Zeitverhalten aufweisen, denn die Reihenschaltung bzw. die Parallelschaltung zweier Drosseln zeigt dasselbe Zeitverhalten wie eine einzelne Drossel.

Deshalb gilt nach (9.19) und (9.23) für die Ansprechzeit $T_{s,63}$ der zweipulsigen Transduktorschaltungen:

$$T_{s,63} = \tau_s = \frac{2qB_s}{l_m G \varrho}, \tag{31}$$

$$T_{s,63} = \left(1 - \frac{1}{e}\right)\frac{T}{2}. \tag{32}$$

(31) gilt für die durchflutungsgesteuerten, (32) für die flußgesteuerten zweipulsigen Transduktorschaltungen.

Aus der Definition (9.24) des Gütefaktors folgt, daß der Gütefaktor der zweipulsigen Schaltungen doppelt so groß wie der der einpulsigen Schaltungen ist, denn die Ansprechzeit ist in beiden Fällen dieselbe, die Leistungsverstärkung unterscheidet sich dagegen um den Faktor Zwei. Man erhält also nach (9.26) und (9.27) für den Gütefaktor der Zweipuls-Schaltungen:

$$G_D = \frac{4}{\pi} \frac{F_g G \zeta}{l_f \Delta H}, \tag{33}$$

$$G_F = \frac{16}{\pi} \frac{1}{1 - \frac{1}{e}} \frac{\Theta_g}{\Delta \Theta}. \tag{34}$$

(33) gilt für die durchflutungsgesteuerten, (34) für die flußgesteuerten zweipulsigen Transduktorschaltungen.

Bei den durchflutungsgesteuerten Transduktorschaltungen muß im allgemeinen zusätzlich zum Widerstand $2R_s$ der Steuerwicklungen mit einem Vorwiderstand R_v und zusätzlich zur Induktivität $2L_s$ der Steuerwicklungen mit einer Glättungsinduktivität L_v gerechnet werden; der Steuerkreis enthält somit den Gesamtwiderstand $R_e = R_v + 2R_s$ und die Gesamtinduktivität $L_e = L_v + 2L_s$.

Die Nutzleistung der Transduktorschaltungen erfährt durch den zusätzlichen Vorwiderstand und die zusätzliche Vorinduktivität im Steuerkreis keine Änderung, dagegen wächst die Steuerleistung um den Faktor $R_e/2R_s$ an. Für die Leistungsverstärkung erhält man deshalb

$$V_e = \frac{2R_s}{R_e} V_0. \tag{35}$$

Für die Zeitkonstante des Steuerkreises gilt $\tau_e = (L_v + 2L_s)/(R_v + + 2R_s)$. Damit erhält man nach Abschn. 9 mit (9.8), (9.14) und $\Delta\Theta/\Theta_{sM} = 1$ für die einpulsigen und zweipulsigen Schaltungen denselben Ausdruck für die Ansprechzeit $T_{e,63}$ des Steuerkreises:

$$T_{e,63} = \frac{L_v + 2L_s}{R_v + 2R_s} = \frac{L_e}{L_s} \frac{R_s}{R_e} T_{s,63}. \tag{36}$$

Mit (35), (36) erhält man aus der Definitionsgleichung (9.24) des Gütefaktors:

$$G_{De} = \frac{V_e}{f T_{e,63}} = \frac{2L_s}{L_e} G_D = \frac{2L_s}{L_e} \frac{4}{\pi} \frac{G\zeta}{l_F \Delta H}. \tag{37}$$

Der Ausdruck (37) zeigt, daß der Gütefaktor bei fehlender Glättung, d. h. bei $L_e = 2L_s$ unabhängig von der Größe des Vorwiderstandes R_v bleibt; denn Ansprechzeit und Leistungsverstärkung werden mit wachsendem Vorwiderstand R_v in gleichem Masse verkleinert. Wenn dagegen eine Glättungsinduktivität vorhanden ist, nimmt der auf den gesamten Steuerkreis bezogene Gütefaktor G_{De} mit wachsender Glättungsinduktivität L_v ab.

16.6 Rückkopplung des Laststromes. In der Transduktoranordnung Abb. 16.5a ist eine negative Vormagnetisierung $-\Theta_k$ vorgesehen; dadurch wird der Kennlinienpunkt P_1 in Abb. 16.5b eingestellt. Der Zustand der Nullaussteuerung tritt in diesem Falle beim Steuerstrom $I_s = 0$ ein, so daß zur Aussteuerung der Transduktordrossel

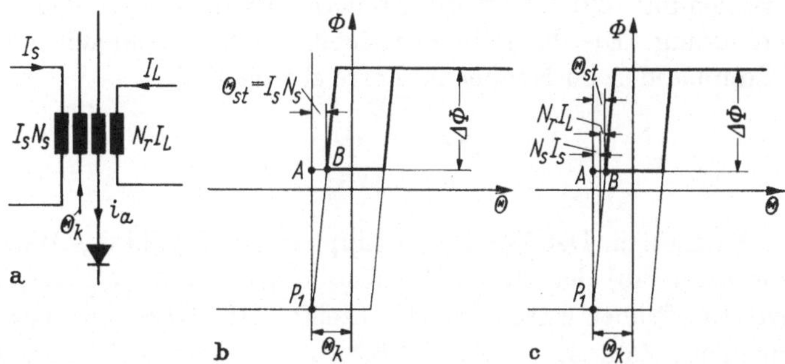

Abb. 16.5a–c. Zur Erläuterung der Rückkopplung

im Gegensatz zur bisherigen Betrachtungsweise, eine positive Steuerdurchflutung I_sN_s aufgebracht werden muß (Abb. 16.5b).

Die Transduktordrossel in Abb. 16.5a weist eine vierte Wicklung mit der Windungszahl N_r (Rückkopplungswicklung) auf. Bei den Schaltungen mit Gleichstromausgang können die Rückwirkungswicklungen derart mit der Last in Reihe geschaltet werden, daß der Laststrom I_L eine Rückkopplungsdurchflutung I_LN_r hervorruft, die in gleicher Richtung wie die Steuerdurchflutung I_sN_s, also im Sinne einer Mitkopplung wirkt. Bei idealer Glättung des Laststromes, also bei hinreichend großem induktiven Lastanteil wirkt die Rückkopplungswicklung genauso wie die Steuerwicklung.

Für die Ummagnetisierung der Transduktorkerne um den Flußhub $\Delta\Phi$ muß eine Gleichstromdurchflutung Θ_{st} vorgegeben werden, die der Strecke AB in Abb. 16.5b entspricht. Bei Berücksichtigung der Rückkopplungswicklung folgt nach Abb. 16.5c und (16.6):

$$\Theta_{st} = I_sN_s + I_LN_r = \Delta\Theta\left(1 - \frac{\Delta\Phi}{2\Phi_s}\right) = \Delta\Theta\,\frac{U_L}{U_M}. \qquad (38)$$

Daraus erhält man nach kurzer Umrechnung:

$$\frac{U_L}{U_M} = \frac{\dfrac{I_s N_s}{\Delta\Theta}}{1 - \dfrac{N_r I_M}{\Delta\Theta}} \approx \frac{\dfrac{I_s N_s}{\Delta\Theta}}{1 - \dfrac{N_r}{N_a}\dfrac{\sqrt{2}\Theta_g}{\Delta\Theta}}. \tag{39}$$

Bei Vollaussteuerung und ideal geglättetem Laststrom fließt in den Arbeitswicklungen der Transduktordrosseln ein Strom vom Effektivwert $I_M/\sqrt{2}$. Da bei den spannungssteuernden Transduktorschaltungen die Arbeitswicklung nahezu den gesamten Wickelraum der Transduktordrosseln umfaßt, gilt bei voller Ausnützung des Kernes angenähert $N_a I_M/\sqrt{2} \approx \Theta_g$; daraus folgt die Näherung in (39).

Die Beziehung (39) liefert die Steuerkennlinie zwischen Null- und Vollaussteuerung. Die Kennliniensteilheit wächst demnach mit dem zweiten Summanden im Nenner und erreicht im Falle

$$\frac{N_r}{N_a} = \frac{\Delta\Theta}{\sqrt{2}\Theta_g} \tag{40}$$

den Wert Unendlich. Der Verstärker kippt somit, sobald das Windungsverhältnis nach (40) den durch die Kernkonstante $\Delta\Theta/\Theta_g$ festgelegten Wert erreicht. Früher wurde bereits gezeigt, daß $\Delta\Theta/\Theta_g$ eine gegenüber Eins sehr kleine Zahl ist, so daß die Kippgrenze bereits bei einer relativ zur Arbeitswicklung geringen Zahl von Rückkopplungswindungen erreicht wird.

Die wenigen Rückkopplungswicklungen haben praktisch keinen Einfluß auf die an den Lastwiderstand abgegebene Nutzleistung; dagegen wird die Steuerleistung durch die Rückkopplung stark beeinflußt.

Durch die Rückkopplung wird die zur Vollaussteuerung erforderliche Durchflutung der Steuerwicklung im Verhältnis $(\Delta\Theta - N_r I_M)/\Delta\Theta$ verkleinert. Nach (4.20) werden deshalb auch die Wicklungsverluste im gleichen Maße kleiner, vorausgesetzt eine optimale Ausnützung der Wicklungen mit der höchstzulässigen Stromdichte. Damit folgt unmittelbar auch eine entsprechende Vergrößerung der Leistungsverstärkung:

$$V_{0r} = \frac{V_0}{1 - \dfrac{N_r}{N_a}\dfrac{\sqrt{2}\Theta_g}{\Delta\Theta}}. \tag{41}$$

Der Kippunkt (40) ist somit durch die Leistungsverstärkung $V_{0r} = \infty$ gekennzeichnet.

Der Gütefaktor hat hier keine Bedeutung, da das dynamische Verhalten weitgehend von der Lastreaktanz mit bestimmt wird.

Die Überlegungen dieses Abschnittes gelten in dieser Form nur für den Sonderfall eines ideal geglätteten Laststromes. Bei einer Verkleinerung der Glättungsinduktivität im Lastkreis wird der Einfluß der Mitkopplung im allgemeinen abgeschwächt, so daß für die gleiche Wirkung eine höhere Rückkopplungswindungszahl erforderlich ist. Die Verhältnisse werden besonders unübersichtlich, wenn von einer idealen Glättung des Steuerstromes abgesehen wird und damit Rückwirkungsströme auftreten.

Durch geeignete Auslegung der Rückkopplungswicklung kann den Transduktorschaltungen der Charakter einer Kippschaltung erteilt werden.

IV. Rückwirkung bei den spannungssteuernden Transduktorschaltungen

Am Ende des Abschn. 10.1 wurde gezeigt, daß bei den spannungssteuernden Transduktorschaltungen grundsätzlich keine Rückwirkung zwischen Arbeitskreis und Steuerkreis auftritt, daß die Verhältnisse dagegen bei den durchflutungssteuernden Schaltungen ganz anders liegen können, wenn von den idealisierten Voraussetzungen in Teil III abgegangen wird.

Eine besondere Stellung nimmt die Gegentaktschaltung mit Durchflutungssteuerung ein, weil die Rückwirkungserscheinungen erst dann wirksam werden, wenn der Widerstand der Arbeitswicklungen oder der Durchlaßwiderstand der Sättigungsventile berücksichtigt wird. Bei den anderen Schaltungen treten dagegen auch bei idealen Ventilen und idealen, d. h. widerstands- und streuungslosen Arbeitswicklungen Rückwirkungserscheinungen auf, falls die Glättung im Steuerkreis unzureichend ist. Die Beschreibung am Beispiel der Gegentaktschaltung läßt also einen besonderen Einblick in die Gesetzmäßigkeiten der Rückwirkung erwarten.

Die Rückwirkung führt zu ziemlich verwickelten Erscheinungen beim zeitlichen Verlauf der elektrischen Größen, so daß nach Abb. 18.1 nur der einfachste Fall rein ohmscher Last und fehlender Glättung im Steuerkreis untersucht wird. Außerdem gelangt man zu einer gewissen Vereinfachung in der Schreibweise, wenn jeder Transduktordrossel eine dritte Wicklung (Abb. 18.1) mit der zeitlich konstanten Durchflutung Θ_k' zugeordnet wird.

Da die Beschreibung der Rückwirkungserscheinungen ziemlich weitläufig ist, wird auf eine Wiederholung der Überlegungen für die anderen Schaltungen verzichtet.

17. Voraussetzungen

Die Forderungen der Praxis sind nur dann erfüllbar, wenn bei der Auslegung der Schaltung Abb. 18.1 gewisse Größenbeziehungen zwischen den Widerständen erfüllt sind. Diese Größenrelationen, die weiterhin stets erfüllt sein sollen, gestatten gewisse Vereinfachungen bei der Beschreibung der Rückwirkungserscheinungen.

17.1 Widerstände und Zeitkonstanten. Der Steuerkreiswiderstand R_e in Abb. 18.1 setzt sich aus einem Vorwiderstand R_v und dem Widerstand $2R_s$ der beiden in Reihe geschalteten Steuerwicklungen zusammen; der Ventilkreiswiderstand R_0 besteht aus der Reihenschaltung des Widerstandes R_a der Arbeitswicklung einer Transduktordrossel und dem Durchlaßwiderstand R_b des zugehörigen Ventiles. Es gilt also:

$$R_e = R_v + 2R_s, \tag{1}$$

$$R_0 = R_a + R_b, \tag{2}$$

$$R'_e = R_e \frac{N_a^2}{N_s^2}. \tag{3}$$

R'_e ist der auf die Arbeitswicklung der Transduktordrossel reduzierte Steuerkreiswiderstand.

Bei voller thermischer Ausnützung kann ein Transduktorkern nach Abschn. 4.1 die Durchflutung Θ_g führen. Dann entfällt $\Delta\Theta$ auf die Steuerwicklung und $\Theta_g - \Delta\Theta$ auf die Arbeitswicklung. Aus (4.22) bis (4.26) folgt dann für die Wicklungszeitkonstanten:

$$\tau_s = \frac{N_s^2 \Lambda}{R_s} = \frac{2\Phi_s}{\varrho l_m G}, \tag{4}$$

$$\tau_a = \frac{N_a^2 \Lambda}{R_a} = \tau_0 \left(1 - \frac{\Delta\Theta}{\Theta_g}\right) \approx \frac{F_g G \zeta}{l_f \Delta H} \tau_s, \tag{5}$$

$$\frac{\tau_a}{\tau_s} = \frac{R'_s}{R_a} \approx \frac{\Theta_g}{\Delta\Theta} = \frac{F_g G \zeta}{l_F \Delta H} \qquad R'_s = R_s \frac{N_a^2}{N_s^2}. \tag{6}$$

Die drei Größen (4) bis (6) sind somit Kernkonstante.

Mit den Daten des Normkernes aus Abschn. 6.3 erhält man $\tau_s \approx 88 \cdot 10^{-3}$ sek und $\tau_a \approx 42$ sek; daraus folgt $R'_s/R_a \approx 480$. Mit der Kreisfrequenz $\omega = 314\,\text{sek}^{-1}$, entsprechend der Frequenz $f = 50$ Hz folgt

$\omega\tau_s \approx 28$ und $\omega\tau_a \approx 1{,}3 \cdot 10^4$. Bei linearem Wachstum der Kernabmessungen um den Faktor λ nimmt die Zeitkonstante τ_a mit λ^2, die Zeitkonstante τ_s mit $\lambda^{3/2}$ zu; das Widerstandsverhältnis R_s'/R_a wächst dagegen nur schwach mit $\lambda^{1/2}$.

Die Zeitkonstante τ_e des Steuerkreises ist im Verhältnis R_s/R_e kleiner als die Zeitkonstante τ_s der Steuerwicklung:

$$\tau_e = \frac{N_s^2 \Lambda}{R_e} = \tau_s \frac{R_s}{R_e}. \tag{7}$$

Der Vorwiderstand R_v und damit der Steuerkreiswiderstand R_e wird im allgemeinen dem jeweiligen Verwendungszweck der Transduktorschaltung angepaßt. Die Zeitkonstante τ_s der Steuerwicklung ist nur bei einem vollausgenützten Transduktorkern, dessen Steuerwicklung für die Durchflutung $\Delta\Theta$, also für den maximalen Steuerstrom $\Delta\Theta/N_s$ ausgelegt ist, eine unveränderliche Kernkonstante. Bei vielen Anwendungen kann aber der Steuerstrom das Vielfache dieses Wertes annehmen, so daß entsprechend starke Drahtquerschnitte für die Steuerwicklung gewählt werden müssen. In solchen Fällen besitzt die Steuerwicklung einen wesentlich kleineren Widerstand, so daß die Zeitkonstante τ_s wesentlich kleiner ist als bei einem Transduktorkern, der bereits beim Steuerstrom $\Delta\Theta/N_s$ thermisch voll ausgelastet ist. Daraus erkennt man, daß die Größe der Steuerkreiszeitkonstante τ_e in weiten Grenzen durch die jeweilige Verwendung der Transduktorschaltung festgelegt ist; τ_e wird deshalb bei den weiteren Überlegungen als ein veränderlicher Parameter der Schaltung betrachtet.

Darüber hinaus werden die Rückwirkungserscheinungen auch noch durch die Zeitkonstante τ_v des Ventilkreises beeinflußt:

$$\tau_v = \frac{N_a^2 \Lambda}{R_0} = \tau_a \frac{R_a}{R_0}. \tag{8}$$

Die Aufteilung des Widerstandes R_0 auf den Widerstand R_a der Arbeitswicklung und den Widerstand R_b des Ventiles hängt von der Güte der Ventile und von der Auslegung der Transduktordrosseln ab, ändert sich aber in der Praxis sicher nicht über Größenordnungen. Deshalb wird für die weiteren Überlegungen eine etwa gleiche Aufteilung, also $R_a/R_0 \approx 0{,}5$ angenommen; für den Normkern gilt dann $\omega\tau_v \approx 6{,}5 \cdot 10^3$, so daß weiterhin die folgende Relation als erfüllt angesehen wird:

$$\omega\tau_v \gg 1\,. \tag{9}$$

Wegen des Wachstumsgesetzes (4.33) gilt (9) für größere Kerne umsomehr.

17.2 Einige Größenrelationen. Die drei Widerstände R, R_0 und R_e müssen, damit die Schaltung für die Anwendung geeignet ist, in einem bestimmten Verhältnis zueinander stehen.

Der Widerstand R_0 muß möglichst klein gegenüber dem Lastwiderstand R sein, damit der Spannungsverlust an R_0 möglichst gering bleibt; deshalb muß die Relation:

$$\frac{R_0}{R} \ll 1 \tag{10}$$

gelten.

Für das Verhältnis der Zeitkonstanten τ_e und τ_v erhält man mit (7), (8) und (6):

$$\frac{\tau_e}{\tau_v} = \frac{\tau_s}{\tau_a} \frac{R_s}{R_e} \frac{R_0}{R_a}, \tag{11}$$

$$\frac{\tau_e}{\tau_v} \approx 2 \frac{R_s}{R_e} \frac{\Delta\Theta}{\Theta_g}. \tag{12}$$

In der Näherung (12) wurde berücksichtigt, daß $R_a/R_0 \approx 0{,}5$ gesetzt werden kann. Beachtet man, daß R_s/R_e stets kleiner als Eins ist und $\Delta\Theta/\Theta_g$ sogar um sehr viel kleiner als Eins ist, dann folgt aus (12) mit (7), (8) die Größenrelation:

$$\frac{\tau_e}{\tau_v} = \frac{R_0}{R'_e} \ll 1. \tag{13}$$

Bei den meisten Anwendungen wünscht man eine kleine Zeitkonstante τ_e des Steuerkreises und große Leistungsverstärkung V. Da aber beide Größen mit wachsendem R_e kleiner werden, muß in den meisten Fällen ein Kompromiß geschlossen werden, d. h. R_e muß so gewählt werden, daß τ_e den jeweiligen Anforderungen entsprechend noch hinreichend klein und V hinreichend groß ist. R_e ist also ein veränderlicher Parameter der Schaltung, der nach der Art der Anwendung festgelegt wird.

Weiterhin leitet man aus (13) und aus (10) durch Multiplikation mit R/R'_e die folgenden Beziehungen ab:

$$\frac{R_0}{R'_e} \ll \frac{R}{R'_e}, \tag{14}$$

$$\frac{\tau_e}{\tau_v} \ll 1. \tag{15}$$

Mit Hilfe der Größenrelationen (9) bis (11) und (13), (14) können die Überlegungen des folgenden Abschnittes wesentlich vereinfacht werden.

18. Zeitlicher Verlauf des Rückwirkungsstromes bei der Gegentaktschaltung

Wenn die Voraussetzungen (10), (11) erfüllt sind, werden die im Arbeitskreis ablaufenden Vorgänge durch die Berücksichtigung der

Widerstände R_0 und R_e nur wenig berührt, denn diese Vorgänge werden dann im wesentlichen durch den Lastwiderstand R bestimmt. Die Lastspannung u_L und der Laststrom i_L (Abb. 18.1) erfahren deshalb durch die Rückwirkung — absolut gerechnet — keine wesentliche Änderung gegenüber dem unter idealen Verhältnissen (Abschn. 13.2, Abb. 13.5) ermittelten Verlauf. Die Rückwirkungsspannung u_r und der Rückwirkungsstrom i_r werden dagegen entscheidend durch R_0 und R_e bestimmt und bilden deshalb ein ausgezeichnetes Kriterium für den Einfluß der Rückwirkung. Aus diesem Grunde wird bei den folgenden Überlegungen besonders auf die Bestimmung des zeitlichen Verlaufes von u_r und i_r eingegangen.

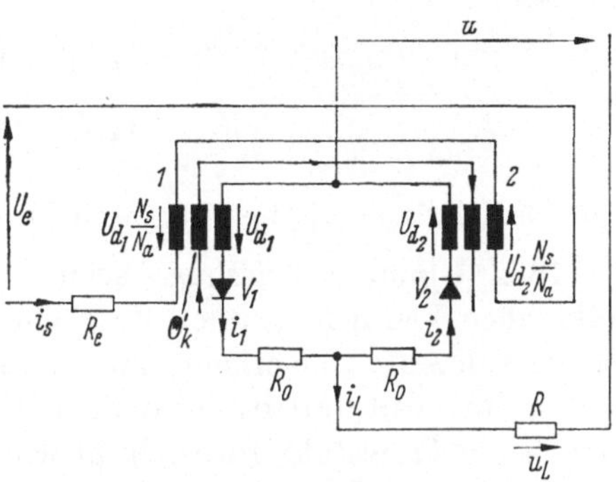
Abb. 18.1. Die Gegentaktschaltung

18.1 Grundgleichungen des Steuerkreises. Im allgemeinen Fall induzieren die Arbeitswicklungen in Abb. 18.1 einen Wechselstrom i_r in den Steuerkreis, der dem Steuergleichstrom I_s überlagert ist und einen zeitlich veränderlichen Steuerstrom

$$i_s = I_s + i_r \tag{1}$$

zur Folge hat. Für den Steuerkreis erhält man nach Abb. 18.1:

$$R_e i_s = U_e + \frac{N_s}{N_a}(u_{d1} + u_{d2}) = U_e + u_r. \tag{2}$$

Daraus folgt eine Bestimmungsgleichung für die Gleichkomponente I_s und für die Wechselkomponente i_r:

$$i_r R_e = \frac{N_s}{N_a}(u_{d1} + u_{d2}) = u_r, \tag{3}$$

$$I_s R_e = U_e \tag{4}$$

i_r heißt Rückwirkungsstrom, u_r Rückwirkungsspannung. Der Zustand $i_r \equiv 0$ wird „Rückwirkungsfreiheit" genannt; Rückwirkungsfreiheit tritt z. B. bei einer unendlich großen Glättungsdrossel im Steuerkreis auf.

Wenn, wie in Abb. 18.1, überhaupt keine Glättung vorhanden ist, führt der Grenzfall $R_e \to \infty$ zur Rückwirkungsfreiheit. Allerdings muß dann auch $U_e \to \infty$ zutreffen und zwar so, daß dieser Grenzübergang für U_e/R_e den endlichen Steuerstrom I_s ergibt.

Schließlich liegt — unabhängig von der Art des Steuerkreises — stets dann Rückwirkungsfreiheit vor, wenn die Momentanwerte von u_{d1} und u_{d2} mit entgegengesetzten Vorzeichen einander gleich sind, oder beide den Momentanwert Null besitzen; dann ist $u_{d1} + u_{d2} \equiv 0$ und damit nach (3) $u_r \equiv 0$, also auch $i_r \equiv 0$. Dieser Fall liegt — wie in Abschn. 13 gezeigt wurde — für $R_0 = 0$ in Abb. 18.1 vor.

Für die Momentanwerte der Durchflutungen beider Transduktordrosseln gilt:

$$\Theta_1 = i_1 N_a - i_s N_s - \Theta_k', \tag{5}$$

$$\Theta_2 = i_2 N_a - i_s N_s - \Theta_k'. \tag{6}$$

Die Beziehungen (1) bis (6) gelten für die gesamte Periodenlänge.

18.2 Ummagnetisierung beider Transduktordrosseln bei stromführenden Ventilen. An den Vorgängen bei idealer Glättung des Steuerstromes in Abb. 13.5 erkennt man, daß zwischen den Zeitpunkten x_2 und x_α ein Intervall auftritt, in dem beide Sättigungsventile Strom führen und beide Transduktordrosseln gleichzeitig ummagnetisiert werden; ein entsprechendes Intervall, dessen Anfangs- und Endzeitpunkte x_2 und x_3 jedoch etwas anders innerhalb der positiven Netzspannungshalbwelle liegen werden (Abb. 18.2), wird auch im Falle von Rückwirkungen auftreten.

Im Intervall x_2 bis x_3 gilt somit die Ersatzschaltung Abb. 18.3a. Daraus erhält man die beiden Beziehungen:

$$u_{d1} = u - R(i_1 - i_2) - R_0 i_1, \tag{7}$$

$$-u_{d2} = u - R(i_1 - i_2) + R_0 i_2. \tag{8}$$

Die Differenz der beiden Gleichungen liefert mit (18.3) die Rückwirkungsspannung u_r bzw. den Rückwirkungsstrom i_r:

$$u_{d1} + u_{d2} = -R_0(i_1 + i_2) = \frac{N_a}{N_s} u_r, \tag{9}$$

$$i_r = \frac{u_r}{R_e}. \tag{10}$$

In Abb. 18.2c sind die Spannungen u_{d1} und $-u_{d2}$ dargestellt. Aus der Festlegung der Pfeilrichtung folgt, daß u_{d1} im Intervall x_2 bis x_3 positiv, u_{d2} dagegen negativ ist; der letzte Summand in (7), (8) bewirkt, daß u_{d1} betragsmäßig unter u_{d2} liegt. Der Rückwirkungsstrom i_r, bzw. die Rückwirkungsspannung u_r, verläuft zwischen x_2 und x_3 — wie anschließend gezeigt wird — nahezu zeitlich konstant (Abb. 18.2c und 18.2e).

Der Anfangszeitpunkt x_2 des betrachteten Intervalles ist durch den Nulldurchgang der Spannung u_{d1}, also durch den Beginn der Aufmagnetisierung der Drossel 1 festgelegt; der Nulldurchgang der Spannung u_{d2} liegt kurz vor x_2, so daß die Abmagnetisierung der Drossel 2 bei x_2 bereits

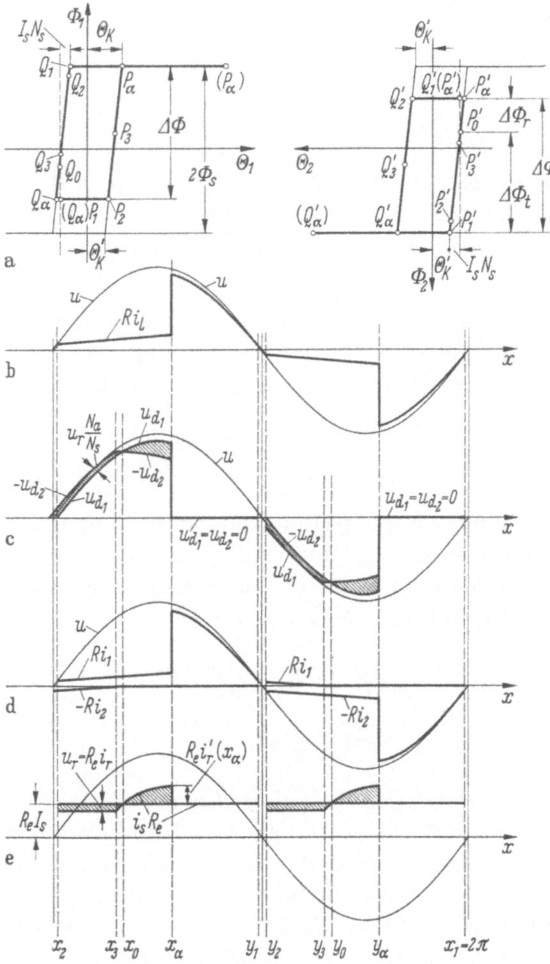

Abb. 18.2a – e. Zeitlicher Verlauf der elektrischen Größen in der Gegentaktschaltung: rein ohmsche Last, keine Glättung im Steuerkreis, Kernkennlinie nach a

eingesetzt hat. Deshalb sind dem Zeitpunkt x_2 die Kennlinienpunkte P_2 und P_2' in Abb. 18.2a zugeordnet; P_2' liegt in unmittelbarer Nähe des Knickpunktes der Kernkennlinie.

Für die weiteren Überlegungen benötigt man den Momentanwert der Drosselspannungen im Zeitpunkt x_2.

Mit den Beziehungen (5.5), (1), (3) erhält man aus (9) eine Differentialgleichung für den Rückwirkungsstrom i_r:

$$R_e i_r + \left(\omega N_a^2 \Lambda \frac{R_e}{R_0} + 2\omega N_s^2 \Lambda\right) \frac{d i_r}{d x} = 0. \tag{11}$$

Die Lösung lautet:

$$i_r = i_r(x_2)\, e^{-\frac{x - x_2}{\omega(\tau_v + 2\tau_e)}}. \tag{12}$$

$$\omega(\tau_v + 2\tau_e) > \omega\tau_v \gg 1. \tag{13}$$

Wegen (13) ist die Exponentialfunktion (12) im Intervall x_2 bis x_3 praktisch konstant. Deshalb gilt in guter Näherung:

$$i_r \approx i_r(x_2). \tag{14}$$

Der Rückwirkungsstrom hat somit während des Intervalles x_2 bis x_3 praktisch den Anfangswert $i_r(x_2)$. Berücksichtigt man, daß $u_{d1}(x_1) = 0$ gilt (Abb. 18.2c), dann kann auch geschrieben werden:

$$i_r(x_2) = \frac{u_r(x_2)}{R_e} = \frac{N_s}{N_a} \frac{u_{d2}(x_2)}{R_e}. \tag{15}$$

Bei der Bestimmung der Integrationskonstanten $i_r(x_2)$ in (12) kann von den Momentanwerten $\Theta_1(x_2)$ und $\Theta_2(x_2)$ der Kerndurchflutung ausgegangen werden. Man erhält für die zu den Kennlinienpunkten P_2 und P_2' gehörenden Momentanwerte nach Abb. 18.2a:

$$\Theta_1(x_2) = \Theta_k - \frac{\Delta\Phi}{2\Phi_s} \Delta\Theta, \tag{16}$$

$$\Theta_2(x_2) \approx -\Theta_k'. \tag{17}$$

Die Näherung in (17) ist erlaubt, weil die Abmagnetisierung der Drossel 2 erst kurz vor x_2 beginnt, so daß P_2' nahe am Kennlinienknickpunkt liegt.

Vor dem Zeitpunkt x_2 wird das horizontale Kennlinienstück $P_1 P_2$ der Kernkennlinie 1 durchlaufen, so daß $u_{d1} \equiv 0$ gilt; bei Vernachlässigung des Spannungsabfalles an R_0 gilt deshalb vor x_2 in guter Näherung $u \approx R(i_1 - i_2)$. Für den Zeitpunkt x_2 folgt daraus:

$$\sqrt{2}\, U \sin x_2 \approx [i_1(x_2) - i_2(x_2)]\, R. \tag{18}$$

Darin können die Momentanwerte $i_1(x_2)$ und $i_2(x_2)$ mit Hilfe von (16), (17) ersetzt werden, so daß eine Bestimmungsgleichung für x_2 entsteht:

$$\sin x_2 = \frac{R}{\omega L_d}\left(\frac{2\Theta_c}{\Theta_k} - \frac{\Delta\Phi}{2\Phi_s}\frac{\Delta\Theta}{\Theta_k}\right). \tag{19}$$

Dabei wurden die Beziehungen (3.32), (5.23) und (5.25) verwendet. Da $R/\omega L_d$ nach (5.26) sehr viel kleiner als 1 ist, liegt x_2 nahe beim Nulldurchgang $x = 0$ der Netzspannung (Abb. 18.2).

Für die Durchflutungssumme $\Theta_1 + \Theta_2$ erhält man aus (5), (6) mit (1), (9), (10):

$$\Theta_1 + \Theta_2 = -\frac{u_{d1} + u_{d2}}{R_0} N_a \left(1 + 2\frac{R_0}{R'_e}\right) - 2 I_s N_s - 2\Theta'_k. \qquad (20)$$

Im Zeitpunkt x_2 gilt $u_{d1}(x_2) = 0$ nach Abb. 18.2c; die Momentanwerte $\Theta_1(x_2)$, $\Theta_2(x_2)$ sind durch (16), (17) gegeben. Damit folgt aus (20):

$$-\left(1 + 2\frac{R_0}{R'_e}\right)\frac{N_a}{R_0} u_{d2}(x_2) = \Delta\Theta\left(1 - \frac{\Delta\Phi}{2\Phi_s} + 2\frac{\Theta'_k}{\Delta\Theta} + 2\frac{I_s N_s}{\Delta\Theta}\right). \qquad (21)$$

Daraus kann der Momentanwert $u_{d2}(x_2)$ berechnet werden. Man erhält mit $\sqrt{2}\,U = \omega N_a \Phi_s$:

$$\frac{u_{d2}(x_2)}{\sqrt{2}\,U} = -\frac{2}{\omega(\tau_v + 2\tau_e)}\left(1 - \frac{\Delta\Phi}{2\Phi_s} + 2\frac{\Theta'_k}{\Delta\Theta} + 2\frac{I_s N_s}{\Delta\Theta}\right). \qquad (22)$$

Dadurch ist in Verbindung mit (15) die gesuchte Integrationskonstante $i_r(x_2)$ festgelegt; sie hängt von $I_s N_s$, also vom Aussteuerungszustand ab.

Am Intervallende x_3 erreicht der Strom i_2 im Verlaufe der Abmagnetisierung der Drossel 2 den Wert Null. Die weiteren Überlegungen werden zeigen, daß die Ummagnetisierung der beiden Drosseln am Intervallende x_2 — im Gegensatz zu den Verhältnissen in Abb. 13.5 — noch nicht beendet ist. Die zu x_3 gehörenden Kennlinienpunkte P_3 und P'_3 sind in Abb. 18.2a eingezeichnet.

18.3 Ummagnetisierung beider Transduktordrosseln bei einem sperrenden Ventil. Im Intervall x_3 bis x_α ist das Sättigungsventil V_2 gesperrt, also $i_2 = 0$, so daß die Ersatzschaltung Abb. 18.3b gilt. Für den Arbeitskreis gelten deshalb die beiden Beziehungen:

$$u_{d1} = u - (R + R_0)\, i_1 \approx u, \qquad (23)$$

$$-u_{d2} = -\omega N_a N_s \Lambda \frac{di_s}{dx} = -\omega N_a N_s \Lambda \frac{di_r}{dx}. \qquad (24)$$

Die Näherung in (23) ist erlaubt, da der Spannungsabfall an der Last während der Ummagnetisierungszeit gegenüber u vernachlässigt werden kann. Mit der Beziehung (3) erhält man daraus die Differentialgleichung:

$$R_e i_r + \omega N_s^2 \Lambda \frac{di_r}{dx} = \frac{N_s}{N_a} u. \qquad (25)$$

Die Durchflutung Θ_2 der Drossel 2 kann bei x_3 keine sprunghafte Veränderung erfahren. Da i_2 unmittelbar vor und nach x_3 den Wert Null besitzt, darf auch der Rückwirkungsstrom im Zeitpunkt x_3 nicht springen. Beachtet man überdies, daß i_r zwischen x_2 und x_3 zeitlich konstant verläuft, dann folgt $i_r(x_3) = i_r(x_2)$. Mit dieser Festlegung für die Anfangsbedingung erhält man aus (25) mit (15) folgende Lösung:

$$i_r = \frac{\sqrt{2}\,U}{R_e}\,\frac{N_s}{N_a}\Bigg[\cos\varphi_e \sin(x - \varphi_e) + \\ + \left(\frac{u_{d2}(x_2)}{\sqrt{2}\,U} - \cos\varphi_e \sin(x_3 - \varphi_e)\right) e^{-\frac{x - x_3}{\omega \tau_e}}\Bigg], \tag{26}$$

$$\tan\varphi_e = \omega\tau_e = \frac{\omega N_s^2 \Lambda}{R_e}. \tag{27}$$

Der Steuerstrom verläuft also zwischen x_3 und x_α nach einer Sinusfunktion, der eine Exponentialfunktion überlagert ist.

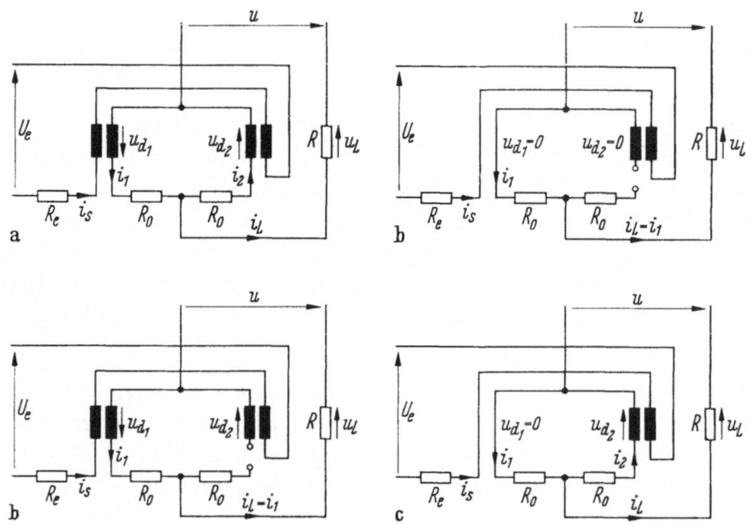

Abb. 18.3a – d. Ersatzschaltungen zu den Teilintervallen in Abb. 18.2

Aus der Gl. (3) bzw. (24) erhält man eine Beziehung für die Rückwirkungsspannung u_r bzw. für die Drosselspannung u_{d2}:

$$\frac{N_a}{N_s}\,u_r = \sqrt{2}\,U \cos\varphi_e \sin(x - \varphi_e) + \\ + \left[u_{d2}(x_2) - \sqrt{2}\,U \cos\varphi_e \sin(x_3 - \varphi_e)\right] e^{-\frac{x - x_3}{\omega\tau_e}}. \tag{28}$$

$$u_{d2} = \sqrt{2}\,U \sin\varphi_e \cos(x - \varphi_e) - \\ - \left[u_{d2}(x_2) - \sqrt{2}\,U \cos\varphi_e \sin(x - \varphi_e)\right] e^{-\frac{x - x_3}{\omega\tau_e}}. \tag{29}$$

In Abb. 18.2c ist u_{d2}, entsprechend der Gl. (29), schematisch dargestellt. Die Beziehung (28) beschreibt den zeitlichen Verlauf der Rückwirkungsspannung u_r; sie ist nach (3) durch die Differenz zwischen u_{d1} und $-u_{d2}$ (schraffiert in Abb. 18.2c) beschrieben. Der zeitliche Verlauf des Rückwirkungsstromes i_r ist in Abb. 18.2e schraffiert hervorgehoben. Die Drosselspannung u_{d1} unterscheidet sich nach (23) nur geringfügig von der Netzspannung u.

Im Intervall x_3 bis x_α wird die Aufmagnetisierung der Drossel von P_3 an fortgesetzt, bis der Knickpunkt P_α — also die Sättigung — im Zeitpunkt x_α erreicht ist (Abb. 18.2a). Im gleichen Zeitintervall wird die Drossel 2 von P_3' nach P_α' weiter abmagnetisiert.

18.4 Sättigung einer Drossel. Vom Zeitpunkt x_α an ist die Drossel 1 gesättigt, so daß von da an $u_{d1} \equiv 0$ gilt und das Sättigungsventil V_1 stromführend bleibt. Der aus der Drossel 2 und dem Sättigungsventil V_2 bestehende Zweig der Schaltung kann formal nur die folgenden vier Betriebszustände annehmen:

1. Ventil V_2 sperrt ($i_2 = 0$) außerdem gilt $u_{d2} \equiv 0$
2. Ventil V_2 sperrt ($i_2 = 0$) außerdem gilt $u_{d2} \not\equiv 0$
3. Ventil V_2 ist stromführend ($i_2 > 0$) außerdem gilt $u_{d2} \equiv 0$
4. Ventil V_2 ist stromführend ($i_2 > 0$) außerdem gilt $u_{d2} \not\equiv 0$.

Später wird gezeigt, daß die Fälle 2 bis 4 auf Widersprüche führen, daß also nur der Fall 1 als möglicher Betriebszustand für das an x_α anschließende Zeitintervall in Frage kommt.

Im Fall 1 gilt die Ersatzschaltung Abb. 18.3c; daraus folgt mit $i_2 = 0$ und $u_{d2} = 0$:

$$u = (R + R_0)\, i_1, \tag{30}$$

$$u_L = R i_1 = \frac{R}{R + R_0}\, u, \tag{31}$$

$$U_e = R_e i_s = R_e I_s, \tag{32}$$

$$i_r = 0. \tag{33}$$

Damit ergibt sich der im Intervall x_α bis y_1 in Abb. 18.2 dargestellte zeitliche Verlauf der elektrischen Größen.

Der Rückwirkungsstrom springt im Zeitpunkt x_α vom positiven Wert $i_r'(x_\alpha)$ auf den Wert $i_r = 0$ (Abb. 18.2e). Da die Gesamtdurchflutung der Drossel 2 zwischen den Zeitpunkten x_3 bis y_1 durch $\Theta_2 = -I_s N_s - i_r N_s - \Theta_k'$ gegeben ist, tritt derselbe Sprung im Zeitverlauf der Durchflutung

Θ_2 ein; deshalb springt der Kennlinienpunkt bei x_α von P'_a nach (P'_a) in Abb. 18.2a. Im Kennlinienpunkt (P'_a) verharrt der Magnetisierungszustand bis das Ventil V_2 im Zeitpunkt y_1 wiederum mit der Stromführung beginnt. Im Intervall y_1 bis y_2 wird das horizontale Kennlinienstück (P'_a) bis Q'_2 durchlaufen. Wegen der Geringfügigkeit des Intervalles y_1 bis y_2 soll auf eine nähere Beschreibung nicht eingegangen werden.

Anschließend muß noch der Nachweis geführt werden, daß die Fälle 2 bis 4 zu Widersprüchen führen.

Im Falle 2 würde die von Null verschiedene Drosselspannung u_{d2} bei sperrendem Ventil, also bei $i_2 \equiv 0$ die Abmagnetisierung über den Punkt P'_a hinaus weiterführen, so daß die Durchflutung Θ_2 bei x_α stetig verläuft und darüber hinaus entsprechend der Steilheit der Hysteresischleife betragsmäßig anwächst; daraus folgt, daß auch i_r bei x_α stetig sein muß und von da mit wachsender Zeit zunehmen muß. Andererseits wirkt jedoch nach x_α nur noch die Gleichspannung U_e auf die Drossel 2 ein, so daß i_r wegen der Stetigkeit, ausgehend vom Momentanwert $i'_r(x_\alpha)$ in Abb. 18.2c, exponentiell mit der Zeit abklingen muß. Die Annahme einer weiteren Abmagnetisierung ($u_{d2} \neq 0$) führt also auf einen Widerspruch, so daß der Betriebszustand nach Fall 2 nicht realisierbar ist.

Im Falle 4 gilt die Ersatzschaltung Abb. 18.3d. Die Voraussetzung $u_{d2} \neq 0$ bedeutet eine weitere Abmagnetisierung der Drossel 2 über den Kennlinienpunkt P_α hinaus; daraus folgt; daß $\Theta_2 = -I_s N_s - i_r N_s - \Theta'_k$ im Zeitpunkt x_α stetig verläuft. Aus der Schaltung Abb. 18.2d erhält man die folgenden zwei Gleichungen:

$$0 = u - R(i_1 - i_2) - R_0 i_1 \approx u - (R + R_0)\, i_1, \tag{34}$$

$$-u_{d2} = u - R(i_1 - i_2) + R_0 i_2 \approx u - R i_1. \tag{35}$$

In den Näherungen (34), (35) wurde der Spannungsabfall des Magnetisierungsstromes i_2 an den Widerständen R_0 und R gegenüber $R i_1$ vernachlässigt. Damit folgt mit (3) für i_r:

$$i_r = -\frac{N_s}{N_a}\,\frac{R_0}{R + R_0}\,\frac{u}{R_e}. \tag{36}$$

Unmittelbar vor dem Zeitpunkt x_α gilt $i_2 = 0$ und i_r nimmt nach Abb. 18.2e den positiven Wert $i'_r(x_\alpha)$ an. Unmittelbar nach dem Zeitpunkt x_α besitzt i_r den negativen Wert $i''_r(x_\alpha)$, der mit $x = x_\alpha$ aus (36) hervorgeht; außerdem stellt sich mit der beginnenden Stromführung des Ventiles V_2 unmittelbar nach x_2 ein Momentanwert $i_2(x_\alpha)$ ein. Da Θ_2 bei x_α stetig verläuft, gilt unmittelbar vor x_α die Beziehung (37) und unmittelbar nach x_α die Beziehung (38):

$$\Theta_2(x_\alpha) = -I_s N_s - i'_r(x_\alpha) N_s - \Theta'_k, \tag{37}$$

$$\Theta_2(x_\alpha) = i_2(x_\alpha)\, N_a - I_s N_s - i''_r(x_\alpha) N_s - \Theta'_k. \tag{38}$$

Daraus folgt für den Momentanwert $i_2(x_\alpha)$:

$$i_2(x_\alpha)\, N_a = i_r''(x_\alpha) N_s - i_r'(x_\alpha) N_s. \tag{39}$$

Da gezeigt wurde, daß i_r' positiv und i_r'' negativ ist, besitzt $i_2(x_\alpha)$ negatives Vorzeichen. Der Strom i_2 fließt also – im Widerspruch zur Annahme – entgegen der Durchlaßrichtung. Daraus folgt, daß der Betriebszustand nach Fall 4 nicht realisierbar ist.

Im Fall 3 führen beide Ventile Strom und beide Drosselspannungen besitzen den Wert Null; daraus folgt unmittelbar, daß eine gleichzeitige Stromführung beider Ventile nicht möglich, also der Fall 3 nicht realisierbar ist.

Damit ist der Nachweis erbracht, daß der eingangs beschriebene Fall 1 der einzig mögliche Betriebszustand der Schaltung nach dem Zeitpunkt x_α ist.

Abb. 18.4 zeigt den experimentell ermittelten Verlauf der Netzspannung u, der Lastspannung $u_L = R i_L$ und der Drosselspannung u_{d2},

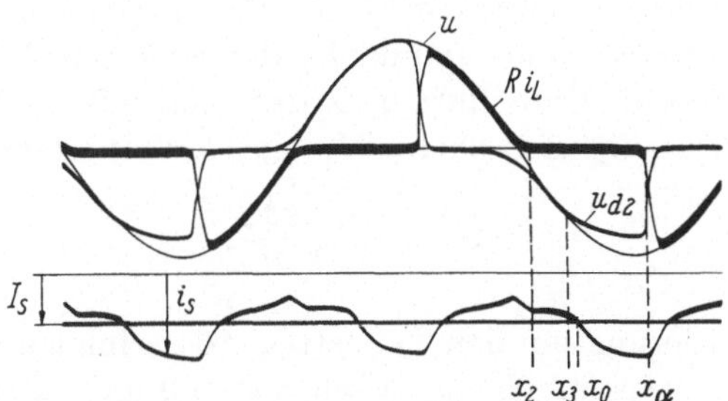

Abb. 18.4. Vergleichsoszillogramm zu Abb. 18.2

sowie des Steuerstromes i_s. Die Übereinstimmung mit dem errechneten Verlauf in Abb. 18.2 ist im Intervall x_2 bis x_α zufriedenstellend. Die Abweichungen im Intervall x_α bis y_1 beruhen auf der Vernachlässigung der dynamischen Magnetisierungsvorgänge (vgl. Abschn. 22).

19. Einfluß der Rückwirkung auf die Steuerkennlinie

Im rückwirkungsfreien Betrieb ist die Abmagnetisierung der Transduktordrosseln beendet, sobald die Durchflutung des Kernes den Wert $-I_s N_s$ (Punkte P_1 bzw. P_a' in Abb. 13.5a) erreicht hat. Wenn dagegen Rückwirkungen auftreten, ist die Abmagnetisierung bei der Durchflutung $-I_s N_s$, also in den Punkten Q_0 bzw. P_0' von Abb. 18.2a noch nicht abgeschlossen, denn es erfolgt eine weitere Abmagnetisierung über den Steuerkreis bis zu den Punkten P_a' bzw. Q_α. Dadurch wird einer vorgegebenen Steuerdurchflutung $I_s N_s$ ein anderer Flußhub $\Delta\Phi$, also eine andere Lastspannung U_L zugeordnet, die Steuerkennlinie weicht deshalb unter dem Einfluß der Rückwirkung von dem linearen Verlauf, der in Abschn. 16.1 (Abb. 16.1) für den Fall der Rückwirkungsfreiheit ermittelt wurde, ab. Der Verlauf der Kennlinie soll in den folgenden Abschnitten berechnet werden.

19.1 Abmagnetisierung durch den Steuerkreis. Bei der Berechnung der Steuerkennlinie wird vorausgesetzt, daß während der Ummagnetisierung der Transduktordrosseln angenähert $u_d \approx u$ gesetzt werden kann; diese Näherung bedeutet, daß während der Ummagnetisierungszeit der Spannungsabfall $R i_L$ gegenüber der Netzspannung u vernachlässigt werden kann. Mit der gleichen Berechtigung darf dann aber $x_1 \approx x_2 \approx 0$ angenähert werden.

Nach Abb. 18.2a setzt sich der gesamte Flußhub $\Delta\Phi$ aus zwei Teilbeträgen $\Delta\Phi_t$ und $\Delta\Phi_r$ zusammen:

$$\Delta\Phi = \Delta\Phi_t + \Delta\Phi_r. \tag{1}$$

Die Abmagnetisierung der Drossel 2 um den ersten Teilbetrag $\Delta\Phi_t$ ist nach Abb. 18.2a im Kennlinienpunkt P_0' abgeschlossen. In diesem Kennlinienpunkt besitzt die Durchflutung Θ_2 der Drossel 2 den Momentanwert $\Theta_2(x_0) = -I_s N_s - \Theta_k'$. Zwischen $\Delta\Phi_t$ und $I_s N_s$ besteht demnach die Beziehung:

$$\Delta\Phi_t = I_s N_s \frac{2\Phi_s}{\Delta\Theta}. \tag{2}$$

Die Ummagnetisierung um den Teilbetrag $\Delta\Phi_t$ erfolgt nach Abb. 18.2c durch die von der Spannung u_{d2} zwischen $x \approx 0$ und x_0 gebildete Spannungszeitfläche. Deshalb gilt:

$$\Delta\Phi_t = I_s N_s \frac{2\Phi_s}{\Delta\Theta} = \frac{\sqrt{2}\,U}{\omega N_a}\int\limits_0^{x_0} \sin x\,dx = \Phi_s(1 - \cos x_0). \tag{3}$$

Der Teilbetrag $\Delta\Phi_t$ bzw. der Zeitpunkt x_0 ist damit durch die Steuerdurchflutung $I_s N_s$ festgelegt.

Beim rückwirkungsfreien Betrieb ist die Abmagnetisierung nach Abb. 13.5a beendet, wenn der Flußhub $\Delta\Phi$ den durch die Beziehung (2) festgelegten Wert erreicht hat. Wenn dagegen Rückwirkungen auftreten, erfolgt nach Abb. 18.2a eine zusätzliche Abmagnetisierung um den Teilbetrag $\Delta\Phi_r$; die Arbeitswicklung der Drossel 1 ist dabei stromlos, so daß die abmagnetisierende Spannung über den Steuerkreis aufgebracht wird. Man erhält nach Abb. 18.2c für den Teilbetrag $\Delta\Phi_r$:

$$\Delta\Phi_r = \frac{\sqrt{2}\,U}{\omega N_a}\int\limits_{x_0}^{x_\alpha} \sin x\,dx = \Phi_s(\cos x_0 - \cos x_\alpha). \tag{4}$$

Für den gesamten Flußhub $\varDelta\Phi$ erhält man aus (1), (3), (4):

$$\varDelta\Phi = \Phi_s(1 - \cos x_\alpha). \tag{5}$$

Der Zeitpunkt x_α ist nach (5) durch den Flußhub $\varDelta\Phi$ festgelegt.

19.2 Steuerkennlinie. In Abschn. 16.3 wurde gezeigt, daß für den Lastspannungsmittelwert U_L auch bei beliebiger Rückwirkung in guter Näherung die Beziehung (16.28) gilt:

$$\frac{U_L}{U_M} = \left(1 - \frac{\varDelta\Phi}{2\Phi_s}\right)\frac{R+R_0}{R+2R_0} = \frac{1-\dfrac{\varDelta\Phi}{2\Phi_s}}{1+p}, \tag{6}$$

$$U_M = \frac{2\sqrt{2}\,U}{\pi} \qquad p = \frac{R_0}{R+R_0}. \tag{7}$$

Damit aus (6) die Steuerkennlinie entsteht, muß eine Beziehung zwischen $\varDelta\Phi$ und $I_s N_s$ hergestellt werden.

Die Spannungssumme $u_{d1} + u_{d2} = u_r N_s/N_a$ ist eine Wechselspannung doppelter Netzfrequenz, die in Abb. 18.2c schraffiert hervorgehoben ist; der Mittelwert über eine halbe Periodenlänge muß deshalb den Wert Null ergeben:

$$\int_0^{x_0} u_r\,dx + \int_{x_0}^{x_\alpha} u_r\,dx = 0. \tag{8}$$

Die Auswertung von (8) wird erleichtert, wenn angenähert $x_3 \approx x_0$ gesetzt wird. Dann ist u_r im Intervall $x = 0$ bis x_0 durch die Beziehungen (18.14), (18.15), (18.22) festgelegt und im Intervall x_0 bis x_α gilt für u_r die Gl. (18.28). Trotz der Vereinfachung $x_3 \approx x_0$ liefert die Auswertung von (8) einen ziemlich komplizierten Ausdruck:

$$\frac{u_{d2}(x_2)}{\sqrt{2}\,U}x_0 + \cos\varphi_e\left[\cos(x_0-\varphi_e) - \cos(x_\alpha-\varphi_e)\right] +$$
$$+ \tan\varphi_e\left[\frac{u_{d2}(x_2)}{\sqrt{2}\,U} - \cos\varphi_e\sin(x_0-\varphi_e)\right]\left(1 - e^{-\frac{x_\alpha - x_0}{\omega\tau_e}}\right) = 0, \tag{9}$$

$$\frac{u_{d2}(x_2)}{\sqrt{2}\,U} = -\frac{2}{\omega\tau_e}\,\frac{1}{\left(2+\dfrac{\tau_v}{\tau_e}\right)}\left[1 - \frac{\varDelta\Phi}{2\Phi_s} + 2\frac{\Theta_k'}{\varDelta\Theta} + 2\frac{I_s N_s}{\varDelta\Theta}\right]. \tag{10}$$

Dazu gehören noch die beiden Beziehungen (3), (5) die in folgender Form angeschrieben werden können:

$$\frac{I_s N_s}{\varDelta\Theta} = \frac{1}{2}\,(1 - \cos x_0), \tag{11}$$

$$\frac{\varDelta\Phi}{2\Phi_s} = \frac{1}{2}\,(1 - \cos x_\alpha). \tag{12}$$

Daß die Beziehungen (9) bis (12) in Verbindung mit (6) bereits die gesuchte Steuerkennlinie beschreiben, zeigt die folgende Überlegung. In den Gl. (9), (10) können die Zeitpunkte x_α und x_0 mit Hilfe von (11), (12) durch die Steuerdurchflutung bzw. durch den Flußhub ausgedrückt werden. Die beiden Gln. (9), (10) liefern deshalb eine implizite Beziehung zwischen $\varDelta\Phi$ und $I_s N_s$. Mit Hilfe dieser Beziehung kann dann in (6) $\varDelta\Phi$ durch die Steuerdurchflutung $I_s N_s$ ersetzt werden, so daß ein Zusammenhang zwischen U_L und $I_s N_s$, also die gesuchte Steuerkennlinie entsteht.

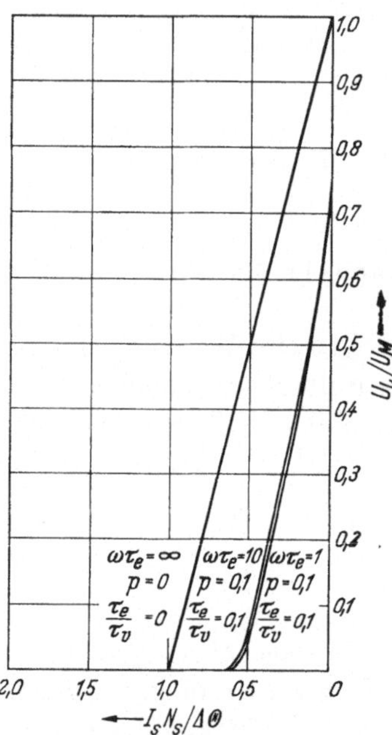

Abb. 19.1. Steuerkennlinien der Gegentaktschaltung mit Berücksichtigung der Rückwirkung

Die numerische Auswertung der Gln. (6) und (9) bis (12) liefert die Steuerkennlinien in Abb. 19.1. Darin wurde die Steuerkreiszeitkonstante $\omega\tau_e$ als Parameter gewählt, außerdem gelten die Steuerkennlinien für den Wert $\tau_v/\tau_e = 10$ und $\Theta_k' = 0$. Zum Vergleich wurde die Steuerkennlinie für $\omega\tau_e = \infty$ und $p = 0$ eingezeichnet; das ist dieselbe Steuerkennlinie, die man unter idealen Bedingungen bei zeitlich konstantem Steuerstrom erhält.

V. Wirkungsweise der Transduktorschaltungen bei Berücksichtigung der dynamischen Magnetisierung

Die nach den Überlegungen in Teil II bis IV berechneten Vorgänge in den Transduktorschaltungen werden im grundsätzlichen durch das Experiment bestätigt. Bei den Schaltungen mit Durchflutungssteuerung bestehen jedoch noch wesentliche Unterschiede zwischen der Messung und der Rechnung, vor allem bei der Steuerkennlinie, so daß man in diesen Fällen nur von einer Annäherung an die wirklichen Verhältnisse sprechen kann.

Bei den spannungssteuernden Transduktorschaltungen mit Flußsteuerung treten diese bemerkenswerten Unterschiede zwischen Messung und Rechnung nicht auf. Bei der Beschreibung der Wirkungsweise der Transduktorschaltungen mit Flußsteuerung (vgl. Abschn. 8 und 10.1 usw.) wurde nämlich gezeigt, daß die Abmagnetisierung durch eine vorgegebene, auf die Steuerwicklung einwirkende Spannungszeitfläche bei stromloser Arbeitswicklung erfolgt und daß die Aufmagnetisierung bei stromloser Steuerwicklung durch die Netzspannung bewirkt wird; daraus folgt aber, daß sich der Einfluß der dynamischen Magnetisierung bei dieser Schaltung in einer durch die Schleifenverbreiterung bewirkten Vergrößerung der Magnetisierungsströme erschöpft. Merkliche Änderungen der Steuerkennlinie, wie sie bei den Schaltungen mit Durchflutungssteuerung beobachtet werden, treten deshalb bei den Transduktorschaltungen mit Flußsteuerung nicht auf. Weitere Überlegungen über die Einwirkung der dynamischen Magnetisierungsprozesse auf die spannungssteuernden Transduktorschaltungen mit Flußsteuerung sind deshalb nicht erforderlich.

Eine genauere Betrachtung ist jedoch bei den spannungssteuernden Schaltungen mit Durchflutungssteuerung notwendig. In den Teilen II bis IV wurden Idealisierungen, wie z. B. streuungslose und widerstandslose Wicklungen, ideale Ventile, aus geraden Linienstücken zusammengesetzte statische Kernkennlinien usw. zur Beschreibung der Schaltungen vorausgesetzt. Eine genauere Betrachtung zeigt jedoch, daß diese Idealisierungen zur Erklärung der Unterschiede zwischen der Messung und den Rechenergebnissen nach Teil II bis IV nicht ausreichen. Die Ursache liegt vielmehr darin, daß bisher stets von einer statischen Kernkennlinie ausgegangen wurde und die durch die Änderung der Ummagnetisierungsgeschwindigkeit bedingten dynamischen Prozesse nicht berücksichtigt wurden.

Die Beschreibung der Wirkungsweise der Transduktorschaltungen wird bei Berücksichtigung der dynamischen Magnetisierungsprozesse komplizierter, so daß nur zwei Beispiele behandelt werden.

Im Abschn. 20 werden einige Annahmen über die dynamische Magnetisierung getroffen, in Abschn. 21 und 22 werden als Beispiele die spannungssteuernde Einwegschaltung und die Gegentaktschaltung behandelt.

20. Näherungsweise Darstellung dynamischer Magnetisierungsprozesse

Die dynamischen Veränderungen der Kernkennlinie müssen bekannt sein, wenn der Einfluß der dynamischen Magnetisierung auf das Verhalten der Transduktorschaltungen untersucht werden soll. Deshalb wird in Abschn. 20.1 ein Verfahren angegeben, mit dessen Hilfe die dynamischen Magnetisierungszyklen durch eine grobe Abschätzung aus den vorgegebenen statischen Kernkennlinien abgeleitet werden können. In Abschn. 20.2 werden diese Ergebnisse durch die Eigenschaften einer Ersatzschaltung interpretiert.

20.1 Einfluß der ummagnetisierenden Spannung auf die Schleifenverbreiterung der Kernkennlinie. In Abschn. 2.1 wurde die dynamische Eisenkennlinie als der Zusammenhang zwischen mittlerer Kerninduktion B_m und der Randfeldstärke H_d des Probekernes definiert. Entsprechend wird dem Zusammenhang zwischen Durchflutung Θ und dem Fluß Φ

$$\Phi = q B_m, \tag{1}$$

$$\Theta = H_d l_f, \tag{2}$$

der sich bei einem Drosselkern unter dynamischen Magnetisierungsbedingungen einstellt, als „dynamische Kernkennlinie" bezeichnet. Die Eigenschaften der dynamischen Eisenkennlinien können unmittelbar auf die dynamischen Kernkennlinien übertragen werden, da beide nach (1), (2) durch eine einfache Maßstabänderung auseinander hervorgehen.

Man kann deshalb die vollausgezogenen statischen Kernkennlinien in Abb. 20.1a oben nach den Überlegungen des Abschn. 2 durch eine konstante, komplexe Permeabilität beschreiben, also durch die gestrichelt eingezeichnete statische Magnetisierungsellipse ersetzen. Bei diesem Verfahren wird der statischen Kennlinie und der Ellipse derselbe Flußscheitelwert, z. B. der Sättigungsfluß Φ_s, zugeordnet; außerdem schneiden beide Kurven die Abszisse im selben Punkt und besitzen dort die gleiche Neigung.

Die statische Kernkennlinie sei formal durch (3), die Ersatzellipse durch (4) beschrieben:

$$\Theta_h = \Theta_h(\Phi), \tag{3}$$

$$\Theta_{he} = \Theta_{he}(\Phi). \tag{4}$$

Für die schraffiert eingezeichnete Abweichung zwischen statischer Ellipse und statischer Kennlinie in der oberen Hälfte von Abb. 20.1a gilt deshalb:

$$f(\Phi) = \Theta_h - \Theta_{he}. \tag{5}$$

Beim Übergang zum dynamischen Magnetisierungsprozeß erfährt die statische Ellipse nach Abschn. 2.3 eine Verbreiterung und Schrägstellung; in der unteren Hälfte von Abb. 20.1a ist die dynamische Ellipse dargestellt. Der Zuwachs der Koerzitivfeldstärke zwischen sta-

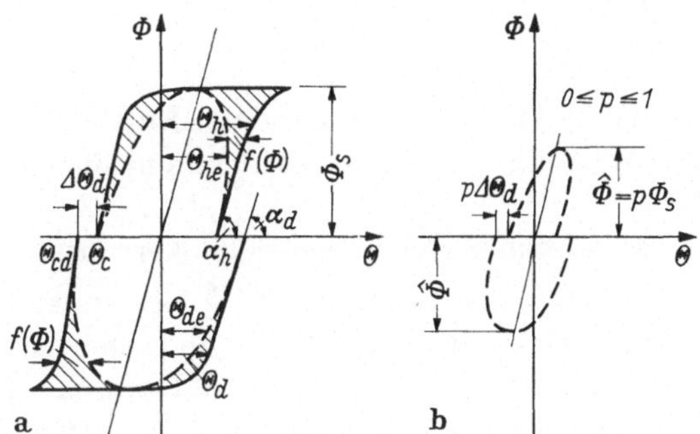

Abb. 20.1a u. b. a Korrektur zwischen Näherungsellipse und wirklicher Kernkennlinie, b statische und dynamische Hysteresisellipse (nicht vollausgesteuert, $p < 1$)

tischer und dynamischer Magnetisierung wird mit $\Delta\Theta_d$ bezeichnet; die Neigung der statischen bzw. der dynamischen Ellipse im Schnittpunkt mit der Abszisse ist durch α_h bzw. α_d gegeben.

In Abschn. 2.2 wurde gezeigt, daß unter der Voraussetzung (2.70):

$$\frac{1}{45}\left(|\boldsymbol{K}|\,\frac{d}{2}\right)^4 \ll 1\,, \tag{6}$$

$$\boldsymbol{K}^2 = j\,\omega\,\sigma\,\mu_h \tag{7}$$

die folgenden Beziehungen (2.77) und (2.78) gelten:

$$\Delta\Theta_d = \Theta_{cd} - \Theta_c = \frac{1}{3}\,\omega\,\sigma\left(\frac{d}{2}\right)^2 \Phi_s\,\frac{l_f}{q}\,, \tag{8}$$

$$\tan\alpha_h \approx \tan\alpha_d\,. \tag{9}$$

Die Neigung der dynamischen Ellipse erfährt also nach (9) keine Veränderung gegenüber der statischen Ellipse.

Beachtet man, daß die Spannungszeitfläche $\sqrt{2}\,U$ der ummagnetisierenden Sinusspannung mit dem Sättigungsfluß Φ_s bei richtiger Dimensionierung der Transduktordrosseln durch die Beziehung:

$$\sqrt{2}\,U = \omega N_a \Phi_s \tag{10}$$

verknüpft ist, dann folgt nach (5):

$$\Delta\Theta_d = \frac{1}{3}\,\sigma\left(\frac{d}{2}\right)^2 \frac{l_f}{N_a q}\sqrt{2}\,U = \frac{\sqrt{2}\,U}{N_a R_w}, \tag{11}$$

$$R_w = 3\,\frac{q}{l_f}\,\frac{1}{\sigma}\left(\frac{2}{d}\right)^2. \tag{12}$$

R_w ist der bereits in Abschn. 2.4 anhand der Ersatzschaltung Abb. 2.7 durch die Gl. (2.86) beschriebene Ersatzwiderstand für die Wirbelstrombahnen.

Unter der Voraussetzung gleichbleibender Kerndaten und derselben Kreisfrequenz ω nimmt der Scheitelwert $\hat{\Phi}$ des ummagnetisierenden Flusses und nach (11) auch $\Delta\Theta_d$ mit U ab. Man erhält dann die in Abb. 20.1 b dargestellte statische bzw. dynamische Ellipse; beide sind gegenüber Abb. 20.1 a durch einen kleineren Flußscheitelwert $\hat{\Phi}$ und durch kleineres $\Delta\Theta_d$ gekennzeichnet.

Nach Abschn. 2.4 wird der Zusammenhang zwischen statischer und dynamischer Magnetisierungsellipse durch die Ersatzschaltung Abb. 2.7 beschrieben. Dabei wird dem Drosselkern die konstante komplexe Permeabilität der statischen Ellipse und der Kurzschlußwindung der durch (2.86) bzw. (12) festgelegte ohmsche Widerstand zugeschrieben. Die Durchflutung i_w der Kurzschlußwindung beschreibt den Unterschied zwischen dynamischer und statischer Durchflutung, also die dynamische Verbreiterung der Kernkennlinie; deshalb gilt:

$$i_w = \Theta_{de} - \Theta_{he}. \tag{13}$$

Die an der Magnetisierungswicklung (Windungszahl N_a) anliegende sinusförmige Spannung u induziert in der Kurzschlußwindung die Spannung u/N_a, so daß der Strom $i_w = u/N_a R_w$ zustande kommt. Damit folgt aus (13), (11) für die Durchflutung i_w der Kurzschlußwindung:

$$i_w = \frac{\sqrt{2}\,U}{R_w N_a}\sin x = \Delta\Theta_d \sin x. \tag{14}$$

Die von den Wirbelströmen herrührende und durch die Kurzschlußwindung beschriebene zusätzliche Durchflutung i_w ist also der ummagnetisierenden Spannung proportional.

In Abb. 20.2 sind dynamische Hysteresisschleifen des Werkstoffes 5000 Z für zwei verschiedene Blechdicken und für verschiedene Magnetisierungsfrequenzen dargestellt; sie bestätigen zumindestens qualitativ die errechneten Ergebnisse. Bei 50 Hz ist der Faktor $|\boldsymbol{K}|d/2$ sowohl bei der Banddicke 0,05 mm als auch bei 0,15 mm noch so klein, daß die Meßergebnisse keine Schrägstellung sondern nur eine Schleifenverbreiterung zeigen. Mit wachsender Frequenz erkennt man deutlich die zunehmende Schrägstellung und zwar — der Rechnung entsprechend — am stärksten bei dem dickeren Blech. Dieselbe qualitative Übereinstimmung stellt man bei Meßergebnissen an Mu-Metall und dem Werkstoff 3601 K 1 in Abb. 20.3 fest; hier zeigt sich (links, Mitte) bei hinreichend großen Frequenzen und Blechdicken, also bei starkem Einfluß der Wirbelströme, gegenüber dem gewöhnlichen Kennlinienverlauf eine Anomalie, die sich in einer rückläufigen Bewegung der Kennlinie knapp vor Beendigung der Abmagnetisierung bzw. der Aufmagnetisierung äußert. Eine Deutung dieser Erscheinung bringen die Überlegungen des folgenden Abschnittes.

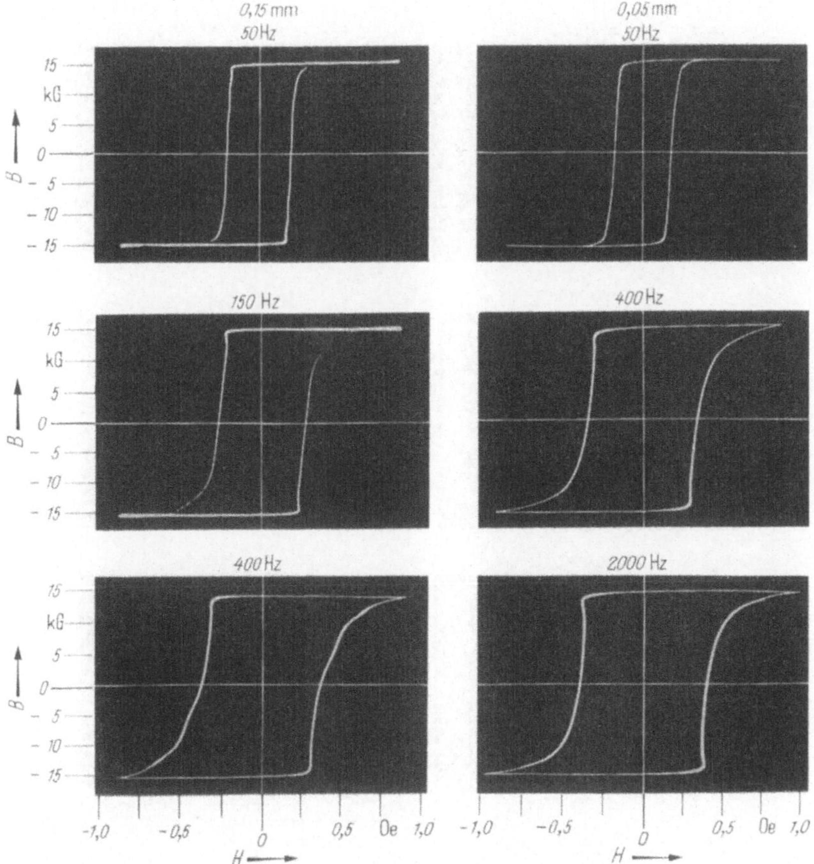

Abb. 20.2. Hysteresisschleifen von 5000 Z für verschiedene Ummagnetisierungsfrequenzen und Banddicken (nach Vacuumschmelze AG Hanau)

20.2 Angenäherte Bestimmung des Sättigungsknickes der dynamischen Kernkennlinie. Das im vorangehenden Abschnitt beschriebene Verfahren zur Bestimmung der dynamischen Magnetisierungsvorgänge beruht auf der Annahme einer konstanten komplexen Permeabilität; es liefert zwar durch die Beziehungen (8), (9) einen Einblick, von welchen Faktoren die dynamische Verbreiterung der Kernkennlinie abhängt, das Resultat selbst aber, nämlich die dynamische Näherungsellipse, weicht beträchtlich von der wirklichen dynamischen Kernkennlinie ab; insbesondere wird der für die Wirkungsweise der Transduktorschaltungen wichtige Sättigungsknick durch dieses Näherungsverfahren in keiner Weise wiedergegeben.

Mit Hilfe des Korrekturgliedes $f(\Phi)$ kann der Verlauf des dynamischen Sättigungsknickes besser abgeschätzt werden. Das Korrektur-

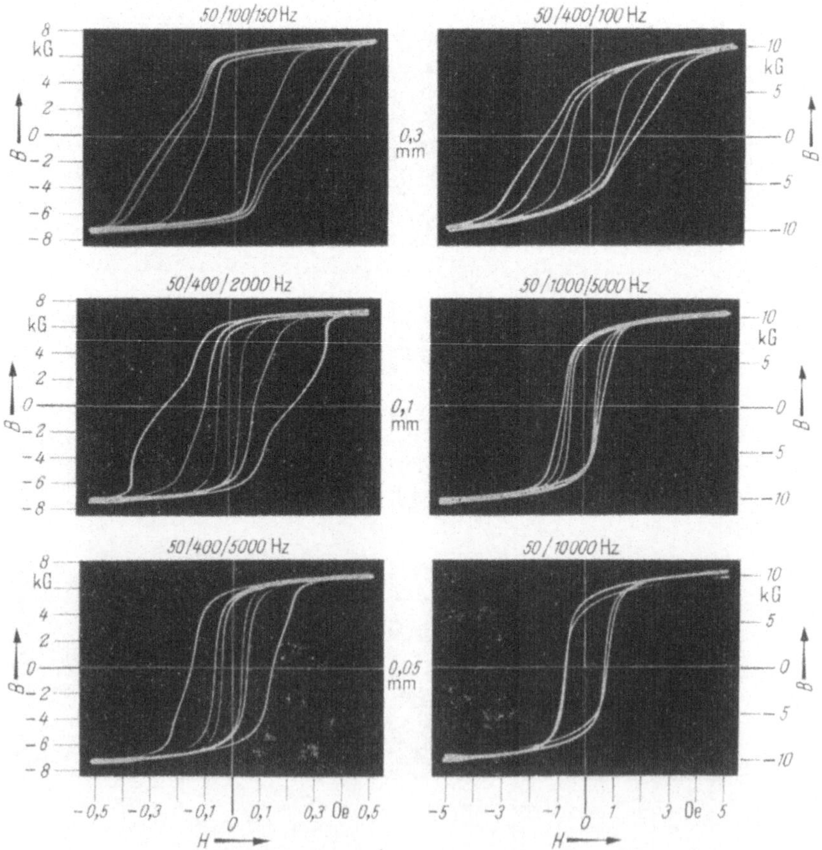

Abb. 20.3. Dynamische Hysteresisschleifen von Mu-Metall (links) und 3601 Kl (rechts) für verschiedene Ummagnetisierungsfrequenzen und Blechdicken (nach Vacuumschmelze AG Hanau)

glied kann, wie in der unteren Hälfte von Abb. 20.1a gezeigt ist, an die dynamische Ellipse angetragen werden, so daß eine korrigierte dynamische Kernkennlinie mit ausgeprägtem Sättigungsknick entsteht. Diese korrigierte Kennlinie wird zwar keine vollkommene Übereinstimmung mit dem wirklichen Verlauf der dynamischen Kernkennlinie aufweisen, sie wird aber die dynamischen Magnetisierungsverhältnisse wesentlich besser als die dynamische Ellipse wiedergeben. Mit (5) gilt also nach Abb. 20.1a für die korrigierte dynamische Kernkennlinie:

$$\Theta_d(\Phi) = \Theta_{de}(\Phi) + f(\Phi) = \Theta_h + (\Theta_{de} - \Theta_{he}). \tag{15}$$

Daraus erhält man schließlich mit (14) und (15):

$$\Theta_d(\Phi) = \Theta_h(\Phi) + \Delta\Theta_d \sin x. \tag{16}$$

Nach (8) ist $\Delta\Theta_d$ durch die Kerndaten und die Ummagnetisierungsspannung U festgelegt, so daß die dynamische Kernkennlinie $\Theta_d(\Phi)$ mit Hilfe von (16) aus der vorgegebenen statischen Kernkennlinie $\Theta_h(\Phi)$ bestimmt werden kann.

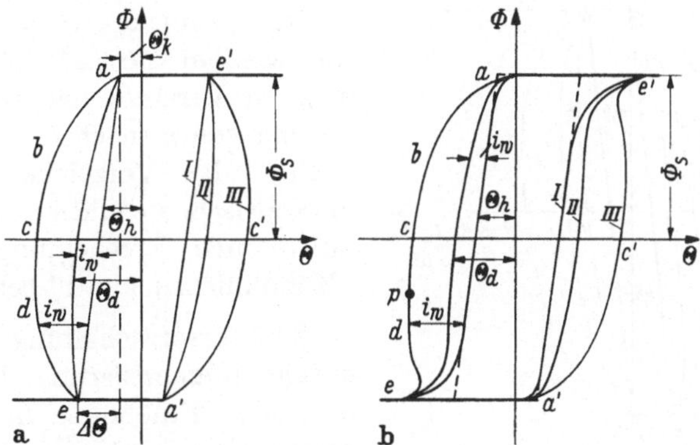

Abb. 20.4a u. b. Errechnete dynamische Kernkennlinien: a für eine statische Parallelogrammkennlinie, b für eine statische Kennlinie mit abgerundeten Sättigungsübergängen

Als Beispiel für die Anwendung der Beziehung (16) wird in Abb. 20.4a eine statische Parallelogrammschleife angenommen. Für den linken steilen Kennlinienast gilt:

$$\Theta_h = -\Theta_k' - \frac{\Delta\Phi}{2\Phi_s}\,\Delta\Theta; \qquad \Delta\Phi = \Phi_s - \Phi. \tag{17}$$

Für den Flußhub zwischen 0 und x erhält man durch Integration des Induktionsgesetzes:

$$\omega N_a \frac{d\Phi}{dx} = \sqrt{2}\, U \sin x, \tag{18}$$

$$\frac{\Delta\Phi}{2\Phi_s} = \frac{1}{2}(1 - \cos x). \tag{19}$$

Mit (17), (19) erhält man aus (16) eine Beziehung zwischen der dynamischen Durchflutung $\Delta\Theta_d$ und dem Flußhub $\Delta\Phi$, also einen analytischen Ausdruck für den linken Ast der dynamischen Kernkennlinie, in dem zum Unterschied von der üblichen Darstellung der Kernkennlinie der Flußhub $\Delta\Phi$ statt des Flußes Φ als Variable auftritt:

$$\frac{\Theta_d + \Theta_k'}{\Delta\Theta} = -\frac{\Delta\Phi}{2\Phi_s} - \frac{2\Delta\Theta_d}{\Delta\Theta}\sqrt{\frac{\Delta\Phi}{2\Phi_s}\left(1 - \frac{\Delta\Phi}{2\Phi_s}\right)}. \tag{20}$$

Mit $\Delta\Theta_d = 0$ geht (20) in die statische Kernkennlinie (17) über. In Abb. 20.5 ist die Funktion (20) mit $\Delta\Theta_d/\Delta\Theta$ als Parameter dargestellt; allerdings wurde zum besseren Vergleich mit der gebräuchlichen Kennliniendarstellung Φ statt $\Delta\Phi$ als Ordinate aufgetragen.

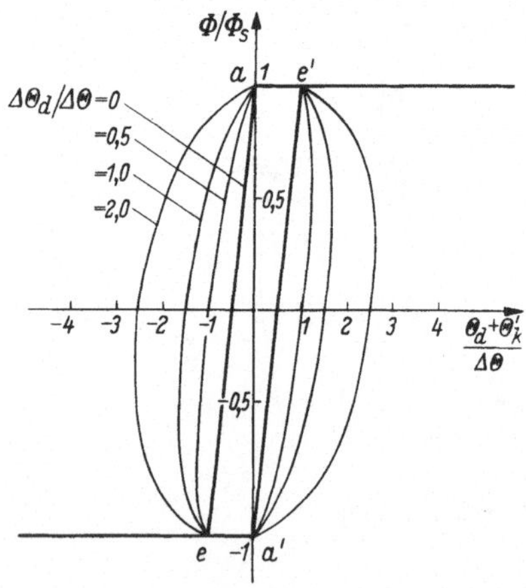

Abb. 20.5. Errechnete dynamische Hysteresisschleifen

Abb. 20.5 zeigt, daß die Kennlinienneigung in der Nähe des Sättigungsknickes a bzw. a' mit wachsendem $\Delta\Theta_d/\Delta\Theta$ kleiner wird und im Verlaufe der Ummagnetisierung von a nach e bzw. von a' nach e' das Vorzeichen wechselt; diese zwischen c und e in Abb. 20.4a auftretende Erscheinung wird als „Kennlinienrücklauf" bezeichnet.

20.3 Ersatzschaltung für dynamische Magnetisierung. Die experimentellen Ergebnisse in Abb. 20.3 zeigen, daß der Kennlinienrücklauf nur dann auftritt, wenn die Schleifenverbreiterung, also nach (8) das Produkt fd^2, hinreichend groß ist; bei geringen Verbreiterungen tritt dieser Effekt nicht auf. Bei den errechneten Kennlinien in Abb. 20.5 ist der Rücklauf dagegen grundsätzlich immer vorhanden.

Diese Abweichung zwischen Versuch und Experiment verschwindet, wenn die scharf ausgeprägten Sättigungsecken der statischen Kennlinie *I* in Abb. 20.4a den tatsächlichen Verhältnissen entsprechend etwas abgerundet werden, so daß die Kennlinie *I* in Abb. 20.4b entsteht. Wenn nämlich an die beiden statischen Kennlinien in Abb. 20.4a und b, der Vorschrift (16) entsprechend, die von den Wirbelströmen herrührende Zusatzdurchflutung i_w angetragen wird, dann stellt sich in Abb. 20.4a der bereits beschriebene Kennlinienrücklauf ein. In Abb. 20.4b wird der Rücklauf dagegen durch die tatsächliche Kennlinienkrümmung ausgeglichen, so daß die Kennlinie *II* zustande kommt. Bei hinreichender Vergrößerung der Wirbelstromdurchflutung i_w reicht dagegen die Krümmung der statischen Kernkennlinie nicht mehr zur Kompensation des Kennlinienrücklaufes aus, so daß in Übereinstimmung mit den Versuchsergebnissen in Abb. 20.3 rückläufige Kennlinienstücke in der Kurve *III* in Abb. 20.4b entstehen.

Nach diesem Überlegungen können die errechneten dynamischen Kernkennlinien durch Berücksichtigung der Abrundungen der tatsächlichen statischen Kernkennlinien, insbesondere bei kleineren Schleifenverbreiterungen wesentlich besser mit dem Experiment in Einklang gebracht werden; allerdings kann über die Abrundungen der statischen Kernkennlinie keine allgemein gültige Aussage gemacht werden.

Über diese Schwierigkeit hilft die Erfahrungstatsache hinweg, daß die Krümmung der statischen Kernkennlinie beim Sättigungsübergang *e* stets wesentlich größer als im Sättigungsknick *a* ist (Abb. 20.4b). Deshalb ist auch die Korrektur, die an dem errechneten Kennlinienstück *abc* in Abb. 20.4a vorgenommen werden müßte, relativ klein, so daß sie vernachlässigt werden kann. Dagegen wirkt sich die Krümmungskorrektur auf den unteren Kennlinienteil *cde* ganz beträchtlich, nämlich durch eine Kompensation des Kennlinienrücklaufes, aus.

Auf Grund dieser Überlegungen wird zur Beschreibung der Transduktorschaltungen die dynamische Kernkennlinie nach Abb. 20.6a herangezogen. Sie besteht aus dem Teil *abc* in dem die Krümmungskorrektur vernachlässigt wurde, der also durch die Gl. (20) beschrieben wird. Für den Teil *ce* wird angenommen, daß der Kennlinienrücklauf durch die Krümmungskorrektur ausgeglichen wird, so daß angenähert ein paralleler Verlauf zur statischen Kernkennlinie entsteht.

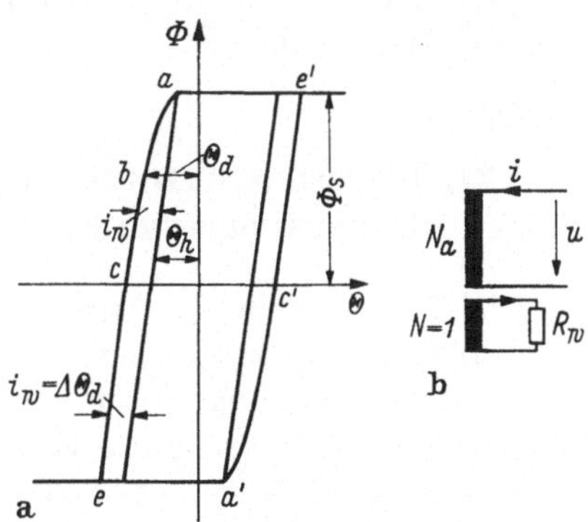

Abb. 20.6a u. b. Ersatzbild für den dynamischen Magnetisierungsvorgang: a statische und dynamische Kernkennlinie (Näherung), b Ersatzschaltung

Der dynamische Magnetisierungszyklus in Abb. 20.6a kann durch die Ersatzschaltung Abb. 20.6b beschrieben werden. Dem Drosselkern der Ersatzschaltung wird die statische Kernkennlinie, also die Parallelogrammschleife in Abb. 20.6a, zugeordnet; durch die Durchflutung i_w der Kurzschlußwindung wird der Einfluß der Wirbelströme, also die dynamische Kennlinienverbreiterung berücksichtigt. Man hat deshalb für i_w folgende Annahmen zu treffen:

$$i_w = \Delta\Theta_d \sin x \begin{cases} -\pi \leqq x \leqq -\dfrac{\pi}{2}; \\ 0 \leqq x \leqq \dfrac{\pi}{2}, \end{cases} \tag{21}$$

$$i_w = -\Delta\Theta_d \qquad -\frac{\pi}{2} \leqq x \leqq 0,$$

$$i_w = \Delta\Theta_d \qquad \frac{\pi}{2} \leqq x \leqq \pi. \tag{22}$$

In Verbindung mit (16) liefern die Gln. (21), (22) die dynamische Kennlinie Abb. 20.6a.

Bei der Beschreibung des Einflusses der dynamischen Magnetisierung auf die Wirkungsweise der Transduktorschaltungen in den folgenden Abschn. 21 und 22 wird durchweg die in Abb. 20.6 beschriebene Modellvorstellung verwendet.

Abschließend muß noch darauf hingewiesen werden, daß dynamische Kernkennlinien mit rückläufigen Kennlinienstücken — wie sie z. B. bei hinreichend hohen Betriebsfrequenzen auftreten können — für die Transduktorschaltungen meistens ungeeignet sind, denn sie führen zu Kipperscheinungen, sobald die Steuerdurchflutung einen gewissen Wert — der in Abb. 20.4b z. B. durch den Kennlinienpunkt p gegeben ist — überschritten wird.

21. Die spannungssteuernde Einpulsschaltung mit Durchflutungssteuerung bei dynamischer Magnetisierung

Die Veränderung des Betriebsverhaltens der spannungssteuernden Transduktorschaltungen durch dynamische Magnetisierungsvorgänge kann bei der spannungssteuernden Einpulsschaltung mit Durchflutungssteuerung besonders einfach verfolgt werden; dies trifft insbesondere für rein ohmsche Last und ideal geglätteten Steuerstrom zu. Durch die Annahme einer dritten Wicklung mit der zeitlich konstanten Durchflutung $-\Theta_k'$ (Abb. 21.1) wird außerdem noch die Schreibweise der Formeln vereinfacht.

21.1 Zeitlicher Verlauf der elektrischen Vorgänge in der Einpulsschaltung bei dynamischer Magnetisierung. In Abschn. 7.1 wurde gezeigt, daß bei der Einpulsschaltung während eines Teiles der positiven Netzspannungshalbwelle die Aufmagnetisierung und während eines flächengleichen Teiles der negativen Halbwelle die Abmangnetisierung der Transduktordrosseln erfolgt, so daß ein unvollständiger Magnetisierungszyklus entsteht. Die folgenden Überlegungen werden zeigen, daß die Berücksichtigung der dynamischen Magnetisierung bei der Aufmagnetisierung keine wesentlichen neuen Gesichtspunkte bringt, daß dagegen während der Abmagnetisierung grundsätzlich andere Verhältnisse eintreten.

Dem Kern der Transduktordrossel in Abb. 21.1 wird nach der in Abb. 20.6 entwickelten Modellvorstellung eine statische Kernkennlinie zugeordnet; der Strom in der Kurzschlußwindung, dessen zusätzliche Durchflutung i_w die dynamische Magnetisierung berücksichtigt, ist durch (20.21), (20.22) festgelegt.

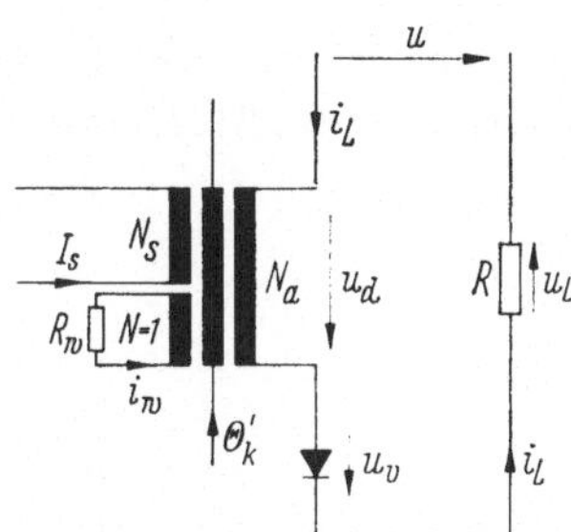

Abb. 21.1. Einpulsige spannungssteuernde Transduktorschaltung mit Durchflutungssteuerung bei Berücksichtigung der dynamischen Magnetisierung

Die Gesamtdurchflutung Θ_h des Kernes ist durch die Summe der Teildurchflutungen der vier Wicklungen gegeben:

$$\Theta_h = i_L N_a - I_s N_s - i_w - \Theta_k',$$

$$\Lambda = \frac{d\Phi}{d\Theta_h} = \frac{2\Phi_s}{\Delta\Theta}. \tag{1}$$

Zu den Momentanwerten von Θ_h gehört die dynamische Durchflutung:

$$\Theta_d = \Theta_h + i_w. \tag{2}$$

In (1) und (2) muß beachtet werden, daß i_w stets dasselbe Vorzeichen wie Θ_h bzw. Θ_d besitzt, also bei der Abmagnetisierung negativ, bei der Aufmagnetisierung positiv ist; daraus folgt, daß die Durchflutungen der Arbeitswicklung und der Kurzschlußwindung während der Abmagnetisierung stets in derselben Richtung wirken.

Der Vergleich mit den vereinfachten Verhältnissen in Abb. 7.2 zeigt, daß die Abmagnetisierung der Transduktordrossel im Zeitpunkt x_1, also in der Nähe des Nulldurchganges der negativen Spannungshalbwelle beginnt (Abb. 21.2b). Für die abmagnetisierende Spannung u_d erhält man aus Abb. 21.1:

$$u_d = u - R i_L \approx \sqrt{2}\, U \sin x. \tag{3}$$

Der Laststrom i_L nimmt während der Abmagnetisierung ab und erreicht im Zeitpunkt x_2 den Wert $i_L = 0$; vom Zeitpunkt x_2 an sperrt das Sättigungsventil (Abb. 21.2b).

Zwischen x_1 und x_2 wird die Drossel von P_1 nach P_2 (Abb. 21.2a) abmagnetisiert. Im Zeitpunkt x_2 besitzen die dynamische Durchflutung Θ_d und die statische Durchflutung Θ_h nach (1), (2) die Momentanwerte:

$$\Theta_d(x_2) = -I_s N_s - \Theta_k', \tag{4}$$

$$\Theta_h(x_2) = -I_s N_s - i_w(x_2) - \Theta_k'. \tag{5}$$

Im Zeitintervall x_1 bis x_2 ist der Laststrom i_L bzw. die Lastspannung u_L nach Abb. 21.2 durch den verhältnismäßig kleinen Magnetisierungs-

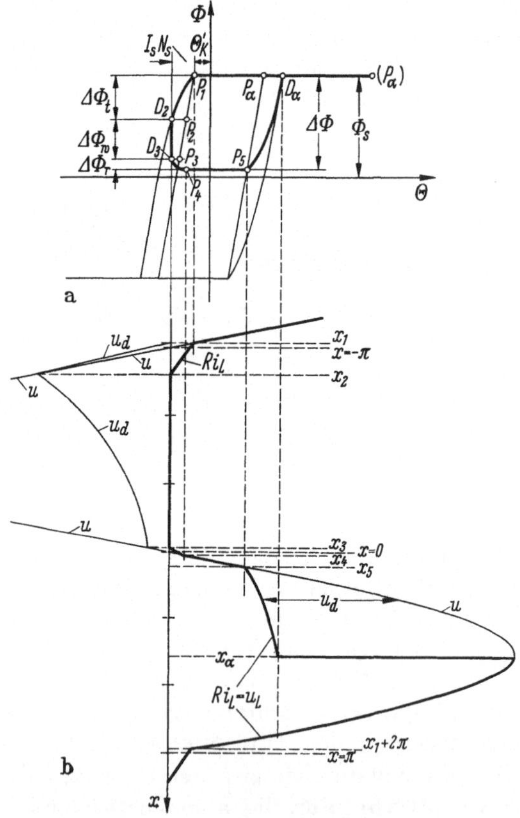

Abb. 21.2 a u. b. Zeitlicher Verlauf der elektrischen Größen in der einpulsigen spannungssteuernden Transduktorschaltung mit Durchflutungssteuerung bei Berücksichtigung der dynamischen Magnetisierung: a Magnetisierungszyklus, b zeitlicher Verlauf der Lastspannung u_L und der Drosselspannung u_d

strom gegeben und die ummagnetisierende Drosselspannung u_d ist betragsmäßig um den geringfügigen Spannungsabfall Ri_L größer als der Betrag der zugehörigen Netzspannung (Abb. 21.2b).

Während der Sperrzeit, also beginnend mit dem Zeitpunkt x_2, ist die Arbeitswicklung stromlos; außerdem sind die Durchflutungen der Steuerwicklung und der Vormagnetisierungswicklung zeitlich konstant. Deshalb klingt der Strom i_w der Kurzschlußwindung im Verlaufe der Sperrzeit exponentiell ab. Mit i_w wird nach (1) auch die Durchflutung, also ebenso der Fluß Φ kleiner. Diese Flußänderung induziert während des Sperrintervalles in der Arbeitswicklung eine exponentiell abklingende Spannung, die in Abb. 21.2b dargestellt ist.

Das Sperrintervall erstreckt sich bis zum Zeitpunkt x_3 (Abb. 21.2b). Von da an beginnt das Ventil wieder mit der Stromführung, weil die Differenz $u - u_d$ nach dem Zeitpunkt x_3 zu positiven Werten der Ventilspannung u_v führt.

Die Abmagnetisierung des Drosselkernes wird zwischen x_2 und x_3 von P_2 nach P_3 (Abb. 21.2a) fortgesetzt. Diese sogenannte „freie Abmagnetisierung" erfolgt allein durch den abklingenden Strom i_w in der Kurzschlußwindung, also ohne Mitwirkung der Netzspannung.

Durch Differenzieren der Beziehung (1) folgt mit (2) für das Sperrintervall:

$$\frac{d\Theta_h}{dx} + \frac{di_w}{dx} = \frac{d\Theta_d}{dx} = 0. \tag{6}$$

Die dynamische Durchflutung Θ_d bleibt also im Sperrintervall zeitlich konstant und behält, da eine sprunghafte Veränderung nicht möglich ist, den im Zeitpunkt x_2 geltenden Momentanwert (4) bei. Die dynamische Kennlinie verläuft demnach zwischen D_2 und D_3 entlang des senkrechten Kennlinienstückes (Abb. 21.2a).

Für die Kurzschlußwindung in Abb. 21.1 gilt:

$$u_d = \omega N_a \frac{d\Phi}{dx} = N_a R_w i_w. \tag{7}$$

Für das Sperrintervall folgt daraus mit $i_L = 0$ und (1) die Differentialgleichung:

$$\omega \Lambda \frac{di_w}{dx} + R_w i_w = 0. \tag{8}$$

Mit der Bezeichnung $i_w(x_2)$ für den Momentanwert zu Beginn des Sperrintervalles erhält man die Lösung:

$$i_w = i_w(x_2) e^{-\frac{x - x_2}{\omega \tau_w}}, \tag{9}$$

$$\omega \tau_w = \frac{\omega \Lambda}{R_w}. \tag{10}$$

Nach den Festlegungen (20.21), (20.22) gilt $i_w(x_2) = \Delta\Theta_d \sin x_2$ wenn der zu x_2 gehörende Kennlinienpunkt P_2 in Abb. 21.2a oberhalb der Abszisse liegt ($\Phi \geqq 0$), dagegen ist $i_w(x_2) = -\Delta\Theta_d$ zu setzen, wenn P_2 unter der Abszisse liegt ($\Phi \leqq 0$). Es gilt also nach Abb. 21.2a während der Abmagnetisierung:

$$i_w(x_2) = \Delta\Theta_d \sin x_2, \qquad -\pi \leqq x_2 \leqq -\frac{\pi}{2}, \tag{11}$$

$$i_w(x_2) = -\Delta\Theta_d, \qquad -\frac{\pi}{2} \leqq x_2 \leqq 0. \tag{12}$$

Die Drosselspannung u_d ist wegen der Stetigkeit von i_w nach (7) ebenfalls stetig; man erhält:

$$u_d = u_d(x_2)\, e^{-\frac{x - x_2}{\omega\tau_w}} \approx u(x_2)\, e^{-\frac{x - x_2}{\omega\tau_w}}. \tag{13}$$

u_d ist nach (7), (11) und (12) negativ. Der Wirbelstrom i_w und die Drosselspannung u_d klingen demnach im Sperrintervall des Sättigungsventiles exponentiell ab. Abb. 21.2b zeigt den Verlauf von u_d.

Nach (10) ist τ_w die Zeitkonstante der Kurzschlußwindung, also die Zeitkonstante der Wirbelströme. Nach (20.10), (20.11), (10) und (1) gilt:

$$\omega\tau_w = 2\,\frac{\Delta\Theta_d}{\Delta\Theta}. \tag{14}$$

Vom Zeitpunkt x_3 an wird die Abmagnetisierung der Drossel durch die Spannung $u_d = u - i_L R$, also im wesentlichen durch die Netzspannung u fortgesetzt, bis u_d im Zeitpunkt x_4 zu Null wird. In diesem Zeitintervall wird die Abmagnetisierung des unvollständigen Magnetisierungszyklus durch den Übergang P_3 nach P_4 (Abb. 21.2a) beendet.

Während dieses Zeitintervalles induziert die abnehmende Magnetisierungsspannung u_d einen ebenfalls abnehmenden Strom i_w in der Kurzschlußwindung; außerdem wirkt zusätzlich zur zeitlich konstanten negativen Steuerdurchflutung eine vom Laststrom i_L herrührende positive Durchflutung $i_L N_a$, so daß sich der Arbeitspunkt P_3 im Zuge der Abmagnetisierung nach rechts verlagert und im Zeitpunkt x_4 nach P_4 gelangt (Abb. 21.1a).

Die Zunahme der negativen Spannungszeitfläche ist bei x_4 beendet, deshalb gilt von da an $d\Phi = 0$ und daher $u = R i_L$. Der Laststrom verläuft also von x_4 an sinusförmig, und zwar so lange, bis der Kennlinienpunkt auf dem Wege von P_4 nach rechts im Zeitpunkt x_5 den Kennlinienpunkt P_5 erreicht hat (Abb. 21.2a).

Bei x_5 beginnt die Aufmagnetisierung der Drossel durch die Spannung $u_d \approx u$, also im wesentlichen durch die positive Netzspannungshalbwelle. Im Zeitpunkt x_α wird der Kennlinienpunkt P_α erreicht; die Aufmagnetisierung ist beendet. Der Strom i_w ist während der Aufmagnetisierung durch (20.21) festgelegt, so daß die dynamische Durchflutung zwischen x_4 und x_α das Kennlinienstück $P_5 D_\alpha$ durchläuft.

Im Sättigungsintervall zwischen x_α und $x_1 + 2\pi$ wird der horizontale Kennlinienast $P_\alpha (P_\alpha) P_1$ durchlaufen. Es gilt $u_d = 0$ und daher:

$$u_L = u; \qquad i_L = \frac{u}{R}. \tag{15}$$

Damit ist der Magnetisierungszyklus beendet.

Beim Vergleich der Vorgänge ohne Berücksichtigung (Abb. 7.2) und mit Berücksichtigung (Abb. 21.2) der dynamischen Magnetisierung fällt vor allem auf, daß die Abmagnetisierung im ersteren Fall zu Beginn des Sperrintervalles beendet ist, im letzteren Fall dagegen während der Sperrintervalles fortgesetzt wird.

Dadurch entsteht der in Abb. 21.2a stark ausgezogen dargestellte, unvollständige dynamische Magnetisierungszyklus, dessen Flußhub $\Delta\Theta$ aus drei Teilen

$$\Delta\Phi = \Delta\Phi_t + \Delta\Phi_w + \Delta\Phi_r \tag{16}$$

besteht.

Aus Abb. 21.2 geht hervor, daß der Zeitpunkt x_2 mit wachsender Steuerdurchflutung $I_s N_s$ nach rechts rückt und schließlich in das Intervall zwischen $-\pi/2$ und 0 gelangt. Dann treten die in Abb. 21.3 dargestellten Verhältnisse ein.

Aus diesen Überlegungen geht hervor, daß das Intervall x_2 bis x_3, also der Zeitraum in dem die freie Abmagnetisierung durch die Wirbelströme stattfindet, nur dann auftreten kann, wenn die Neigung der exponentiell abklingenden Drosselspannung u_d im Zeitpunkt x_2 größer als die Neigung der Netzspannung u ist, d. h. solange die Bedingung

$$\frac{\left.\frac{du_d}{dx}\right|_{x=x_2}}{\left.\frac{du}{dx}\right|_{x=x_2}} = -\frac{\tan x_2}{\omega\tau_w} \geq 1 \tag{17}$$

erfüllt ist. Nach Abb. 21.3 schrumpft das Intervall $x_3 - x_2$ im Falle des Gleichheitszeichens in (17) auf den Wert Null zusammen, so daß daraus Abb. 21.4a entsteht. Die beiden Zeitpunkte x_3 und x_2 nähern sich dabei dem gemeinsamen Grenzwert $x_2 = x_3 = x_0$, der nach (17) durch die Wirbelstromzeitkonstante festgelegt ist:

$$\tan x_0 = -\omega\tau_w = -2\frac{\Delta\Theta_d}{\Delta\Theta}. \qquad (18)$$

Im Grenzfall $x_2 = x_0$ gilt $\Delta\Phi_w = 0$; das Intervall der freien Abmagnetisierung wird dann zu Null, so daß die Abmagnetisierung von x_0 an bis zum Ende der Halbperiode durch die negative Netzspannungshalbwelle fortgesetzt wird. Im Grenzfall $x_2 = x_0$ wird somit die Nullaussteuerung erreicht.

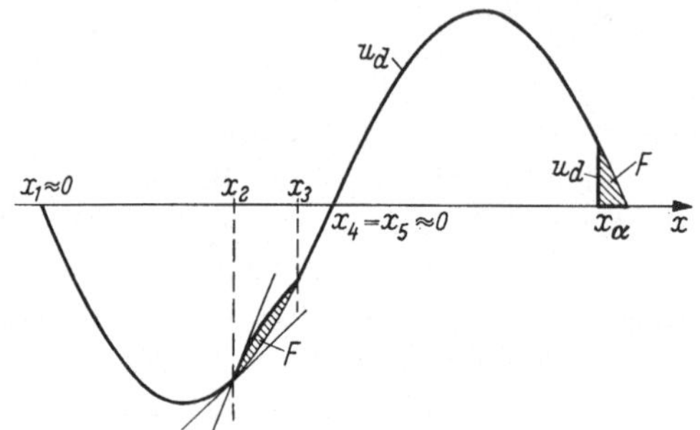

Abb. 21.3. Sonderfall nahe der Nullaussteuerung

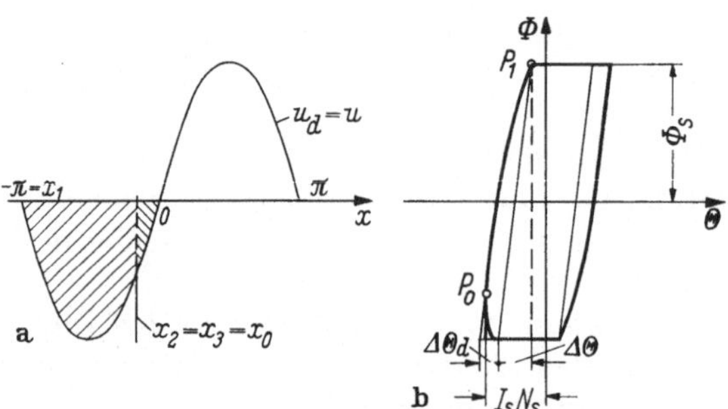

Abb. 21.4a u. b. Grenzfall der Nullaussteuerung

Zum Grenzfall $x_2 = x_0$ gehört nach Abb. 21.2 und 21.3 der Magnetisierungszyklus Abb. 21.4b. Daraus geht hervor, daß die zur Nullaussteuerung erforderliche Steuerdurchflutung etwas kleiner als $\Delta\Theta + {} + \Delta\Theta_d$ ist.

Der Grenzfall $\omega\tau_w = 0$ bedeutet $\Delta\Theta_d = 0$, beschreibt also die statische Magnetisierung; daraus folgt für die Nullaussteuerung $x_0 = 0$. Im Grenzfall $\omega\tau_w = \infty$ gilt dagegen $x_0 = -\pi/2$; dieser Grenzfall tritt z. B. bei einem dynamischen Magnetisierungszyklus $(\Delta\Theta_d \neq 0)$ auf, dessen statische Kernkennlinie senkrecht verlaufende, steile Kennlinienäste aufweist $(\Delta\Theta = 0)$.

21.2 Steuerkennlinie der Einpulsschaltung bei dynamischer Magnetisierung. In Abschn. 16.1 wurde für den Zusammenhang zwischen Lastspannungsmittelwert U_L und Flußhub $\Delta\Phi$ die Beziehung

$$\frac{U_L}{U_M} = 1 - \frac{\Delta\Phi}{2\Phi_s}; \qquad U_L = \frac{\sqrt{2}\,U}{\pi} \tag{19}$$

angegeben; dies gilt auch bei Berücksichtigung der dynamischen Magnetisierungsvorgänge. Damit aus (19) die Steuerkennlinie entsteht, muß der Flußhub $\Delta\Phi$ durch die Steuerdurchflutung $I_s N_s$ ausgedrückt werden.

Bei der Berechnung der Steuerkennlinie wird vorausgesetzt, daß der Spannungsabfall $R i_L$ während der Ummagnetisierung der Drossel gegenüber der Netzspannung u vernachlässigt werden darf, so daß $u_d \approx u$ gilt. Dann darf mit gleicher Berechtigung $x_1 \approx -\pi$ sowie $x_4 \approx x_5 \approx 0$ angenähert werden.

Der Flußhub $\Delta\Phi$ ist durch die Netzspannungszeitfläche zwischen $x = 0$ und x_α in Abb. 21.2b festgelegt; daraus folgt eine Beziehung zwischen $\Delta\Phi$ und x_α:

$$\Delta\Phi = \int\limits_0^{x_\alpha} \frac{u}{\omega N_a}\, dx = \Phi_s(1 - \cos x_\alpha). \tag{20}$$

Eine entsprechende Beziehung erhält man zwischen dem Teilfluß $\Delta\Phi_t$ und dem Zeitpunkt x_2:

$$-\Delta\Phi_t = \int\limits_{-\pi}^{x_2} \frac{u}{\omega N_a}\, dx = -\Phi_s(1 + \cos x_2). \tag{21}$$

Wenn $\Delta\Phi_t$ in die Gl. (20.17) für den linken Ast der statischen Kernkennlinie eingesetzt wird, erhält man den zum Kennlinienpunkt P_2 in Abb. 21.2a gehörenden Momentanwert $\Theta_h(x_2)$ der statischen Durchflutung. Der Vergleich mit (5) liefert:

$$I_s N_s = -i_w(x_2) + \frac{\Delta\Theta}{2}(1 + \cos x_2). \tag{22}$$

Das Ergebnis (22) kann aus den geometrischen Eigenschaften der Kernkennlinie in Abb. 21.2a unmittelbar abgelesen werden, wenn man berücksichtigt, daß i_w stets dasselbe Vorzeichen wie Φ_h besitzt, also während der Abmagnetisierung negativ ist. Die Gl. (22) liefert eine Beziehung zwischen $I_s N_s$ und dem Zeitpunkt x_2.

Für den Zeitpunkt x_3 gilt nach Abb. 21.2b $u_d(x_3) = u(x_3)$. Daraus folgt mit (13) eine Beziehung zwischen x_2 und x_3:

$$\sin x_3 = \sin x_2 \, e^{-\frac{x_3 - x_2}{\omega\tau_w}}. \tag{23}$$

Schließlich muß noch beachtet werden, daß der Mittelwert der Drosselspannung u_d über eine volle Periodenlänge den Wert Null ergeben muß. Daraus folgt mit Abb. 21.2b und (13):

$$\int_{-\pi}^{x_2} u\,dx + \int_{x_2}^{x_3} u(x_2)\, e^{-\frac{x-x_2}{\omega\tau_w}}\,dx + \int_{x_3}^{0} u\,dx + \int_{0}^{x_\alpha} u\,dx = 0. \tag{24}$$

Die Auswertung der vier Integrale ergibt:

$$-(1 + \cos x_2) - \omega\tau_w \sin x_2 \left(e^{-\frac{x_3 - x_2}{\omega\tau_w}} - 1\right) + \\ + (-1 + \cos x_3) + (1 - \cos x_\alpha) = 0. \tag{25}$$

Die Gl. (19), (20), (22), (23) und (24) können zusammengezogen werden und ergeben die folgenden drei Beziehungen:

$$\frac{U_L}{U_M} = \frac{1}{2}\left[\cos x_3 - \cos x_2 - \omega\tau_w(\sin x_3 - \sin x_2)\right], \tag{26}$$

$$\sin x_3 = \sin x_2 \, e^{-\frac{x_3 - x_2}{\omega\tau_w}}, \tag{27}$$

$$\frac{I_s N_s}{\Delta\Theta} = -\frac{i_w(x_2)}{\Delta\Theta} + \frac{1}{2}(1 + \cos x_2). \tag{28}$$

In (26) können mit Hilfe von (27), (28) die Zeitpunkte x_2 und x_3 eliminiert und durch $I_s N_s/\Delta\Theta$ ersetzt werden; diese drei Beziehungen liefern also die gesuchte Steuerkennlinie.

Bei der numerischen Auswertung der Beziehungen (26) bis (28) muß darauf geachtet werden, daß im Bereich $-\pi \leqq x_2 \leqq -\pi/2$ für $i_w(x_2)$ die Gl. (11) und für den Bereich $-\pi/2 \leqq x_2 \leqq 0$ die Beziehung (12) gilt. Das Ergebnis ist in Abb. 21.5 mit $\Delta\Theta_d/\Delta\Theta$ als Parameter dargestellt; es zeigt, daß die Steuerkennlinie gegenüber dem Grenzfall statischer Magnetisierung ($\Delta\Theta_d/\Delta\Theta = 0$) flacher verläuft.

Die Beziehungen (26) bis (28) sind zur Beschreibung der Steuerkennlinie nicht mehr geeignet, wenn es sich um sehr steile statische Kernkennlinien, im Grenzfall um Kennlinien mit senkrechtem Verlauf ($\Delta\Theta = 0$) handelt. Dann verwendet man zweckmäßig anstelle von $I_s N_s/\Delta\Theta$ die Größe $I_s N_s/\Delta\Theta_d$ als Variable und anstelle des Parameters $\omega\tau_w$ die Größe

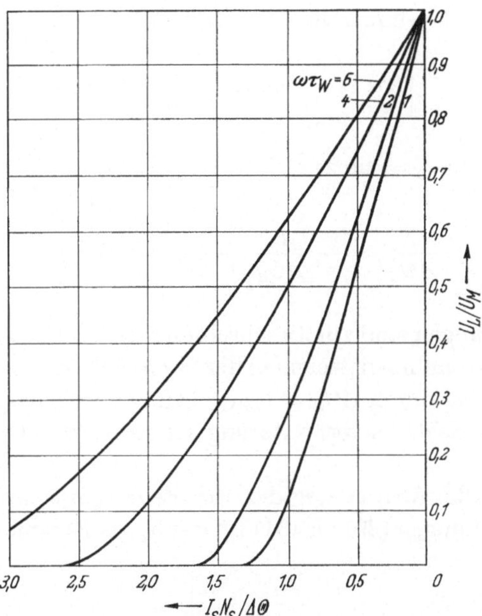

Abb. 21.5. Steuerkennlinien der einpulsigen spannungssteuernden Transduktorschaltung mit $\omega\tau_w$ als Parameter, endliche Kennliniensteilheit $\Delta\Theta \neq 0$

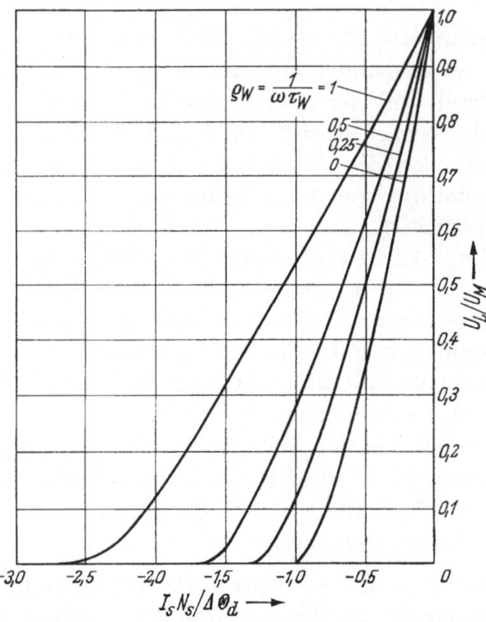

Abb. 21.6. Steuerkennlinien der einpulsigen spannungssteuernden Transduktorschaltung mit $\varrho_w = 1/\omega\tau_w$ als Parameter, unendliche Kernkennliniensteilheit $\Delta\Theta = 0$

$1/\omega\tau_w = \varrho_w$. Damit nehmen die Gl. (26) bis (28) die folgende Form an:

$$\frac{U_L}{U_M} = \frac{1}{2}\left[\cos x_3 - \cos x_2 - \frac{1}{\varrho_w}(\sin x_3 - \sin x_2)\right], \tag{29}$$

$$\sin x_3 = \sin x_2\, e^{-\varrho_w(x_3 - x_2)} \qquad \varrho_w = \frac{1}{\omega\tau_w}, \tag{30}$$

$$\frac{I_s N_s}{\Delta\Theta_d} = -\frac{i_w(x_2)}{\Delta\Theta_d} + \frac{1}{2}\,1 + \cos x_2). \tag{31}$$

Die drei Beziehungen sind zur Beschreibung der Steuerkennlinie für sehr steile statische Kennlinien geeignet; der Grenzfall senkrecht verlaufender Kennlinienäste ist durch $\Delta\Theta_d = 0$ gegeben. Die Bezugsgröße $\Delta\Theta_d$, also die dynamische Schleifenverbreiterung ist nach (20.11) von $\Delta\Theta$ unabhängig.

Die numerische Auswertung der für steile statische Kernkennlinien geltenden Beziehungen (29) bis (31) ist mit ϱ_w als Parameter in Abb. 21.6 dargestellt.

22. Gegentaktschaltung bei dynamischer Magnetisierung

In der Gegentaktschaltung Abb. 22.1 wird durch den Widerstand $R_0 = R_a + R_b$ der Wicklungswiderstand R_a der Arbeitswicklung der Transduktordrossel und der Durchlaßwiderstand R_b des zugehörigen Sättigungsventiles berücksichtigt. Man wird aus den folgenden Überlegungen erkennen, daß die dynamische Magnetisierung das Verhalten der Gegentaktschaltung nur dann beeinflußt, wenn der Widerstand R_0 von Null verschieden ist.

Damit der Einfluß der dynamischen Magnetisierung auf das Verhalten der Gegentaktschaltung besonders deutlich hervortritt, wird ein ideal geglätteter Steuerstrom und ein rein ohmscher Lastwiderstand vorausgesetzt; zur Vereinfachung der Schreibweise wird in Abb. 22.1 außerdem eine weitere Vormagnetisierungswicklung mit der zeitlich konstanten Durchflutung $-\Theta_k'$ angenommen.

Die Beschreibung der Vorgänge in den nachfolgenden Abschn. 22.1 und 22.2 kann kurz gefaßt werden, da auf eine Reihe von Einzelheiten, die in den Abschn. 17 bis 19 und 22 bereits ausführlich beschrieben wurden, zurückgegriffen werden kann.

22.1 Zeitlicher Verlauf der elektrischen Vorgänge in der Gegentaktschaltung bei dynamischer Magnetisierung. Den beiden Transduktordrosseln in Abb. 22.1 wird — nach den Erläuterungen des Abschn. 20.2 —

eine statische Kernkennlinie (Abb. 22.2a) zugeordnet; der dynamische Magnetisierungsprozeß wird durch die zusätzliche Durchflutung i_{w1} bzw. i_{w2} der Kurzschlußwindungen berücksichtigt. Der Verlauf der Ströme i_{w1} und i_{w2} bei einem vollständigen Magnetisierungszyklus ist durch (20.21), (20.22) festgelegt.

Die folgenden Überlegungen werden zeigen, daß sich die Berücksichtigung der dynamischen Magnetisierung vor allem während der Abmagnetisierung der Drosselkerne bemerkbar macht, daß dagegen während der Aufmagnetisierung praktisch die gleichen Verhältnisse wie bei statischer Magnetisierung (Abb. 13.5) vorliegen.

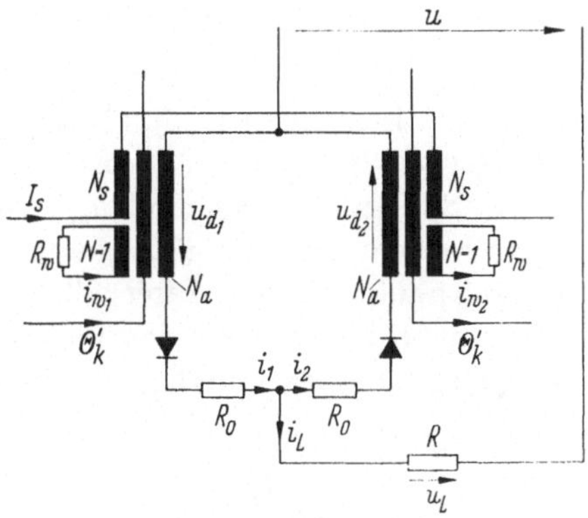

Abb. 22.1.
Die Gegentaktschaltung bei Berücksichtigung der dynamischen Magnetisierung

Die Gesamtdurchflutungen Θ_{h1} und Θ_{h2} der beiden Kerne sind durch die Summe der Teildurchflutungen der vier Wicklungen in Abb. 22.1 gegeben:

$$\Theta_{h1} = i_1 N_a - I_s N_s - i_{w1} - \Theta_k', \tag{1}$$

$$\Theta_{h2} = i_2 N_a - I_s N_s - i_{w2} - \Theta_k', \tag{2}$$

$$\frac{d\Phi}{d\Theta_h} = \Lambda = \frac{2\Phi_s}{\Delta\Theta}. \tag{3}$$

Für die Momentanwerte der dazugehörenden dynamischen Durchflutung gilt:

$$\Theta_{d1} = \Theta_{h1} + i_{w1}, \tag{4}$$

$$\Theta_{d2} = \Theta_{h2} + i_{w2}, \tag{5}$$

dabei besitzt i_w stets dasselbe Vorzeichen wie Θ_h bzw. Θ_d; während der Abmagnetisierung besitzt deshalb i_w negative Werte, so daß die Durchflutungen der Arbeitswicklung und der Kurzschlußwindung während der Abmagnetisierung in gleicher Richtung wirken.

Das Intervall x_2 bis x_3: Unter statischen Magnetisierungsbedingungen tritt ein Intervall x_2 bis x_a in Abb. 13.5 auf, in dem beide Drosseln gleichzeitig ummagnetisiert werden, also den Magnetisierungsstrom i_1 bzw. i_2 führen. Bei Berücksichtigung der dynamischen Magnetisierung tritt ein entsprechendes Intervall auf, dessen Endpunkte mit x_2 bzw. x_3 (Abb. 22.2) bezeichnet werden, so daß die Ersatzschaltung Abb. 22.3a gilt; daraus folgt:

$$u_{d1} = u - R(i_1 - u_2) - R_0 i_1, \tag{6}$$

$$-u_{d2} = u - R(i_1 - i_2) + R_0 i_2. \tag{7}$$

Die beiden Beziehungen (6), (7) zeigen die Ähnlichkeit mit den Magnetisierungsverhältnissen in Abschn. 18.2 (Abb. 18.2).

Die Spannungen u_{d1} und u_{d2} sind in Abb. 22.2c eingezeichnet; sie unterscheiden sich nur geringfügig von der Netzspannung u. Der Anfangszeitpunkt x_2 des Intervalles ist durch den Nulldurchgang der Spannung u_{d1}, also durch den Beginn der Aufmagnetisierung der Drossel 1 festgelegt; der Nulldurchgang von u_{d2} liegt kurz vor x_2; die Abmagneti-

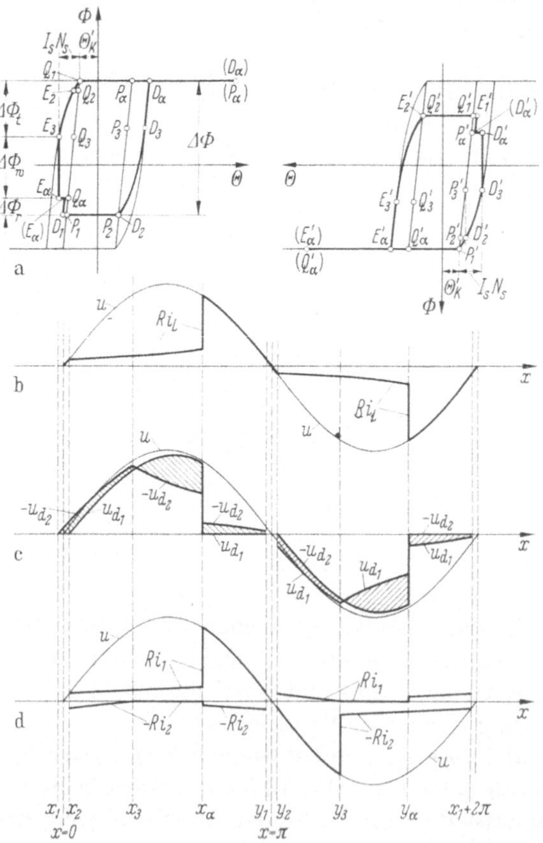

Abb. 22.2a–d. Zeitlicher Verlauf der elektrischen Größen in der Gegentaktschaltung bei dynamischer Magnetisierung: a Magnetisierungszyklus, b bis d zeitlicher Verlauf

sierung der Drossel 2 hat also bei x_2 bereits eingesetzt. Dem Zeitpunkt x_2 sind deshalb die Kennlinienpunkte P_2 und P_2' der statischen Kernkennlinie in Abb. 22.2a zugeordnet; P_2' liegt unmittelbar beim Kennlinienknickpunkt.

Am Intervallende x_3 erreicht der Strom i_2 im Verlaufe der Abmagnetisierung der Drossel 2 den Wert Null (Abb. 22.2d); zu x_3 gehören die Kennlinienpunkte P_3 und P_3' in Abb. 22.2a.

Die dynamische Durchflutung durchläuft nach (4), (5) und (20.21), (20.22) zwischen x_2 und x_3 das Kennlinienstück D_2D_3 bzw. $D_2'D_3'$.

Für die Berechnung der Steuerkennlinien in Abschn. 22.2 braucht man den zeitlichen Verlauf der Spannungssumme $u_{d1} + u_{d2}$ (schraffiert in Abb. 22.2c). Dazu bildet man die Durchflutungssumme nach (1), (2):

$$\Theta_{h1} + \Theta_{h2} = (i_1 + i_2)\,N_a - 2I_sN_s - (i_{w1} + i_{w2}) - 2\Theta_k'. \tag{8}$$

Aus Abb. 22.1 folgt für die Wirbelströme i_{w1} und i_{w2}:

$$i_{w1} = \frac{u_{d1}}{N_a R_w} \qquad i_{w2} = \frac{u_{d2}}{N_a R_w} \tag{9}$$

und aus der Differenz der Gl. (6) und (7) wird:

$$u_{d1} + u_{d2} = -R_0(i_1 + i_2). \tag{10}$$

Für die Drosselspannungen u_{d1} und u_{d2} gilt nach (5.5):

$$u_{d1} = \omega N_a \frac{d\Phi_1}{dx} = \omega N_a \Lambda \frac{d\Theta_{h1}}{dx};$$

$$u_{d2} = \omega N_a \frac{d\Phi_2}{dx} = \omega N_a \Lambda \frac{d\Theta_{h2}}{dx}. \tag{11}$$

Durch Differenzieren von (8) folgt mit (9), (10), (11), (17.8) und (21.10) die Differentialgleichung:

$$\omega(\tau_v + \tau_w)\frac{d(i_1 + i_2)}{dx} + (i_1 + i_2) = 0$$

$$\tau_v = \frac{N_a^2 \Lambda}{R_0}; \qquad \tau_w = \frac{\Lambda}{R_w}. \tag{12}$$

Die Summe $(i_1 + i_2)$ klingt demnach exponentiell mit der Zeitkonstanten $\tau_v + \tau_w$ ab. Nach Abschn. 17.1 und 18.2 ist $\omega\tau_v$ bereits so groß, daß $(i_1 + i_2)$ während einer Periodenlänge praktisch konstant bleibt. Wegen (10) bleibt damit auch die Spannungssumme $(u_{d1} + u_{d2})$ konstant. Berücksichtigt man noch $u_{d1}(x_2) = 0$, so folgt:

$$u_{d1}(x) + u_{d2}(x) = u_{d2}(x_2) = \text{konst}. \tag{13}$$

Für den zeitlich konstanten Wert $u_{d2}(x_2)$ erhält man durch Wiederholung der entsprechenden Überlegungen aus Abschn. 18.1:

$$\frac{u_{d2}(x_2)}{\sqrt{2}\,U} = -\frac{2}{\omega(\tau_v + \tau_w)}\left[1 - \frac{\Delta\Phi}{2\Phi_s} + \frac{2\Theta_k'}{\Delta\Theta} + 2\,\frac{I_s N_s}{\Delta\Theta}\right]. \tag{14}$$

Das Intervall x_3 bis x_α: Das Sättigungsventil V_1 ist stromführend, V_2 gesperrt ($i_2 = 0$), so daß die Ersatzschaltung Abb. 22.3b gilt. Die Drossel 2 ist in diesem Zeitintervall von der Netzspannung getrennt, die Durchflutung der Steuerwicklung und der Vormagnetisierung ist zeitlich konstant, so daß der Strom i_{w2} in der Kurzschlußwindung exponentiell abklingt. Somit liegen die bereits in Abschn. 21.1 bei der Einpulsschaltung beschriebenen Verhältnisse vor; man kann die Ergebnisse deshalb übertragen:

$$i_{w2} = i_{w2}(x_3)\, e^{-\frac{x - x_3}{\omega\tau_w}}, \tag{15}$$

$$u_{d2} = u_{d2}(x_3) e^{-\frac{x - x_3}{\omega\tau_w}} \approx u(x_3)\, e^{-\frac{x - x_3}{\omega\tau_w}}, \tag{16}$$

$$\omega\tau_w = \frac{\omega\Lambda}{R_w} = 2\,\frac{\Delta\Theta_d}{\Delta\Theta}. \tag{17}$$

Für den Anfangswert $i_{w2}(x_2)$ gilt, je nachdem ob der Kennlinienpunkt P_3' oberhalb oder unterhalb der Abszisse in Abb. 22.2a liegt, eine der Beziehungen (20.21) bzw. (20.22).

Für die Drosselspannung u_{d1} folgt aus der Ersatzschaltung Abb. 22.3b:

$$u_{d1} = u - (R + R_0)\, i_1 \approx u. \tag{18}$$

In Abb. 22.2b bis c ist der zeitliche Verlauf der elektrischen Größen, der sich nach diesen Überlegungen für das Intervall x_3 bis x_α ergibt, dargestellt.

a

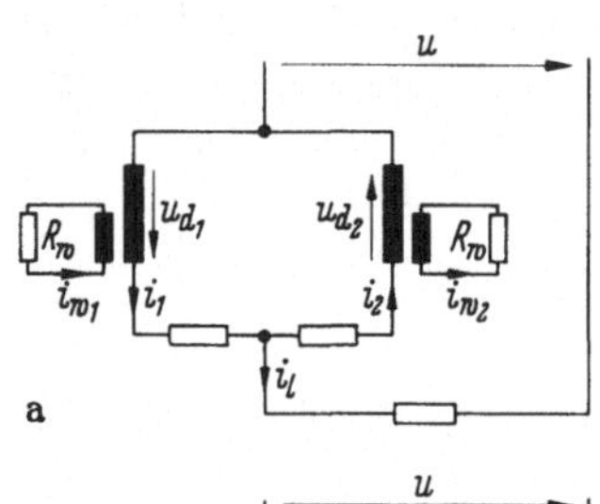

b

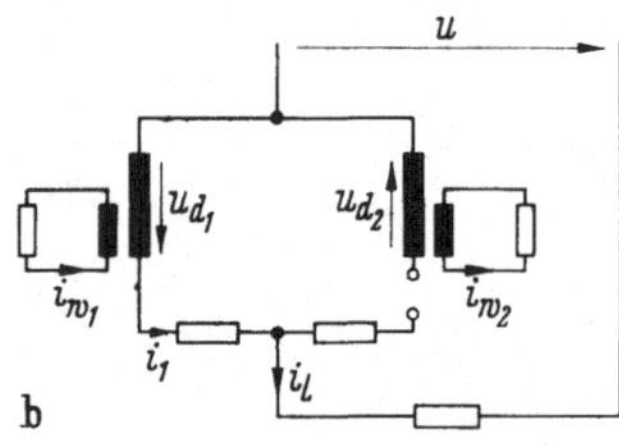

c

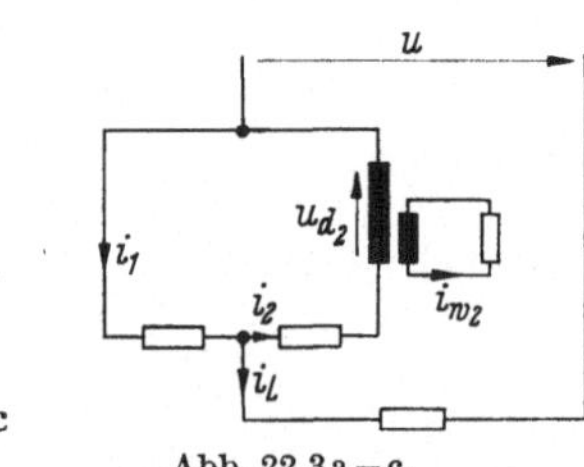

Abb. 22.3a–c. Ersatzschaltbilder für die einzelnen Teilintervalle in Abb. 22.2

Im Intervall x_3 bis x_α wird die Aufmagnetisierung der Drossel 1 von P_3 an fortgesetzt, bis der Knickpunkt P_α, also die Sättigung im Zeitpunkt x_α erreicht ist (Abb. 22.2a). Im gleichen Zeitintervall wird die Drossel 2 von P_3' nach P_α' abmagnetisiert. Die Drossel 2 erfährt im Intervall x_3 bis x_α einen kleineren abmagnetisierenden Flußhub als die Drossel 1, wie der Vergleich der abmagnetisierenden Spannungszeitflächen in Abb. 22.2c unmittelbar zeigt; daraus folgt, daß die Aufmagnetisierung der Drossel 1 bei x_α zwar beendet ist, die Abmagnetisierung der Drossel 2 dagegen noch nicht abgeschlossen ist.

Im Intervall x_3 bis x_α gilt $i_2 = 0$, so daß aus (2), (5)

$$\frac{d\Theta_{h2}}{dx} + \frac{d\,i_{w2}}{dx} = \frac{d\Theta_{d2}}{dx} = 0 \tag{19}$$

folgt. Die dynamische Durchflutung Θ_{d2} bleibt nach (19) zeitlich konstant, so daß zwischen x_3 und x_α das senkrechte Kennlinienstück $D_3'D_\alpha'$ in Abb. 22.2a durchlaufen wird. Die dynamische Durchflutung Θ_{d1} der Drossel 1 verläuft entlang des Kennlinienstückes D_3D_α.

Das Intervall x_α bis y_1: Vom Zeitpunkt x_α an ist die Drossel 1 gesättigt, so daß von da an $u_{d1} \equiv 0$ gilt und das Sättigungsventil V_1 stromführend bleibt. Der andere, aus der Drossel 2 und dem Sättigungsventil V_2 bestehende Zweig der Schaltung wird einen der vier zu Beginn des Abschn. 18.4 beschriebenen Betriebszustände annehmen. Dabei kann der Fall III aus den gleichen Gründen wie in Abschn. 18.4 von den weiteren Überlegungen ausgeschaltet werden, weil er auf einen Widerspruch führt.

Bei den folgenden Überlegungen wird angenommen, daß das Ventil V_2 Strom führt und die Spannung u_{d2} von Null verschieden ist, daß also der in Abschn. 18.4 beschriebene Fall IV vorliegt. Dann gilt die Ersatzschaltung Abb. 22.3c; daraus folgen die zwei Beziehungen:

$$0 = u - R(i_1 - i_2) - R_0 i_1 \approx u - (R_0 + R)\, i_1, \tag{20}$$

$$-u_{d2} = u - R(i_1 - i_2) + R_0 i_2 \approx u - R i_1. \tag{21}$$

In den Näherungen (20), (21) wurde der Spannungsabfall des Magnetisierungsstromes i_2 an den Widerständen R_0 und R vernachlässigt. Daraus ergeben sich die folgenden Beziehungen:

$$u_{d2} = -u p, \tag{22}$$

$$u_L = (1 - p)\, u, \tag{23}$$

$$i_{w2} = \frac{u_{d2}}{R_w N_a} = -\frac{p}{R_w N_a}\, u, \tag{24}$$

$$p = \frac{R_0}{R + R_0}. \tag{25}$$

In Abb. 22.2 ist der durch die Beziehungen (22) bis (25) festgelegte zeitliche Verlauf der elektrischen Größen dargestellt.

Als nächstes muß die Frage beantwortet werden, unter welchen Bedingungen der eben beschriebene Betriebszustand eintreten kann. Dazu wird von der Feststellung ausgegangen, daß die Drosselspannung u_{d2} im Zeitpunkt x_α nach Abb. 22.2c eine sprunghafte Änderung um Δu_{d2} erfährt:

$$\Delta u_{d2} = u'_{d2}(x_\alpha) - u''_{d2}(x_\alpha). \tag{26}$$

Der Momentanwert u'_{d2} unmittelbar vor x_α bzw. der Momentanwert u''_{d2} unmittelbar nach x_α resultiert mit $x = x_\alpha$ aus der Gl. (16) bzw. (22); beide Momentanwerte sind negativ.

Der Strom i_{w2} wird von der Drosselspannung u_{d2} in die Kurzschlußwindung induziert, so daß $u_{d2} = R_w N_a i_{w2}$ gilt. Damit kann (26) auf folgende Form gebracht werden:

$$\Delta u_{d2} = R_w N_a \, [i'_{w2}(x_\alpha) - i''_{w2}(x_\alpha)]. \tag{27}$$

Darin bedeutet i'_{w2} bzw. i''_{w2} den Momentanwert von i_{w2} unmittelbar vor bzw. nach x_α.

In dem betrachteten Betriebszustand nach Abb. 22.3c ist die Drosselspannung u_{d2} nach (22) negativ, so daß die Abmagnetisierung der Drossel 2 über den Kennlinienpunkt P'_a hinaus fortgesetzt wird; daraus folgt, daß die Durchflutung Θ_{h2} im Zeitpunkt x_α bzw. im Kennlinienpunkt P'_a stetig verläuft. Für die Durchflutung Θ_{h2} unmittelbar vor dem Zeitpunkt x_α gilt $i_2 = 0$, so daß für die Gesamtdurchflutung Θ_{h2} die Beziehung

$$\Theta_{h2}(x_\alpha) = -I_s N_s - i'_{w2}(x_\alpha) - \Theta'_k \tag{28}$$

gilt. Unmittelbar nach x_a stellt sich der Momentanwert $i_2(x_\alpha)$ ein, so daß man für Θ_2 den Momentanwert

$$\Theta_{h2}(x_2) = i_2(x_\alpha)\, N_a - I_s N_s - i''_{w2}(x_\alpha) - \Theta'_k \tag{29}$$

erhält. Aus den beiden Beziehungen (28), (29) folgt mit (26) und (27):

$$N_a i_2(x_\alpha) = -\frac{\Delta u_{d2}}{N_a R_w} = \frac{-u'_{d2}(x_a) + u''_{d2}(x_a)}{N_a R_w}. \tag{30}$$

Der betrachtete Betriebszustand, bei dem das Ventil V_2 stromführend ist, kann also nur bestehen, wenn $i_2(x_\alpha)$ und damit $-\Delta u_{d2}$ positiv ist. Im anderen Falle wäre das Ventil V_2 gesperrt.

Wenn man beachtet, daß beide Werte u'_{d2} und u''_{d2} negativ sind, dann ist $i_2(x_\alpha)$ stets positiv, wenn die folgende Bedingung erfüllt ist:

$$|u'_{d2}(x_\alpha)| - |u''_{d2}(x_\alpha)| > 0. \tag{31}$$

Nach (17.10) ist der Faktor p bei richtiger Dimensionierung der Schaltung stets sehr klein gegenüber Eins. Deshalb ist der zweite Summand in

(31) — wenn von Grenzfällen abgesehen wird — nach (22) meistens sehr viel kleiner als der erste Summand, so daß die Forderung (31) für die hauptsächlich interessierenden Fälle erfüllt ist. Aus diesem Grunde soll auf die Beschreibung des anderen grundsätzlich möglichen Betriebszustandes der Schaltung, bei dem das Ventil V_2 im Anschluß an den Zeitpunkt x_α sperrt, verzichtet werden.

Die eben durchgeführten Überlegungen haben gezeigt, daß die Drossel 2 zwischen x_α und y_1 durch eine Sinusspannung (22) abmagnetisiert wird, die um den Faktor p kleiner als die Netzspannung ist.

Die von der Spannung pu während des Intervalles x_α und y_1 beschriebene Spannungszeitfläche beendigt die Abmagnetisierung der Drossel 2 vom Kennlinienpunkt P'_a nach Q'_1 entlang der statischen Kennlinie (Abb. 22.2a). Der zugehörige Flußhub $\Delta\Phi_r$ ist klein, da p bei richtig dimensionierten Transduktorschaltungen stets sehr klein gegenüber Eins ist (vgl. Abschn. 17).

Im Abschn. 20.1 und in Abb. 20.2 wurde gezeigt, daß die Schleifenverbreiterung — also der Strom i_w in der Kurzschlußwindung der Ersatzschaltung — proportional mit dem Scheitelwert der ummagnetisierenden Sinusspannung abnimmt. Wenn somit zum Scheitelwert $\sqrt{2}\,U$ der Wirbelstrom i_w in der Kurzschlußwindung der Ersatzschaltung gehört, dann stellt sich beim Scheitelwert $p\sqrt{2}\,U$ der Wirbelstrom pi_w ein. Im Intervall x_α bis y_1 erhält man deshalb für die dynamische Durchflutung Θ_{d2} der Drossel 2 die Beziehung:

$$\Theta_{d2} = \Theta_{h2} + p\,i_{w2}. \tag{32}$$

Deshalb unterscheidet sich das Stück $(D'_a)\,E'_1$ der dynamischen Kernkennlinie in Abb. 22.2a nur geringfügig von dem entsprechenden Kennlinienstück $P'_aQ'_1$ der statischen Kernkennlinie. Das Intervall y_1 bis y_2, in dem der Arbeitspunkt von Q'_1 entlang der statischen Kennlinie nach Q'_2 wandert, ist sehr kurz, so daß auf eine Beschreibung nicht eingegangen wird.

In der darauffolgenden Halbwelle y_2 bis $y_1 + 2\pi$ wiederholen sich die Vorgänge; dabei vertauschen die beiden Transduktordrosseln ihre Rolle.

Der zeitliche Verlauf der elektrischen Größen, der sich aus diesen Überlegungen ergibt, ist in Abb. 22.2b bis d für eine volle Periodenlänge dargestellt.

Charakteristisch für den unvollständigen dynamischen Magnetisierungszyklus in Abb. 22.2a ist die Ausbildung einer Ecke, die durch die drei Punkte $E_\alpha(E_\alpha)\,D_1$ bzw. $D'_a(D'_a)\,E'_1$ gekennzeichnet ist. Abb. 22.4 zeigt Oszillogramme von unvollständigen dynamischen Magnetisierungszyklen verschiedener Aussteuerung. Die eben beschriebenen Ecken am Ende der Abmagnetisierung sind darin deutlich zu erkennen.

22.2 Steuerkennlinie der Gegentaktschaltung bei dynamischer Magnetisierung. Für die Steuerkennlinie gilt nach (16.28):

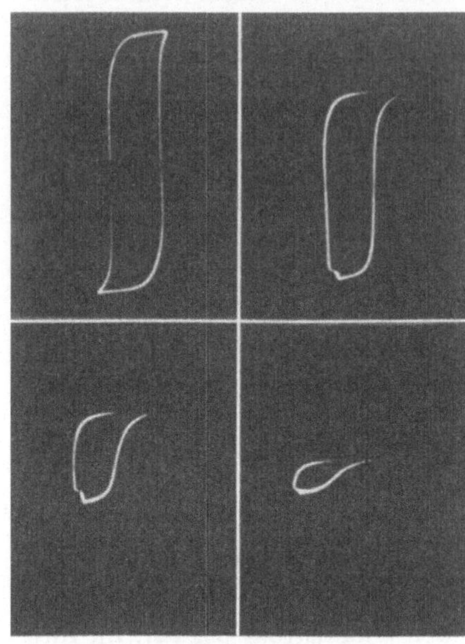

Abb. 22.4. Vergleichsoszillogramme für die Kernkennlinien in Abb. 22.2a

$$\frac{U_L}{U_M} = \frac{1 - \dfrac{\Delta\Phi}{2\Phi_s}}{1 + p}. \tag{33}$$

Diese Beziehung gilt auch bei Berücksichtigung der dynamischen Magnetisierungsvorgänge. Damit aus (33) die Steuerkennlinie entsteht, muß eine Beziehung zwischen $\Delta\Phi$ und $I_s N_s$ hergestellt werden.

Bei der Berechnung der Steuerkennlinie wird ähnlich wie in Abschn. 19.2 vorgegangen. Der Spannungsabfall $R i_L$ während der Ummagnetisierung der beiden Transduktordrosseln ist klein gegenüber der Netzspannung; deshalb darf $x_1 \approx x_2 \approx 0$ angenähert werden.

Die Drossel 2 wird im Intervall $x = \pi$ bis $\pi + \alpha$ durch die Spannung $u_{d2} \approx -u$ um den Flußhub $\Delta\Phi$ aufmagnetisiert und im Intervall $x = 0$ bis x_3 um $\Delta\Phi_t$ abmagnetisiert (Abb. 22.2). Man erhält daraus die beiden Beziehungen:

$$\Delta\Phi \approx -\int_{\pi}^{\pi + x_\alpha} \frac{u}{\omega N_a}\, dx = \Phi_s(1 - \cos x_\alpha), \tag{34}$$

$$\Delta\Phi_t \approx \int_{0}^{x_3} \frac{u}{\omega N_a}\, dx = \Phi_s(1 - \cos x_3). \tag{35}$$

Wenn $\Delta\Phi_t$ in (20.17) eingesetzt und mit (2) gleich gesetzt wird, erhält man:

$$I_s N_s = -i_{w2}(x_3) + \frac{\Delta\Theta}{2}(1 - \cos x_3). \tag{36}$$

Die Spannungssumme $u_{d1} + u_{d2}$ (schraffiert in Abb. 22.2c) ist eine Wechselspannung doppelter Netzfrequenz und liefert deshalb über eine halbe Periodenlänge den Wert Null. Daraus folgt:

$$\int_0^{x_3} u_{d2}(x_2)\,dx + \int_{x_3}^{x_\alpha} \left(u - u(x_3)e^{-\frac{x-x_3}{\omega\tau_w}}\right) dx - \int_{x_\alpha}^{\pi} p\,u\,dx = 0. \tag{37}$$

In (30) ist $u_{d2}(x_2)$ durch (14) gegeben; im zweiten Summanden wurde (16), (18) und im dritten Summanden (22) und $u_{d1} = 0$ verwendet. Die Auswertung liefert:

$$-\frac{2x_3}{\omega\tau_w\left(1 + \frac{\tau_v}{\tau_w}\right)}\left[1 - \frac{\Delta\Phi}{2\Phi_s} + \frac{2\Theta_k'}{\Delta\Theta} + 2\frac{I_s N_s}{\Delta\Theta}\right] + \cos x_3 - \cos x_\alpha =$$

$$= \omega\tau_w \sin x_3\left(1 - e^{-\frac{x_\alpha - x_3}{\omega\tau_w}}\right) + p(1 + \cos x_\alpha). \tag{38}$$

Dazu gehören die zwei Beziehungen (34), (36):

$$\frac{\Delta\Phi}{2\Phi_s} = \frac{1}{2}(1 - \cos x_\alpha), \tag{39}$$

$$\frac{I_s N_s}{\Delta\Theta} = -\frac{i_{w2}(x_3)}{\Delta\Theta} + \frac{1}{2}(1 - \cos x_3). \tag{40}$$

In (38) können x_3 und x_α mit Hilfe von (39) und (40) durch $\Delta\Phi/2\Phi_s$ und $I_s N_s/\Delta\Theta$ ersetzt werden. In Verbindung mit (33) erhält man daraus die gesuchte Steuerkennlinie. Für $i_{w2}(x_3)$ gelten die Beziehungen (20.21) bzw. (20.22).

In Abb. 22.5 und 22.6 sind die Steuerkennlinien mit $\omega\tau_w$ als Parameter für die Werte $\Theta_k' = 0$ und $\tau_w/\tau_v = 2{,}22 \cdot 10^{-2}$ dargestellt; in Abb. 22.5 wurde $p = 0{,}1$, in Abb. 22.6 dagegen $p = 0$ gewählt. Der errechnete Kennlinienrücklauf — vollausgezogen in Abb. 25.5 — rührt von den Vernachlässigungen bei der Berechnung der Steuerkennlinie her; der tatsächliche Verlauf wurde durch die gestrichelten Linienstücke extrapoliert. Man erkennt eine Verkleinerung der mittleren Steilheit der Steuerkennlinie mit wachsendem $\omega\tau_w$, also mit zunehmenden Einfluß der dynamischen Magnetisierung.

Für sehr steile statische Kennlinien, im Grenzfall für $\Delta\Theta = 0$, sind die Beziehungen (38) bis (40) zur Darstellung der Steuerkennlinie ungeeignet. Man ersetzt dann zweckmäßig wie in Abschn. 21.2:

$$\Delta\Theta = \Delta\Theta_d 2\varrho_w, \tag{41}$$

$$\omega\tau_w = \frac{1}{\varrho_w}. \tag{42}$$

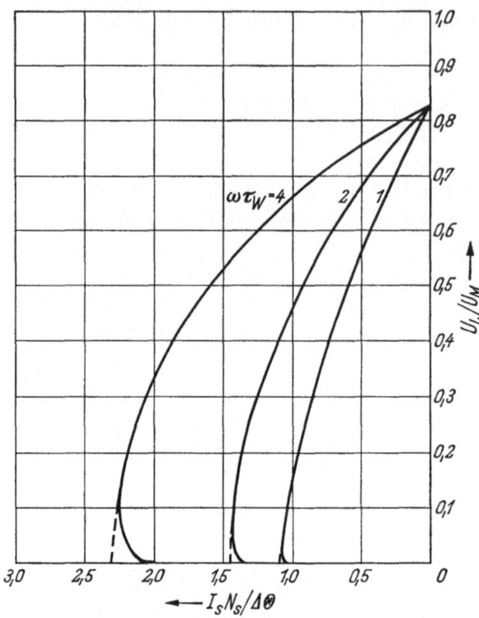

Abb. 22.5. Steuerkennlinien der Gegentaktschaltung mit $\omega\tau_w$ als Parameter, endliche Kennliniensteilheit $\Delta\Theta \neq 0$, für $\Theta_k' = 0$, $\tau_w/\tau_v = 2{,}22 \cdot 10^{-2}$ und $p = 0{,}1$

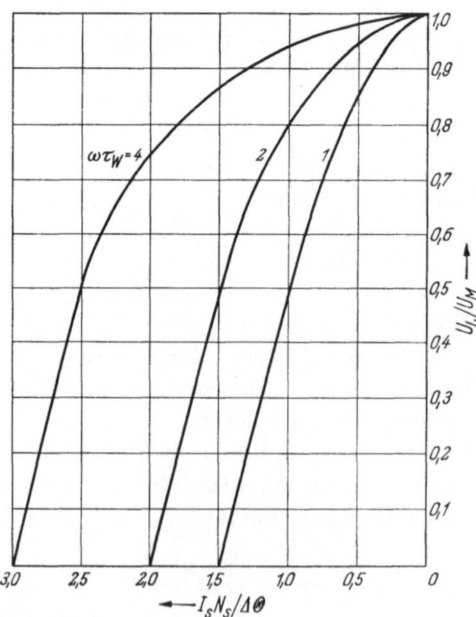

Abb. 22.6. Steuerkennlinien der Gegentaktschaltung mit $\omega\tau_w$ als Parameter, endliche Kennliniensteilheit $\Delta\Theta \neq 0$, für $\Theta_k' = 0$, $\tau_w/\tau_v = 2{,}22 \cdot 10^{-2}$ und $p = 0$

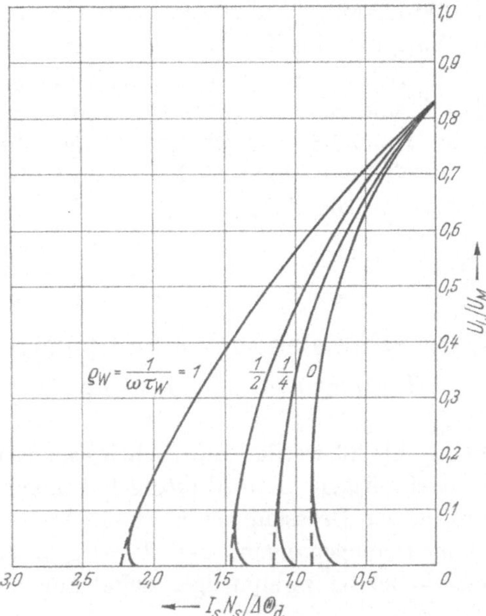

Abb. 22.7. Steuerkennlinien der Gegentaktschaltung mit $\varrho_w = 1/\omega\tau_w$ als Parameter, unendlich Kennliniensteilheit $\varDelta\Theta = 0$, für $\Theta_k' = 0$, $\tau_w/\tau_v = 2{,}22 \cdot 10^{-2}$ und $p = 0{,}1$

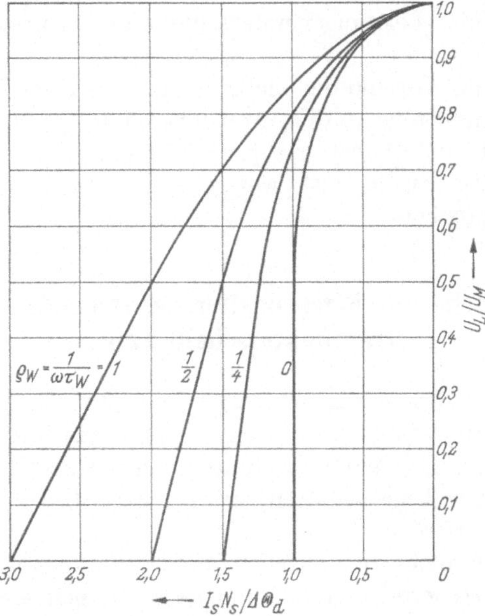

Abb. 22.8. Steuerkennlinien der Gegentaktschaltung mit $\varrho_w = 1/\omega\tau_w$ als Parameter, unendliche Kennliniensteilheit $\varDelta\Theta = 0$, für $\Theta_k' = 0$, $\tau_w/\tau_v = 2{,}22 \cdot 10^{-2}$ und $p = 0$

Damit geht in (38) bis (40) ϱ_w statt $\omega\tau_w$ als Parameter und $I_s N_s/\Delta\Theta_d$ statt $I_s N_s/\Delta\Theta$ als Variable ein. Die Steuerkennlinien, die sich daraus ergeben, sind in den Abbildungen 22.7 und 22.8 mit ϱ_w als Parameter für die Werte $\Theta_k' = 0$ und $\tau_w/\tau_v = 2{,}22 \cdot 10^{-2}$ dargestellt; in Abb. 22.7 wurde $p = 0{,}1$, in Abb. 22.8 dagegen $p = 0$ gewählt. Die vollausgezogenen und gestrichelten Linienstücke in Abb. 22.7 besitzen die gleiche Bedeutung wie in Abb. 22.5.

VI. Die stromsteuernden zweipulsigen Transduktorschaltungen

In den Abschn. 23 bis 26 werden die wichtigsten Eigenschaften der stromsteuernden zweipulsigen Transduktorschaltungen mit Reihen- oder Parallelschaltung der Drosseln beschrieben. Auf die mehrpulsigen Schaltungen wird nicht eingegangen, weil dabei grundsätzlich auf die gleichen Methoden wie bei den zweipulsigen Schaltungen zurückgegriffen werden kann.

Bei der Beschreibung der Schaltungen wird mit der Ableitung des zeitlichen Verlaufes der elektrischen Größen begonnen, weil daraus die jeweils interessierenden Mittelwerte, Effektivwerte und Leistungen, sowie die Steuerkennlinie, Leistungsverstärkung und Ansprechzeit ermittelt werden können.

In dem für die Anwendung maßgeblichen Teil der Steuerkennlinie ist der Laststrommittelwert dem Steuerstrom proportional. Diese Gesetzmäßigkeit ist unabhängig von der Speisespannung U (Abschn. 24.3 und 25.8). Dieser Eigenschaft wegen wird von „stromsteuernden“ Schaltungen gesprochen.

23. Gemeinsame Eigenschaften der stromsteuernden Transduktorschaltungen

Die beiden Schaltungen in Abb. 23.1 und 23.2 mit parallel bzw. in Reihe geschalteten Arbeitswicklungen — weiterhin kurz als „Parallel-Transduktor“ oder „Reihen-Transduktor“ bezeichnet — besitzen eine Reihe gemeinsamer Eigenschaften, die in den Abschn. 23.1 und 23.2 zusammengestellt werden.

Über den Einfluß der dynamischen Magnetisierung auf die Wirkungsweise der stromsteuernden Transduktorschaltungen können folgende Überlegungen angestellt werden: Die Wirkungsweise der Schaltungen beruht, wie in den folgenden Ausführungen mehrfach erläutert wird, im wesentlichen darauf, daß die Schleifenbreite vernachlässigbar klein gegenüber der Steuer- und Arbeitsdurchflutung bleibt. Eine Vergrößerung der Schleifenbreite durch dynamische Magnetisierungsprozesse fällt demnach nicht ins Gewicht. Man wird lediglich beachten müssen, daß die Magnetisierungsströme wegen der Schleifenverbreiterung bei dynamischen Magnetisierungsprozessen höhere Werte als bei statischen Magnetisierungsverhältnissen annehmen. Die Wirkungsweise der Wandlerschaltung wird also durch die dynamische Magnetisierung im grundsätzlichen nicht beeinflußt; sie wirkt sich nur in einer Vergrößerung des Laststromes bei Nullaussteuerung aus.

23.1 Grenzfall der Vollaussteuerung und der Nullaussteuerung. Zunächst sollen einige für den Parallel-Transduktor (Abb. 23.1) und für den Reihen-Transduktor (Abb. 23.2) gemeinsam geltende Voraussetzungen angegeben werden.

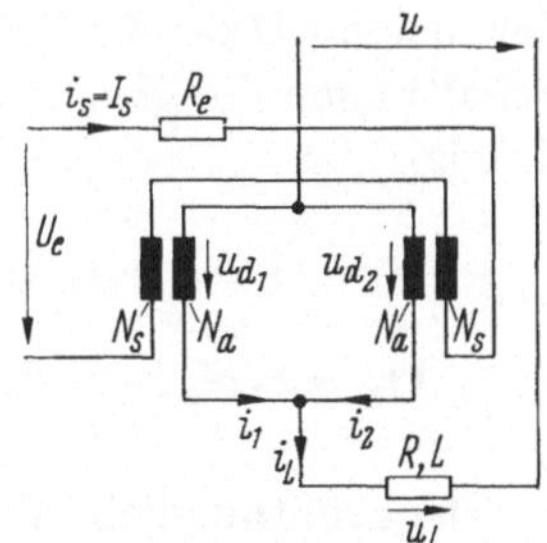

Abb. 23.1. Schaltung des Parallel-Transduktors

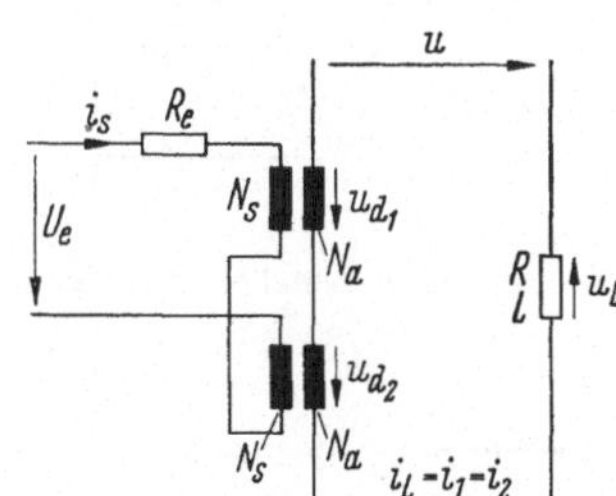

Abb. 23.2. Schaltung des Reihen-Transduktors

Die Widerstände der Arbeitswicklungen werden gegenüber der Last vernachlässigt. Der Steuerkreiswiderstand R_e soll die Widerstände $2R_s$ der beiden Steuerwicklungen und einen eventuellen Vorwiderstand R_v umfassen. Die Last soll aus der Reihenschaltung eines ohmschen Widerstandes R und einer Induktivität L bestehen, für deren Betrag Z bzw. Phasenwinkel φ

$$Z = \sqrt{R^2 + \omega^2 L^2}, \tag{1}$$

$$\cot\varphi = \frac{R}{\omega L} = \frac{1}{\omega \tau_L} \tag{2}$$

gilt. Zur Vereinfachung werden die Kernkennlinien der beiden Drosseln durch eine Sprungkennlinie nach Abb. 3.15b angenähert.

Bei der Beschreibung der stromsteuernden Schaltungen werden die in Abb. 23.1 und 23.2 eingezeichneten positiven Zählpfeilrichtungen gewählt. Dementsprechend wird der positiven Fluß- und Durchflutungsrichtung in der Kernkennliniendarstellung (Abb. 23.3 bis 23.5) bei beiden Drosseln dieselbe Richtung der Koordinatenachse zugeordnet.

In der Parallelschaltung Abb. 23.1 gilt:

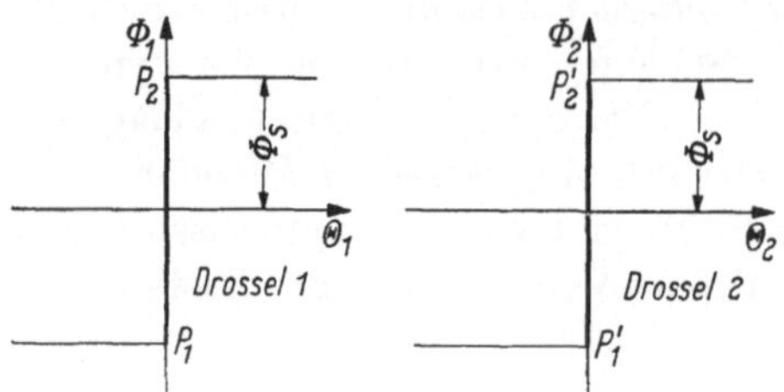

Abb. 23.3 Kernkennlinien bei Nullaussteuerung

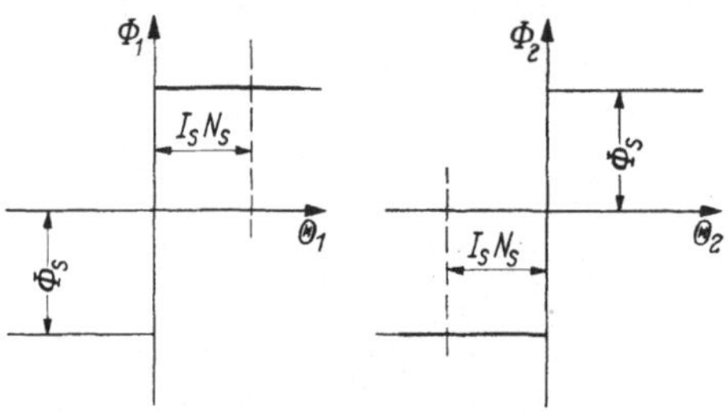

Abb. 23.4. Kernkennlinien bei Vollaussteuerung

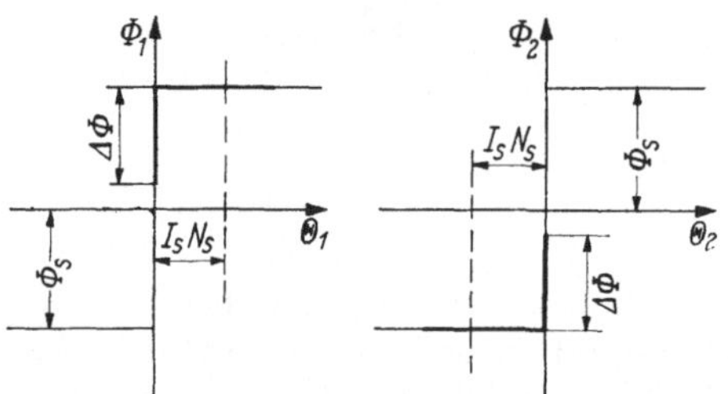

Abb. 23.5. Kernkennlinien bei einem Zustand zwischen Null- und Vollaussteuerung

$$u_d = u_{d1} = u_{d2}, \tag{3}$$

$$i_L = i_1 + i_2. \tag{4}$$

Für die Reihenschaltung Abb. 23.2 folgt entsprechend:

$$i_L = i_1 = i_2, \tag{5}$$

$$u_{d1} + u_{d2} = u - u_L. \tag{6}$$

Damit erhält man für die Durchflutungen Θ_1 und Θ_2 der beiden Drosseln für beide Schaltungen die gleichen Ausdrücke:

$$\Theta_1 = i_1 N_a + i_s N_s, \tag{7}$$

$$\Theta_2 = i_2 N_a - i_s N_s. \tag{8}$$

Der größtmögliche Momentanwert des Laststromes tritt bei kurzgeschlossenen Arbeitswicklungen auf und beträgt $\sqrt{2}\,U/Z$. Dementsprechend ist der größtmögliche Momentanwert $\Theta_{a,\max}$ der Durchflutung der Arbeitswicklung beim Parallel-Transduktor durch (9) und beim Reihen-Transduktor durch (10) gegeben:

$$\Theta_{a,\max} = \frac{\sqrt{2}\,U}{2Z} N_a, \tag{9}$$

$$\Theta_{a,\max} = \frac{\sqrt{2}\,U}{Z} N_a. \tag{10}$$

Es soll gezeigt werden, daß die beiden Grenzfälle $I_s N_s = 0$ und $I_s N_s = \Theta_{a,\max}$ gleichbedeutend mit der Nullaussteuerung bzw. der Vollaussteuerung der beiden Schaltungen sind.

Nullaussteuerung: Im Abschn. 5.4 wurde gezeigt, daß die Transduktordrosseln so bemessen werden müssen, daß für den Parallel-Transduktor die Beziehung (11) und für den Reihen-Transduktor (12) gilt:

$$2\sqrt{2}\,U = \omega N_a 2\Phi_s, \tag{11}$$

$$\sqrt{2}\,U = \omega N_a 2\Phi_s. \tag{12}$$

Im Falle $I_s N_s = 0$ wirken die beiden Schaltungen wie zwei mit den Primärwicklungen parallel (Abb. 23.1) bzw. in Reihe (Abb. 23.2) geschaltete, leerlaufende Transformatoren, die über die Last an die Netzspannung u angeschlossen sind; beide Transformatoren sind völlig gleichwertig. Die Beziehungen (11), (12) haben zur Folge, daß in beiden Schaltungen während der positiven Netzspannungshalbwelle der steile Kennlinienast P_1 bis P_2 bzw. P_1' bis P_2' in Abb. 23.3 und während der negativen Netzspannungshalbwelle $P_2 P_1$ bzw. $P_2' P_1'$ durchlaufen wird. Da eine ideale Sprungkennlinie vorausgesetzt ist, gilt $i_L = 0$ und $u_L = 0$.

Die Last bleibt deshalb bei $I_s N_s = 0$ während der gesamten Periodenlänge strom- und spannungslos, so daß der Grenzfall der Nullaussteuerung vorliegt.

Vollaussteuerung: Wenn die Steuerdurchflutung $I_s N_s$ größer als der maximale Momentanwert der Durchflutung $\Theta_{a,\max}$ in der Arbeitswicklung ist, dann folgt nach (7), (8) für die gesamte Periodenlänge $\Theta_1 \neq 0$ und $\Theta_2 \neq 0$, d. h. beide Transduktordrosseln sind während der gesamten Periodenlänge gesättigt; der Arbeitspunkt bewegt sich auf dem horizontalen Kennlinienstück in Abb. 23.4.

Die Arbeitswicklungen wirken dabei wie Kurzschlußbügel, so daß die Netzspannung während der gesamten Periode an der Last liegt und einen entsprechenden Laststrom hervorruft; es liegt also der Grenzfall der Vollaussteuerung vor.

23.2 Sättigungszustände der Drosseln (Sperr- und Durchlaßintervall). Bei Steuerdurchflutungen, die zwischen den beiden Grenzfällen $I_s N_s = 0$ und $I_s N_s = \Theta_{a,\max}$ liegen, ist ein Magnetisierungszyklus, beispielsweise nach Abb. 23.5, zu erwarten, bei dem in jeder Periode sowohl horizontale als auch senkrechte Kennlinienstücke durchlaufen werden.

Eine Transduktordrossel ist während eines unvollständigen Magnetisierungszyklus grundsätzlich nur zweier Zustände fähig, nämlich der Sättigung (horizontaler Kennlinienast) und der Entsättigung (vertikaler Kennlinienast); dabei werden die Kennlinienknickpunkte zum vertikalen Kennlinienast gezählt. Die Schaltungen Abb. 23.1 und 23.2 enthalten je ein Drosselpaar, so daß nach den Gesetzen der Kombinatorik für ein solches Drosselpaar nur die drei nachstehend beschriebenen Magnetisierungszustände denkbar sind:

Fall I: Beide Drosseln sind gleichzeitig ungesättigt. Dann gilt $\Theta_1 \equiv 0$ und $\Theta_2 \equiv 0$. Aus (7), (8) folgt mit (4), (5) $i_L \equiv 0$ und daher $u_L \equiv 0$, so daß die volle Netzspannung u auf den Parallel-Transduktor bzw. den Reihen-Transduktor einwirkt; beide Drosseln werden also gleichzeitig ummagnetisiert.

Wenn sich dieser Zustand über die gesamte Periodenlänge erstreckt, liegt der Grenzfall der Nullaussteuerung vor.

Fall II: Beide Drosseln sind gleichzeitig gesättigt. Für die Drosselspannungen gilt $u_{d1} \equiv 0$ und $u_{d2} \equiv 0$, so daß die volle Netzspannung u an der Last liegt und einen Laststrom $i_L \neq 0$ verursacht. Da Arbeits- und Steuerwicklung im Sättigungszustand der Drosseln entkoppelt sind, wirkt auf den Steuerkreis lediglich die Steuerspannung U_e ein, so daß für den Steuerstrom in beiden Schaltungen $i_s = I_s$ gilt.

Wenn die Sättigung beider Drosseln über die ganze Periodenlänge anhält, liegt der Sonderfall der Vollaussteuerung vor.

Fall III: Eine Drossel ist gesättigt, die andere ungesättigt. Dieser Fall kann entweder durch $\Theta_1 = 0$ und $\Theta_2 \neq 0$ oder durch $\Theta_2 = 0$ und $\Theta_1 \neq 0$ verwirklicht werden. Beim Parallel-Transduktor liegt wegen $u_{d1} = u_{d2} = 0$ die volle Netzspannung u an der Last. Beim Reihen-Transduktor ist dagegen die Lastspannung um den Spannungsabfall an der ungesättigten Drossel kleiner als die Netzspannung. In beiden Fällen ist der Laststrom von Null verschieden.

Aus den eben beschriebenen drei Betriebszuständen der Drosselpaare in den beiden Schaltungen erhält man folgende Aussage: Sind beide Drosseln ungesättigt (Fall I) so gilt in beiden Schaltungen für den Laststrom $i_L \equiv 0$, ist dagegen mindestens eine Drossel gesättigt (Fall II oder III) dann bildet sich ein von Null verschiedener Laststrom $i_L \neq 0$ aus. Ein Zeitintervall, in dem die Last strom- und spannungslos ist, bzw. Strom und Spannung führt, wird „Sperrintervall" bzw. „Durchlaßintervall" genannt.

Im allgemeinen Fall induzieren die Arbeitswicklungen einen Wechselstrom i_r in den Steuerkreis, der dem Steuergleichstrom I_s überlagert ist und einen zeitlich veränderlichen Steuerstrom

$$i_s = I_s + i_r \tag{13}$$

zur Folge hat. Für den Steuerkreis beider Schaltungen gilt dieselbe Beziehung:

$$R_e i_s = U_e + \frac{N_s}{N_a} (u_{d1} - u_{d2}) = U_e + u_r. \tag{14}$$

Mit (13) folgt daraus eine Bestimmungsgleichung für die Gleichkomponente I_s und die Wechselkomponente i_r:

$$i_r R_e = u_r = \frac{N_s}{N_a}(u_{d1} - u_{d2}), \tag{15}$$

$$R_e I_s = U_e. \tag{16}$$

i_r wird Rückwirkungsstrom, u_r Rückwirkungsspannung genannt.

Bei Vernachlässigung der Widerstände der Arbeitswicklungen gilt für den Parallel-Transduktor nach (3) $u_{d1} - u_{d2} \equiv 0$, daraus folgt mit (16) $u_r = 0$ und $i_r = 0$. Der Parallel-Transduktor ist somit grundsätzlich rückwirkungsfrei; Rückwirkungen entstehen nur, wenn die Widerstände der Arbeitswicklungen mit berücksichtigt werden.

24. Die zweipulsige stromsteuernde Transduktorschaltung mit parallelgeschalteten Drosseln

Beim Parallel-Transduktor treten unter der Annahme idealer Transduktordrosseln grundsätzlich keine Rückwirkungen auf den Steuerkreis auf; die elektrischen Verhältnisse in der Schaltung sind deshalb relativ einfach zu übersehen, so daß bei der Beschreibung vom allgemeinen Fall einer beliebigen ohmig-induktiven Last ausgegangen wird. Die Überlegungen werden zunächst für eine ideale Knickkennlinie durchgeführt; anschließend daran wird der Einfluß der Schleifenbreite der Kernkennlinie kurz diskutiert.

24.1 Zeitlicher Verlauf der elektrischen Größen beim Parallel-Transduktor. Nach den Überlegungen des Abschn. 23.2 führen die drei möglichen Magnetisierungszustände des Drosselpaares in Abb. 23.1 entweder zum Betriebszustand $i_L = 0$ oder zum Zustand $i_L \neq 0$. Um die Wirkungsweise der Schaltung zu verstehen, soll der zeitliche Verlauf der elektrischen Größen in diesen zwei Betriebszuständen, sowie die Zeitdauer dieser Zustände bestimmt werden.

Ungeachtet von der Art des Betriebszustandes $i_L = 0$ oder $i_L \neq 0$ müssen beim Parallel-Transduktor (Abb. 23.1) stets die folgenden Beziehungen gelten:

$$u_{d1} = u_{d2} = u_d, \tag{1}$$

$$u = u_d + u_L = u_d + R i_L + \omega L \frac{d i_L}{dx}, \tag{2}$$

$$i_L = i_1 + i_2, \tag{3}$$

$$\Theta_1 = i_1 N_a + I_s N_s, \tag{4}$$

$$\Theta_2 = i_2 N_a - I_s N_s. \tag{5}$$

Aus diesen Gleichungen können die gesuchten Größen bestimmt werden. Die folgenden Überlegungen sollen anhand von Abb. 24.1 erläutert werden, wobei zunächst noch die Grenzen x_2 und y_1 unbestimmt bleiben.

Sperrintervall $i_L \equiv 0$: Im Sperrintervall sind beide Drosseln nach Abschn. 23.2 ungesättigt, werden also durch die gemeinsame Spannung $u_d = u$ ummagnetisiert. Mit $\Theta_1 = \Theta_2 = 0$ folgt aus (1) bis (5) für den zeitlichen Verlauf der elektrischen Größen im Sperrzustand:

$$u_d = u \qquad i_L \equiv 0; \qquad u_L \equiv 0, \tag{6}$$

$$i_1 = -\frac{N_s}{N_a} I_s, \tag{7}$$

$$i_2 = \frac{N_s}{N_a} I_s. \tag{8}$$

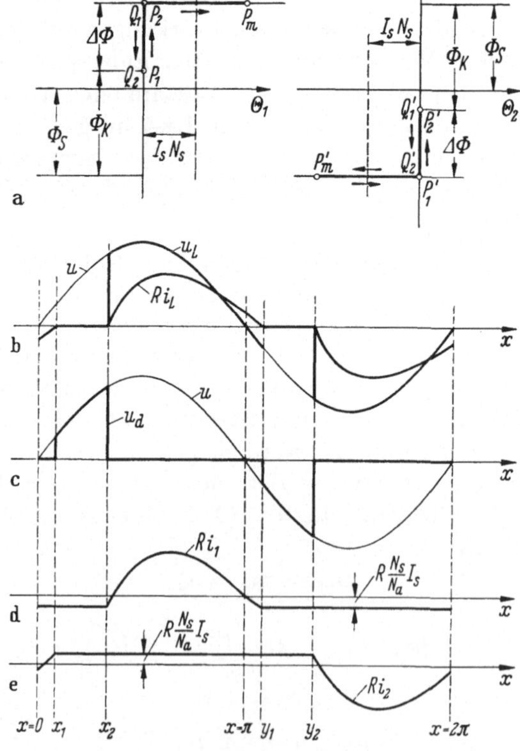

Abb. 24.1a–e.
Zeitlicher Verlauf der elektrischen Größen beim Parallel-Transduktor: beliebige ohmisch-induktive Last, Kernkennlinie nach a

Der Sperrzustand erstreckt sich nach Abb. 24.1 über das Zeitintervall x_1 bis x_2 der positiven und über das Intervall $y_1 = x_1 + \pi$ bis $y_2 = x_2 + \pi$ der negativen Netzspannungshalbwelle.

Dem Zeitpunkt x_1, in dem die Ummagnetisierung der beiden Drosseln durch die positive Netzspannungshalbwelle beginnt, sind die Kennlinienpunkte P_1 und P_1' in Abb. 24.1a zugeordnet; zum Intervallende x_2 gehören die Kennlinienpunkte P_2 und P_2'. In gleicher Weise sind die Zeitpunkte y_1 und y_2 den Kennlinienpunkten Q_1 und Q_1' bzw. Q_2 und Q_2' zugeordnet.

Die Drosselspannung u_d kann durch die beiden Drosselflüsse Φ_1 und Φ_2 ausgedrückt werden. Damit folgt aus (1):

$$u_d = \omega N_a \frac{d\Phi_1}{dx} = \omega N_a \frac{d\Phi_2}{dx}, \tag{9}$$

$$\Phi_1(x) - \Phi_2(x) = \Phi_k. \tag{10}$$

Die beiden Flüsse unterscheiden sich in jedem Zeitpunkt um den konstanten Wert Φ_k; dafür erhält man nach Abb. 24.1a mit $\Phi_1(x_1) = \Phi_s - \Delta\Phi$ und $\Phi_2(x_1) = -\Phi_s$:

$$\Phi_k = 2\Phi_s - \Delta\Phi. \tag{11}$$

Gleichen Zeitpunkten zugeordnete Arbeitspunkte auf den beiden Drosselkennlinien unterscheiden sich deshalb während der Ummagnetisierung um den Betrag Φ_k (Abb. 24.1a).

Durchlaßintervall $i_L \neq 0$: Nach Abschn. 23.2 sind die Transduktordrosseln in diesem Betriebszustand entweder nach Fall II oder nach Fall III magnetisiert.

Bei einer Magnetisierung nach Fall II, also bei gleichzeitiger Sättigung beider Drosseln, folgt aus (10) für die Differenz der beiden Drosselflüsse $\Phi_k = 2\Phi_s$. Der Fall II ist also nach (11) nur im Sonderfall $\Delta\Phi = 0$, also für den Zustand der Vollaussteuerung realisierbar. Im allgemeinen Fall, also bei einem Magnetisierungszyklus mit $\Delta\Phi \neq 0$ nach Abb. 24.1a, müssen sich die Drosseln deshalb im Magnetisierungszustand nach Fall III befinden, d. h. eine Drossel muß gesättigt, die andere ungesättigt sein.

Nach Beendigung der Aufmagnetisierung im Zeitpunkt x_2 wird bei der Drossel 1 der Sättigungsast $P_2 P_m Q_1$ durchlaufen; dabei gilt $\Phi_1(x_1) = \Phi_s$ und damit $u_d = 0$. Wegen $u_d = 0$ erfährt der Drosselfluß Φ_2 keine zeitliche Änderung, so daß der Magnetisierungszustand der Drossel 2 im Punkt P_2' verharrt, also durch den zeitlich konstanten Fluß $\Phi_2 = \Phi_s - \Phi_k$ beschrieben ist; für die Drossel 2 gilt daher $\Theta_2 = 0$. Damit folgt aus (1) bis (5) für den zeitlichen Verlauf der elektrischen Größen im Durchlaßzustand:

$$u_{d1} = u_{d2} = 0, \tag{12}$$

$$u = u_L = R i_L + \omega L \frac{d i_L}{dx}, \tag{13}$$

$$i_1 = i_L - \frac{N_s}{N_a} I_s, \tag{14}$$

$$i_2 = \frac{N_s}{N_a} I_s. \tag{15}$$

Das Durchlaßintervall ist im Zeitpunkt y_1 beendet, denn sobald der Kennlinienpunkt Q_1 erreicht ist, gilt wieder $\Theta_1 = 0$ und $\Theta_2 = 0$, d. h. bei y_1 setzt die gleichzeitige Ummagnetisierung der beiden Drosseln durch die negative Halbwelle der Netzspannung ein; bei y_1 beginnt somit die zweite Halbperiode des Vorganges.

Der zeitliche Verlauf des Laststromes i_L ist durch die Differentialgleichung (13) gegeben. Bei der Lösung muß berücksichtigt werden, daß der Laststrom i_L wegen der Lastinduktivität im Zeitpunkt x_2 stetig an das vorangehende Sperrintervall anschließen muß; die Differentialgleichung ist also mit der Anfangsbedingung $i_L(x_2) = 0$ zu lösen. Man erhält mit (13.1), (23.2):

$$i_L = \frac{\sqrt{2}\,U}{Z} \left\{ \sin(x - \varphi) - \sin(x_2 - \varphi)\, e^{-\frac{x - x_2}{\omega \tau_L}} \right\}. \tag{16}$$

Das Verhalten des Parallel-Transduktors im Sperr- und Durchlaßzustand ist somit durch die Beziehungen (6) bis (8) und (12) bis (15) festgelegt; der zeitliche Verlauf der elektrischen Größen, der sich daraus ergibt, ist in Abb. 24.1 b bis e dargestellt. Unbekannt bleiben zunächst noch die Zeitpunkte x_2 und y_1, also die Aufteilung der Periodenlänge in Sperr- und Durchlaßintervalle.

Eine Bedingung für x_2 und y_1 folgt aus der Forderung, daß der Laststrom auch am Ende des Durchlaßintervalles im Zeitpunkt y_1 stetig an das darauffolgende Sperrintervall anschließen muß. Das führt zur Bedingungsgleichung $i_L(y_1) = 0$, oder mit (16) ausführlicher geschrieben:

$$\sin(x_2 - \varphi)\, e^{-\frac{(y_1 - x_2)}{\omega \tau_L}} = \sin(y_1 - \varphi). \tag{17}$$

Eine zweite Bedingung folgt aus dem Umstand, daß der Strom i_1 in der Arbeitswicklung der Drossel 1 ein reiner Wechselstrom ist und deshalb über eine Periodenlänge den Mittelwert Null ergibt. Aus Abb. 24.1d folgt deshalb mit (7), (14):

$$-\int_{x_1}^{x_2} \frac{N_s}{N_a} I_s \, dx + \int_{x_2}^{y_1} \left(i_L - \frac{N_s}{N_a} I_s \right) dx - \int_{y_1}^{x_1+2\pi} \frac{N_s}{N_a} I_s \, dx = 0 \,. \tag{18}$$

Die Auswertung liefert:

$$I_s \frac{N_s}{N_a} = \frac{1}{2\pi} \int_{x_2}^{y_1} i_L \, dx = \frac{1}{2} I_L \,. \tag{19}$$

Darin bedeutet I_L den Halbwellenmittelwert des Laststromes i_L.

Der zeitliche Verlauf von i_L im Durchlaßintervall x_2 bis y_1 ist durch (16) gegeben; damit kann die Integration in (19) ausgeführt werden. Nach längerer Zwischenrechnung erhält man eine zweite Bedingungsgleichung für x_2 und y_1:

$$\frac{N_s}{N_a} \frac{2\pi}{\sqrt{2}} \frac{Z I_s}{U} \cos\varphi = \cos x_2 - \cos y_1 \,. \tag{20}$$

Die explizit nicht lösbaren Gl. (17), (20) müssen auf graphischem oder numerischem Wege nach x_2 und y_1 aufgelöst werden.

Damit ist der zeitliche Verlauf der elektrischen Größen im Sperr- und Durchlaßintervall, einschließlich der Intervallgrenzen, durch die Beziehung (6) bis (8), (12) bis (15) und (17), (20) festgelegt. Diese Ergebnisse sollen anhand von Abb. 24.1 für den allgemeinen Fall einer gemischohmisch-induktiven Last diskutiert werden.

Für einen vorgegebenen Steuerstrom I_s können aus (17), (20) die Zeitpunkte x_2, y_1 berechnet werden; damit ist in Abb. 24.1 die Aufteilung der Periodenlänge in Sperr- und Durchlaßintervalle festgelegt. Im Sperrintervall x_1 bis x_2 ist die Last nach (6) strom- und spannungslos, an der Arbeitswicklung liegt die volle Netzspannung u; der Strom i_1 bzw. i_2 durch die Arbeitswicklungen ist durch den zeitlich konstanten Steuerstrom I_s festgelegt. Im Durchlaßintervall x_2 bis y_1 sind die Arbeitswicklungen nach (12) spannungslos, so daß die Netzspannung u an der Last liegt und den durch (16) bestimmten Laststrom hervorruft; der Strom i_2 in der Arbeitswicklung der Drossel 2 ist zeitlich konstant und durch den Steuerstrom I_s gegeben; der Strom i_1 in der Arbeitswicklung der Drossel 1 entsteht durch Überlagerung des konstanten Stromes $I_s N_s / N_a$ mit dem Laststrom i_L.

Im Sonderfall rein ohmscher Last (Abb. 24.2) gilt $\varphi = 0$, d. h. $\omega\tau_L = 0$, so daß aus (17) $\sin y_1 = 0$, d. h. $y_1 = \pi$ folgt. Damit kann x_2

nach (20) durch den Steuerstrom I_s ausgedrückt werden:

$$\cos x_2 = \frac{N_s}{N_a} \frac{2\pi}{\sqrt{2}} \frac{R I_s}{U} - 1 . \tag{21}$$

Damit ist x_2 durch den Steuerstrom I_s festgelegt. In Abb. 24.2 ist die Aufteilung der Periode in Sperr- und Durchlaßintervall, sowie der zeitliche Verlauf der elektrischen Größen für den Sonderfall rein ohmscher Last dargestellt; der Laststrom $i_L = u/R$ verläuft proportional zur Lastspannung u_L im Durchlaßintervall von x_2 bis $y_1 = \pi$.

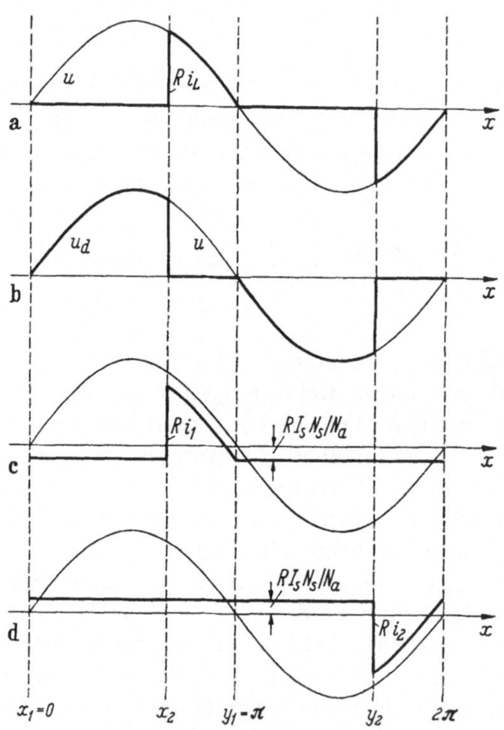

Abb. 24.2 a–c. Zeitlicher Verlauf der elektrischen Größen beim Parallel-Transduktor: rein ohmsche Last, Kernkennlinie nach Abb. 24.1 a

24.2 Berücksichtigung der Schleifenbreite. Eine genauere Beschreibung der wirklichen Verhältnisse erhält man, wenn statt von der Sprungkennlinie Abb. 24.1a von einer Kernkennlinie nach Abb. 24.3a ausgegangen, also die Schleifenbreite berücksichtigt wird. Die Gesamtdurchflutung bei der Ummagnetisierung einer Drossel ist dann nicht mehr Null, sondern besitzt den konstanten Wert $+\Theta_k$ bzw. $-\Theta_k$, je nachdem ob die rechte oder linke Flanke der Kernkennlinie durchlaufen wird.

Der zeitliche Verlauf bei Berücksichtigung der Schleifenbreite ist in Abb. 24.3b bis d dargestellt. Der Einfluß der Schleifenbreite äußert sich im wesentlichen darin, daß die Ströme in den Arbeitswicklungen während der beiden Sperrintervalle verschieden groß sind; der eine Wicklungsstrom nimmt gegenüber $I_s N_s / N_a$ um den Betrag Θ_k / N_a zu, der andere nimmt um denselben Betrag ab, so daß der Laststrom in den Sperrintervallen von Null verschieden ist und den Wert $2\Theta_k / N_a$ aufweist. Außerdem

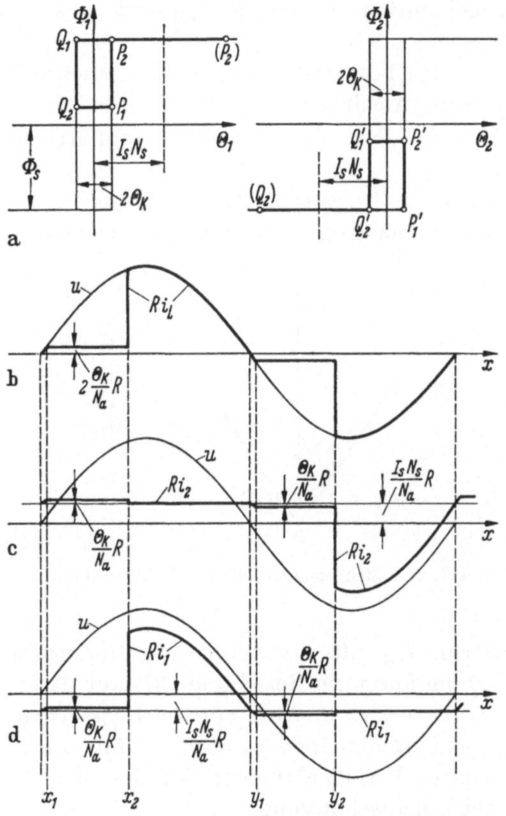

Abb. 24.3a–d. Zeitlicher Verlauf der elektrischen Größen beim Parallel-Transduktor: rein ohmsche Last, Kernkennlinie nach a

wechselt dieser Zusatzbetrag zwischen Auf- und Abmagnetisierung das Vorzeichen, so daß gegenüber Abb. 24.1 ein stufenförmiger Stromverlauf entsteht.

Im Abschn. 24.3 wird gezeigt, daß bei richtiger Bemessung die Schaltung Θ_k / N_a wesentlich kleiner als der Maximalwert I_M des Halbwellenmittelwertes ist und deshalb vernachlässigt werden kann. Aus diesem Grunde werden die Einzelheiten in Abb. 24.3 nicht weiter erörtert.

24.3 Steuerkennlinie des Parallel-Transduktors. Für die Anwendungen interessiert vor allem die Steuerkennlinie des Parallel-Transduktors, also der Zusammenhang zwischen dem Halbwellenmittelwert I_L des Laststromes und dem Steuerstrom I_s.

Aus Abb. 24.1 geht hervor, daß das Durchlaßintervall $y_1 - x_2$ beim Steuerstrom $I_s = 0$ den Wert Null annimmt (Nullaussteuerung) und mit wachsendem Steuerstrom größer wird. Schließlich wird bei einem, zunächst noch unbekannten Grenzwert I_{sM} mit $y_1 - x_2 = \pi$ die Vollaussteuerung erreicht.

Die Beziehung (19) beschreibt bereits die gesuchte Steuerkennlinie, denn sie bringt zum Ausdruck, daß der Halbwellenmittelwert I_L im Intervall $0 \leqq I_s \leqq I_{sM}$ dem Steuerstrom I_s proportional ist (voll ausgezogen in Abb. 24.4).

Als nächstes soll der Grenzsteuerstrom I_{sM} und der zugehörige Halbwellenmittelwert des Laststromes I_M berechnet werden.

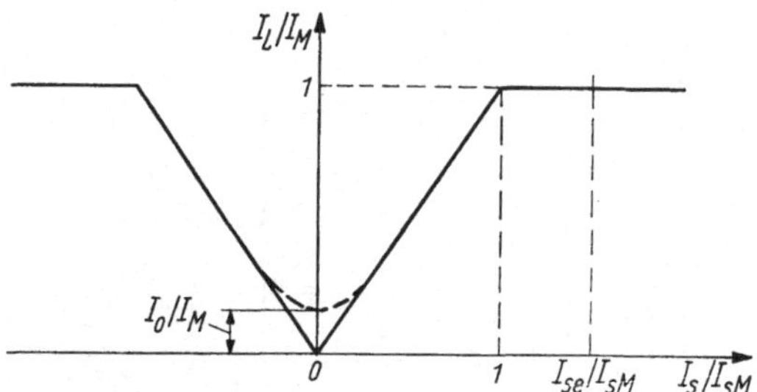

Abb. 24.4. Steuerkennlinie des Parallel-Transduktors

Beim Steuerstrom I_{sM} gilt, wie bereits erwähnt wurde, $y_1 - x_2 = \pi$; mit dieser Festlegung kann die Beziehung (17) nur dann erfüllt werden, wenn $x_2 - \varphi = 0$, also $x_2 = \varphi$ wird. Für die Drosselspannung gilt während der gesamten Periodenlänge $u_d = 0$, so daß die Netzspannung u während der gesamten Periodenlänge an der Last liegt. Daraus folgt für den Laststrom bei Vollaussteuerung:

$$i_{LM} = \frac{\sqrt{2}\,U}{Z} \sin(x - \varphi). \tag{22}$$

Die Beziehung (22) erhält man außerdem mit $x_2 = \varphi$ aus der allgemeinen Gl. (16) für den zeitlichen Verlauf des Laststromes i_L.

Für den Grenzfall $I_s = I_{sM}$ folgt aus Abb. 24.1a, daß die Drossel 1 während der Halbperiode $\varphi \leqq x \leqq \varphi + \pi$ den Kennlinienast $P_2 P_m Q_1$ durchläuft; der Magnetisierungszustand der Drossel 2 verharrt in diesem Zeitintervall im Kennlinienpunkt P_1', der wegen $\Delta\Phi = 0$ mit dem Knickpunkt P_2' zusammenfällt. In der darauffolgenden Halbwelle kehren die beiden Drosseln ihre Funktionen um. In dem betrachteten Grenzfall erstreckt sich somit der Magnetisierungszustand der Drosselspule gemäß Fall III über die gesamte Periodenlänge.

Nach den vorangehenden Überlegungen gilt für die Gesamtdurchflutungen Θ_1 und Θ_2 der Transduktordrosseln während der Halbperiode $\varphi \leqq x \leqq \varphi + \pi$ mit (4), (5), (14) und (15):

$$\Theta_1 = N_a(i_1 + i_2) = N_a i_{LM}, \tag{23}$$

$$\Theta_2 = 0. \tag{24}$$

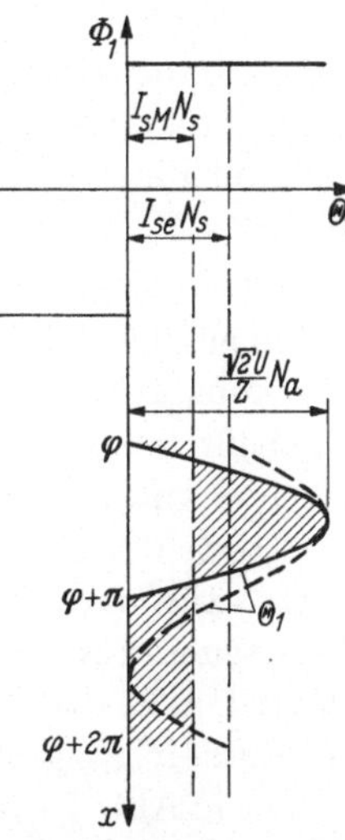

Abb. 24.5. Zeitlicher Verlauf der Durchflutung bei Vollaussteuerung des Halbwellenmittelwertes (voll ausgezogen) und bei Vollaussteuerung des Effektivwertes (gestrichelt)

In der zweiten Halbwelle $\varphi + \pi \leqq \varphi + 2\pi$ gilt wegen der Vertauschung der Drosselfunktionen $\Theta_1 = 0$. Damit ergibt sich der in Abb. 24.5 voll ausgezogen dargestellte zeitliche Verlauf von Θ_1.

Die Integration der Beziehung (4) über eine volle Periodenlänge ergibt die Steuerdurchflutung $I_s N_s$, denn der Strom i_1 in der Arbeitswicklung der Drossel 2 ist ein reiner Wechselstrom, liefert also über eine Periodenlänge den Mittelwert Null. Der Anwendung dieser Aussage auf den betrachteten Grenzfall in Abb. 24.5 liefert den gesuchten Grenzwert I_{sM}:

$$I_{sM} = \frac{1}{\pi}\int_{\varphi}^{\varphi+\pi} \frac{\Theta_1}{N_s}\, dx = \frac{1}{\pi}\int_{\varphi}^{\varphi+\pi} \frac{N_a}{N_s}\, i_{LM}\, dx = \frac{1}{2}\,\frac{N_a}{N_s}\, I_M,$$

$$I_M = \frac{2\sqrt{2}}{\pi}\,\frac{U}{Z}. \tag{25}$$

Damit liegen die Grenzen des Linearitätsbereiches der Steuerkennlinie fest.

In Abschn. 23.1 wurde gezeigt, daß der größtmögliche Momentanwert der Durchflutung der Arbeitswicklung beim Parallel-Transduktor durch $\Theta_{a,\max} = N_a \sqrt{2}\, U/2Z$ beträgt. Der Vergleich mit (25) zeigt, daß $\Theta_{a,\max}$ größer als $I_{sM} N_s$ ist. Wenn die Steuerdurchflutung so groß gewählt wird, daß sie den Maximalwert $\Theta_{a,\max}$ erreicht, dann nimmt der zeitliche Verlauf der Gesamtdurchflutung Θ_1 der Drossel 1 den in Abb. 24.5 gestrichelt dargestellten Verlauf an; der dazu erforderliche Steuerstrom besitzt den Wert:

$$I_{se} = \frac{\Theta_{a,\max}}{N_s} = \frac{\sqrt{2}\,U}{2Z}\,\frac{N_a}{N_s}; \qquad \frac{I_{se}}{I_{sM}} = \frac{\pi}{2}. \tag{26}$$

Beim Steuerstrom $I_s = I_{se}$ sind beide Drosseln während der gesamten Periodenlänge gesättigt, so daß sich der Laststrom in diesem Betriebszustand gleichmäßig auf die beiden Arbeitswicklungen aufteilt und $i_1 = i_2 = i_L/2$ gilt.

Im Steuerstromintervall $I_{sM} \leqq I_s \leqq I_{se}$ besitzt der Laststrom — wie die folgenden Überlegungen zeigen — sinusförmigen Verlauf und daher den konstanten Halbwellenmittelwert I_M. An der Linearitätsgrenze bei I_{sM} befindet sich — wie aus Abb. 24.5 hervorgeht — die Drossel 1 zwischen φ und $\varphi + \pi$ im gesättigten, zwischen $\varphi + \pi$ und $\varphi + 2\pi$ im ungesättigten Zustand; die Drossel 2 ist dagegen in der ersten Halbperiode ungesättigt und in der zweiten Halbperiode gesättigt. Bei einer Erhöhung des Steuerstromes von I_{sM} auf I_{se} wächst das Intervall, in dem eine Drossel, z. B. die Drossel 1 gesättigt ist, von π auf 2π an und das Intervall der Entsättigung nimmt von π auf Null ab; dieser Übergang ist aus den beiden in Abb. 24.5 voll ausgezogen und gestrichelt dargestellten Grenzfällen unmittelbar ersichtlich. Im Steuerstromintervall zwischen I_{sM} und I_{se} wirkt also in jedem Augenblick mindestens eine der beiden Arbeitswicklungen wie ein Kurzschlußbügel, so daß unabhängig vom Steuerstrom stets der gleiche Halbwellenmittelwert I_M des Laststromes auftritt. Die Steuerkennlinie knickt also in horizontaler Richtung um, sobald der Steuerstrom den Grenzwert I_{sM} überschreitet.

Im Steuerstromintervall I_{sM} bis I_{se} ist, wie eben gezeigt wurde, die Sättigungszeit größer als π. Daraus folgt, daß während eines Teiles der Periodenlänge beide Drosseln gleichzeitig gesättigt sind, während des restlichen Teiles dagegen nur eine Drossel gesättigt, die andere ungesättigt ist. Im Grenzfall $I_s = I_{sM}$ ist eine der beiden Drosseln stets während der halben Periodenlänge gesättigt, die andere ungesättigt; im Grenzfall $I_s = I_{se}$ sind beide Drosseln stets gleichzeitig während der gesamten Periodenlänge gesättigt. Anschließend sollen einige Überlegungen über die thermische Beanspruchung der Arbeitswicklungen der Drosseln durchgeführt werden.

Der zeitliche Verlauf der Arbeitsdurchflutung $N_a i_1$, der sich beim Steuerstrom I_{sM} einstellt, ist in Abb. 24.5 durch die schraffierten Flächen dargestellt; es handelt sich um eine Wechselkomponente, die der Steuerdurchflutung $N_s I_{sM}$ überlagert ist. Für den Effektivwert I_1 dieses Wechselstromes erhält man:

$$I_1^2 = \frac{1}{2\pi}\int\limits_{\varphi}^{\varphi+\pi}\left[\sqrt{2}\, I \sin(x-\varphi) - \frac{N_s}{N_a} I_{sM}\right]^2 dx + \frac{1}{2\pi}\int\limits_{\varphi+\pi}^{\varphi+2\pi}\left(\frac{N_s}{N_a} I_{sM}\right)^2 dx \approx$$

$$\approx (0{,}55\, I)^2 \approx \left(0{,}55\,\frac{U}{Z}\right)^2. \tag{27}$$

Bei einer Vergrößerung des Steuerstromes von I_{sM} auf I_{se} bleibt der Halbwellenmittelwert des Stromes i_1 zwar auf dem konstanten Wert $I_M/2$, die Kurvenform verändert sich jedoch, bis beim Steuerstrom I_{se} die reine Sinusform erreicht ist; der zugehörige Effektivwert beträgt $I/2 = U/2Z$. Daraus geht hervor, daß der Effektivwert des Stromes in der Arbeitswicklung beim Steuerstrom I_{sM}, also am Ende des Linearitätsbereiches der Steuerkennlinie seinen Höchstwert $I_1 = 0{,}55\, I$ annimmt und bei weiterer Vergrößerung des Steuerstromes bis zum Werte I_{se} geringfügig auf $0{,}5\, I$ absinkt.

Die Wicklungen müssen so ausgelegt sein, daß einerseits bei Vollaussteuerung noch keine unzulässige Erwärmung eintritt, andererseits aber der Drosselkern gut ausgenützt ist. Diese Forderung ist nach Abschn. 4 erfüllt, wenn bei Vollaussteuerung die Durchflutungssumme beider Wicklungen gerade die durch die Kerntype festgelegte höchstzulässige Gesamtdurchflutung Θ_g ergibt. Man erhält mit (4.6), (25), (27):

$$\Theta_g = G F_g \xi = I_1 N_a + I_{sM} N_s \approx \left(0{,}55 + \frac{\sqrt{2}}{\pi}\right) N_a I \approx N_a \frac{U}{Z}. \tag{28}$$

Am Ende des Abschn. 24.2 wurde festgestellt, daß die Schleifenbreite der Kernkennlinie vernachlässigt werden kann, wenn der Laststrommittelwert I_L hinreichend groß gegenüber Θ_k/N_a ist. Diese Voraussetzung ist in der Nähe der Nullaussteuerung, also bei sehr kleinen Werten I_L nicht mehr erfüllt. In der Nähe der Nullaussteuerung $I_s = 0$ wird deshalb die Schleifenbreite den Verlauf der Steuerkennlinie beeinflussen. Wenn der Steuerstrom I_s gegen Null geht, rückt der Zeitpunkt x_2 in Abb. 24.3 nahe an den Wert y_1; deshalb nimmt der Laststrom bei Berücksichtigung der Schleifenbreite im Falle der Nullaussteuerung in guter Näherung einen rechteckförmigen Verlauf mit der Rechteckhöhe $2\Theta_k/N_a$ an. Der Halbwellenmittelwert des Laststromes besitzt also bei Vollaussteuerung den von Null verschiedenen Wert:

$$I_0 = 2\,\frac{\Theta_K}{N_a}. \tag{29}$$

Die Steuerkennlinie nimmt deshalb unter Berücksichtigung der Schleifenbreite den in Abb. 24.5 gestrichelt eingezeichneten Verlauf an.

Bei den meisten Anwendungen wird gefordert, daß der bezogene Nullstrom

$$a_0 = \frac{I_0}{I_M} = \frac{2\Theta_k}{I_M N_a} = \frac{\pi}{2\sqrt{2}} \frac{2\Theta_k Z}{U N_a} = \frac{2\pi\,\Theta_k Z}{\omega N_a^2\, 2\Phi_s} = \pi\,\frac{Z}{\omega L_d} \tag{30}$$

eine möglichst kleine Zahl sein soll (vgl. Abschn. 6). Bei der Umformung in (30) wurden die Beziehungen (25) und (23.11) verwendet. L_d ist die in Abschn. 3.5 abgeleitete Diagonalinduktivität des Drosselkernes. Der Parallel-Transduktor muß also so dimensioniert werden, daß die Reaktanz ωL_d der Arbeitswicklung sehr viel größer als die Lastimpedanz Z ist.

Unter der Voraussetzung, daß die Transduktordrosseln gut ausgenützt sind, also (28) erfüllt ist, kann die Beziehung (30) mit Hilfe von (25) und (28) umgeformt werden:

$$a_0 = \frac{2\Theta_k}{I_M N_a} = \frac{\pi}{\sqrt{2}} \frac{\Theta_k}{\Theta_g} = \frac{\pi H_k l_f}{\sqrt{2} F_g G_\zeta}. \tag{31}$$

a_0 ist also unter der Voraussetzung (28) durch die Kerndaten und durch die magnetischen Eigenschaften des Kernwerkstoffes festgelegt. Für den in Abschn. 6.3 eingeführten Normkern erhält man z. B. $a_0 \approx 8 \cdot 10^{-3}$; der maximale Laststrom I_M ist also in der Tat um sehr viel größer als der von der Schleifenbreite herrührenden Strom I_0 bei Nullaussteuerung. Bei ähnlicher Vergrößerung der Linearabmessungen des Kernes um den Faktor λ wird der relative Nullstrom a_0 mit $1/\sqrt{\lambda}$ kleiner.

Im Linearitätsbereich $I_s = 0$ bis $I_s = I_{sM}$ ist der Laststrommittelwert I_L unabhängig von der Speisespannung U allein durch den Steuerstrom bestimmt (stromsteuerndes Verhalten).

25. Die zweipulsige stromsteuernde Transduktorschaltung mit in Reihe geschalteten Drosseln

Beim Reihen-Transduktor sind die Spannungen an den Arbeitswicklungen im allgemeinen voneinander verschieden, so daß Rückwirkungen auf den Steuerkreis entstehen können. Die Vorgänge in der Schaltung werden deshalb vom Widerstand und der Glättungsinduktivität im Steuerkreis mit bestimmt, so daß gegenüber dem Parallel-Transduktor zwei zusätzliche Parameter auftreten. Wenn darüber hinaus noch der allgemeine Fall einer gemischt ohmisch-induktiven Last berücksichtigt wird, gestalten sich die Verhältnisse sehr kompliziert und die Ergebnisse werden unübersichtlich und sind schwer zu diskutieren. Die Untersuchungen in den folgenden Abschnitten beschränken sich deshalb auf den Sonderfall rein ohmscher Last und eines rein ohmschen Steuerkreises.

25.1 Betriebszustände des Reihen-Transduktors. Im Abschn. 23.2 wurde gezeigt, daß die drei möglichen Magnetisierungszustände des Drosselpaares (Fall I bis III) entweder zum Betriebszustand $i_L = 0$ (Sperrung) oder zum Zustand $i_L \neq 0$ (Stromführung) führen.

Unabhängig von der Art des Magnetisierungszustandes gelten jedoch in allen drei Fällen nach Abb. 23.2 die folgenden Beziehungen:

$$u = u_{d1} + u_{d2} + i_L R, \tag{1}$$

$$u_L = R i_L, \tag{2}$$

$$\Theta_1 = N_a i_L + N_s i_s, \tag{3}$$

$$\Theta_2 = N_a i_L - N_s i_s, \tag{4}$$

$$U_e = R_e i_s + \frac{N_s}{N_a}(u_{d1} - u_{d2}), \tag{5}$$

$$I_s = \frac{U_e}{R_e}. \tag{6}$$

Zunächst sollen einige grundsätzliche Eigenschaften des Sperr- und Durchlaßzustandes untersucht werden.

Sperrung $i_L = 0$: Nach Abschn. 23.2 sind im Sperrzustand beide Drosseln ungesättigt (Fall I), so daß beide Drosseln gleichzeitig durch die Spannungen u_{d1} und u_{d2} ummagnetisiert werden; also gilt $\Theta_1 = \Theta_2 = 0$. Man erhält damit aus (1) bis (6) für den zeitlichen Verlauf der elektrischen Größen im Sperrzustand:

$$i_L = 0, \tag{7}$$

$$i_s = 0, \tag{8}$$

$$u_L = 0, \tag{9}$$

$$u_{d1} = \frac{1}{2}(u + U_e'), \tag{10}$$

$$u_{d2} = \frac{1}{2}(u - U_e'), \tag{11}$$

$$U_e' = U_e \frac{N_a}{N_s}. \tag{12}$$

Die Steuer- und Arbeitswicklungen der Drosseln sind also im Sperrintervall stromlos.

Durchlaßintervall $i_L \neq 0$: Nach Abschn. 23.2 befinden sich die Transduktordrosseln bei Stromführung $i_L \neq 0$ im Magnetisierungszustand Fall II oder III.

Im Fall II sind beide Drosseln gesättigt, also gilt $u_{d1} = u_{d2} = 0$. Damit folgen aus (1) bis (6) die Beziehungen:

$$u_{d1} = u_{d2} = 0, \tag{13}$$

$$u = R i_L, \tag{14}$$

$$i_s = \frac{U_e}{R_e} = I_s, \tag{15}$$

$$\Theta_1 = N_a \frac{u}{R} + N_s I_s, \tag{16}$$

$$\Theta_2 = N_a \frac{u}{R} - N_s I_s, \tag{17}$$

$$\Theta_1 + \Theta_2 = 2 N_a \frac{u}{R}, \tag{18}$$

$$\Theta_1 - \Theta_2 = 2 N_s I_s. \tag{19}$$

Der Laststrom ist also der Netzspannung proportional und der Steuerstrom verläuft zeitlich konstant.

Im Fall III ist eine Drossel gesättigt, die andere ungesättigt. Falls die Drossel 1 gesättigt ist, folgen mit $\Theta_2 = 0$ aus (1) bis (6) folgende Beziehungen:

$$i_s = \frac{N_a}{N_s} i_L, \tag{20}$$

$$\Theta_1 = 2 N_a i_L, \tag{21}$$

$$\Theta_2 = 0, \tag{22}$$

$$R' i_L = u + U'_e, \tag{23}$$

$$u_L = R i_L = (u + U'_e) \frac{R}{R'}, \tag{24}$$

$$u_{d1} = 0, \tag{25}$$

$$u_{d2} = u - R i_L = \frac{R'_e}{R'} \left(u - U'_e \frac{R}{R'_e} \right), \tag{26}$$

$$R'_e = R_e \left(\frac{N_a}{N_s} \right)^2, \tag{27}$$

$$R' = R + R'_e, \tag{28}$$

$$U'_e = U_e \frac{N_a}{N_s}. \tag{29}$$

Der Laststrom i_L und die Drosselspannung u_d entstehen durch Überlagerung einer konstanten Größe mit einem Sinusvorgang. Der zeitliche Verlauf des Steuerstromes i_s ist ein Abbild des Laststromes i_L.

Bei den weiteren Überlegungen wird von einem Betriebszustand, der zwischen Null- und Vollaussteuerung liegt, ausgegangen. Dann muß in jeder Halbperiode ein endliches Durchlaßintervall auftreten, da andernfalls der ausgeschlossene Zustand der Nullaussteuerung vorliegen würde. Hinsichtlich der Länge des Durchlaßintervalles sind grundsätzlich zwei Fälle denkbar: Das Durchlaßintervall ist kleiner als eine Halbperiode oder es umfaßt die gesamte Halbperiode.

a) Das Durchlaßintervall ist kleiner als π: In diesem Betriebszustand kann während des restlichen Teiles der Halbperiode nur der Magnetisierungszustand Fall I, also Sperrung vorliegen, da die beiden anderen möglichen Magnetisierungszustände, nämlich Fall II und III dem Durchlaßintervall zugeordnet sind. Damit bleibt noch die Frage offen, ob im gesamten Durchlaßintervall der Magnetisierungszustand nach Fall II oder nach Fall III vorliegt, oder ob beide Zustände möglich sind.

Es sei angenommen, daß während des gesamten Durchlaßintervalles beide Drosseln gesättigt sind, also der Fall II vorliegt. Dann müßte nach (15) $i_s = I_s$ gelten, der Steuerstrom wäre dann zeitlich konstant und gleich dem Steuerstrommittelwert I_s. Andererseits gilt aber im Sperrintervall nach (8) $i_s = 0$. Man folgert daraus, daß bei einem von Null verschiedenen Sperrintervall der Magnetisierungszustand nach Fall II, also die gleichzeitige Sättigung beider Drosseln während des gesamten Durchlaßintervalles nicht eintreten kann; andernfalls müßte nämlich der Steuerstrommittelwert entgegen der Voraussetzung kleiner als I_s sein.

Zusammenfassend folgt: Wenn das Sperrintervall von Null verschieden, das Durchlaßintervall also kleiner als eine Halbwellenlänge ist, befinden sich die Transduktordrosseln zumindest während eines Teiles der Durchlaßzeit im Magnetisierungszustand nach Fall III (eine Drossel gesättigt, die andere ungesättigt).

b) Das Durchlaßintervall ist gleich π: In diesem Betriebszustand kann sich die Magnetisierung nach Fall II (beide Drosseln gesättigt) nur über einen Teil des gesamten, die volle Halbperiode umfassenden Durchlaßintervalles erstrecken, da andernfalls der oben ausgeschlossene Zustand der Vollaussteuerung vorliegt. Im restlichen Teil des Durchlaßintervalles muß deshalb der Magnetisierungszustand nach Fall III (eine Drossel gesättigt, die andere ungesättigt) vorliegen.

Die näheren Untersuchungen in Abschn. 25.3 zeigen, daß dieser Betriebszustand bei relativ großen Steuerströmen eintritt.

Die Überlegungen der folgenden Abschnitte gewinnen an Übersichtlichkeit, wenn anstelle des Laststromes i_L und des Steuerstromes I_s die

Lastspannung u_L bzw. die auf die Arbeitswicklung reduzierte Steuerspannung U'_e

$$u_L = R i_L, \tag{30}$$

$$U'_e = I_s R_e \frac{N_a}{N_s} \tag{31}$$

eingeführt werden. Daraus können i_L und I_s jederzeit zurückgerechnet werden.

25.2 Zeitlicher Verlauf der elektrischen Größen bei kleinen Steuerströmen. Die anschließenden Überlegungen setzen voraus, daß das Durchlaßintervall kleiner als π ist, daß also das Sperrintervall von Null verschieden ist. Dann befinden sich die Transduktordrosseln im Sperrintervall im Magnetisierungszustand Fall I und — wie eben gezeigt wurde — zumindest während eines Teiles des Durchlaßintervalles im Zustand nach Fall III. Die abschließenden Überlegungen dieses Abschnittes werden jedoch zeigen, daß sich der Betriebszustand Fall III bei relativ kleinen Steuerströmen über das gesamte Durchlaßintervall erstreckt.

Die Anfangszeitpunkte x_1 des Sperrintervalles und x_2 des Durchlaßintervalles, die zunächst noch unbekannt sind, sind in Abb. 25.1 eingezeichnet. Für den zeitlichen Verlauf der elektrischen Größen gelten im Sperrintervall x_1 bis x_2 die Beziehungen (7) bis (11) und im Durchlaßintervall x_2 bis y_1 die Beziehungen (20) bis (26). Die Ergebnisse sind in Abb. 25.1 dargestellt.

Für die zweite Halbwelle y_1 bis $x_1 + 2\pi$ erhält man den entsprechenden symmetrischen Verlauf. Diese Ergebnisse sollen anhand von Abb. 25.1 näher erörtert werden.

Aus dem zeitlichen Verlauf der Drosselspannungen u_{d1} und u_{d2} in Abb. 25.1 c folgt, daß die Abmagnetisierung der Drossel 2 im Zeitpunkt x_1 beginnt, daß dagegen die Aufmagnetisierung der Drossel 1 bereits zu einem früheren Zeitpunkt begonnen hat; deshalb gehören zum Zeitpunkt x_1 die Kennlinienpunkte P_1 und P'_1 in Abb. 25.1 a. Zwischen x_1 und x_2 wird die Ummagnetisierung beider Transduktordrosseln fortgesetzt, bis die Drossel 1 im Zeitpunkt x_2 die Sättigung erreicht; dem Zeitpunkt x_2 sind die Kennlinienpunkte P_2 und P'_2 zugeordnet. Aus den Spannungszeitflächen erkennt man, daß der Flußhub von P_1 bis P_2 größer als der von P'_1 bis P'_2 ist; daraus folgt, daß die Abmagnetisierung der Drossel 2 noch nicht beendet ist und nach dem Zeitpunkt x_2 fortgesetzt wird.

Zwischen x_2 und y_1 bleibt die Drossel 1 bei positiven Werten der Durchflutung $\Theta_1 = 2 N_a i_L$ gesättigt, so daß in diesem Zeitintervall der Sättigungsast $P_2(P_2)\,Q_1$ durchlaufen wird. Die Drossel 2 wird zwischen x_2 und dem Nulldurchgang x_3 der Drosselspannung u_{d2} weiter abmagnetisiert und zwischen x_3 und y_1 aufmagnetisiert; dabei wird das Kennlinienstück $P'_2 P'_3 Q'_1$ durchlaufen. Das Flußmaximum in der Drossel 2 stellt sich im Zeitpunkt x_3 bzw. im Kennlinienpunkt P'_3 ein. Von da an wiederholen sich die Vorgänge in der nächsten Halbwelle bei gleichzeitiger Vertauschung der Drosselfunktionen.

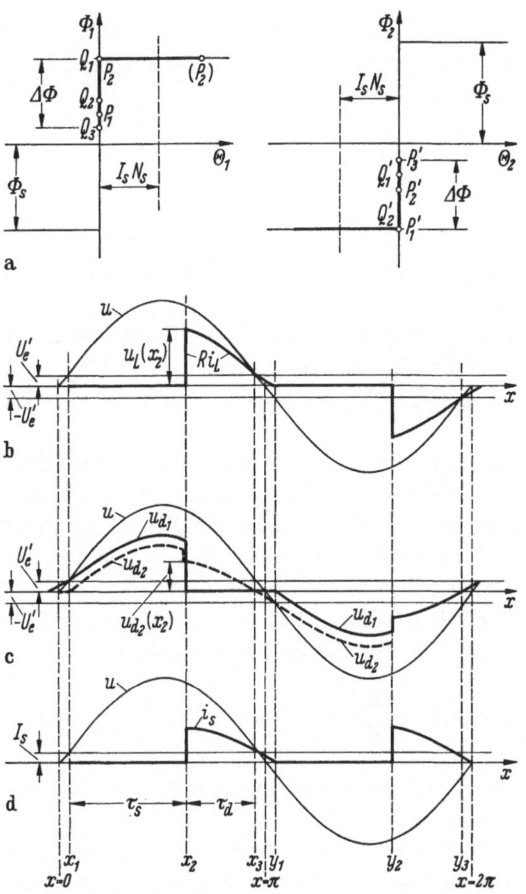

Abb. 25.1a–d. Zeitlicher Verlauf der elektrischen Größen beim Reihen-Transduktor: rein ohmsche Last, Kennlinie nach a, kleine Werte des Steuerstromes

Zur Bestimmung der Zeitpunkte x_1 und x_2 sind zwei Gleichungen erforderlich. Die eine Beziehung erhält man aus der Überlegung, daß der Mittelwert über den zeitlichen Verlauf des Steuerstromes i_s den Wert I_s ergeben muß; daraus folgt mit (8) und (20):

$$I_s = \frac{1}{\pi} \int_{x_2}^{y_1} i_L \frac{N_a}{N_s} \, dx = I_L \frac{N_a}{N_s}. \tag{32}$$

I_L ist der Halbwellenmittelwert des Laststromes. Mit den Beziehungen (30), (31) liefert die Integration folgende Bedingungsgleichung für x_1 und x_2:

$$\cos x_2 + \cos x_1 = \pi \frac{U_e'}{\sqrt{2}\,U}\left[\frac{R'}{R_e'} - \frac{X_d}{\pi}\right]; \qquad \begin{aligned} X_s &= x_2 - x_1 \\ X_d &= y_1 - x_2. \end{aligned} \tag{33}$$

X_s bzw. X_d ist die Länge des Sperrintervalles bzw. des Durchlaßintervalles. Im Zeitpunkt y_1 wird die Lastspannung u_L zu Null. Aus $u_L(y_1) = 0$ folgt mit (24) eine Beziehung für $x_1 = y_1 - \pi$:

$$\sin x_1 = \frac{U_e'}{\sqrt{2}\,U}. \tag{34}$$

Aus den beiden Gln. (33), (34) können die Zeitpunkte x_1 und x_2 bei vorgegebenen Stromkreisdaten in Abhängigkeit von U_e' auf graphischem oder numerischem Wege ermittelt werden.

Damit sind alle Daten bekannt, die zur Beschreibung des elektrischen Verhaltens des Reihen-Transduktors bei den zu Beginn des Abschnittes festgelegten Bedingungen (Sperrintervall von Null verschieden) erforderlich sind.

Der in Abb. 25.1 beschriebene Betriebszustand der Schaltung ist dadurch gekennzeichnet, daß der Momentanwert der Lastspannung im Anfangszeitpunkt x_2 des Durchlaßintervalles nicht größer als der zugehörige Momentanwert der Netzspannung sein kann. Der in Abb. 25.1 beschriebene Betriebsfall tritt also nur ein, wenn die Voraussetzung $u(x_2) \geqq u_L(x_2)$ erfüllt ist. Diese Forderung ist nach (26) gleichbedeutend mit $u_{d2}(x_2) \geqq 0$ oder ausführlicher angeschrieben:

$$u_{d2}(x_2) = \frac{R_e'}{R'}\sqrt{2}\,U\left[\sin x_2 - \frac{U_e'}{\sqrt{2}\,U}\,\frac{R}{R_e'}\right] \geqq 0. \tag{35}$$

Diese Voraussetzung ist bei vorgegebenem R_e'/R sicher nicht mehr erfüllbar, wenn U_e' hinreichend groß wird.

Die an Abb. 25.1 geknüpften Überlegungen dieses Abschnittes gelten deshalb nur für relativ kleine Steuerspannungen. Die Gültigkeitsgrenzen dieser Überlegungen werden in Abschn. 25.4 abgeleitet.

25.3 Zeitlicher Verlauf der elektrischen Größen bei großen Steuerströmen. Vorausgesetzt wird, daß das Durchlaßintervall die gesamte Halbperiode umfaßt, also kein Sperrintervall vorhanden ist. Dann befinden sich die Transduktordrosseln nach Abschn. 25.1b während eines Teiles der Halbperiode im Magnetisierungszustand nach Fall II (beide Drosseln gesättigt) und während des anderen Teiles der Periodenlänge im Magnetisierungszustand nach Fall III (die eine Drossel gesättigt, die andere ungesättigt).

Die Anfangspunkte x_4 und x_5 dieser beiden Teilintervalle sind in Abb. 25.2 eingezeichnet. Im Intervall x_4 bis x_5 sind beide Drosseln gesättigt, so daß der zeitliche Verlauf der elektrischen Größen durch (13) bis (17) gegeben ist; im Intervall x_5 bis y_4 ist eine Drossel gesättigt, die andere ungesättigt, so daß die elektrischen Größen durch (20) bis (26)

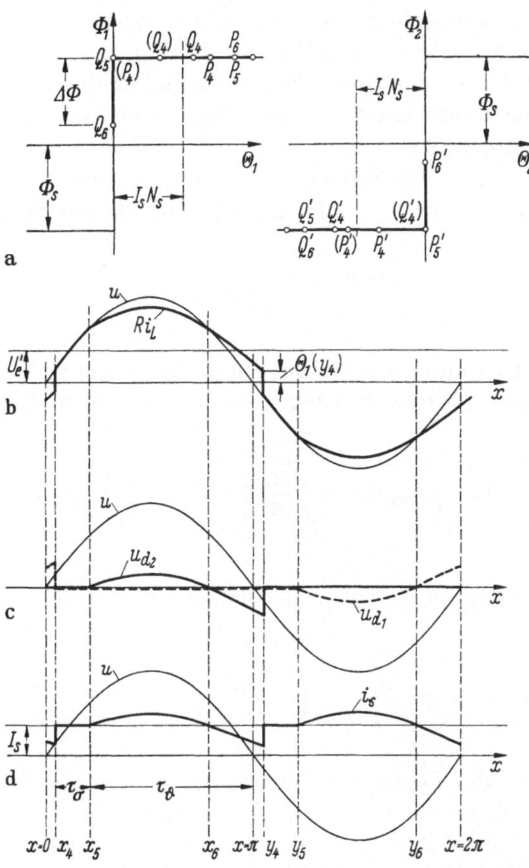

Abb. 25.2 a – d. Zeitlicher Verlauf der elektrischen Größen beim Reihen-Transduktor: rein ohmsche Last, Kernkennlinien nach a, großer Steuerstrom

bestimmt sind. Daraus resultiert der in Abb. 25.2 dargestellte zeitliche Verlauf der elektrischen Größen. In der zweiten Halbwelle tauschen die Drosseln entsprechend der Symmetrieeigenschaft der Schaltung ihre Funktionen. Die Ergebnisse in Abb. 25.2 sollen anschließend noch weiter erörtert werden.

Zwischen x_4 und x_5 sind beide Drosseln gesättigt, so daß diesen Zeitpunkten nach (16), (17) die Kennlinienpunkte P_4, P_4' und P_5, P_5' des horizontalen Sättigungsastes zugeordnet sind. Zwischen x_5 und x_6 wird die Drossel 2 bis zum Flußmaximum, gekennzeichnet durch den Kennlinienpunkt P_6', abmagnetisiert und zwischen x_6 und y_4 um denselben Betrag bis zum Kennlinienpunkt Q_4' aufmagnetisiert. Die Drossel 1 bleibt zwischen x_5 und y_4 gesättigt, so daß die Punkte P_6 und Q_4 auf dem Sättigungsast liegen. In den Zeitpunkten y_4 und $x_4 + 2\pi$ ändern sich die Durchflutungen sprunghaft, so daß diesen Zeitpunkten jeweils zwei Kennlinienpunkte, nämlich $P_4(P_4)$ und $P_4'(P_4')$ bzw. $Q_4(Q_4)$ und $Q_4'(Q_4')$ zugeordnet sind. Für die zweite Halbwelle liefert die Vertauschung der Drosselfunktionen eine entsprechende Zuordnung zwischen Zeitpunkten und Kennlinienpunkten.

Zur Bestimmung der Zeitpunkte x_4 und x_5 sind zwei Gleichungen erforderlich. Nach Abb. 25.2 gilt $u_{d2}(x_5) = 0$; daraus folgt mit (26):

$$\sin x_5 = \frac{U_e'}{\sqrt{2}\,U} \frac{R}{R_e'}. \tag{36}$$

Die Drosselspannung u_{d2} ist nur im Teilintervall x_5 bis y_4 von Null verschieden. Der Mittelwert über dieses Intervall muß deshalb Null ergeben:

$$0 = \int_{x_5}^{y_4} u_{d2}\, dx = \int_{x_5}^{y_4} \frac{R_e'}{R'} \left(u - U_e' \frac{R}{R_e'}\right) dx. \tag{37}$$

Die Auswertung dieses Integrales liefert eine weitere Beziehung zwischen x_4 und x_5:

$$\cos x_5 + \cos x_4 = \pi \frac{U_e'}{\sqrt{2}\,U} \frac{R}{R_e'} \left(1 - \frac{X_\sigma}{\pi}\right) \qquad \begin{aligned} X_\sigma &= x_5 - x_4 \\ X_\delta &= y_4 - x_5 . \end{aligned} \tag{38}$$

Dabei ist X_σ die Länge des Intervalles, in welchem beide Drosseln gesättigt sind. X_δ ist die Länge jenes Intervalles, in welchem Drossel 1 gesättigt und Drossel 2 ungesättigt ist. Aus den Beziehungen (36), (38) können die Zeitpunkte x_4 und x_5 bei vorgegebenen Stromkreisdaten in Abhängigkeit von der Steuerspannung U_e' ermittelt werden. Damit sind alle Daten bekannt, die zur Beschreibung der elektrischen Eigenschaften des Reihen-Transduktors erforderlich sind, wenn der Betriebszustand vorliegt, in dem das Durchlaßintervall eine volle Halbperiode umfaßt.

Die Beziehung (36) zeigt, daß der Zeitpunkt x_5 mit zunehmendem U_e' dem Wert $\pi/2$ zustrebt. Daraus folgt, daß der Betrag der ummagnetisierenden Spannungszeitfläche der Drosselspannung u_{d2} mit zunehmender Steuerspannung U_e' kleiner wird und der Lastspannungsmittelwert U_L deshalb anwächst.

Sobald die Steuerspannung einen zunächst noch unbekannten Grenzwert $U'_e = U'_{eM}$ erreicht, geht Abb. 25.2 in den Grenzfall Abb. 25.3a über, für den $x_4 = 0$ gilt. Damit erhält man aus (36) und (38) für den zugehörigen Zeitpunkt x_{5M}:

$$\cos x_{5M} + 1 = (\pi - x_{5M}) \sin x_{5M}, \tag{39}$$

$$1 = (\pi - x_{5M}) \cdot \tan \frac{x_{5M}}{2}. \tag{40}$$

(40) folgt aus (39) wenn die Winkelfunktionen in (39) durch solche des halben Argumentes $x_{5M}/2$ ersetzt werden. Aus (40) und (36) erhält man dann für die zu Abb. 25.3a gehörenden Grenzdaten:

$$x_{5M} \approx \frac{\pi}{4}, \tag{41}$$

$$\frac{U'_{eM}}{\sqrt{2}\, U} = \frac{1}{2} \sqrt{2}\, \frac{R'_e}{R}. \tag{42}$$

Der Zeitpunkt x_{5M} ist demnach eine von den Schaltungsdaten unabhängige Konstante.

Bei Steuerspannungen oberhalb U'_{eM} wird die ummagnetisierende Spannungszeitfläche der Drosselspannung u_{d2} weiter verkleinert (Abb. 25.3b),

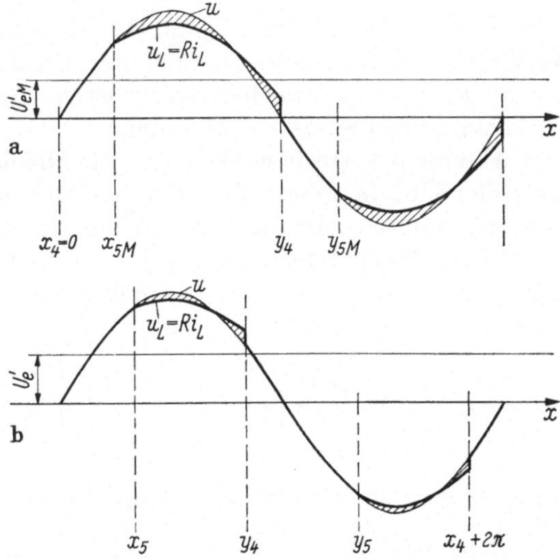

Abb. 25.3a u. b. Zeitlicher Verlauf der elektrischen Größen beim Reihen-Transduktor mit rein ohmscher Last und Kernkennlinien nach Abb. 25.2a: a bei Vollaussteuerung des Halbwellenmittelwertes, b zwischen Vollaussteuerung des Halbwellenmittelwertes und des Effektivwertes

bis im Grenzfall $x_5 = \pi/2$ das gemeinsame Sättigungsintervall die gesamte Halbperiode umfaßt. Dieser Grenzfall, in dem der Laststrom während der gesamten Periodenlänge sinusförmig verläuft, wird bei einer bestimmten Steuerspannung $U'_e = U'_{ee}$ erreicht: Man erhält mit $x_5 = = \pi/2$ aus (36):

$$\frac{U'_{ee}}{\sqrt{2}\,U} = \frac{R'_e}{R}. \tag{43}$$

Bei Steuerströmen zwischen U'_{eM} und U'_{ee} erfolgt die volle Auf- und Abmagnetisierung der Drossel 2 während der positiven Netzspannungshalbwelle, so daß der Mittelwert von u_{d2} über dieses Intervall den Wert Null ergibt. Daraus folgt für den Lastspannungsmittelwert:

$$U_L = \frac{1}{\pi}\int_0^{\pi} (u - u_{d2})\,dx = \frac{1}{\pi}\int_0^{\pi} u\,dx = \frac{2\sqrt{2}\,U}{\pi} = U_M. \tag{44}$$

Der Halbwellenmittelwert der Lastspannung nimmt somit den Höchstwert U_M an, sobald die Steuerspannung den Wert U'_{eM} erreicht hat. Von da an bleibt der Halbwellenmittelwert bis zur Steuerspannung U'_{ee} konstant, nur der zeitliche Verlauf von u_L ändert dabei seine Form; dagegen hängt der Effektivwert der Lastspannung entsprechend der zeitlichen Veränderung der Form u_L zwischen U'_{eM} und U'_{ee} noch geringfügig von der Steuerspannung ab.

Aus diesem Grunde wird künftig von einer Vollaussteuerung des Halbwellenmittelwertes U_L gesprochen, wenn die Steuerspannung den Wert U'_{eM} erreicht hat. Als Vollaussteuerung des Effektivwertes der Lastspannung wird der bei U'_{ee} erreichte Grenzzustand bezeichnet, bei dem die Lastspannung reinen Sinusverlauf annimmt.

Am Ende des Abschn. 5.4 wurde gezeigt, daß die Dimensionierungsvorschrift (23.12) den Übergang von Punkten des oberen Sättigungsastes auf Punkte des unteren Sättigungsastes während eines Magnetisierungszyklus verbietet. Deshalb kann Θ_1 in keinem Punkt des Magnetisierungszyklus negativ werden; für das Intervallende y_1 muß deshalb nach (21), (23) gelten:

$$\Theta_1(x_4 + \pi) = 2N_a \frac{\sqrt{2}\,U}{R'}\left(-\sin x_4 + \frac{U'_e}{\sqrt{2}\,U}\right) \geqq 0. \tag{45}$$

Nur wenn diese Voraussetzung erfüllt ist, kann der Betriebsfall nach Abb. 25.2 eintreten.

Bei hinreichend kleiner Steuerspannung U'_e ist die Voraussetzung (45) nicht mehr erfüllbar. Die an Abb. 25.2 geknüpften Überlegungen gelten somit nur für hinreichend große Steuerspannungen; die Gültigkeitsgrenzen für diesen Betriebszustand werden in Abschn. 25.4 abgeleitet.

25.4 Einfluß des Steuerkreises. Bei vorgegebenem Lastwiderstand R wird das Verhältnis R_e'/R durch den Steuerkreiswiderstand R_e bestimmt. Der Fall $R_e'/R > 1$ soll demnach als hochohmiger, der Fall $R_e'/R < 1$ als niederohmiger Steuerkreis bezeichnet werden.

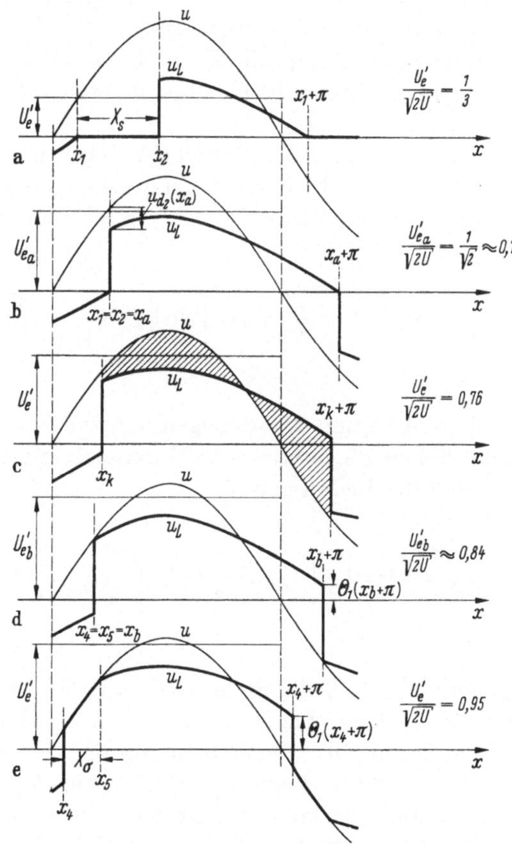

Abb. 25.4a–e. Zeitlicher Verlauf der elektrischen Größen des Reihen-Transduktors mit hochohmigem Steuerkreis: rein ohmsche Last, Kernkennlinien nach Abb. 22.2a

In dem bisher noch nicht untersuchten Bereich mittlerer Steuerspannungen hängt das Betriebsverhalten der Reihenschaltung maßgeblich davon ab, ob ein hochohmiger oder ein niederohmiger Steuerkreis vorliegt.

Im vorliegenden Abschnitt soll ein erster Überblick über den Einfluß des Steuerkreises gewonnen werden; dazu ist in Abb. 25.4 der zeitliche

Verlauf der Lastspannung u_L für verschiedene Werte der Steuerspannung U'_e für den Fall eines hochohmigen Steuerkreises und in Abb. 25.5 für den Fall eines niederohmigen Steuerkreises dargestellt. Die ausführliche Beschreibung dieser beiden Bilder erfolgt in Abschn. 25.5 und 25.6.

Für die weiteren Überlegungen werden zunächst einige Ergebnisse der Abschn. 25.2 und 25.3 ins Gedächtnis zurückgerufen. In Abb. 25.1 wurde gezeigt, daß das Durchlaßintervall X_d im Bereich hinreichend kleiner Steuerspannungen mit wachsendem U'_e zunimmt, der Momentanwert der Drosselspannung $u_{d2}(x_2)$ dagegen abnimmt; in Abb. 25.2 wurde gezeigt, daß das Sättigungsintervall X_σ und der Momentanwert der Durchflutung $\Theta_1(y_4)$ bei hinreichend großen Steuerspannungen mit U'_e zunehmen.

In Abb. 25.4a und 25.5a ist der zeitliche Verlauf der Lastspannung u_L, der sich bei hinreichend kleinen Steuerspannungen einstellt, noch einmal dargestellt; diese Verhältnisse treten ein, solange die Bedingung (35)

$$u_{d2}(x_2) = u(x_2) - u_L(x_2) = \frac{R'_e}{R'} \sqrt{2}\, U \left[\sin x_2 - \frac{U'_e}{\sqrt{2}\, U} \frac{R}{R'_e}\right] \geqq 0 \tag{46}$$

erfüllt ist.

Die Abbildungen 25.4e und 25.5d zeigen den zeitlichen Verlauf von u_L bei hinreichend hohen Steuerströmen; Voraussetzung für diesen Betriebszustand ist, daß die Bedingung (45)

$$\Theta_1(x_4 + \pi) = 2 N_a \frac{u_L(x_2 + \pi)}{R} = 2 N_a \frac{\sqrt{2}\, U}{R'} \left[-\sin x_2 + \frac{U'_e}{\sqrt{2}\, U}\right] \geqq 0 \tag{47}$$

erfüllt ist.

Es wird angenommen, daß die Steuerspannung U'_e so klein ist, daß für den zeitlichen Verlauf der Lastspannung u_L Abb. 25.4a bzw. 25.5a gilt. Bei einer Vergrößerung der Steuerspannung U'_e wird X_s kleiner und auch x_2 nimmt ab. Bei hinreichender Verkleinerung kann der Grenzfall Abb. 24.4b eintreten; er kommt zustande, wenn bei wachsender Steuerspannung U'_e das Sperrintervall X_s den Wert Null erreicht, der Momentanwert von $u_{d2}(x_2)$ jedoch noch immer positiv ist. Die Steuerspannung, bei der der Zustand $X_s = 0$ eintritt, wird mit U'_{ea} bezeichnet; die zugehörigen Anfangszeitpunkte x_1, x_2 der Teilintervalle fallen dann auf denselben Zeitpunkt $x_1 = x_2 = x_a$ zusammen.

Grundsätzlich besteht jedoch auch die Möglichkeit, daß Abb. 25.5a bei einer Vergrößerung von U'_e in den Grenzfall nach Abb. 25.5b übergeht. Dieser Grenzfall tritt ein, wenn der Momentanwert $u_{d2}(x_2)$ bei einer gewissen Steuerspannung zu Null wird, das Sperrintervall X_s

dagegen noch von Null verschieden ist. Die Steuerspannung, bei der der Grenzfall $u_{d2}(x_2) = 0$ eintritt, soll mit U_{ec}, die zugehörigen Anfangszeitpunkte x_1, x_2 der Teilintervalle sollen mit x_{1c}, x_{2c} bezeichnet werden.

Bei hinreichend hoher Steuerspannung U_e' besitzt die Lastspannung u_L den zeitlichen Verlauf nach Abb. 25.4e bzw. nach Abb. 25.5d, vorausgesetzt, daß die Beziehung (47) erfüllt ist. Eine Verkleinerung der Steuerspannung U_e' führt zu einer Abnahme des gemeinsamen Sätti-

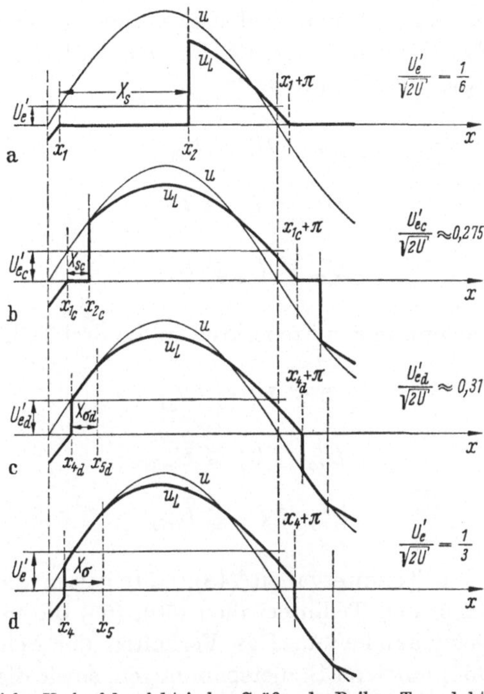

Abb. 25.5a–d. Zeitlicher Verlauf der elektrischen Größen des Reihen-Transduktors bei niederohmigen Steuerkreis: rein ohmsche Last, Kernkennlinien nach Abb. 22.2a

gungsintervalles X_σ und des Momentanwertes der Durchflutung $\Theta_1(x_4 + \pi)$. Bei der Verkleinerung der Steuerspannung kann schließlich der Grenzfall Abb. 25.4d eintreten; er kommt zustande, wenn bei abnehmender Steuerspannung das gemeinsame Sättigungsintervall X_σ den Wert Null erreicht und dabei der Momentanwert $\Theta_1(x_b + \pi)$ noch positiv bleibt. Die Steuerspannung, bei der der Zustand $X_\sigma = 0$ eintritt, sei mit U_{eb}' bezeichnet; die zugehörigen Anfangszeitpunkte x_4, x_5 der Teilintervalle fallen in einem Punkt $x_b = x_4 = x_5$ zusammen.

Bei der Verkleinerung der Steuerspannung U_e' kann Abb. 25.5d in den Grenzfall Abb. 25.5c übergehen; dieser Grenzfall tritt ein, wenn der Momentanwert $\Theta_1(x_4 + \pi)$ bei einer gewissen Steuerspannung zu Null wird, das Sättigungsintervall X_σ dagegen noch von Null verschieden ist. Die Steuerspannung, bei der der Zustand $\Theta_1(x_{4d} + \pi) = 0$ eintritt, wird mit U'_{ed} bezeichnet; die zugehörigen Anfangszeitpunkte x_4, x_5 der Teilintervalle werden mit x_{4d}, x_{5d} bezeichnet.

In den Abschn. 25.5 und 25.6 wird gezeigt, daß die beiden Grenzfälle nach Abb. 25.4b und d nur bei einem hochohmigen Steuerkreis und die beiden Grenzfälle Abb. 25.5b und c nur bei einem niederohmigen Steuerkreis auftreten können. Der gesamte Steuerspannungsbereich zwischen Nullaussteuerung $U'_e = 0$ und Vollaussteuerung des Halbwellenmittelwertes $U'_e = U'_{eM}$ läßt sich deshalb für den Fall eines hochohmigen Steuerkreises in die drei Teilintervalle

$$0 \leqq U'_e \leqq U'_{ea}, \tag{48}$$

$$U'_{ea} \leqq U'_e \leqq U'_{eb}, \tag{49}$$

$$U'_{eb} \leqq U'_e \leqq U'_{eM} \tag{50}$$

und bei einem niederohmigen Steuerkreis in die drei Teilintervalle

$$0 \leqq U'_e \leqq U'_{ec}, \tag{51}$$

$$U'_{ec} \leqq U'_e \leqq U'_{ed}, \tag{52}$$

$$U'_{ed} \leqq U'_e \leqq U'_{eM} \tag{53}$$

unterteilen. In den Teilintervallen (48), (50) gelten die in Abb. 25.1 dargestellten und in den Teilintervallen (50), (53) die in Abb. 25.2 beschriebenen Gesetzmäßigkeiten. Das Verhalten der Schaltung in den Bereichen (49), (52) mittlerer Steuerspannungen, sowie die Abhängigkeit der Intervallengrenzen U'_{ea} bis U'_{ed} vom Widerstandsverhältnis R'_e/R wird in den folgenden beiden Abschnitten untersucht.

25.5 Reihen-Transduktor mit hochohmigem Steuerkreis. Bei der Beschreibung der Eigenschaften des Reihen-Transduktors mit hochohmigem Steuerkreis wird auf Abb. 25.4 Bezug genommen.

Die Ausführungen des Abschn. 25.4 haben gezeigt, daß im Bereich kleiner Steuerspannungen zwischen O und U'_{ea} die in Abb. 25.1 beschriebenen Gesetzmäßigkeiten gelten; bei großen Steuerströmen zwischen U'_{eb} bis U'_{eM} stellt sich der Betriebszustand nach Abb. 25.2 ein. Zunächst sollen die noch unbekannten Bereichsgrenzen U'_{ea} und U'_{eb} festgelegt werden.

Bei kleinen Steuerspannungen sind die zu einem bestimmten Wert U'_e gehörenden Intervallgrenzen x_1 und x_2 durch die Beziehungen (33),

(34) festgelegt (Abb. 25.4a):

$$\cos x_2 + \cos x_1 = \pi \frac{U'_e}{\sqrt{2}U} \left[\frac{R'}{R'_e} - \frac{\pi - X_s}{\pi}\right], \tag{54}$$

$$\sin x_1 = \frac{U'_e}{\sqrt{2}U}. \tag{55}$$

Die Steuerspannung U'_{ea} wurde in Abschn. 25.4 als jener Wert definiert, bei dem das Sperrspannungsintervall gerade zu Null wird, also der Grenzfall $X_s = 0$ eintritt; dann gilt $x_1 = x_2 = x_a$. Damit folgen aus (54), (55) die Bestimmungsgleichungen für U'_{ea} und für x_a:

$$\frac{U'_{ea}}{\sqrt{2}U} = \frac{2}{\pi} \frac{R'_e}{R} \frac{1}{\sqrt{1 + \left(\frac{2}{\pi} \frac{R'_e}{R}\right)^2}} = \sin x_a, \tag{56}$$

$$\tan x_a = \frac{2}{\pi} \frac{R'_e}{R}. \tag{57}$$

In Abb. 25.4b ist der Grenzfall $X_s = 0$, für den die Beziehungen (56), (57) gelten, dargestellt. Dieser Grenzfall ist jedoch nur realisierbar, wenn gleichzeitig die Forderung (46), also $u_{d2}(x_a) \geqq 0$ erfüllt ist. Mit den Grenzdaten (56), (57) kann die Beziehung (46) auf folgende Form gebracht werden:

$$u_{d2}(x_a) = U'_{ea} \frac{R}{R'} \left[\frac{R'_e}{R} - 1\right] \geqq 0. \tag{58}$$

Die Bedingung (58) ist nur im Falle eines hochohmigen Steuerkreises $R'_e/R > 1$ erfüllt. Der in Abb. 25.4b dargestellte Grenzfall $X_s = 0$ kann somit — wie oben behauptet wurde — nur im Falle eines hochohmigen Steuerkreises eintreten.

Entsprechende Überlegungen können für den Bereich hinreichend großer Steuerspannungen angestellt werden. Die Intervallgrenzen x_4 und x_5, die sich bei der Steuerspannung U'_e einstellen, sind durch die Beziehungen (36), (38) bestimmt:

$$\cos x_5 + \cos x_4 = \pi \frac{U'_e}{\sqrt{2}U} \frac{R}{R'_e} \left(1 - \frac{X_\sigma}{\pi}\right), \tag{59}$$

$$\sin x_5 = \frac{U'_e}{\sqrt{2}U} \frac{R}{R'_e}. \tag{60}$$

In Abschn. 25.4 wurde die Steuerspannung U'_{eb} als jener Wert definiert, bei dem der Grenzfall $X_\sigma = 0$ eintritt; in diesem Grenzfall gilt

$x_4 = x_5 = x_b$. In Verbindung mit (59), (60) erhält man daraus die Bestimmungsgleichungen für U'_{eb} und x_b:

$$\frac{U'_{eb}}{\sqrt{2}\,U} = \frac{2}{\pi}\,\frac{R'_e}{R}\,\frac{1}{\sqrt{1+\left(\frac{2}{\pi}\right)^2}} = \frac{R'_e}{R}\sin x_b\,, \tag{61}$$

$$\tan x_b = \frac{2}{\pi}. \tag{62}$$

Der Grenzfall $X_\sigma = 0$ ist in Abb. 25.4d dargestellt. Dieser Betriebszustand ist aber nur realisierbar, wenn die Forderung (47), also $\Theta_1(x_b + \pi) \geqq 0$ erfüllt ist. Mit den Grenzdaten (61), (62) erhält man:

$$\Theta_1(x_b + \pi) = 2N_a\,\frac{U'_{eb}}{R'}\,\frac{R}{R'_e}\left[\frac{R'_e}{R} - 1\right] \geqq 0\,. \tag{63}$$

Die Bedingung (63) ist also nur im Falle eines hochohmigen Steuerkreises $R'_e/R > 1$ realisierbar. Der in Abb. 25.4d dargestellte Grenzfall $X_\sigma = 0$ kann somit nur im Falle eines hochohmigen Steuerkreises auftreten.

Zur besseren Veranschaulichung sind die beiden durch (56), (61) festgelegten Grenzwerte $U'_{ea}/\sqrt{2}\,U$ und $U'_{eb}/\sqrt{2}\,U$ in Abb. 25.6 in Abhängigkeit von R'_e/R dargestellt; außerdem ist die zur Vollaussteuerung des Halbwellenmittelwertes erforderliche relative Steuerspannung $U'_{eM}/\sqrt{2}\,U$ nach (42) mit eingezeichnet. Bei einem fest vorgegebenen Wert R'_e/R bewegt man sich somit zwischen Nullaussteuerung $U'_e = 0$ und Vollaussteuerung $U'_e = U'_{eM}$ entlang einer Vertikalen vom Punkt N bis zum Punkt M. Die Teilstrecken N bis b bzw. d bis M entsprechen den Teilbereichen $0 \leqq U'_e \leqq U'_{ea}$ bzw. $U'_{eb} \leqq U'_e \leqq U'_{eM}$; die Gesetzmäßigkeiten, die in diesen Teilbereichen gelten, sind in Abb. 25.1 bzw. 25.2 dargestellt. Die Steuerspannungen, die zu den Abb. 25.4a bis e gehören, entsprechen den Punkten a bis e in Abb. 25.6.

Zwischen den beiden Grenzwerten U_{ea} und U_{eb} liegt — dargestellt durch die Strecke b bis d in Abb. 25.6 — der Bereich mittlerer Steuerspannungen. Aus den Abschn. 25.2 und 25.3 bzw. aus den Abb. 25.1 und 25.2 geht hervor, daß an den Grenzen des Bereiches mittlerer Steuerspannungen, nämlich bei $U_e = U'_{ea}$ und bei $U'_e = U'_{eb}$ stets eine Drossel während der gesamten Halbperiode gesättigt, die andere ungesättigt ist. Dieser Betriebszustand liegt — wie anschließend gezeigt werden soll — auch bei beliebigen Steuerspannungen U'_e innerhalb des Bereiches U'_{ea} bis U'_{eb} vor.

Wenn sich der Magnetisierungszustand nach Fall III über eine volle Halbperiode erstreckt, dann müssen zwischen einem zunächst noch unbekannten Zeitpunkt x_k und $x_k + \pi$ die Beziehungen (20) bis (26) gelten; daraus folgt der in Abb. 25.4c dargestellte zeitliche Verlauf.

Während der Halbwelle x_k bis $x_k + \pi$ ist die Drossel 1 gesättigt, so daß u_{d2} durch die schraffierte Spannungsfläche $u - u_L$ in Abb. 25.4c gegeben ist. In der darauffolgenden Halbwelle $x_k + \pi$ bis $x_k + 2\pi$ ist die Drossel 2 gesättigt, also gilt $u_{d2} = 0$. Daraus folgt, daß der Mittelwert der Drosselspannung u_{d2} über die Halbwelle x_k bis $x_k + \pi$ den Wert Null ergeben muß. Daraus erhält man mit (26) eine Bestimmungsgleichung für den Zeitpunkt x_k

$$\int_{x_k}^{x_k+\pi} u_{d2}\, dx = 0, \qquad (64)$$

$$\cos x_k = \frac{\pi}{2} \frac{R}{R_e'} \frac{U_e'}{\sqrt{2}\, U}. \qquad (65)$$

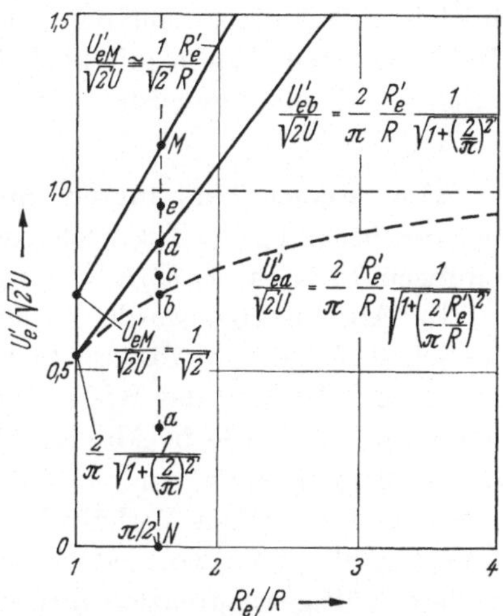

Abb. 25.6. Der Reihen-Transduktor bei hochohmigem Steuerkreis: Aufteilung des Steuerspannungsbereiches

Dieser Betriebszustand ist aber nur dann möglich, wenn die beiden Voraussetzungen (46), (47) erfüllt sind, d. h. der Momentanwert der Drosselspannung u_{d2} im Zeitpunkt x_k und die Gesamtdurchflutung Θ_1 im Zeitpunkt $x_k + \pi$ darf nicht negativ sein. Die Forderungen (46), (47) können nach kurzer Zwischenrechnung mit (57), (62) auf folgende Form gebracht werden:

$$u_{d2}(x_k) = \frac{R_e'}{R} \frac{\sqrt{2}\, U}{\cos x_b} \sin(x_k - x_b) \geqq 0, \qquad (66)$$

$$\Theta_1(x_k + \pi) = 2 N_a \frac{\sqrt{2}\, U}{R' \cos x_a} \sin(x_a - x_k) \geqq 0. \qquad (67)$$

Abschließend muß noch gezeigt werden, daß die Voraussetzungen (66), (67) tatsächlich für alle Steuerspannungswerte zwischen U_{ea}' und U_{eb}' erfüllt sind.

Wenn U_e' das Intervall U_{ea}' bis U_{eb}' durchläuft, dann nimmt x_k nach (65) stetig ab. An den Grenzen U_{ea}' bzw. U_{eb}' nimmt x_k die Werte x_a bzw. x_b an; diese unmittelbar einleuchtende Aussage kann durch Vergleich mit (54) und (59) in (65) bestätigt werden. Daraus folgt aber, daß x_k stets im Bereich $x_a \geqq x_k \geqq x_b$ liegt, wenn die Steuerspannung U_e' im Bereich U_{ea}' bis U_{eb}' liegt. Wenn aber die Relation $x_a \geqq x_k \geqq x_b$ erfüllt ist, gilt $\sin(x_k - x_b) \geqq 0$ und $\sin(x_a - x_k) \geqq 0$; die Forderungen (66), (67) sind also in der Tat erfüllt.

Die Gesetzmäßigkeiten des Reihen-Transduktors bei Steuerspannungen zwischen U'_{ea} und U'_{eb} werden somit durch Abb. 25.4c bzw. durch die Beziehungen (20) bis (26) beschrieben. Die Abb. 25.4 und 25.6 vermitteln somit einen vollkommenen Überblick über das Verhalten der Reihen-Transduktoren mit hochohmigem Steuerkreis im Steuerbereich zwischen Nullaussteuerung ($U'_e = 0$) und Vollaussteuerung ($U'_e = U'_{eM}$).

25.6 Reihen-Transduktor mit niederohmigem Steuerkreis. Bei der Beschreibung der Eigenschaften des Reihentransduktors mit niederohmigem Steuerkreis $R'_e/R < 1$ wird auf Abb. 25.5 Bezug genommen.

Im Abschn. 25.4 wurde gezeigt, daß bei kleinen Steuerspannungen unterhalb U_{ec} die in Abschn. 25.2 bzw. in Abb. 25.1 beschriebenen Verhältnisse auftreten; das Betriebsverhalten bei großen Steuerspannungen oberhalb U_{ed} wurde in Abschn. 25.3 bzw. in Abb. 25.2 dargestellt. Bei hinreichend kleinen und bei hinreichend großen Steuerspannungen liegen also dieselben Verhältnisse wie bei einem hochohmigen Steuerkreis (Abschn. 25.5) vor, jedoch mit dem Unterschied, daß diese Bereiche andere Gültigkeitsgrenzen aufweisen; bei einem hochohmigen Steuerkreis wurden diese Grenzen mit U'_{ea} und U'_{eb} bezeichnet und für den niederohmigen Steuerkreis wird für diese Grenzen U'_{ec} bzw. U'_{ed} gesetzt.

Die Steuerspannung U'_{ec} wurde in Abschn. 25.4 als jener Grenzwert des Bereiches kleiner Steuerspannungen definiert, in dem der Grenzfall $u_{d2}(x_2) = 0$ eintritt; die zugehörigen Anfangszeitpunkte der Teilintervalle werden mit x_{1c}, x_{2c} bezeichnet. Bei Steuerspannungen unterhalb des Grenzwertes U'_{ec} (Abb. 25.5a) sind die Anfangszeitpunkte x_1 und x_2 der Teilintervalle durch die Beziehung (33), (34) festgelegt. Im Grenzall U'_{ec} tritt $u_{d2}(x_{2c}) = 0$ als dritte Bedingung hinzu:

$$\cos x_{2c} + \cos x_{1c} = \pi \frac{U'_{ec}}{\sqrt{2}\,U} \left[\frac{R'}{R'_e} - \frac{X_d}{\pi}\right], \tag{68}$$

$$\sin x_{1c} = \frac{U'_{ec}}{\sqrt{2}\,U}, \tag{69}$$

$$\sin x_{2c} = \frac{U'_{ec}}{\sqrt{2}\,U} \frac{R}{R'_e}. \tag{70}$$

Aus diesen drei Gleichungen können die Grenzdaten U'_{ec}, x_{1c}, x_{2c} auf graphischem oder numerischem Wege bestimmt werden. Die beiden Forderungen (46), (47) sind dabei durch (69), (70) von selbst erfüllt.

Durch Subtraktion der Beziehungen (69), (70) folgt in Verbindung mit (68) unter Benutzung der trigonometrischen Gesetze die folgende

Beziehung für das Sperrintervall $X_{sc} = x_{2c} - x_{1c}$, das im Grenzfall U'_{ec} (Abb. 25.5b) auftritt:

$$\tan\frac{X_{sc}}{2} = \frac{1}{\pi}\,\frac{1 - \frac{R'_e}{R}}{\left(1 + \frac{X_{sc}}{\pi}\right)\frac{R'_e}{R}}. \tag{71}$$

Da negative Werte des Sperrintervalles X_{sc} nicht möglich sind, folgt aus (71), daß der Grenzfall $u_{\ddot{a}2}(x_2) = 0$ — der in Abb. 25.5b dargestellt ist — nur bei einem niederohmigen Steuerkreis $R'_e/R < 1$ auftreten kann.

Eine entsprechende Überlegung kann für die Steuerspannungsgrenze U'_{ed} angestellt werden. Die Steuerspannung U_{ed} ist jener Grenzwert des Bereiches großer Steuerspannungen, für den der Fall $\Theta_1(x_4 + \pi) = 0$ eintritt; die zugehörigen Zeitpunkte der Teilintervalle werden mit x_{4d}, x_{5d} bezeichnet (Abb. 25.5c). Bei Steuerspannungen oberhalb des Grenzwertes U'_{ed} (Abb. 25.5d) sind die Anfangszeitpunkte x_4 und x_5 der Teilintervalle durch (36), (38) festgelegt. Im Grenzfall U'_{ed} tritt $\Theta_1(x_{4d} + \pi) = 0$ als dritte Bedingung hinzu:

$$\cos x_{5d} + \cos x_{4d} = \pi\,\frac{U'_{ed}}{\sqrt{2}\,U}\,\frac{R}{R'_e}\left[1 - \frac{X_{\sigma d}}{\pi}\right], \tag{72}$$

$$\sin x_{5d} = \frac{U'_{ed}}{\sqrt{2}\,U}\,\frac{R}{R'_e}, \tag{73}$$

$$\sin x_{4d} = \frac{U'_{ed}}{\sqrt{2}\,U}. \tag{74}$$

Aus diesen drei Gleichungen können die Grenzdaten U'_{ed}, x_{4d}, x_{5d} auf graphischem oder numerischem Wege ermittelt werden. Die beiden Forderungen (46), (47) sind durch die Beziehungen (73), (74) von selbst erfüllt.

Durch Subtraktion der Gln. (73), (74) folgt in Verbindung mit (72) unter Berücksichtigung der trigonometrischen Gesetze für das Sättigungsintervall $X_{\sigma d} = x_{5d} - x_{4d}$ für den Grenzfall U'_{ed} (Abb. 25.5c):

$$\tan\frac{X_{\sigma d}}{2} = \frac{1}{\pi}\,\frac{1 - \frac{R'_e}{R}}{1 - \frac{X_{\sigma d}}{\pi}}. \tag{75}$$

Negative Werte des Sättigungsintervalles $X_{\sigma d}$ können nicht auftreten, so daß nach (74) der Grenzfall $\Theta_1(x_4 + \pi) = 0$ nur bei einem niederohmigen Steuerkreis $R'_e/R < 1$ eintreten kann.

Zur besseren Veranschaulichung sind die aus den Gleichungssystemen (68) bis (70) bzw. (72) bis (74) resultierenden Lösungen für U'_{ec} und U'_{ed} in Abb. 25.7 in Abhängigkeit von R'_e/R dargestellt; außerdem ist die zur Vollaussteuerung des Halbwellenmittelwertes erforderliche relative Steuerspannung $U'_{eM}/\sqrt{2}\,U$ nach (42) mit eingezeichnet. Bei einem fest vorgegebenen Wert R'_e/R bewegt man sich in Abb. 25.7 zwischen Null- und Vollaussteuerung entlang der Vertikalen von N bis M. Die Teilstrecken N bis b bzw. c bis M entsprechen den Teilbereichen $0 \leqq U'_e \leqq \leqq U'_{ec}$ bzw. $U'_{ed} \leqq U'_e \leqq U'_{eM}$; in diesen Teilbereichen gelten die in Abb. 25.1 und 25.2 beschriebenen Gesetzmäßigkeiten. Die Steuerspannungen, die den Abb. 25.5a bis d zugeordnet sind, entsprechen den Punkten a bis d in Abb. 25.7.

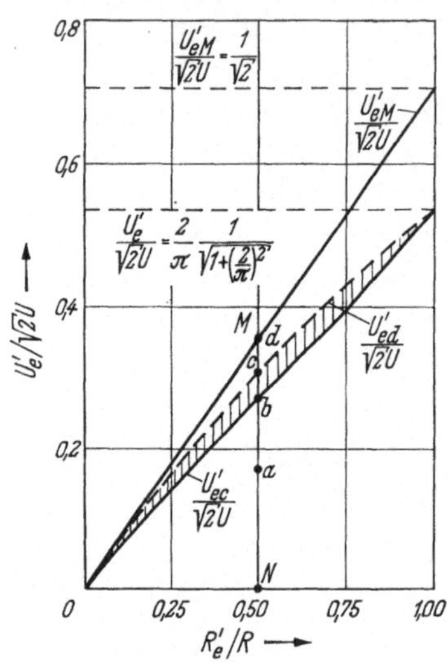

Abb. 25.7. Der Reihen-Transduktor bei niederohmigem Steuerkreis: Aufteilung des Steuerspannungsbereiches

Im Bereich mittlerer Steuerspannungen, also im Intervall zwischen U'_{ec} und U'_{ed}, d. h. im Intervall b bis c in Abb. 25.7, stellen sich sehr komplizierte Verhältnisse ein; dieser Bereich ist sehr klein, so daß auf eine Beschreibung verzichtet wird.

25.7 Reihen-Transduktor bei idealer Glättung des Steuerstromes. Bei idealer Glättung des Steuerstromes gilt $i_s = I_s$ und die Rückwirkungskomponente im Steuerkreis wird $i_r = 0$. Man kann diesen Betriebszustand als Grenzfall aus den vorangehenden Überlegungen ableiten.

Die Beziehungen (5) und (6) für den Steuerkreis können in folgender Form geschrieben werden:

$$\frac{U_e}{R_e} = I_s = i_s + \frac{N_s}{N_a}\,\frac{u_{d1} - u_{d2}}{R_e}. \tag{76}$$

Wenn der Grenzübergang so durchgeführt wird, daß

$$\lim_{U_e \to \infty;\; R_e \to \infty} \frac{U_e}{R_e} = I_s \tag{77}$$

einen endlichen Wert I_s ergibt, dann folgt $i_r = 0$; es stellen sich also die gleichen Verhältnisse wie bei idealer Glättung ein.

Man erhält also die Verhältnisse bei idealer Glättung des Steuerstromes, in dem der Grenzübergang (77) und als Folge davon $R'_e/R = \infty$

auf die Überlegungen der vorangehenden Abschnitte angewendet werden.

Als erstes erkennt man, daß wegen $R'_e/R = \infty$ ein hochohmiger Steuerkreis vorliegt, also die Überlegungen des Abschn. 25.5 gelten. Mit der Beziehung I_{sa}, I_{sb} bzw. I_{sM} für die zu den Steuerspannungen U_{ea}, U_{eb} bzw. U_{eM} gehörenden Steuerströme erhält man aus (56), (61) bzw (42):

$$\frac{U_{ea}}{R_e} = I_{sa} = \frac{N_a}{N_s} \frac{2\sqrt{2}U}{\pi R} \frac{1}{\sqrt{1 + \left(\frac{2}{\pi} \frac{R'_e}{R}\right)^2}}, \tag{78}$$

$$\frac{U_{eb}}{R_e} = I_{sb} = \frac{N_a}{N_s} \frac{2\sqrt{2}U}{\pi R} \frac{1}{\sqrt{1 + \left(\frac{2}{\pi}\right)^2}}, \tag{79}$$

$$\frac{U_{eM}}{R_e} = I_{sM} = \frac{N_a}{N_s} \frac{2\sqrt{2}U}{\pi R} \cdot \frac{\pi}{2\sqrt{2}}. \tag{80}$$

Mit dem Grenzübergang (77) folgt daraus:

$$I_{sa} = 0, \tag{81}$$

$$I_{sb} = I_M \frac{N_a}{N_s} \frac{1}{\sqrt{1 + \left(\frac{2}{\pi}\right)^2}}, \tag{82}$$

$$I_{sM} = I_M \frac{N_a}{N_s} \frac{\pi}{2\sqrt{2}}. \tag{83}$$

$$I_M = \frac{2\sqrt{2}U}{\pi R} = \frac{U_M}{R}, \tag{84}$$

Der Steuerbereich zerfällt demnach wegen $I_{sa} = 0$ in zwei Teilintervalle:

$$0 \leqq I_s \leqq I_{sb}, \tag{85}$$

$$I_{sb} \leqq I_s \leqq I_{sM}. \tag{86}$$

Im Bereich (85) gilt nach Abschn. 25.5 und Abb. 25.4c während der vollen Halbperiode der Magnetisierungszustand nach Fall III (eine Drossel gesättigt, die andere ungesättigt). Den zeitlichen Verlauf der elektrischen Vorgänge erhält man also, wenn der Grenzübergang (77) auf die Beziehungen (20) bis (26) angewendet wird:

$$i_L = \frac{N_s}{N_a} I_s, \tag{87}$$

$$\Theta_1 = 2 N_a i_L, \tag{88}$$

$$\Theta_2 = 0, \tag{89}$$

$$u_L = R i_L = R I_s \frac{N_s}{N_a}, \tag{90}$$

$$u_{d1} \equiv 0, \tag{91}$$

$$u_{d2} = u - R \frac{N_s}{N_a} I_s. \tag{92}$$

Bei dem Grenzübergang ergeben (20) und (23) dieselbe Beziehung (87). Für den Zeitpunkt x_k folgt aus (65) mit dem Grenzübergang (77) und mit (84):

$$\cos x_k = \frac{I_s N_s}{I_M N_a}. \tag{93}$$

Aus den Gln. (87) bis (93) ergibt sich der in Abb. 25.8a dargestellte zeitliche Verlauf im Steuerintervall $0 \leqq I_s \leqq I_{sb}$. Im Bereich (86) sind beide Drosseln nach Abschn. 25.5 und Abb. 25.4e während des Intervalles x_4 bis x_5 gleichzeitig gesättigt (Fall II), so daß die Gln. (13) bis (17) gelten. Im restlichen Teil der Halbperiode zwischen x_5 und $x_4 + \pi$ liegt der Magnetisierungszustand nach Fall III vor; in diesem Intervall gelten demnach die Beziehungen (87) bis (92). Für die Intervallgrenzen x_4, x_5 folgt mit dem Grenzübergang (77) aus (36), (38):

$$\sin x_5 = \frac{I_s N_s}{I_M N_a} \frac{2}{\pi}, \tag{94}$$

$$\cos x_5 + \cos x_4 = 2 \frac{I_s N_s}{I_M N_a} \left(1 - \frac{X_\sigma}{\pi}\right). \tag{95}$$

Daraus ergibt sich der zeitliche Verlauf nach Abb. 25.8c für das Steuerintervall $I_{sb} \leqq I_s \leqq I_{sM}$.

Der Grenzfall für $I_s = I_{sb}$ ist in Abb. 25.8b dargestellt; darin ist x_b nach (62) durch $\tan x_b = 2/\pi$ festgelegt.

25.8 Steuerkennlinie des Reihen-Transduktors. Als Steuerkennlinie wird der Zusammenhang zwischen Laststrommittelwert I_L und Steuerstrom I_s bezeichnet. Bei der Beschreibung der zeitlichen Vorgänge in den vorangehenden Abschnitten wurde — mit Ausnahme von Abschn. 25.7 — statt des Steuerstromes I_s die auf den Arbeitskreis reduzierte Steuerspannung U_e' und statt des Laststrommittelwertes I_L die Lastspannung u_L verwendet. Diese Größen hängen nach (27), (29) bis (31) in folgender Weise miteinander zusammen:

$$I_L = \frac{U_L}{R}, \tag{96}$$

$$I_s \frac{N_s}{N_a} = \frac{U_e'}{R_e'}. \tag{97}$$

Man gewinnt an Übersichtlichkeit, wenn I_L auf den maximalen Halbwellenmittelwert I_M und I_s auf den zur Vollaussteuerung des Halb-

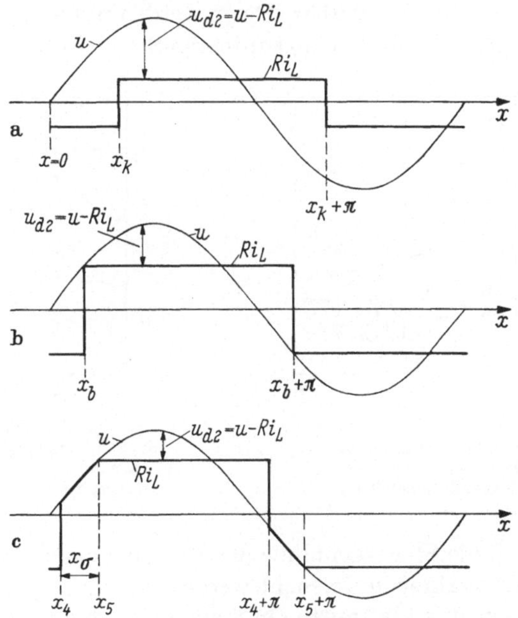

Abb. 25.8a–c. Zeitlicher Verlauf der elektrischen Größen beim Reihen-Transduktor: ideale Glättung des Laststromes, Kernkennlinien nach Abb. 22.2a

wellenmittelwertes I_M erforderlichen Steuerstrom I_{sM} bezogen wird. Für I_M und I_{sM} gelten mit (42) die folgenden Beziehungen:

$$I_M = \frac{U_M}{R} = \frac{2\sqrt{2}\,U}{\pi R}, \tag{98}$$

$$I_{sM} \frac{N_s}{N_a} = \frac{U_{eM}'}{R_e'} = I_M \frac{\pi}{2\sqrt{2}}. \tag{99}$$

Die Steuerkennlinie ist dann durch den Zusammenhang zwischen den beiden folgenden bezogenen Größen gegeben:

$$\frac{I_L}{I_M} = \frac{U_L}{U_M}, \tag{100}$$

$$\frac{I_s}{I_{sM}} = \sqrt{2}\,\frac{R}{R'_e}\,\frac{U'_e}{\sqrt{2}\,U}. \tag{101}$$

Die beiden Abb. 25.6 und 25.7, die einen guten Einblick in die Unterteilung des gesamten Steuerintervalles in die einzelnen Teilbereiche liefern, können mit Hilfe von (101) von der Steuerspannung auf den Steuerstrom umgerechnet werden; damit geht Abb. 25.6 in Abb. 25.9 und Abb. 25.7 in Abb. 25.10 über. Darin werden unter I_{sa} bis I_{sd} die den Steuerspannungen U'_{ea} bis U'_{ed} zugeordneten Steuerströme verstanden.

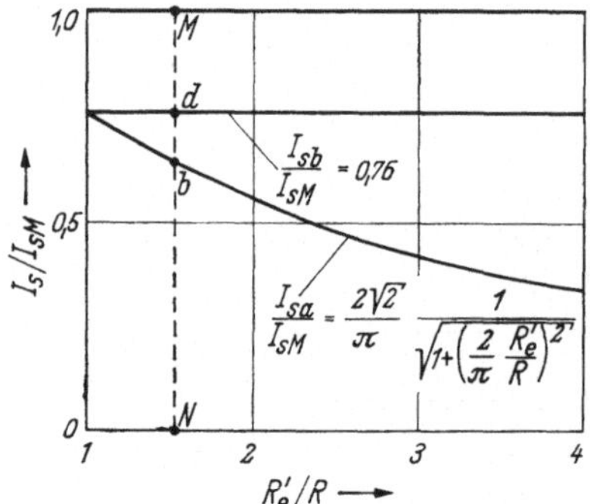

Abb. 25.9. Der Reihen-Transduktor bei hochohmigem Steuerkreis: Aufteilung des Steuerstrombereiches

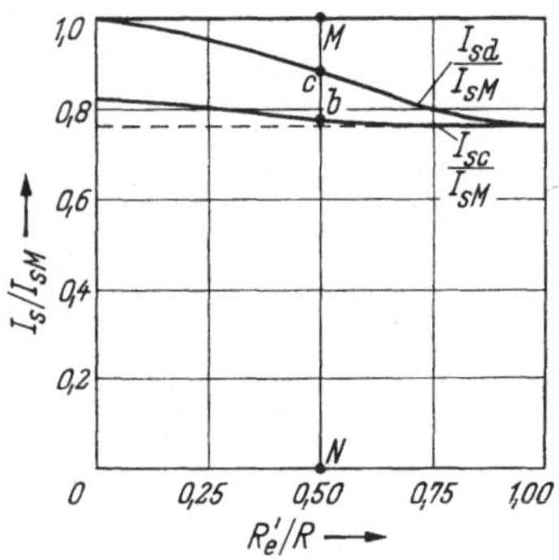

Abb. 25.10. Der Reihen-Transduktor bei niederohmigem Steuerkreis: Aufteilung des Steuerstrombereiches

Zunächst soll die Steuerkennlinie des Reihen-Transduktors bei einem hochohmigen Steuerkreis untersucht werden.

Der Betriebszustand bei mittleren Steuerspannungen nach Abb. 25.4c geht als Sonderfall $X_s = 0$ bzw. $x_1 = x_2$ aus dem Betriebszustand

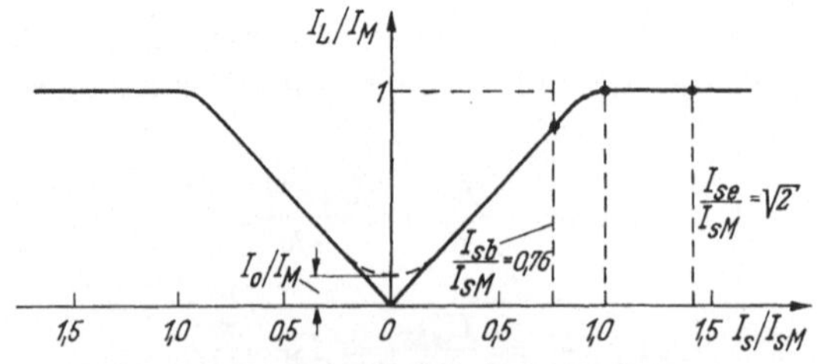

Abb. 25.11. Steuerkennlinie des Reihen-Transduktors

nach Abb. 25.4a hervor. Deshalb gilt für die beiden Steuerintervalle (48) und (49), also für das Intervall $I_s = 0$ bis I_{sb} nach (7) und (20) die gemeinsame Beziehung für den Laststrommittelwert I_L:

$$\frac{I_L}{I_M} = \frac{1}{\pi}\int\limits_{x_1}^{x_1+\pi} \frac{R i_L}{U_M}\, dx = \frac{R}{\pi U_M}\,\frac{N_s}{N_a}\int\limits_{x_1}^{x_1+\pi} i_s dx = \frac{N_s}{N_a}\,\frac{R}{U_M}\, I_s = \frac{I_s}{I_{sM}} \cdot \frac{\pi}{2\sqrt{2}}. \tag{102}$$

Die Steuerkennlinie ist somit nach (102) im Steuerstrombereich

$$0 \leqq \frac{I_s}{I_{sM}} \leqq \frac{I_{sb}}{I_{sM}} = \frac{2\sqrt{2}}{\pi}\,\frac{1}{\sqrt{1+\left(\frac{2}{\pi}\right)^2}} \approx 0.76 \tag{103}$$

durch eine Ursprungsgerade (Abb. 25.11) gegeben, deren Neigungswinkel durch den Zahlenfaktor $\pi/2\sqrt{2}$ bestimmt ist.

Bei Steuerströmen oberhalb I_{sb} tritt nach Abb. 25.4e ein gemeinsames Sättigungsintervall X_σ ein. Man erhält mit (14) und (26) im Bereich I_{sb} bis I_{sM} den folgenden Ausdruck für den Laststrommittelwert I_L:

$$\frac{I_L}{I_M} = \frac{1}{\pi}\int\limits_{x_4}^{x_5} \frac{u}{U_M}\, dx + \frac{1}{\pi}\int\limits_{x_5}^{x_4+\pi} \frac{u - u_{d2}}{U_M}\, dx = \cos x_4. \tag{104}$$

Bei der Auswertung von (104) ist zu beachten, daß die Integration über u_{d2} in den angegebenen Grenzen den Wert Null ergeben muß.

Mit (36), (38) kann x_4 durch den Steuerstrom I_s ausgedrückt werden. Man erhält einen nichtlinearen Zusammenhang zwischen Steuerstrom und Laststrom zwischen I_{sb} und I_{sM}, der graphisch oder numerisch bestimmt werden muß und in Abb. 25.11 dargestellt ist. Bei $I_s/I_{sM} = 1$ erreicht der relative Halbwellenmittelwert des Laststromes I_L/I_M den Wert Eins; von da an knickt die Steuerkennlinie horizontal ab. Zwischen $I_s/I_{sM} = 1$ und $I_{se}/I_{sM} = \sqrt{2}$ verändert sich nur noch der Effektivwert des Laststromes und nimmt im letzteren Punkt exakt den Wert $I = U/R$ an.

Der Verlauf der Steuerkennlinie bei einem niederohmigem Steuerkreis kann aus den vorangehenden Überlegungen unmittelbar entnommen werden. Aus Abb. 25.5 folgt, daß für den Steuerstrombereich $I_s = 0$ bis I_{sc} wiederum die lineare Beziehung (102) gilt und daß bei Steuerspannungen oberhalb I_{sc} die Steuerkennlinie nicht linear verläuft; dabei ist der Verlauf im letzten Teil zwischen den Steuerströmen I_{sd} bis I_{sM} durch (104) festgelegt.

Bei einem hochohmigen Steuerstromkreis liegt die Grenze des Linearitätsbereiches der Steuerkennlinie unabhängig vom Widerstandsverhältnis R'_e/R bei $I_{sb}/I_{sM} \approx 0{,}76$ (Abb. 25.9). Bei einem niederohmigen Steuerkreis hängt die Linearitätsgrenze I_{sc} nach Abb. 25.10 nur sehr wenig vom Widerstandsverhältnis R'_e/R ab. Man begeht also keinen großen Fehler, wenn die Linearitätsgrenze der Steuerkennlinie auch im niederohmigen Betrieb als eine vom Widerstandsverhältnis R'_e/R praktisch unabhängige Konstante $I_{sc}/I_{sM} \approx 0{,}76$ betrachtet wird. Daraus folgt, daß der Verlauf der Steuerkennlinie des Reihen-Transduktors weitgehend unabhängig vom Widerstand des Steuerkreises ist; bis zum Steuerstrom $I_s/I_{sM} \approx 0{,}76$ erfolgt ein linearer Anstieg und zwischen diesem Wert und $I_s/I_{sM} = 1$ setzt eine Krümmung ein. Aus denselben Gründen wie beim Parallel-Transduktor verläuft die Steuerkennlinie bei negativen Werten des Steuerstromes spiegelbildlich zur Ordinate. Ebenso hat die Berücksichtigung der Schleifenbreite Θ_k die in Abb. 25.11 gestrichelt dargestellte Abrundung in der Nähe des Steuerstromes $I_s = 0$ zur Folge.

Am Ende des Abschn. 24.3 wurde eine Beziehung für die Gesamtdurchflutung Θ_g, für den Laststrom I_0 bei Nullaussteuerung und für den bezogenen Nullstrom $a_0 = I_0/I_M$ beim Parallel-Transduktor abgeleitet. Wenn man diese Überlegungen auf den Reihen-Transduktor überträgt, erhält man folgende Beziehungen:

$$\Theta_g = \frac{U}{R} N_a + I_{sM} N_s = 2 N_a \frac{U}{R}, \tag{105}$$

$$I_0 = 2 \frac{\Theta_k}{N_a}, \tag{106}$$

$$a_0 = \frac{I_0}{I_M} = \frac{\pi}{2} \frac{R}{\omega L_d} = \frac{2\pi}{\sqrt{2}} \frac{H_k l_f}{F_g G \zeta}. \tag{107}$$

Aus (105) folgt, daß die maximal zulässige Durchflutung Θ_g durch den Laststrom U/R festgelegt ist. Für den Normkern aus Abschn. 6.4 liefert (107) den Wert $a_0 \approx 1{,}6 \cdot 10^{-2}$.

Im Linearitätsbereich $I_s = 0$ bis $I_s = I_{sb}$ ist der Laststrommittelwert I_L unabhängig von der Speisespannung U allein durch den Steuerstrom I_s bestimmt, lediglich die Grenze I_{sb} des Linearitätsbereiches hängt nach (79) von der Netzspannung ab.

26. Leistungsverstärkung, Ansprechzeit und Gütefaktor der stromsteuernden Transduktorschaltungen

Die Formeln für Leistungsverstärkung, Zeitkonstante und Gütefaktor des Parallel-Transduktors und des Reihen-Transduktors unterscheiden sich nur geringfügig voneinander, so daß die Ableitung gemeinsam für beide Schaltungen durchgeführt werden kann.

26.1 Leistungsverstärkung. Bei beiden stromsteuernden Transduktoren ist der Nutzleistungshub $\varDelta P_L$, das ist die Leistungsdifferenz zwischen Voll- und Nullaussteuerung, gegeben durch:

$$\varDelta P_L = R(I^2 - I_0^2) = P_M \left(1 - a_0^2 \frac{\pi^2}{8}\right), \tag{1}$$

$$P_M = U I. \tag{2}$$

Da es sich in beiden Fällen um Schaltungen mit einem Wechselstromausgang handelt, bedeuten $I = U/R$ und I_0 die Effektivwerte des Laststromes bei Vollaussteuerung bzw. Nullaussteuerung. Da aber in (24.30) und (25.107) der Aussteuerungsfaktor a_0 als das Verhältnis der entsprechenden Halbwellenmittelwerte definiert war, erscheint in (1) der Zahlenfaktor $\pi^2/8$; dabei ist zu beachten, daß I_0 wegen des rechteckförmigen Zeitverlaufes denselben Effektivwert und Mittelwert besitzt.

Die von der Steuerspannungsquelle gelieferte Nutzleistung wird zum Teil im Vorwiderstand R_v, zum Teil in der Summe der beiden Wicklungswiderstände $2R_s$ in Verlustwärme umgesetzt. Für den Steuerleistungshub $\varDelta P_e$ erhält man für beide Schaltungen:

$$\varDelta P_e = R_e I_{sM}^2 = \frac{R_e}{R_s} P_{vs}, \tag{3}$$

$$P_{vs} = R_s I_{sM}^2 = R_s \left(\frac{\Theta_{sM}}{N_s}\right)^2. \tag{4}$$

P_{vs} sind die in jeder der beiden Steuerwicklungen bei Vollaussteuerung, also bei $I_s N_s = I_{sM} N_s$ auftretenden Wicklungsverluste. Aus (1), (3) folgt für die Leistungsverstärkung:

$$V = \frac{\varDelta P_L}{\varDelta P_e} = V_0 \frac{2R_s}{R_e}\left[1 - a_0^2 \frac{\pi^2}{8}\right], \tag{5}$$

$$V_0 = \frac{P_M}{2P_{vs}}. \tag{6}$$

Darin bedeutet V_0 den größten Wert, den die Leistungsverstärkung V annehmen kann; er tritt für $R_e = 2R_s$, also für $R_v = 0$ und für $a_0 = 0$ ein. Für die weitere Beurteilung der beiden Schaltungen wird somit zweckmäßig von V_0 ausgegangen.

Die Scheinleistung einer Arbeitswicklung bei Vollaussteuerung besitzt bei beiden Schaltungen denselben Wert

$$P_{da} = \frac{1}{2}\, U I = \frac{1}{2}\, P_M, \tag{7}$$

denn in der einen Schaltung wird die Arbeitswicklung mit halbem Laststrom und voller Netzspannung, in der anderen mit vollem Laststrom und halber Netzspannung betrieben. Aus (6), (7) und den Beziehungen (4.20), (4.21) erhält man für V_0:

$$V_0 = \frac{P_{da}}{P_{vs}} = \frac{\Theta_{aM}}{\Theta_{sM}}\, \frac{P_d}{P_v}. \tag{8}$$

Aus den Beziehungen (24.28) und (25.105) folgt, daß in beiden stromsteuernden Schaltungen die effektive Durchflutung Θ_{aM} der Arbeitswicklung im Falle der Vollaussteuerung annähernd gleich der dazugehörigen effektiven Steuerdurchflutung Θ_{sM} ist, also $\Theta_{aM}/\Theta_{sM} \approx 1$ gilt. Wenn außerdem die Beziehung (4.11) benützt wird, folgt damit aus (8):

$$V_0 = \frac{P_d}{P_v} = \frac{1}{c_i} = \frac{\omega q B_s}{\sqrt{2}\,\varrho\, G l_m}. \tag{9}$$

Beide Schaltungen besitzen demnach die gleiche Leistungsverstärkung V_0. Für den Normkern aus Abschn. 6.3 findet man $V_0 \approx 10$. Bei einer Vergrößerung aller Linearabmessungen um den Faktor λ wächst V_0 mit $\lambda^{3/2}$.

26.2 Ansprechzeit und Gütefaktor. Im Abschn. 9.3 wurde der zeitliche Flußverlauf in einer Transduktordrossel berechnet, wenn im Zeitpunkt $t = 0$ (bei offener Arbeitswicklung) eine Gleichspannung U_e an die Steuerwicklung angelegt wird (Abb. 9.5a); dabei wurde vorausgesetzt, daß der Magnetisierungszustand des Kernes im Zeitpunkt $t = 0$ durch den Kennlinienpunkt P_1 in Abb. 9.5b vorgegeben ist. In Abb. 9.5c sind einige Beispiele für den zeitlichen Verlauf des Flußhubes $\Delta\Phi$ dargestellt. Als Ansprechzeit $T_{s,63}$ der Transduktordrossel wird dann jene Zeit bezeichnet, die ablaufen muß, bis der Flußhub $\Delta\Phi$ 63% des stationären Endzustandes $2\Phi_s$ erreicht hat; dabei ist vorausgesetzt, daß im Steuerkreis außer dem Widerstand der Steuerwicklung kein weiterer Vorwiderstand vorhanden ist.

Die Ansprechzeit eines Steuerkreises, der aus der Steuerwicklung einer einzigen Transduktordrossel besteht, ist genau die gleiche, wie die eines Steuerkreises, der aus der Reihenschaltung der Steuerwicklungen zweier gleicher Drosseln besteht, wobei angenommen wird, daß die auf die beiden Steuerkreise einwirkende Steuerspannung in beiden Fällen dieselbe stationäre Steuerdurchflutung erzeugt. Daraus folgt, daß sowohl die Ansprechzeit des Reihen-Transduktors, als auch des Parallel-Transduktors dieselbe wie bei der einzelnen Transduktordrossel ist. Für die Ansprechzeit der einzelnen Drossel wurde im Abschn. 9.3 die Beziehung (9.15) gefunden:

$$T_{s,63} = \tau_s \ln \frac{\varepsilon_s}{\varepsilon_s - 1 + \frac{1}{e}}, \tag{10}$$

$$\tau_s = \frac{N_s^2 \Lambda}{R_s}, \tag{11}$$

$$\varepsilon_s = \frac{I_{sM} N_s}{\Delta\Theta}. \tag{12}$$

In erster Linie interessiert jene Ansprechzeit, die sich einstellt, wenn die Schaltung plötzlich von Null- auf Vollaussteuerung durchgesteuert wird, d. h., wenn eine Steuerspannung U_e auf die beiden Steuerwicklungen einwirkt, die im stationären Endzustand die zur Vollaussteuerung notwendige Steuerdurchflutung $\Theta_{sM} = N_s I_{sM}$ aufbringt. Setzt man weiter voraus, daß die Transduktordrosseln optimal ausgenützt sind, also die Beziehung (24.28) bzw. (25.105) gilt, dann erhält man mit (4.26) und $\Theta_{sM} = \Theta_g/2$:

$$\tau_s = \frac{\Theta_{sM}}{\Delta\Theta} \frac{2\Phi_s}{\varrho l_m G}, \tag{13}$$

$$\varepsilon_s = \frac{\Theta_g}{\Delta\Theta} \frac{1}{2} = \frac{G F_g \zeta}{2\Delta\Theta}. \tag{14}$$

Da $\Theta_g/2\Delta\Theta$ eine gegenüber Eins sehr große Zahl ist, kann der Logarithmus in (10) entwickelt werden und es folgt für die Ansprechzeit sowohl des Reihen-Transduktors als auch des Parallel-Transduktors:

$$T_{s,63} = \left(1 - \frac{1}{e}\right) \frac{q\, 2B_s}{G l_m \varrho}. \tag{15}$$

Aus den beiden Ausdrücken (9) und (15) für die maximale Zeitkonstante bzw. für die Ansprechzeit berechnet man den Gütefaktor für beide Schaltungen zu:

$$G_t = \frac{V_0}{f T_{s,63}} = \frac{\pi}{\sqrt{2}} \frac{e}{e-1} \approx 3{,}5. \tag{16}$$

Der Gütefaktor der zweipulsigen stromsteuernden Transduktorschaltungen ist mithin erheblich kleiner als bei den zweipulsigen spannungssteuernden Schaltungen; dafür sind die stromsteuernden Schaltungen durch das lineare Stromwandlergesetz nach Abb. 25.11 ausgezeichnet.

Schrifttum

Attura, George M.: Magnetic Amplifier Engineering, New York, Toronto, London: McGraw-Hill 1959.

Ettinger, George M.: Magnetic Amplifier, Chapman & Hall 1957.

Frost-Smith, E. H.: The Theory and Design of Magnetic Amplifiers, London: Chapman & Hall 1958.

Geyger, William A.: Magnetic-amplifier Circuits, New York, Toronto, London: McGraw-Hill 1957.

Geyger, William A.: Magnetverstärker-Schaltungen, Stuttgart: Berliner Union 1959.

Geyger, William A.: Nonlinear-magnetic control devices, New York: McGraw-Hill 1964.

Heumann, Gerhard W.: Magnetic control of industrial motors, New York, London: Wiley 1961
P. 1: Alternating-current control devices and assemblies
P. 2: Alternating-current motor controllers.

Kafka, Wilhelm: Der Transduktor ein Baustein der Automatisierung, Hamburg, Berlin, Bonn: R. v. Deckers Verlag G. Schenck 1959.

Krabbe, Ulrik: The Transductor Amplifier, Oerebro, Sweden: Lindhska Boktrykkeriet 1947.

Kümmel, Fritz: Regel-Transduktoren, Berlin/Göttingen/Heidelberg: Springer 1961.

Lafuze: Magnetic Amplifier Analysis, Wiley & Sons Ltd. 1962.

Lamm, Uno: The transductor D. C. presaturated reactor with special reference to transductor-control of rectifiers, Stockholm: Esselte Aktiebolag 1948.

Milnes, A. G.: Transductors and magnetic amplifiers, London: Macmillan 1957.

Minnar, Emil: ISA Transducer Compendium, Plenum Press Consultants Bureau 1963.

Platt, S.: Magnetic Amplifiers: Prentic-Hall 1958.

Reyner, J. H.: The magnetic amplifier, London: Stuart & Richards 1950.

Say, M. S.: Magnetic Amplifiers and Saturable Reactors, London: George Newnes Ltd. 1954.

Schilling, Walter: Der Transduktor, München: R. Oldenburg 1960.

Solodownikow, N.: Bauelemente der Regelungstechnik, Bd. 1 Meßeinrichtungen, Verstärker und Stellglieder, Berlin: Verlag Technik 1963.

Storm, H. F.: Magnetic-Amplifiers, New York: Wiley & Sons 1955.

Sachverzeichnis

721/26/66